Landschaftliche Resilienz

Catrin Schmidt

Landschaftliche Resilienz

Grundlagen, Fallbeispiele, Praxisempfehlungen

Catrin Schmidt
Institut für Landschaftsarchitektur
TU Dresden
Dresden, Deutschland

ISBN 978-3-662-61028-2   ISBN 978-3-662-61029-9 (eBook)
https://doi.org/10.1007/978-3-662-61029-9

Die Deutsche Nationalbibliothek verzeichnet diese Publikation in der Deutschen Nationalbibliografie; detaillierte bibliografische Daten sind im Internet über ▶ http://dnb.d-nb.de abrufbar.

© Springer-Verlag GmbH Deutschland, ein Teil von Springer Nature 2020
Das Werk einschließlich aller seiner Teile ist urheberrechtlich geschützt. Jede Verwertung, die nicht ausdrücklich vom Urheberrechtsgesetz zugelassen ist, bedarf der vorherigen Zustimmung des Verlags. Das gilt insbesondere für Vervielfältigungen, Bearbeitungen, Übersetzungen, Mikroverfilmungen und die Einspeicherung und Verarbeitung in elektronischen Systemen.
Die Wiedergabe von allgemein beschreibenden Bezeichnungen, Marken, Unternehmensnamen etc. in diesem Werk bedeutet nicht, dass diese frei durch jedermann benutzt werden dürfen. Die Berechtigung zur Benutzung unterliegt, auch ohne gesonderten Hinweis hierzu, den Regeln des Markenrechts. Die Rechte des jeweiligen Zeicheninhabers sind zu beachten.
Der Verlag, die Autoren und die Herausgeber gehen davon aus, dass die Angaben und Informationen in diesem Werk zum Zeitpunkt der Veröffentlichung vollständig und korrekt sind. Weder der Verlag, noch die Autoren oder die Herausgeber übernehmen, ausdrücklich oder implizit, Gewähr für den Inhalt des Werkes, etwaige Fehler oder Äußerungen. Der Verlag bleibt im Hinblick auf geografische Zuordnungen und Gebietsbezeichnungen in veröffentlichten Karten und Institutionsadressen neutral.

Planung/Lektorat: Stephanie Preuß
Springer Spektrum ist ein Imprint der eingetragenen Gesellschaft Springer-Verlag GmbH, DE und ist ein Teil von Springer Nature.
Die Anschrift der Gesellschaft ist: Heidelberger Platz 3, 14197 Berlin, Germany

Vorwort

Die vergangenen beiden Jahre haben mit ihren Hitzewellen und Trockenperioden auch in Deutschland Landschaften unter Stress gesetzt. Borkenkäferbefall und Trockenschäden in Wäldern, Ertragseinbußen in der Landwirtschaft, großflächige Vegetationsschäden in städtischen Grünflächen: Nur zwei aufeinanderfolgende Jahre genügten, um manche Landschaften an die Grenzen ihrer Belastbarkeit zu bringen. Dabei werden es voraussichtlich nicht die letzten klimatischen Extremsituationen gewesen sein, denen Landschaften ausgesetzt sind, und es ist auch längst nicht nur der Klimawandel, der Landschaften hier und anderswo aus der Balance bringt. Wie lässt sich ihre Widerstandskraft befördern? Was macht landschaftliche Resilienz aus, und gibt es landschaftlich übergreifende Prinzipien? Mit diesen Fragen im Gepäck habe ich in den vergangenen Jahren verschiedenste Landschaften quer über den Globus erkundet. Meinem Mann möchte ich an dieser Stelle zutiefst dafür danken, dass er mich dabei stets begleitet und so manche Strapaze und Unbequemlichkeit auf sich genommen hat. Auch wenn die untersuchten Landschaften das Bedingungsgefüge landschaftlicher Resilienz nur bruchstückhaft erhellen konnten, so wurden doch schon allein damit Zusammenhänge und Einflussfaktoren deutlich, die auch hierzulande maßgeblich landschaftliche Resilienz stärken können. Gerade in Zeiten wachsender Spannweiten von Extremereignissen und einer zunehmenden Komplexität landschaftlicher Stresssituationen scheint mir eine Auseinandersetzung damit immer bedeutsamer zu werden. Denn in welcher Art auch immer: Die nächste herausfordernde Situation kommt bestimmt! Es wird darauf ankommen, wie wir gewappnet sind.

Catrin Schmidt
Dresden
Oktober 2019

Inhaltsverzeichnis

1	**Ausgangspunkte**	1
1.1	Begriffliche Annäherung	3
1.2	Der adaptive Zyklus von Landschaften	18
1.3	Kriterien landschaftlicher Resilienz	34
2	**Ebenen landschaftlicher Resilienz**	41
2.1	Gegebene landschaftliche Resilienz	43
2.2	Erworbene landschaftliche Resilienz	63
3	**Einflussfaktoren auf landschaftliche Resilienz**	93
3.1	Vielfalt und Flexibilität	95
3.2	Redundanz und Modularität	101
3.3	Resistenz und Stabilität	106
3.4	Elastizität und Toleranz	112
3.5	Autarkie und Dezentralität	121
3.6	Vernetzung und Konzentration	124
3.7	Prinzipien landschaftlicher Resilienz	129
3.8	Selbstwirksamkeitserwartung und andere Katalysatoren	131
4	**Landschaftliche Erkundungen zwischen gegebener und erworbener Resilienz**	133
4.1	Hochmontane Insellandschaften in Tourismuskrisen	134
4.2	Stürmische Landschaften	141
4.3	Salzlandschaften in ökonomischen Veränderungen	151
4.4	Stadtlandschaften in Wasserkrisen	161
4.5	Atolllandschaften im Klimawandel	173
4.6	Bioinvasionslandschaften	183
5	**Landschaftliche Resilienz: Schlussfolgerungen**	193
5.1	Zusammenfassung	194
5.2	Planerische Implikationen	204
	Serviceteil	
	Literatur	212
	Stichwortverzeichnis	227

Ausgangspunkte

1.1 Begriffliche Annäherung – 3

1.2 Der adaptive Zyklus von Landschaften – 18

1.3 Kriterien landschaftlicher Resilienz – 34

© Springer-Verlag GmbH Deutschland, ein Teil von Springer Nature 2020
C. Schmidt, *Landschaftliche Resilienz*, https://doi.org/10.1007/978-3-662-61029-9_1

In nahezu jeder Buchhandlung lassen sich mittlerweile Ratgeber finden, die interessierten Lesern helfen wollen, persönliche Krisen möglichst unbeschadet zu überstehen (u. a. Eberle 2019, Berndt 2013). Sich im psychologischen Kontext mit Resilienz zu befassen, gewinnt in Zeiten wachsender Beschleunigung und gesellschaftlicher Veränderungsprozesse offensichtlich permanent an Bedeutung Aber auch in Fachdisziplinen wie der Stadt- und Raumplanung ist Resilienz im Verlauf der letzten Jahre gut im wissenschaftlichen Fachdiskurs angekommen (vgl. Hahne & Kegler 2017, Kegler 2014, Müller et al. 2011 u. a.). Eine vertiefende Diskussion über LANDSCHAFTLICHE RESILIENZ und das, was aus einer Auseinandersetzung mit Resilienz an Impulsen für die Landschaftsplanung erwachsen kann, steht demgegenüber bisher erst am Anfang. Zudem ist zu konstatieren, dass Resilienz auch in raumbezogenen Fachdiskursen eher als „Chiffre für all das, worauf es in Krisenzeiten wie diesen ankommt" (Jakubowski & Kaltenbrunner 2013: I) genutzt wird, weniger als klar umrissenes Handlungsfeld. Müller (2011: 1) überschreibt nicht umsonst die Einführung eines Fachbuches mit der Frage „Urban and Regional Resilience – A New Catchword or an Consistent Concept for Research and Practice?" und verweist sowohl auf Schwächen in der theoretischen Fundierung des Begriffes als auch auf einen entscheidenden „lack of operationalization" (Müller 2011: 5). Nach Dawley (2010: 661) ist Resilienz nicht selten „ein ‚buzzword' mit weit mehr Markt- als echtem Mehrwert". Mitunter scheint es einfach modern geworden zu sein, Nachhaltigkeit durch Resilienz zu ersetzen, ohne aber inhaltlich tatsächlich etwas anderes zu meinen. Die Umrisse des Fachbegriffes sind also noch lange nicht hinreichend scharf.

Dabei stößt man bei landschaftlichen Exkursionen immer wieder auf Fragen, die explizit mit landschaftlicher Resilienz zu tun haben. Beispielsweise steigt die Meerestemperatur global und setzt Korallenlandschaften in allen Meeren dieser Welt unter Stress. Aber während in den Rifflandschaften der Karibik und des Indischen Ozeans deutliche Spuren der Korallenbleiche zu finden sind, zeigen sich viele Riffe des südlichen Roten Meeres in einem wesentlich besseren Zustand. Was macht ihre besondere Widerstandsfähigkeit aus? Auch über Wasser verkraften Landschaften in höchst unterschiedlichem Maße Störungen oder Krisen, und dies ist offensichtlich längst nicht immer nur den naturräumlichen Bedingungen zuzuschreiben. Singapur und Kuala Lumpur sind beispielsweise naturräumlich sehr vergleichbar, und doch musste Kuala Lumpur auf verzögerte Monsunniederschläge mit einer Rationierung von Wasservorräten und Einschränkungen des öffentlichen Lebens reagieren, während Singapur die Krise ohne größere Probleme und Einbußen überstand. Im Titicacasee besuchte die Autorin zwei naturräumlich ähnliche Inseln, deren Landschaft durch beeindruckende Terrassensysteme geprägt war, und doch führten auf der einen die Einbrüche in der Tourismusbranche zu deutlichen Landschaftsveränderungen, während sie auf der anderen keine Spuren hinterließen. Worin liegen die Ursachen für derartige Unterschiede? Das Kaokoland im Norden Namibias ist durch ein ausgeprägtes Trockenklima gekennzeichnet und bietet den dort lebenden Himbas eingedenk der immensen jahreszeitlichen Unterschiede und der kargen Böden extreme und recht unwirtliche Lebensbedingungen. Im Vergleich dazu erschienen die tropischen Niederschläge und Durchschnittstemperaturen der chilenischen Osterinsel nahezu paradiesisch. Und doch hat die aride Weidelandschaft der Himbas in den letzten Jahrhunderten eine schwere Dürrekatastrophe nach der anderen und zudem auch noch vielfältige andere Krisen überstanden, ohne ihre Funktionsfähigkeit und ihren Landschaftscharakter einzubüßen, während die einstige Hochkultur der Rapa Nui auf der Osterinsel trotz aller Segnungen der Natur bis zum Kannibalismus degradierte und mit einer Landschaftszerstörung einherging, von der sich die tropische Insel bis heute noch nicht wieder vollständig erholt hat. Was macht also die Krisenfestigkeit der einen und die

Verwundbarkeit der anderen Landschaft aus? Wodurch entsteht landschaftliche Resilienz?

Das vorliegende Buch will auf der Suche nach Antworten auf diese Fragen den bisherigen Annäherungen anderer Fachdisziplinen an den Fachbegriff der Resilienz eine landschaftsplanerische hinzufügen. Den Anregungen von Müller (2011: 6, 7) folgend soll Resilienz dabei nicht allein auf Naturrisiken oder den Klimawandel bezogen werden, sondern neben einer Vielfalt an Landschaften auch eine Vielfalt an Störungen erkunden, die Landschaften aus dem Gleichgewicht bringen oder eben auch nicht. Störungen sind dabei nicht von vornherein als negativ anzusehen. So bedeutet das Wort „Krise" etymologisch völlig wertneutral „Entscheidung, entscheidende Wende" und bezieht damit neben dem Aspekt der Gefahr stets zugleich den Aspekt der Chance mit ein. So wie unvorhergesehene Ereignisse oder Krisen unmittelbar zum menschlichen Leben gehören, sind sie auch untrennbarer Bestandteil landschaftlicher Entwicklungen. Es ist nur die Frage, wie man mit ihnen umgeht. Können aus einer inhaltlichen Auseinandersetzung mit den Facetten der Resilienz veränderte Sichten auf Landschaften oder gar neue landschaftsplanerische Ansätze erwachsen? Aus dieser Frage heraus ist die Idee für das Buch entstanden. Es versteht sich als ein ergebnisoffenes und neugieriges Suchen. Die von der Autorin dafür erkundeten Landschaften sind weit über den Globus verteilt, sodass die Suche nach den Bedingungsgefügen landschaftlicher Resilienz in jedem Fall mit einer Reise durch höchst verschiedenartige und faszinierende Landschaften der Welt verbunden sein wird.

1.1 Begriffliche Annäherung

1.1.1 Resilienz

Etymologisch vom lateinischen Wort „resiliere" (abprallen, zurückspringen) abstammend, bezeichnete Resilienz zunächst in der Materialforschung hochelastische Werkstoffe, die nach jeder Verformung wieder ihre ursprüngliche Form annehmen. Nach der Physik griffen Pädagogik und Psychologie den Fachbegriff auf. So nutzte beispielsweise die Entwicklungspsychologin Emily Werner (1977) den Resilienzbegriff, um in ihrer Langzeitstudie auf der Hawaii-Insel Kauai zu erklären, warum manche der von ihr untersuchten und unter extrem widrigen Umständen aufgewachsenen Kinder dennoch später zu gesunden und selbstbewussten Persönlichkeiten heranreiften. Seither forschen Psychologen intensiv daran, welche Faktoren dafür ausschlaggebend sind, damit Menschen Krisen gut bewältigen. In den 1970er-Jahren wurde der Begriff ebenfalls in die Ökologie eingeführt. Holling verstand Resilienz dabei als

» measure of the persistence of systems and of their ablility to absorb change and disturbance and still maintain the same relationships between populations or state variables (Holling 1973: 15).

Im Mittelpunkt stand die Fähigkeit von Ökosystemen, nach Störungen durch Sukzession wieder zum ursprünglichen Artengefüge zurückzukehren, wobei Ökosysteme bekanntermaßen Tipping Points, auch Kipppunkte genannt, aufweisen können, bei deren Überschreitung Entwicklungen signifikant anders verlaufen können (vgl. u. a. Gunderson 2000). Im Laufe der Zeit wurden die ökosystemaren Betrachtungen zunehmend vertieft und um sozioökonomische Aspekte erweitert, beispielsweise wenn Folke (2006) Resilienz als Selbstorganisationskapazität eines sozialen Systems in Zeiten von Umweltveränderungen definiert (vgl. auch Gunderson & Holling 2002, Walker & Holling 2004, Adger et al. 2011, Linnenluecke & Griffiths 2012). Seit den 2000er-Jahren befasst sich auch die Stadtplanung intensiv mit der Frage, wie Städte resilienter und damit zukunftsfähiger gemacht werden können (so z. B. Vale & Campanella 2005, Ultramari & Rezende 2007, Kegler 2014). Studien zur Krisenfestigkeit von

Regionen (vgl. Lukesch et al. 2010, Behrendt et al. 2010, Müller et al. 2011) eröffneten zudem eine großräumigere Perspektive.

Resilienz fragt dabei nach Prozessen oder Eigenschaften, die dazu befähigen, widerstandsfähiger gegenüber Krisen zu sein, dabei funktionsfähig zu bleiben und nicht an Belastungen zu zerbrechen (vgl. vom Orde 2018). In diesem universalen Verständnis bietet der Begriff in nahezu allen Fachdisziplinen der Natur- als auch Sozialwissenschaften fachliche Anknüpfungspunkte. Daraus resultiert aber auch zwangsläufig eine Fülle unterschiedlicher Begriffsdefinitionen. Während Raith et al. (2017: 30) beispielsweise einen technologischen und einen ökologischen Resilienzbegriff unterscheiden, differenzieren Hahne & Kegler (2017: 21, 22) drei Resilienzverständnisse, die von einer reparaturorientierten Resilienz über eine nachhaltigkeitsbezogene bis hin zu einer transformationsbezogenen Resilienz reichen. Andere Autoren verzichten auf Überbegriffe, lassen sich in ihren Ausführungen aber einem engeren oder weiteren Begriffsverständnis von Resilienz zuordnen.

Das ENGERE BEGRIFFSVERSTÄNDNIS von Resilienz umschreibt dabei die Widerstandsfähigkeit eines Systems gegenüber Störungen. Bildhaft mit einem Flummi verglichen, bezeichnet Resilienz in diesem Sinne die Fähigkeit eines Systems (oder eben auch einer Landschaft), großen Druck oder Stress auszuhalten, ohne Schaden zu erleiden (Jakubowski & Kaltenbrunner 2013: I). Ein Flummi verformt sich, wenn er aufprallt, kehrt aber anschließend wieder in seinen Ausgangszustand zurück. Auch in der Psychologie ist dieses Verständnis üblich und wird oft mit dem Bild des „Stehaufmännchens" symbolisiert (vgl. z. B. Berndt 2013). Für Lukesch et al. (2010: 12 f.) stellt Resilienz diesbezüglich die Toleranz eines Systems gegenüber Störungen dar, die sich darin zeigt, ob ein System nach der Störung wieder in den Gleichgewichts- oder Ausgangszustand zurückschnellen kann. Allerdings bleibt gerade in Bezug auf so komplexe Gebilde wie Landschaften zu fragen, wie sich der jeweilige Gleichgewichts- oder Ausgangszustand definieren lässt, ob es überhaupt statische Gleichgewichtszustände geben kann und schließlich ob ein Zurückschnellen zu einem Ausgangszustand tatsächlich immer das anstrebenswerte Ziel ist.

In Weiterentwicklung dieser Lesart wird deshalb Resilienz in einem ERWEITERTEN BEGRIFFSVERSTÄNDNIS nicht als feststehende Eigenschaft oder als Zustand aufgefasst, sondern vielmehr als Prozess.

> Ziel ist also nicht die Rückkehr in einen Gleichgewichts- oder Ausgangszustand, sondern der Erhalt eines Systems in einem evolutionären Anpassungsprozess. (Raith et al. 2017: 32)

Das ist nachvollziehbar, wirft aber in Bezug auf Landschaft sofort die Frage auf, wann denn konkret der Erhalt des Systems im Zuge des Anpassungsprozesses als gegeben angenommen werden kann. Landschaften verschwinden bekanntermaßen nicht. Sie können bis zur Unkenntnis verändert und überprägt werden, bleiben aber dennoch Landschaften. Das macht deutlich, dass es weniger um den schlichten Erhalt eines Systems oder hier einer Landschaft gehen kann, sondern vielmehr um einen Erhalt von ganzen bestimmten Systemqualitäten bzw. landschaftlichen Qualitäten. Aber welchen? Wie sind diese festzulegen? Wie lassen sich Schwellenwerte finden, bei deren Überschreitung Systemqualitäten bzw. landschaftliche Qualitäten in einem für die Resilienz des Gesamtsystems relevanten Maße verlorengehen? Die aufgeworfenen Fragen machen deutlich, dass auch hier der Teufel im Detail steckt. Wie landschaftliche Systemqualitäten konkret zu definieren sind, muss letztlich einer Festlegung im Einzelfall vorbehalten bleiben. Gibt es dafür zumindest Prinzipien?

Im Gegensatz zum engeren Begriffsverständnis bedeutet Resilienz im erweiterten Sinne jedenfalls nicht einfach, zwangsläufig alles zu erhalten. Die Selbsterneuerung eines Systems oder einer Landschaft schließt neben

1.1 · Begriffliche Annäherung

dem Erhalt vielmehr auch Änderungen ein, „um gewappnet zu sein gegen neue Änderungen bewirkende Störungen, die eventuell das System insgesamt zerstören können" (Hahne & Kegler 2017: 44). Es geht dementsprechend nicht um das Verharren in einem bestimmten Zustand, sondern mit dem Resilienzbegriff wird VERÄNDERUNG als immanenter Wesenszug jeder Landschaft akzeptiert. Resilienz umfasst so gesehen nicht nur

» die Erholung von Schocks, sondern auch Widerstandsfähigkeit gegen das Erleiden von Schocks; und nicht nur die Fähigkeit zum Erhalt, sondern auch zum Wandel von Strukturen und Funktionen, um zukünftige Schocks zu vermeiden (Simmie & Martin 2010: 28).

Nach Finke (2014: 27) spielt sich die Resilienz eines Systems dabei „zwischen Wandlungsfähigkeit und völliger Identitätsaufgabe als Maß für seine Elastizität (eines Systems) bei wechselnden Belastungen ab; sie ist für das Schicksal eines Systems (…) von entscheidender Bedeutung". Insofern setzt das erweiterte Begriffsverständnis immer einen Blick auf das Gesamtsystem, auf die gesamte Landschaft voraus. Es erfordert auch stets die Betrachtung von Zusammenhängen. Denn Resilienz gründet sich auf die Kapazität eines Systems, in der Lage zu sein,

» Störungen aufzufangen und dabei die grundlegenden Eigenschaften zu erhalten bzw. so zu erneuern, dass sie weitere überstehen und die Systemstrukturen demgemäß langfristig umbauen (Transformationsfähigkeit). (Hahne & Kegler 2017: 22)

Schaut man sich die Entwicklungsgeschichte der Begriffsverwendung von Resilienz an, erscheint zudem noch eine andere Perspektiverweiterung hilfreich zu sein, um als Ausgangspunkt für eine Suche nach landschaftlicher Resilienz zu dienen. So beschränkt sich der stadtplanerische Resilienzdiskurs nicht auf physisch ablesbare Stadtstrukturen, denn eine resiliente Stadt zeichnet sich eben längst nicht nur durch störungsresistente Strom- und Telekommunikationsnetze oder erdbebensichere Gebäude aus. Vielmehr zeigten Naturkatastrophen der letzten Jahre eindrücklich, dass Resilienz im städtischen Kontext in starkem Maße aus sozialer Kohäsion bzw. gesellschaftlichem Zusammenhalt entsteht (vgl. u. a. Vale & Campanella 2005). Forke et al. (2002) betonen in diesem Zusammenhang, dass Resilienz die Fähigkeit zur Selbstorganisation und die Fähigkeit, zu lernen und sich anzupassen, umfasst. In eine ähnliche Richtung zielte bereits der sogenannte „Befähigungsansatz" *(Capability Approach)* des indischen Nobelpreisträgers Sen (1999), der mit seiner empirischen Forschung zu Hungerkatastrophen belegte, dass für die Überwindung solcher Krise nicht an erster Stelle der Versorgungsgrad an Lebensmitteln entscheidend war, sondern die Fähigkeit der betroffenen Menschen, selbst Nahrung zu erzeugen und diese lokal zu tauschen. Nach Bürkner (2009: 14) bezeichnet Resilienz sozialwissenschaftlich die Fähigkeit von Einzelpersonen, sozialen Gruppen oder Gegenständen, entstandene Schäden zu kompensieren oder die verlorengegangene Funktionalität wiederherzustellen, bzw. die Fähigkeit, flexibel auf Gefahren zu reagieren (in diesem Sinne auch Kilper & Thurmann 2011).

> **Landschaften lassen sich nicht ohne die Menschen denken, die in ihnen leben. Eine Auseinandersetzung mit landschaftlicher Resilienz muss dementsprechend neben physisch-materiellen Aspekten auch zwingend die Ebene der handelnden Akteure beleuchten.**

So verstanden umfasst der Begriff der Resilienz letztlich die Fähigkeit eines Systems, mit Veränderungen unterschiedlichster Art umzugehen. Denn: „Verbesserungen will jeder, aber keine Veränderungen", so formulierte es Reichholf (2013) in einem

Interview treffend (in Jakubowski & Kaltenbrunner 2013: I). Vor diesem Hintergrund beschreibt Resilienz letztlich nichts anderes als die Kunst, aus (vielfach ungeliebten) Veränderungen Verbesserungen zu machen.

> **Landschaftliche Resilienz**
>
> Zusammenfassend und bezogen auf Landschaften soll für die weitere Arbeit zunächst landschaftliche Resilienz als ANPASSUNGS- UND SELBSTERNEUERUNGSFÄHIGKEIT einer Landschaft verstanden werden und damit als Fähigkeit einer Landschaft, trotz Störungen, Krisen oder fortlaufender Veränderungen die eigenen grundlegenden landschaftlichen Qualitäten zu erhalten, zu erneuern und zu stärken (vgl. Raith et al. (2017: 32), Hudson (2010), Dawley (2010), Kegler (2014), Walker und Salt (2006, 2012), Newmann et al. (2009), Finke (2014) u. a.).

Freilich wird im Weiteren zu definieren sein, was unter „grundlegenden landschaftlichen Qualitäten" konkret verstanden werden kann. Als Auftakt der Suche nach dem, was landschaftliche Resilienz ausmacht, soll jedoch zunächst einmal festgehalten werden, dass Landschaften schon allein naturgemäß dynamisch und hochkomplex sind und deshalb von dem erläuterten weiteren Begriffsverständnis von Resilienz ausgegangen wird.

- **Begriffliche Abgrenzungen**

Im „Fahrwasser" der Resilienz schwimmen häufig auch andere Fachbegriffe mit, sodass zudem eingangs noch einige Abgrenzungen nötig erscheinen. So stellen VULNERABILITÄT und Resilienz bei genauerem Betrachten zwei Seiten ein- und derselben Medaille dar.

> **Während Vulnerabilität die Verletzbarkeit oder Anfälligkeit eines Systems oder auch einer Person, einer sozialen Gruppe oder eines Objektes im Hinblick auf bestehende Gefahren oder Schadensereignisse beschreibt, widmet sich Resilienz der Kehrseite der Medaille, nämlich der Widerstandsfähigkeit eines Systems oder auch einer Person u. a. (vgl. Bürkner 2009, Kilper und Thurmann 2011: 115), wenngleich sich Resilienz nicht darauf beschränken lässt, wie noch zu zeigen sein wird.**

Resilienz wird demzufolge auch gern im Kontext zum KRISEN- UND RISIKOMANAGEMENT genannt. Das Risikomanagement befasst sich dabei mit der Identifikation, Bewertung und Entwicklung von Handlungsstrategien im Umgang mit Risiken, die aus der Vulnerabilität gegenüber unterschiedlichen Natur- und Technikgefahren entstehen können (vgl. Birkmann 2013). Aus Risiken können wiederum Krisen, d. h. Situationen außerhalb des Normalzustandes entstehen, die ein Krisenmanagement erfordern (BBK 2019b). Da landschaftliche Resilienz Risiken und die Krisenanfälligkeit des (landschaftlichen) Systems vermindert, ist ihre Förderung maßgeblicher Bestandteil des Krisen- und Risikomanagements, ersetzt aber keineswegs andere Managementkomponenten.

In der Landschaftsplanung wird zwischen der Schutzwürdigkeit eines Landschaftsausschnittes und seiner EMPFINDLICHKEIT gegenüber bestimmten Auswirkungen (z. B. Lärm oder Schadstoffe) unterschieden (Jessel & Tobias 2002: 242). Empfindlichkeit und Belastung werden in der ökologischen Risikoanalyse (Bierhals et al. 1974) für eine Bewertung des (ökologischen) Risikos herangezogen (von Haaren 2004: 98). Synonym für Empfindlichkeit wird in Vulnerabilitätsuntersuchungen auch der Begriff der Sensitivität verwendet. Wie wir noch an Fallbeispielen sehen werden, spielt die Empfindlichkeit bzw. Sensitivität einer Landschaft auch für ihre Resilienz eine ganz maßgebliche Rolle, ist jedoch nicht mit ihr gleichzusetzen.

1.1 · Begriffliche Annäherung

> Für die Resilienz einer Landschaft ist vielmehr entscheidend, wie mit den jeweiligen landschaftlichen Empfindlichkeiten konkret umgegangen wird, ob also unter Berücksichtigung landschaftlicher Sensitivität Resilienz erworben wird oder nicht.

Im Kontext zur Empfindlichkeit wurde in der Landschaftsplanung zugleich seit ihrer Entwicklung als Fachdiziplin über die ökologische TRAGFÄHIGKEIT einer Landschaft diskutiert. Dabei umschreibt der Begriff der Tragfähigkeit, „bis zu welchem Umfange in einer bestimmten Landschaft (belastende) Nutzungen toleriert werden können" (Bastian 1994: 43). Hier zeigen sich enge Querbezüge zur landschaftlichen Resilienz. Allerdings fokussierte der Tragfähigkeitsdiskurs stark auf die physisch-materielle Ebene einer Landschaft, während der Begriff der landschaftlichen Resilienz das Betrachtungsfeld noch um die handelnden Akteure erweitert. Ein weiterer Unterschied besteht darin, dass Resilienz i. d. R. im Kontext zu Krisen oder Störungen thematisiert wird. Ähnlich wie der Begriff der Tragfähigkeit fragt aber auch der Begriff der Resilienz nach Grenzen der Belastbarkeit von Landschaften. So lange also auch schon über Tragfähigkeit und Belastbarkeit von Landschaften diskutiert wird – häufigere Extremsituationen und kumulierende Stressfaktoren bringen es mit sich, dass diese Diskussion heute umso intensiver fortgeführt werden sollte.

Ebenso enge Querbezüge gibt es zwischen Resilienz und NACHHALTIGKEIT. Auch wenn Resilienz gegenwärtig verbal Konjunktur hat und dem Begriff der Nachhaltigkeit zunehmend den Rang abzulaufen scheint, sind beide Begriffe keinesfalls als deckungsgleich anzusehen. So führt nicht jede Maßnahme zur Erhöhung der Resilienz eines (Teil-)Systems nach Hahne & Kegler (2017: 22) „automatisch zu mehr Nachhaltigkeit des Gesamten".

> Nachhaltigkeit beschreibt ein Ziel, nämlich das einer ausgewogenen räumlichen Entwicklung unter Berücksichtigung sozialer, ökologischer und ökonomischer Aspekte, während Resilienz einen Prozess in den Fokus rückt, nämlich den, mit dem ein (landschaftliches) System auf Veränderungen unterschiedlicher Intensität zu reagieren vermag.

Insofern ist die Perspektive eine grundlegend andere. Freilich eint beide Begriffe die Breite möglicher Interpretationen, ihre Orientierung auf zentrale Fragen der Zukunftsgestaltung und ihr hohes strategisches Potenzial für Diskurse. Nicht umsonst deutet nach Jakubowski und Kaltenbrunner (2013: I) vieles darauf hin, „dass Resilienz als positive Universalvokabel bald die allmählich etwas ausgelaugt wirkende Nachhaltigkeit beerben könnte". Beide Begriffe bergen allerdings auch ähnliche Gefahren, wobei die größte Gefahr darin besteht, bei mangelnder Konkretisierung als Leerformel zu verkümmern. Für die vorliegende Untersuchung zur Resilienz ist an dieser Stelle zusammenzufassen, dass sich Resilienz und Nachhaltigkeit weder ausschließen noch ersetzen, sondern zueinander in enger Wechselbeziehung stehen (vgl. Christmann et al. 2012).

Andere aktuell diskutierte Konzepte wie das der GRÜNEN INFRASTRUKTUR (GI) und das der NATURE-BASED SOLUTIONS (NBS) können bei einer hinreichenden Umsetzung landschaftliche Resilienz maßgeblich stärken und zeigen auf diese Weise Querbezüge zum Resilienzbegriff, ersetzen ihn allerdings nicht. So definiert die Europäische Kommission (2016) naturbasierte Lösungen als solche, „that are inspired and supported by nature, which are cost-effective, simultaneously provide environmental, social and economic benefits and help build resilience" (näher dazu auch Kabisch et al. 2017). Ganz ähnlich verhält es sich mit der sogenannten

Grünen Infrastruktur als „strategisch geplantes Netzwerk wertvoller natürlicher und naturnaher Flächen" (Europäische Union 2014: 7): Gut ausgeprägt kann ein solches Netz zu einem höheren Maß an Resilienz führen (so auch BfN 2017: 39). Bedeutungsgleich sind die Begriffe deshalb aber noch lange nicht.

Ähnlich wie Nachhaltigkeit wird Resilienz dabei in der gegenwärtigen Fachliteratur durchweg positiv konnotiert. Muss sie dies aber tatsächlich sein? Entsprechend des beschriebenen Flummi-Effektes könnte doch theoretisch auch in einen landschaftlichen Zustand zurückgesprungen werden, der eine geringere Qualität aufweist oder gar nicht gewollt wird. Der Begriff der Resilienz charakterisiert einen Prozess bzw. die Prozessfähigkeit einer Landschaft, nicht aber zwangsläufig das Ergebnis des Prozesses. Vor diesem Hintergrund mahnt Weller (2016) unter dem Titel „Im Resilienztunnel – Bitte nehmen sie mal die Brille ab!", dass es dem aktuellen Sprachgebrauch in Wissenschaft und Politik völlig zuwiderlaufen würde, für eine Reduktion der Resilienz einzutreten, obgleich zumindest wissenschaftlich doch stets offenbleiben müsse, ob Resilienz wirklich in jedem Einzelfall gut und anstrebenswert sei. So würde das Resilienzkonzept z. B. nicht erkennen lassen, ob die Resilienz des einen Systems nicht vielleicht das Überleben eines anderen, möglicherweise sogar wichtigeren, gefährden würde. Im landschaftlichen Zusammenhang gilt das freilich gleichermaßen. In eine ähnliche Richtung zielen aus sozialwissenschaftlicher Perspektive auch Christmann et al. (2012: 22), wenn sie auf mögliche Nebenwirkungen oder neue Verwundbarkeiten verweisen, die der Versuch, in einem System Resilienz zu erreichen, für ein anderes System nach sich ziehen kann. Im Gegenzug antwortete Meyen (2016) allerdings, dass „die Brille" Resilienz zwar manches ausblendet, dafür anderes aber auch besser sehen lassen würde. So würden es Resilienzbetrachtungen zwangsläufig mit sich bringen, erstens auf mögliche Bedrohungen, zweitens auf Funktionen sowie Schwachstellen und Stärken eines Systems und drittens auf den Systemerhalt insgesamt zu fokussieren. Hierin liegt zweifelsohne eine Chance. Aber mögliche Schattenseiten von Resilienz sollten selbstverständlich auch bei der weiteren Suche nach dem, was landschaftliche Resilienz ausmachen kann, nicht ausgeblendet werden. Landschaftliche Resilienz wird im Folgenden deshalb nicht per se als positiv, sondern zunächst wertfrei, nämlich als mögliche Eigenschaft landschaftlicher Systeme verstanden.

1.1.2 Störungen, Krisen, Stress

Ganz gleich in welcher Fachdisziplin: Resilienz wird stets als Antwort auf Störungen, Krisen oder Stress gesehen. Wird in der Physik und in den Systemwissenschaften eher der Begriff der Störung verwendet, stehen in der Psychologie Traumata und persönliche Krisen im Mittelpunkt, wobei Krisen im psychologischen Sinn „das Leben zerteilen in ein Davor und Danach" (Filipp 2018: 28). Sie verlangen maßgebliche Verhaltensänderungen. Landschaften bedingen allerdings zwangsläufig eine Betrachtung, die über Einzelpersonen hinausgeht. Wie lassen sich Störungen und Krisen in diesem Kontext definieren? Stadt- und raumplanerisch stellten bislang u. a. einzelne Störungen (z. B. Extremereignisse wie Hochwasser, Hurrikans oder Naturkatastrophen wie Vulkanausbrüche), ebenso aber auch Krisen wie z. B. die Finanzkrise als Auslöser von Resilienzdebatten dar. Während das Bundesamt für Bevölkerungsschutz und Katastrophenhilfe eine KRISE als eine „vom Normalzustand abweichende Situation mit dem Potenzial für oder mit bereits eingetretenen Schäden an Schutzgütern, die mit der normalen Ablauf- und Aufbauorganisation nicht mehr bewältigt werden kann" (BBK 2019b) definiert, reicht die Spannweite bei anderen Autoren weiter. Nach Hahne & Kegler (2017: 47) gibt es „faktisch keine krisenfreie Zeit. Sie ist permanenter Begleiter gesellschaftlicher Entwicklung."

Krisen sind nach Hahne & Kegler einerseits unausweichlich, andererseits nur sehr bedingt vorhersehbar. Kegler (2014) unterscheidet dabei eine spezifische Resilienz, die auf Teile eines Systems ausgerichtet ist und sich auf kurzfristige Störungen bezieht, im Gegensatz zu einer allgemeinen Resilienz, die durch langfristige Störungen bedingt wird und sich stets auf das System als Ganzes bezieht. Festzuhalten bleibt, dass es grundsätzlich unterschiedlich intensive, kurzfristige und langfristige, oder auch flächige und punktuelle Störungen gibt. Zudem kann man Störungen, die durch endogene Prozesse eines Systems selbst verursacht werden, von solchen unterscheiden, die von außen auf ein System einwirken.

Als eine „Zusammenfassung von schweren Belastungen unterschiedlicher Art" eignet sich nach Sieverts (2013: 318) der Begriff STRESS (Abb. 1.1). Dieser ist vor allem im psychologischen Kontext üblich, bietet aber er auch in landschaftlichen Zusammenhängen Potenzial. Denn als Antwort auf Stress werden ebenso bei gesellschaftlichen Systemen außergewöhnliche Kräfte mobilisiert (Hahne & Kegler 2017: 40). Solange der Phase der Anspannung eine Phase der Entspannung folgt, kann Stress durchaus

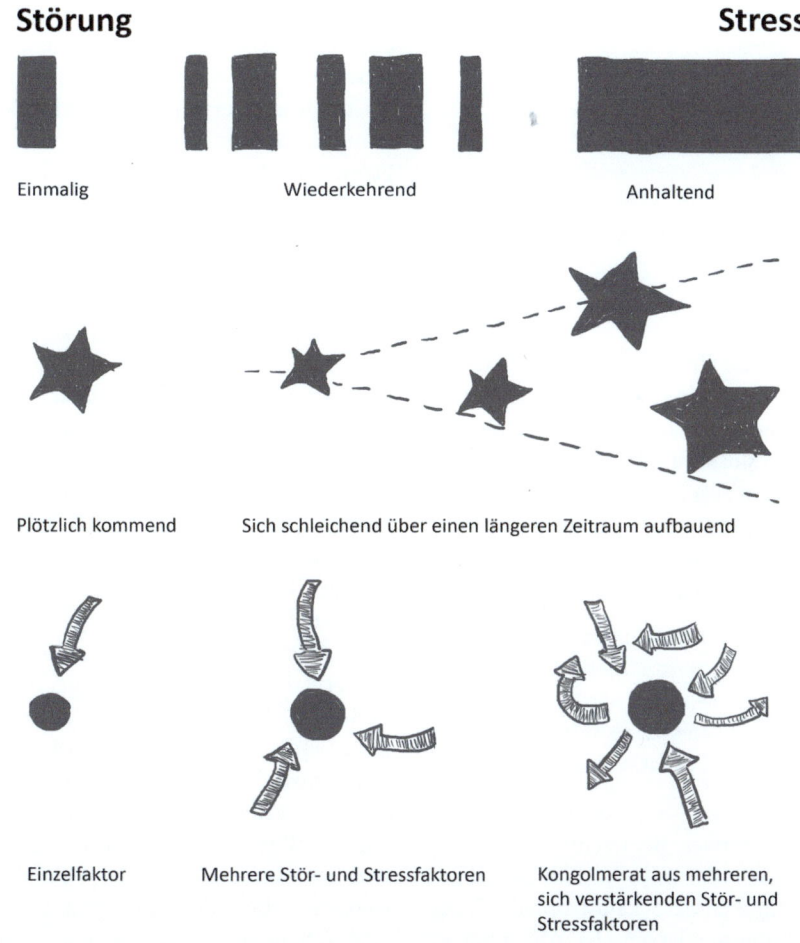

Abb. 1.1 Übersicht über die Charakteristika und Zusammenhänge zwischen einzelnen Störungen und Stress. (C. Schmidt/A. Zürn)

positive Wirkungen entfalten. Wenn Stress allerdings „zum Dauersymptom wird und keine Rückführung in den ‚Normalzustand' mehr stattfindet, wird das System überlastet und kann kollabieren" (Hahne & Kegler 2017: 40). Dies trifft letztlich auch auf Landschaften zu: Das Zusammenwirken von Störungen unterschiedlicher Art oder auch einzelne größere Störungen bzw. Krisen können Landschaften erheblich unter Stress setzen. Bei der Betrachtung landschaftlicher Resilienz soll es deshalb folglich nicht nur um einzelne Störungen (oder gar – negativ konnotiert – „Katastrophen") gehen, sondern auch um das Zusammenwirken unterschiedlichster Störfaktoren.

> **Störungen und Stress**
>
> Während sich der Begriff der Störungen in der Regel auf Einzelfaktoren bezieht, wird unter Stress im Folgenden ein Konglomerat aus unterschiedlichsten Störfaktoren verstanden, welche sich über unterschiedliche Zeiten aufbauen und in erheblichem Maße interagieren.

Betrachtet man die Ursachen für landschaftsbezogenen Stress, können sowohl Veränderungen von Umweltfaktoren als auch anthropogene Faktoren als Auslöser fungieren (◘ Abb. 1.2).

Wird Resilienz als Anpassungs- und Selbsterneuerungsfähigkeit eines Systems verstanden, müssen mit dem Blick auf das Gesamte alle Auslöser im Zusammenhang betrachtet werden.

❯ **Denn je größer und komplexer der landschaftsbezogene Stress ist, desto größer müsste zwangsläufig die Resilienz einer Landschaft sein, um diese unbeschadet zu überstehen.**

Nun haftet Begriffen wie Störung von vornherein ein pejorativer Beigeschmack an, erst recht, wenn sich darunter wie in ◘ Abb. 1.2 auch Kriege und andere katastrophale Ereignisse subsummieren lassen. In Abhängigkeit von Typ und Ausprägung können Störungen neben dieser negativen Seite aber grundsätzlich auch positive Folgewirkungen auslösen.

In bestimmten Entwicklungsprozessen sind Störungen sogar schlichtweg entwicklungsnotwendig, wie z. B. das KONZEPT DER PFADABHÄNGIGKEIT zeigt (vgl. u. a. Arthur 1994, Beyer 2015, Röhring & Gailing 2011). Nach diesem kann der Ablauf gesellschaftlicher Prozesse durch zeitlich zurückliegende Ereignisse stark beeinflusst oder gar bestimmt und damit „pfadabhängig" werden. Was zunächst wie eine Binsenweisheit klingt, vermag bei näherer Betrachtung die ein oder andere landschaftliche Fehlentwicklung zu erklären, denn pfadabhängige Prozesse sind dazu prädestiniert, Fehler zu verfestigen und in dem einmal gewählten Entwicklungsweg zu „erstarren". Ist ein pfadabhängiger Prozess erst einmal eingeschlagen, ist es ungleich schwerer, ihn wieder zu verlassen. Ein sich als ungünstig erweisender Entwicklungspfad kann in der Regel nur durch eine genügend große Erschütterung verlassen werden. In diesem Fall wird ein neuer Kreuzungspunkt eröffnet und eine alternative Entwicklung ermöglicht. So gesehen stellen Störungen im Konzept der Pfadabhängigkeit keine negativen Elemente dar, sondern sogar zwingend notwendige Impulse für eine kreative Pfadkorrektur. Nicht jeder Entwicklungsprozess ist dabei zwangsläufig pfadabhängig. Eine Pfadabhängigkeit wird erst durch bestimmte Bedingungen forciert, beispielsweise nach David (2000) durch eine Quasi-Irreversibilität von Investitionskosten (z. B. für die Anlage bestimmter Landschaftsstrukturen) oder nach Arthur (1994) durch *increasing returns* bzw. Vorteile, die umso stärker erwartet werden, je länger die jeweilige (landschaftliche) Struktur aufrechterhalten wird. Die Entscheidungen, die am Anfang des Entwicklungsprozesses *(initial conditions)* getroffen wurden, bestimmen jedenfalls maßgeblich die spätere Entwicklung, und als Kennzeichen der Pfadabhängigkeit werden neben der Zwangsläufigkeit einmal eingeschlagener Entwicklungen vor allem die Schwierigkeit der Abkehr von Gleichgewichtszuständen – sogenannten *lock in* – hervorgehoben (Beyer 2015: 149).

1.1 · Begriffliche Annäherung

Naturbedingte Auslöser	Anthropogen bedingte Auslöser	Dauer
 Kurzzeitige Extremwetterereignisse wie Stürme, Starkniederschläge oder Brände	 Kurzzeitiges technisches oder menschliches Versagen, Unfälle, Havarien, Fahrlässigkeiten	
 Kurzzeitige seismische Ereignisse wie Erdbeben oder auch kosmische Ereignisse wie z. B. ein Meteoriteneinschlag	 Terrorismus, Sabotage (z. B. Hardware- oder Softwareausfall), sonstige Kriminalität	
 Extremperioden wie Hitzewellen, Dürreperioden, Hochwasserereignisse	 Kriege, Epidemien, Pandemien	
 Phasen mit gehäuft auftretenden Einzelereignissen	 Sozioökonomische Krisen (wie z. B. Finanzkrise)	
 Längerfristige Veränderungen der Umweltfaktoren wie z. B. der Klimawandel Artensterben u. a.	 Längerfristige gesellschaftliche Veränderungen wie z. B. durch demografischen Wandel, Wertewandel u. a.	

Abb. 1.2 Beispiele für Auslöser von Störungen, Krisen oder Stress, differenziert nach ihrer zeitlichen Dauer. (C. Schmidt/A. Zürn)

Ähnlich positiv wie im Konzept der Pfadabhängigkeiten werden Störungen auch in der konstruktivistischen Lerntheorie gesehen. Nach dieser stellen Menschen systemtheoretisch selbstreferenzielle und operational geschlossene Systeme dar, die (eine vermeintliche) Realität nie objektiv, sondern immer nur nach Maßgabe ihrer inneren Struktur wahrnehmen können (Huschke-Rhein 2003: 14). Lernprozesse des Menschen können deshalb nur unter bestimmten Bedingungen ausgelöst werden, beispielsweise wenn äußere Einflüsse das geschlossene System so stark perturbieren, dass die bislang gewählte Konstruktion von Realität gewandelt und angepasst werden muss. Perturbationen bzw. Störungen sind dementsprechend nahezu zwangsläufig notwendig, um Veränderungs- und Lernprozesse überhaupt zu ermöglichen und zu initiieren (vgl. u. a. Huschke-Rhein 2003). Bei allen Problemen, Schäden oder gar Katastrophen, die Störungen oder Stresssituationen mitunter auslösen können, sollten mögliche positive Auswirkungen deshalb nicht ausgeblendet werden. Störungen und Krisen sind grundsätzlich immanenter Bestandteil jeglicher Entwicklungsprozesse, auch landschaftlicher.

Nun sind gravierende Landschaftsveränderungen längst nicht nur Folgen von Störungen oder Stress. Die meisten werden gezielt hervorgerufen, wie eindrücklich Bergbaufolgelandschaften dokumentieren, andere wiederum werden als Nebenprodukt menschlicher Tätigkeit stillschweigend in Kauf genommen. Der entscheidende Unterschied zu Krisen, die durch landschaftsbezogene Störungen oder Stress entstehen, liegt darin, dass diese in der Regel unvorhergesehen und unbeabsichtigt entstehen. Aber sind sie einmal da, bedürfen sie zwingend einer Antwort.

1.1.3 Landschaften

Zu Beginn einer Suche nach den Bedingungsgefügen landschaftlicher Resilienz ist schließlich noch zu klären, von welchem Landschaftsverständnis ausgegangen wird. Was unterscheidet Landschaften von Städten und Regionen, über deren Resilienz schon deutlich länger diskutiert wird?

> **Landschaft**
>
> Auf der Basis von Artikel 1 der Europäischen Landschaftskonvention (2000) ist Landschaft zunächst „ein vom Menschen als solches wahrgenommene Gebiet, dessen Charakter das Ergebnis des Wirkens und Zusammenwirkens natürlicher und/oder anthropogener Faktoren ist".

Mithin sind sowohl die physisch-materiellen Gegebenheiten der jeweiligen Landschaft als auch die Perspektiven und Sichten der Bevölkerung bzw. deren Wahrnehmung maßgebend.

> **Natur ist auch ohne den Menschen existent, Landschaft jedoch nicht!**

Landschaft wird erst durch die Wahrnehmung des Menschen zu einer solchen und umschreibt insofern begrifflich „wahrgenommene" Natur. Aber nicht nur das. Denn neben den natürlichen Bedingungen werden Landschaften seit Jahrhunderten zugleich durch den Einfluss des Menschen geprägt. Ein Wechselspiel aus natur- und kulturbedingten Faktoren ist es also, welches das heutige Gesicht unserer Landschaften im physisch-materiellen Sinne bestimmt. Dabei umfasst Landschaft im Sinne der Europäischen Landschaftskonvention sowohl bebaute als auch unbebaute Gebiete, städtische genauso wie ländliche Räume, Kultur- als auch Naturlandschaft, Landflächen ebenso wie Wasserflächen und besonders schutzwürdige wie auch gewöhnliche oder geschädigte Gebiete. Städte stellen demnach eine spezifische Form einer Landschaft dar, die erst in den letzten Jahrhunderten eine so überragende Flächenausdehnung erfahren hat. Versteht man STÄDTE als administrative Einheit, integrierten Städte zudem oft auch kleinere unbebaute Landschaften wie

1.1 · Begriffliche Annäherung

Acker- oder Waldlandschaften. Der größte und charakteristischste Teil von Stadtlandschaften wird indes durch die urbane Bebauung geprägt. REGIONEN als großräumigere, sei es administrativ oder auch handlungsorientiert abgegrenzte räumliche Einheiten, können im Vergleich zu Städten eine noch größere Vielzahl unterschiedlicher Landschaften beinhalten. D. h., Städte und Regionen werden als räumliche Einheiten nach anderen Kriterien als Landschaften definiert, charakterisiert und abgegrenzt.

Auf die Frage nach der Abgrenzung einer Landschaft gibt es dabei eine Fülle von Antworten, und doch dürfte keine davon für sich Allgemeingültigkeit beanspruchen. Simmel bringt zwar schon 1913 zum Ausdruck, dass für Landschaft im Gegensatz zur Natur gerade eine Abgrenzung wesentlich ist. Wonach diese jedoch erfolgt, ob nach optisch-ästhetischen, geografischen, sprachlichen, kulturellen oder ganz anderen Kriterien, dies unterscheidet sich von Betrachter zu Betrachter, auch von Betrachtungszweck zu Betrachtungszweck und wandelt sich zudem über die Zeit. Landschaften sind demnach ausgesprochen flexible räumliche Einheiten. Dies muss allerdings einer Auseinandersetzung mit landschaftlicher Resilienz nicht im Wege stehen. Landschaften lassen sich nach unterschiedlichen Gesichtspunkten zusammenfassen, systematisieren und typisieren. Nahe liegt beispielsweise, die globale Gliederung der KLIMA- UND VEGETATIONSZONEN aufzugreifen und Landschaften einer Zone im Hinblick auf ihre Resilienz zu vergleichen. Die Landschaften, die in diesem Buch eine Rolle spielen werden, decken dabei eine recht große Spannweite von der tropischen bis zur polaren Klimazone ab, wie die nachfolgende Karte zeigt (Abb. 1.3).

In Bezug auf die Vegetationszonen werden wir im Folgenden den Bogen von borealen Nadelwäldern bis zu Wüsten, von der Tundra bis zur Zone des Regenwaldes spannen. Aller-

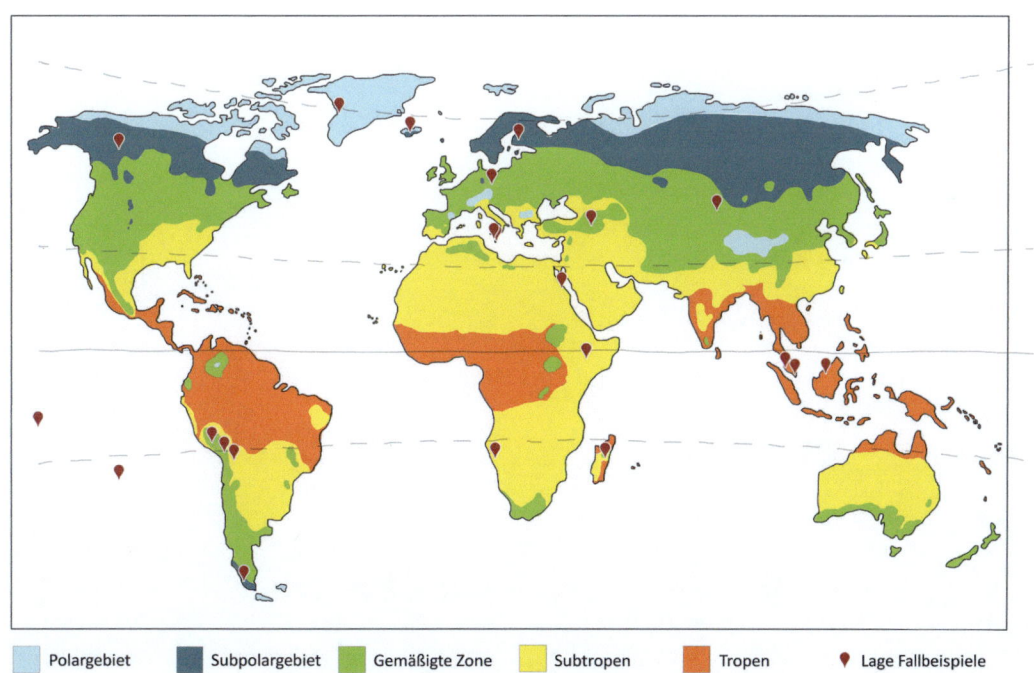

Abb. 1.3 Lage der im Buch betrachteten Landschaften in den Klimazonen der Erde. (C. Schmidt/A. Zürn)

dings wird landschaftliche Resilienz in hohem Maße durch die menschliche Nutzung beeinflusst, sodass es je nach Fragestellung auch zielführend ist, Landschaften nach ihrer prägenden gesellschaftlichen FUNKTION ODER NUTZUNG zu gliedern. Folgt man diesem Ansatz, ließen sich beispielsweise neben Acker- und Weidelandschaften auch Energielandschaften, Bergbaulandschaften, urbane und suburbane Landschaften oder Waldlandschaften unterscheiden (vgl. auch Schmidt 2006). Ähnlich differenzieren Václavík et al. (2013) die Landnutzungssysteme der Welt in urbane Agglomerationen im Kontrast zu Waldsystemen, oder intensive, extensive und bewässerte agrarische Anbausysteme sowie Weidesysteme im Kontrast zu borealen Systemen oder unfruchtbaren bzw. nicht bewirtschafteten Systemen.

> Die Nutzung einer Landschaft muss bei der Charakterisierung der Fallbeispiele in jedem Fall eine entscheidende Rolle spielen.

Oft wird der Charakter einer Landschaft aber durch weitaus mehr als nur durch die jeweilige Hauptnutzung bestimmt. Man denke beispielsweise an die spanischen Dehesas, die mit ihren über die Fläche verteilten Stein- und Korkeichen eine ganz andere Weidelandschaft darstellen als die der irischen Insel mit ihren Heckensystemen. Oder man stelle sich ackerbaulich genutzte Terrassenlandschaften im Vergleich zu Ackerlandschaften in Niederungen vor, die durch Gräben strukturiert werden. Bestimmte LANDSCHAFTSSTRUKTUREN können die Eigenart einer Landschaft bei gleicher Hauptnutzungsart entscheidend prägen, sodass eine ergänzende Differenzierung nach charakteristischen Landschaftsstrukturen hilfreich ist. Diese können sowohl natürliche Strukturen (z. B. Flusslandschaft in ◘ Abb. 1.4) oder auch kulturhistorisch durch den Menschen entstandene Strukturen (z. B. Ackerterrassen in ◘ Abb. 1.13) umfassen.

◘ Abb. 1.4 Beispiel für eine Wald- und Flusslandschaft in Kanada, Yukon. (Foto: C. Schmidt)

1.1 · Begriffliche Annäherung

> **Landschaftsstrukturen und Landschaftscharakter**
>
> Dabei werden unter Landschaftsstrukturen grundsätzlich physisch ablesbare Gestaltmerkmale einer Landschaft verstanden. Sie prägen neben der Nutzung maßgeblich den LANDSCHAFTSCHARAKTER, der die Typik und Eigenart der jeweiligen Landschaft zusammenfassend beschreibt.

Im Bezug zur Resilienz interessieren besonders diejenigen Landschaftsstrukturen, die sich oft wiederholen und in dem sich daraus ergebenden Muster und Mosaik landschaftsprägend wirken. Verschwinden diese, werden zumeist auch Typik und Wiedererkennungswert einer Landschaft empfindlich gestört. Und wie könnte eine Landschaft wohl resilient sein, wenn sie nicht mehr wiederzuerkennen ist und ihre Charakteristika verloren gehen?

Genau hier wird es jedoch bei näherer Betrachtung diffizil. Denn der Charakter einer Landschaft, seine Typik und Eigenart, ist nichts Feststehendes, sondern ändert sich durchaus im Verlauf der Zeit. Seit es Landschaften gibt, wandeln sie sich. Nichts ist konstanter als der Wandel, sagte schon Heraklit, und dieser Ausspruch hat bis heute nichts an Gültigkeit verloren. Heutige Landschaften stellen insofern ein Palimpsest unterschiedlichster Zeitschichten dar. Sie dokumentieren die Gleichzeitigkeit von Ungleichzeitigkeiten und umfassen stets ein komplexes Gefüge ganz unterschiedlicher Strukturen. Welche davon sind tatsächlich system- bzw. landschaftsprägend? Eine solche Frage kann nur im Einzelfall beantwortet werden! In der Landschaftsplanung wird deshalb regelmäßig die aktuelle Typik und Eigenart einer Landschaft als ein wesentlicher Ausgangspunkt charakterisiert, die Fachdisziplin hat also einige Übung darin. Auf der Suche nach Hintergründen der Typik und des Resilienzgefüges wird bei den zu untersuchenden Fallbeispielen allerdings auch zwangsläufig ein Blick in die Geschichte der Landschaft nötig sein. Und wie ist mit der fortwährenden Dynamik von Landschaften umzugehen?

Einen interessanten Ansatz dafür liefert Holling et al. (2002), nach dem jedes System – ganz gleich, ob ein sozioökonomisches oder ökologisches – einen ADAPTIVEN ZYKLUS durchläuft, in dessen letzter Phase sich entscheidet, ob sich das System erfolgreich an die veränderten Bedingungen anpasst, reorganisiert und damit resilient ist, oder nicht. Brand und Kollegen (2011: 79) beschreiben die Grenzen des Modells, so z. B. die zugrundeliegende holistische Systemauffassung, die nicht auf alle Systeme gleichermaßen zutrifft. Aber nichtsdestotrotz eröffnet das Modell die Möglichkeit, zyklische Landschaftsveränderungen nicht als Systemversagen, sondern in gewisser Weise als Normalität anzusehen. Holling et al. (2002) unterscheiden dabei vier Lebensphasen eines Systems (◘ Abb. 1.5):

- eine WACHSTUMSPHASE, die sich durch Innovation und Aufbau von Strukturen auszeichnet,
- eine ERHALTUNGSPHASE; die nach Raith et al. (2017: 33) durch Schließung, Rigidität, Stagnation und Vulnerabilität durch strukturelle und operative Pfadabhängigkeiten geprägt ist,
- eine ZERSTÖRUNGSPHASE, die neben Destabilisierung und Zerstörung auch zu einer Freisetzung neuer Potenziale führt, und schließlich
- eine ERNEUERUNGSPHASE, in der sich nach Raith et al. (2017: 33) entscheidet, ob ein System zerfällt oder sich erfolgreich regeneriert – d. h., ob es resilient ist in dem Sinne, dass es seine wesentlichen Strukturen, Funktionen und Beziehungen und nach Walker et al. (2004: 5) letztlich auch seine Identität erhalten kann.

Wachstumsphase

Erhaltungsphase

Zerstörungsphase

Erneuerungsphase

◻ **Abb. 1.5** Lebensphasen im adaptiven Zyklus nach Holling et al. (2002). (A. Zürn)

Bezieht man diesen adaptiven Zyklus auf Landschaften, so muss man berücksichtigen, dass Landschaftsstrukturen physische Manifestationen gesellschaftlicher Transformationsprozesse sind und sich die beschriebenen Lebensphasen damit mehr oder weniger in ihnen widerspiegeln. Daraus folgt, dass die Länge des Zeitraumes, in der Landschaftsstrukturen aktiv erhalten werden, zugleich einen Hinweis auf das Maß existenter landschaftlicher Resilienz geben können. Allerdings verfügen Landschaftsstrukturen über ein enormes Beharrungsvermögen: Bestimmte Bauwerke und Strukturen können beispielsweise noch im Landschaftsbild präsent sein, wenn die Kulturen, die sie erzeugt haben, schon längst untergegangen sind. Das Gedächtnis der Landschaft in Bezug auf die sich darin spiegelnde Geschichte des Menschen ist lang und geduldig. Es gibt demnach einen nicht zu unterschätzenden zeitlichen Versatz zwischen verursachenden gesellschaftlichen Entwicklungen und den daraus erwachsenen, ablesbaren Wirkungen in der Landschaft. Gerade weil physisch ablesbare Strukturen einer Landschaft aber in aller Regel aus bestimmten Handlungen erwachsen, kann bei der Suche nach landschaftlicher Resilienz auch die EBENE DER AKTEURE nicht unberücksichtigt bleiben. Dies gilt umso mehr, als dass Landschaften stets zugleich soziale Konstruktionen darstellen. Die folgende Abbildung stellt vor diesem Hintergrund Landschaft als Ergebnis der Wechselwirkung zwischen Akteuren und den physischen Voraussetzungen eines Raumes dar und ordnet die Begriffe des Landschaftscharakters und der prägenden Landschaftsstrukturen ein (◻ Abb. 1.6).

In den Fallbeispielen wird mitunter auf die PHYSISCH-MATERIELLE EBENE, mitunter auf die Akteurs- und Handlungsebene

1.1 · Begriffliche Annäherung

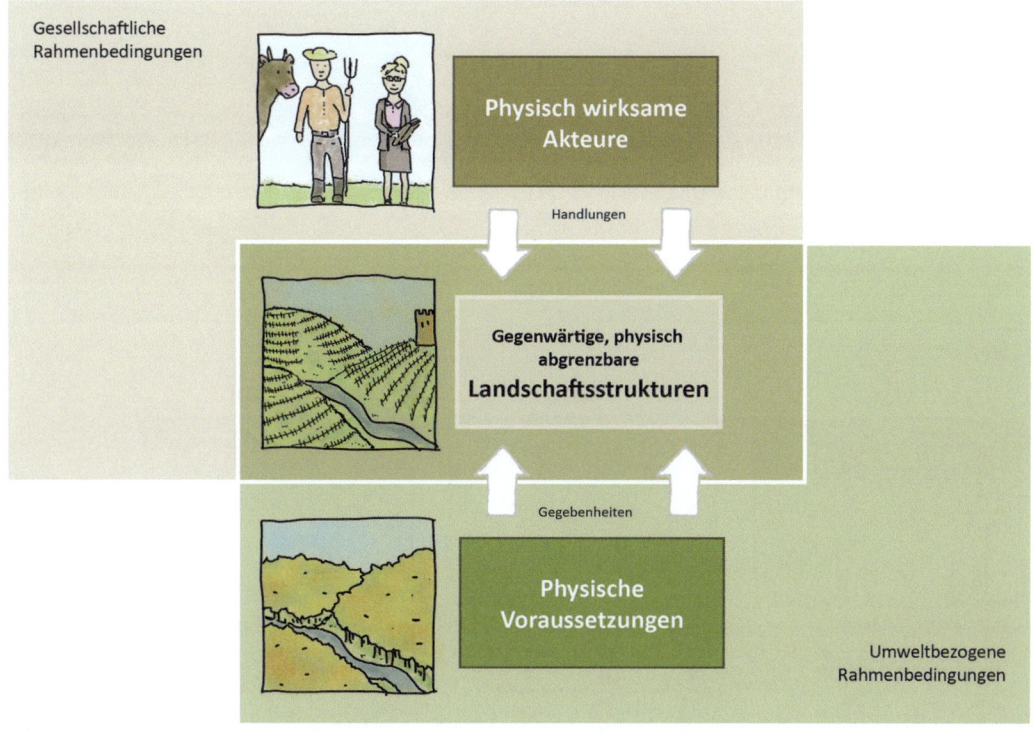

Abb. 1.6 Landschaftscharakter und Landschaftsstrukturen im Wechselspiel zwischen Akteuren und physischen Voraussetzungen. (C. Schmidt/A. Zürn auf der Basis von Seidel 2017, S. 47)

einer Landschaft fokussiert werden: Landschaft entsteht letztlich in der Vernetzung beider Ebenen! Eine Einbeziehung der AKTEURS- UND HANDLUNGSEBENE verändert in jedem Fall zugleich den Blick auf landschaftliche Resilienz. Denn wenn Landschaften von einzelnen Betrachtern und Akteuren letztlich „konstruiert" werden, dürfte es der Resilienz nicht anders gehen (vgl. Christmann et al. 2012: 26). Beispielsweise werden Störungen und Krisen von verschiedenen handelnden Akteuren und Betroffenen durchaus unterschiedlich wahrgenommen. Ebenso können Handlungsmöglichkeiten unterschiedlich eingeschätzt und folglich auch andere Maßnahmen ergriffen werden, es kommt auf die Sicht der landschaftsprägenden Akteure an.

Nun bleibt noch, die Begriffe der ARTEN und LEBENSRÄUME einzuordnen, die aus ökologischer Perspektive sehr häufig zur Beschreibung und Differenzierung von Landschaften verwendet werden und auf die ebenso zurückzukommen sein wird, wenn nach Einflussfaktoren auf die landschaftliche Resilienz gesucht werden wird (Abb. 1.7).

Dabei verdeutlicht Abb. 1.7, dass nur die wenigsten Landschaften aus einem einzigen Lebensraum bestehen, so wie es beispielsweise bei Wüsten der Fall ist. Die meisten werden durch ein Mosaik ganz unterschiedlicher Lebensräume und damit ebenso unterschiedlicher Lebensgemeinschaften (Biozönosen) geprägt. Diese wiederum basieren auf einer Vielzahl an Tier- und Pflanzenarten und den Wechselwirkungen zwischen ihnen.

Abb. 1.7 Ökologische Untergliederung von Landschaften in Lebensräume (Biotope) und deren Arten. (C. Schmidt/A. Zürn)

Resilienz kann insofern auf verschiedenen Betrachtungsebenen verortet werden. Sie kann bereits auf der Artebene beginnen und wird sich auf dieser vermutlich auch leichter fassen und beschreiben lassen. Aber landschaftliche Resilienz kann sich keineswegs auf die Ebene der Arten beschränken, sie erwächst erst aus dem Zusammenspiel dieser und ihrer Lebensräume. Im Folgenden wird deshalb die LANDSCHAFTLICHE EBENE im Vordergrund stehen.

Führt man sich diese Komplexität vor Augen, noch dazu die zuvor erläuterten Zusammenhänge zwischen der Akteurs- und Handlungsebene und der materiell-physischen Ebene von Landschaften und die enorme Dynamik, der Landschaften im Allgemeinen unterliegen, versteht sich, dass die nachfolgenden Ausführungen keine Vollständigkeit erreichen können und wollen, sondern letztlich lediglich Streifzüge darstellen – Streifzüge auf der Suche nach landschaftlicher Resilienz.

1.2 Der adaptive Zyklus von Landschaften

Versuchen wir in einem nächsten Schritt, den dargestellten adaptiven Zyklus nach Holling et al. (2002) auf Landschaften anzuwenden und zu schauen, welche Fragestellungen sich daraus für die weitere Betrachtung landschaftlicher Resilienz ergeben. TERRASSENLANDSCHAFTEN erscheinen dafür bestens geeignet, denn zum einen lassen sich ihr Landschaftscharakter und die prägenden Landschaftsstrukturen klar fassen, zum anderen sind sie sehr weit verstreut über den Globus zu finden. Historisch wurde eine breite Palette an Terrassennutzungen hervorgebracht (z. B. Reisterrassen, Weinterrassen etc.). Konzentrieren wir uns im Folgenden auf ACKERTERRASSEN: Sie sind an keine spezifische Klimazone, dafür aber an spezifische geomorphologische Verhältnisse gebunden. Entstanden sind sie überall dort, wo eine zu starke Hangneigung einer ackerbaulichen Nutzung im Wege stand, eine wachsende Bevölkerung (die Handlungsebene der Landschaft) jedoch zugleich neue landwirtschaftliche Nutzflächen erforderte, wobei ein Ausweichen auf leichter zu bewirtschaftende Gebiete aus den unterschiedlichsten Gründen nicht möglich war. Ackerterrassenlandschaften werden generell durch nur wenige Meter breite Verebnungen in Hanglage (den Terrassen) geprägt, welche in der Regel mehr oder weniger parallel zu den Höhenlinien verlaufen und hangabwärts von Stufen oder Rangen begrenzt werden, die nicht immer, aber doch sehr häufig durch Lesesteine oder in aufwendigeren Formen auch durch kunstvolle Trockenmauern befestigt und stabilisiert wurden. Ackerterrassen sind damit gut abgrenzbare Landschaftsstrukturen, die den Charakter einer Landschaft ganz maßgeblich prägen. Vergleichen wir drei Beispiele solcher Ackerterrassenlandschaften, die zwar bei Weitem nicht die Fülle regionaler Spezifika abdecken, die weltweit zu finden ist, aber zumindest in der geografischen Verortung und Entwicklungsgeschichte ein interessantes Spektrum aufmachen.

1.2.1 Ackerterrassenlandschaft der Konso

Die Konso haben in ihrem Siedlungsgebiet im südlichen ÄTHIOPIEN eine einzigartige Ackerterrassenlandschaft geschaffen, die als Musterbeispiel eines solchen Landschaftstyps gelten kann (◘ Abb. 1.8). In einer Höhenlage von 1500 bis 2000 m ü NN. erstreckt sich ein ausgeklügeltes und über 230 km² reichendes Terrassensystem, welches durch seine Gestaltung und eine ausgesprochen durchdachte Bewirtschaftung besticht. Die Landschaft wird dabei zum großen Teil durch Steinterrassen (Kabata) bestimmt (FDRE 2009: 9).

Aber nicht nur durch diese: Es ist vielmehr das Wechselspiel der Steinterrassen mit den durch hohe Steinmauern umgrenzten Siedlungen der Konso, die Paleta genannt werden. Hinzu kommen heilige Wälder, Teiche (Harda) und eindrückliche, vom Ahnenkult zeugende Waka-Figuren. Nicht zuletzt tragen die lebendigen Traditionen der nur ca. 280.000 Personen umfassenden Ethnie zu der außergewöhnlichen Qualität der

Abb. 1.8 Ackerterrassen der Konso im südlichen Äthiopien mit dem charakteristischen Moringa-Baum *(Moringa stenopetala)*. (Foto: C. Schmidt)

Kulturlandschaft bei (FDRE 2009: 8). 2011 wurde deshalb ein 55 km² großes Teilgebiet als UNESCO-Weltkulturerbe ausgewiesen (ICOMOS 2011). Besucht man die faszinierende Landschaft, wird man sich noch Jahre später mit Bewunderung an sie erinnern.

Die zeitlichen Ursprünge dieser Landschaft zu finden – also den Beginn der Wachstumsphase im adaptiven Zyklus nach Holling et al. (2002) – ist allerdings nicht so einfach. So erklärten die Konso der Autorin in Gesprächen vor Ort, die Terrassen seien mindestens 2000 Jahre alt, so lange schon seien die Konso hier und würden ihr Land bestellen. Belege dafür fehlen jedoch, schriftliche Überlieferungen der Geschichte der Konso gibt es nicht (ICOMOS 2011: 7). Eine archäologische Altersbestimmung ist ebenso wenig möglich. Hallpike (1968: 76) datiert im Gegensatz dazu erste Konzentrationen der bis dahin eher verstreut liegenden Siedlungen auf Anfang des 16. Jahrhunderts. Die typischen, stark mit Mauern befestigten Hochformen der Paleta sollen erst in diesem Zuge entstanden sein. Geht man davon aus, dass die Terrassen zur selben Zeit erbaut wurden, könnten sie damit nicht älter als 400 bis 500 Jahre sein. Dieser Zeitraum deckt sich in etwa auch mit der Anzahl an Ringgravuren (eine pro Generation) auf einem Baumstamm, der das Grab religiöser Führer der Konso markiert. Danach gab es bislang 21 Generationen an Chiefs. Da die Konso von alters her als Ackerbauern bekannt sind und sich nach ihren Erzählungen zu ihrem eigenen Schutz und auf der Flucht vor anderen Stämmen immer weiter in die Berge zurückzogen, ist allerdings gut vorstellbar, dass sie mit der Anlage von Terrassierungen schon mit der ersten Besiedlung des Gebietes und damit weit vor der beschriebenen Siedlungsbefestigung begannen. Wie sonst hätten sie bei solch einer Reliefdynamik Ackerbau betreiben und sich ernähren sollen? Die Steinmauern der Terrassen mögen vielleicht erst deutlich später hinzugekommen sein, zum einen, um noch besser der Bodenerosion zu begegnen, und zum anderen, weil die wachsende Bevölkerung einen kontinuierlichen Ausbau des Terrassensystems erforderte. Allgemein wird davon ausgegangen, dass erst eine zunehmende Bevölkerungsverdichtung so große Anstrengungen wie einen steinernen Terrassenbau rechtfertigte (vgl. z. B. Radkau 2002: 120). Bei den Konso dürfte dies spätestens Anfang des 16. Jahrhunderts, eher jedoch schon Ende des 15. Jahrhunderts gewesen sein. Denn es liegt nahe, dass die Fertigkeiten im Trockenmauerbau erst mit der Befestigung der Terrassen sukzessive geschult und verbessert wurden, bevor man sich an über 5 m hohe Mauern zur Siedlungsbefestigung wagte. Eine der Trockenmauern in Gamole (einer von 40 Siedlungen im Konso-Land) hat beispielsweise eine erstaunliche Höhe von 5,7 m bei einer Breite von 2,2 m. Dehnte sich das Dorf weiter aus, wurde der nächste Befestigungswall gezogen, sodass die Paletas schließlich aus Ringen von Mauern und darin geschützten, dicht bebauten Höfen und Gassen bestanden. Die Ackerterrassen lagen dabei stets außerhalb der Mauern, und in jedem Fall muss es viele Jahrzehnte gedauert haben, ein so vollständig ausgeformtes und ausdifferenziertes System an Steinterrassen zu erschaffen.

Die Ackerterrassen in Gamole sind noch heute ca. 2 m breit, die sorgfältig geschichteten Trockenmauern ca. 0,5 bis 1 bzw. 1,5 m hoch. Die geringe Breite der Terrassen ergibt sich zwangsläufig aus dem starken Hanggefälle. Sie lässt jedoch bis heute noch nicht einmal eine Bewirtschaftung mit Ochsengespannen zu. Vielmehr ist auch in unseren Tagen Handarbeit angesagt: Man sieht auf den Terrassen Sorghum, Mais, Soja, Kürbisse (Kalebassen), ebenso einige Kaffeepflanzen. Auf diese Weise bieten die Terrassen ein höchst diverses Bild, wobei der Moringa-Baum, der afrikanische Kohlbaum *(Moringa stenopetala),* als Symbolbaum der Konso nie fehlt. Er desinfiziert nach Aussagen der Konso das Trinkwasser, wird als Medizin gegen Malaria und andere Krankheiten genutzt, die Früchte werden verzehrt. Die Traditionen der Konso sind eng mit ihm verbunden, sodass er sowohl die Höfe als auch die Terrassen ziert. Minker (1989: 95, 105) beschreibt, dass unter 1700 m ü NN. auf den Terrassen Sorghum überwiegt, und ab dieser Höhe Weizen und Gerste immer größere Anteile der Terrassen einnehmen. Er gibt auch viele weitere Kulturpflanzen wie z. B. Tef oder verschiedene Wurzelknollengewächse an. Hier deutet sich schon an, dass Vielfalt die Resilienz eines landschaftlichen Systems beeinflussen könnte, darauf wird später noch zurückzukommen sein.

Die Konstruktion der Terrassen ist ausgefeilt: In der Mitte jeder Terrasse gibt es eine Tiefenrinne, die anfallendes Niederschlagswasser zurückhält – einerseits ein perfekter Erosionsschutz, andererseits ein vorausschauendes Wassermanagement für Trockenzeiten. In der Regel sind die Terrassenwände auch mindestens 20 cm höher als das angrenzende Feld, um bei Starkregen einen zu schnellen Abfluss von Terrasse zu Terrasse zu vermeiden. Zur weiteren Stabilisierung dienen zudem Steinstege, die in regelmäßigen Abständen die Terrassen queren und gleichzeitig als Weg dienen. Die Terrassen stellen insgesamt ein feingliedrig aufeinander abgestimmtes Wasserrückhaltesystem dar, welches der periodischen Trockenheit im Gebiet ebenso Rechnung trägt wie den teilweise auftretenden Starkregenereignissen. Trotz der Robustheit der Konstruktion ermöglicht das System also eine gewisse Elastizität, die in späteren Kapiteln noch eine

Rolle spielen wird. Selbst der Moringa-Baum dürfte bodenstabilisierend wirken. Terrassen erhalten sich jedoch nicht von allein, erst recht nicht solche ausgefeilten Systeme. Werden sie unkoordiniert einem Verfall preisgegeben, wird sofort die Funktionsfähigkeit des Gesamtsystems riskiert. Minker (1989: 165) beschreibt zwar, dass ein Feld bei den Konso in der Regel nach ungefähr zehnjähriger Nutzung sieben Jahre brachliegen gelassen wird, sodass das Terrassensystem auch regulär zweifelsohne Brachflächen beinhaltet und für eine langfristige Nutzbarkeit auch beinhalten muss. Gleichwohl bedarf es stets eines unter den Nutzern abzustimmenden Gesamtkonzeptes, welche Flächen in welcher Zeit brach liegen bleiben und wie der Wasserrückhalt und die Wasserweitergabe jeder Terrasse zu jedem Zeitpunkt abgesichert werden. Die Ackerterrassen der Konso stellen insofern zugleich ein markantes Beispiel für eine kollektiv getragene, kleinbäuerliche Kulturlandschaft mit einem hohen Vernetzungsgrad seiner Akteure dar. Führt man sich die ständig nötigen Aufwendungen für die Erhaltung des Terrassensystems vor Augen, hat die Erhaltungsphase im adaptiven Zyklus nach Holling et al. (2002) unmittelbar nach dem Erreichen der größten räumlichen Ausdehnung des Terrassensystems begonnen. Wann dies war, lässt sich allerdings nicht genau belegen. Die Erhaltungsphase dauert jedoch augenscheinlich bis in die Gegenwart an, denn die Ackerterrassenlandschaft sind auch heute in lebendiger Nutzung, auch wenn hier und da einzelne Terrassen brachliegen.

Eine gewisse Zerstörungsphase beobachtete Nowak, als er in den 50er-Jahren des 20. Jahrhunderts nach einem Besuch der Konso schreibt:

> Die Terrassenkultur der Konso muss uralt sein – ja, sie muss sogar vor wenig zurückliegenden Zeiten noch größere Verbreitung gehabt haben. Denn wir sehen in ganz Konso, besonders im Westen und gegen die Berggipfel und -rücken zu, bedeutende Flächen halb verfallener, unbebauter Terrassen. Auf die Frage, warum diese Terrassen nicht mehr benutzt werden, bekommt man übereinstimmend zur Antwort, dass heute die Arbeitskräfte nicht mehr genügten, da das Volk durch die Kämpfe mit den Amharen zu viele Menschen eingebüßt hätte. Nowak (1954: 33)

Kriege lassen sich im Kontext zur Resilienz als wohl schwerste Krisensituation beschreiben, und die Darstellungen Nowaks zeigen deutlich, wie innerhalb des Systems der Ackerterrassen auf eine solche Krisensituation reagiert wurde: mit einem modularen „Abschalten" eines Teils der Terrassen. Auf dieses modulare und zweifellos sehr resiliente Prinzip werden wir auch in anderen Fällen stoßen. Vermutlich wurden zuerst Terrassen der Sukzession überlassen, die am Rande lagen und damit sowohl schwerer erreichbar als auch für die Funktionsfähigkeit des Kernsystems nicht so entscheidend waren. Bei erneuter Bevölkerungszunahme konnten diese Terrassen im Zuge der Erneuerungsphase sukzessive in Nutzung genommen werden. Eine Aufgabe gerade randlicher Terrassen lässt sich auch aktuell erkennen. Gegenwärtig ist es aber eher der gesellschaftliche Umbruch im Viel-Völker-Gemisch des ostafrikanischen Grabenbruchs, verwoben mit immer wieder auftretenden Dürreperioden, welcher die Konso vor Herausforderungen stellt. Gut funktionsfähig ist das Terrassensystem jedenfalls noch immer. Wie tief die Terrassen bis heute noch in der Kultur der Konso verankert sind, sieht man nicht nur an den vielfältigen Traditionen, die an den Terrassenackerbau gebunden sind, sondern selbst an der Kleidung der Konso: Insbesondere die Frauen der Konso als Traditionsträger sind bevorzugt gestreift gekleidet – gestreift wie ihre Landschaft

Abb. 1.9 Frauen der Konso mit ihren typisch gestreiften Röcken im südlichen Äthiopien. (Foto: C. Schmidt)

(vgl. Abb. 1.9). Die Landschaft der Konso stellt ein Beispiel für eine bis heute resiliente Ackerterrassenkultur dar.

1.2.2 Ackerterrassenlandschaften in sächsischen und thüringischen Mittelgebirgen

Während man den Beginn der Wachstumsphase der Terrassenkultur bei den Konso nur vermuten kann, lässt sich für die mitteldeutschen Gebirgslagen verlässlich annehmen, dass vor einer Rodung des Waldes auch keine Terrassierung möglich war und die Terrassen deshalb keinesfalls älter als 800 bis 900 Jahre sein können. Die Ackerterrassenlandschaften im OSTTHÜRINGISCHEN SCHIEFERGEBIRGE und im SÄCHSISCHEN OSTERZGEBIRGE dürften im Wesentlichen im Mittelalter entstanden sein, war eine Kulturnahme dieser Gebiete doch erst ab dem 12./13. Jahrhundert möglich, als die Mittelgebirgslagen sukzessive besiedelt und der Wald in diesem Zuge weichen musste (vgl. auch Schmidt et al. 2014 und Schmidt et al. 2005). Vermutlich sind sie sogar noch jünger, denn zunächst mussten erst unzählige Steine vom Acker abgelesen werden, und dies brauchte Zeit.

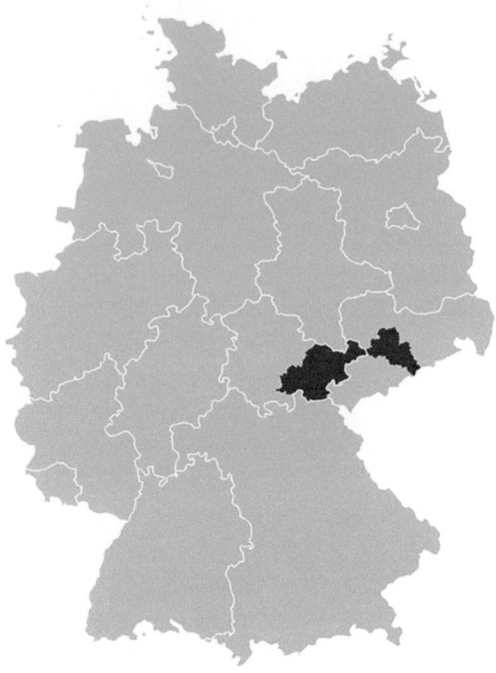

Die Lesesteine wurden zugleich genutzt, um ein Abrutschen des Bodens in den Hanglagen zu verhindern, und so entstanden über Jahrzehnte hinweg die für die Mittelgebirgslagen typischen Steinrangen, die die Ackerterrassen abgrenzten. 1699 notiert der Erzgebirgschronist Lehmann, dass man sich „über die Mauern um die Felder und die darbey gethane grosse Arbeit nicht satt verwundern kann" (Lehmann 1699: 13).

Noch Anfang des 18. Jahrhunderts wurde im Osterzgebirge geklagt, dass die Felder „zu scharf" (steinig) und „ohne Boden" waren, und aus dem Jahr 1764 überliefert ein Bärensteiner Richter, dass der Boden im Osterzgebirge „durchgängig steinigt, voller Berghalden und Steinrücken" ist (Fischer 1938: 33 ff.). Das heißt, es musste über viele Jahrhunderte ein erheblicher Aufwand betrieben werden, um die Äcker frei von Steinen zu bekommen. Die Breite der entstandenen Terrassen reichte schließlich von 2 bis 10 m. Die Stufenhöhen variierten in der Regel zwischen 1 und 3 m. Angebaut wurden in den thüringischen Landschaften Roggen und Hafer, Kartoffeln und Futter, wobei in den Hochlagen die Kartoffel als Hauptnahrungsmittel dominierte (Meyer in Schmidt & Meyer 2008). Für das Osterzgebirge lässt sich über die Jahrhunderte ein steter Wechsel der angebauten Fruchtarten nachweisen, der in Schmidt et al. (2011) näher ausgeführt wird. Beispielhaft sei nur benannt, dass ab 1840 z. B. anstelle der Futterkartoffeln zunehmend Futterrüben traten und Sachsse (1858: 34) Mitte des 19. Jahrhunderts Hülsenfrüchte als Zwischenfrucht und Hafer als „vorzüglichste Halmfrucht des Gebirges" empfahl. Auch hier ist also eine gewisse VIELFALT anzutreffen. Die Kartoffel galt zu dieser Zeit in den Ackerterrassenlandschaften des Osterzgebirges als eine der Hauptfrüchte.

Die flächenmäßig größte Ausdehnung der Ackerterrassen muss schließlich im 19. Jahrhundert erzielt worden sein. Denn Mitte des 19. Jahrhunderts kann beispielsweise für das Osterzgebirge nachgewiesen werden, dass der Ackerbau einen bis dahin noch nie dagewesenen Flächenanteil von 67,5 % erreichte. Die Auswertung historischer Karten zeigt im Osterzgebirge allein zwischen ca. 1800 (Sächsisches Meilenblatt) und 1870 (Äquidistantenkarte) einen Zuwachs an Ackerflächen von 4,2 % (Schmidt et al. 2011). Dies war nur möglich, indem nach der Separation auch noch die letzten Flächenreserven aktiviert und selbst sehr ungünstigste Lagen in die ackerbauliche Nutzung genommen wurden. Vermutlich wurden in diesem Zuge weitere Ackerterrassen angelegt, d. h., die Wachstumsphase könnte vom Mittelalter bis ins 19. Jahrhundert angehalten haben. Ganz sicher wurde der Bestand an Ackerterrassen zugleich mit großen Anstrengungen funktionsfähig gehalten. So ist beispielsweise ein Ablesen der Steine im Osterzgebirge auch noch für das Jahr 1824 belegt (Peschek 1824). Die Erhaltungsphase im adaptiven Zyklus wird sich insofern mit der Wachstumsphase überlagert haben und kann bis ca. 1870 angenommen werden. Mit der Industrialisierung änderte sich jedoch die Situation grundlegend. Denn ab dem Beginn des 20. Jahrhunderts setzte ein deutlicher Rückgang des Flächenanteils ackerbaulich genutzter Flächen ein. Konsequenterweise wurden in diesem Zuge am ehesten Ackerflächen aufgegeben, die mit deutlichen Bewirtschaftungserschwernissen verbunden waren. Ackerterrassen brachten dabei insbesondere Einschränkungen in der maschinellen Nutzbarkeit der Flächen aufgrund der geringen Breite der Terrassen und einer meist schlechten Zugänglichkeit mit sich, sodass ein Teil der Terrassenfluren schon in der ersten Hälfte des 20. Jahrhunderts in eine Grünlandnutzung überführt oder im Relief melioriert worden sein dürfte. Der größte Verlust an alten Ackerterrassen wird aber der Intensivierung der Landwirtschaft ab den 1950er- und 1960er-Jahren zuzuschreiben sein. Jedenfalls belegen differenzierte Kartierungen von Terrassenfluren in Ostthüringen, dass die Fläche von Ackerterrassen zwischen den 30er- und den 90er-Jahren des 20. Jahrhunderts um ca. zwei Drittel gesunken ist: Von den auf historischen Messtischblättern (Ausgabe 1939) in der gesamten Region Ostthüringen dokumentierten rund 10.000 ha Ackerterrassen in den 1930er-Jahren waren nach Luftbildern und topographischen Karten in den 1990er-Jahren nur noch knapp 3400 ha übrig (Schmidt et al. 2005: 132). Die in ◘ Abb. 1.10 ersichtliche Terrassenlandschaft gehört dazu.

Die Zerstörungsphase nach dem Adaptionszyklus von Holling et al. (2002) dürfte vor diesem Hintergrund mit der Industrialisierung um ca. 1870 begonnen und in der Phase der Kollektivierung der Landwirtschaft im 20. Jahrhundert ihren Höhepunkt erreicht haben. Denn im Zuge der Kollektivierung wurde die Bewirtschaftung der meisten Kleinäcker aufgegeben. Viele Ackerterrassen

◘ Abb. 1.10   Ehemalige Ackerterrassen in Ostthüringen. (Foto: C. Schmidt)

wurden in Grünland umgewandelt, manche unterlagen aber auch zunehmend der Sukzession (Verbuschung). Eine noch größere Zahl der Terrassen, vor allem an Flachhängen, fiel Reliefmeliorationen zum Opfer. ◘ Abb. 1.10 zeigt, dass ehemalige Ackerterrassen zwar teilweise noch als Reliefstrukturen im Landschaftsbild erlebbar sind, aber dann häufig im Kontext anderer Flächennutzungen als der ursprünglichen. Treten Terrassenfluren in Verbindung mit Ackerflächen auf, wurde in der Regel die Breite der Terrassen deutlich vergrößert, um eine bessere Bewirtschaftungsfähigkeit herzustellen. Zudem sind die ehemals steinernen Rangen im Laufe der Jahrhunderte teilweise durch Hecken bewachsen (◘ Abb. 1.11).

Der Trend des Rückgangs an Ackerterrassen wurde nach 1990 nochmals verstärkt, da die Umstrukturierung der Landwirtschaft mit einem weiteren Rückzug aus den Grenzertragslagen verbunden war. Eine Erneuerungsphase nach Holling et al. (2002) ist derzeit nicht in Sicht. Die Ackerterrassen verschwinden vielmehr sukzessive aus dem Gesicht der Landschaft. Im Gegensatz zum Beispiel der Ackerterrassen der Konso stellen die Ackerterrassen in den Mittelgebirgslandschaften Sachsens und Thüringens demnach zum größten Teil offensichtlich keine resilienten Landschaftsstrukturen dar.

◘ Abb. 1.12 verdeutlicht noch einmal zusammenfassend den Schwund und den aktuellen Bestand der Ackerterrassen am Beispiel Mittelsachsens. Zwar haben sich einige wenige Dichtebereiche erhalten, aber selbst in diesen hat sich der Landschaftscharakter oftmals deutlich verändert, da die Terrassen kaum noch als solche erlebbar sind. Dies wirft zwangsläufig die Frage auf: Wann hört im adaptiven Zyklus von Holling et al. (2002) eigentlich landschaftliche Anpassung auf, wann fängt Transformation an? Wann kann bezogen auf die Typik und Eigenart einer Landschaft überhaupt von Erhalt gesprochen werden? So fließend die Grenze

◘ Abb. 1.11   Ehemalige Ackerterrassen im Landkreis Mittelsachsen. (Foto: C. Schmidt)

1.2 · Der adaptive Zyklus von Landschaften

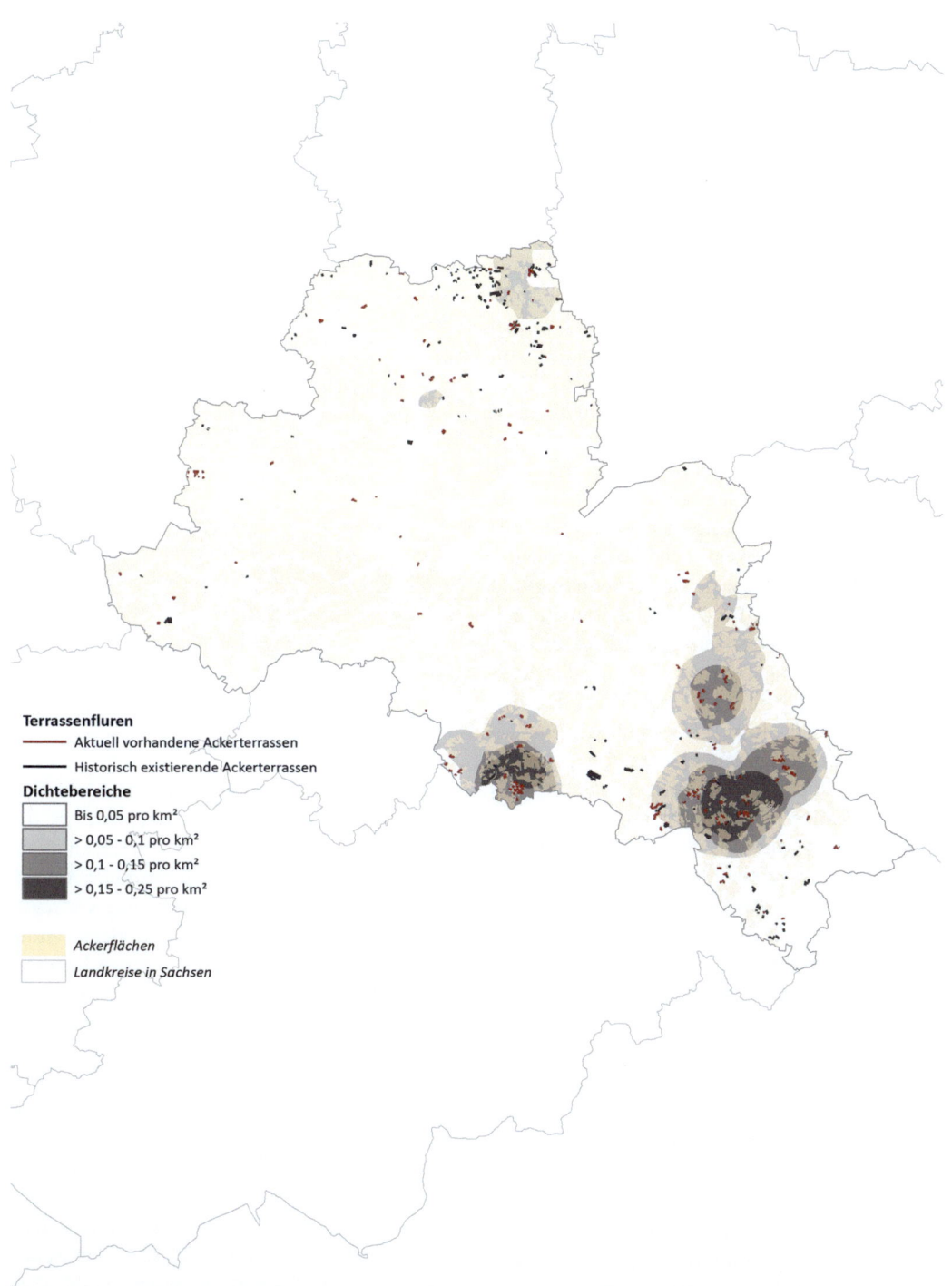

◻ **Abb. 1.12** Ehemalige und aktuell noch vorkommende Ackerterrassen im Landkreis Mittelsachsen. (Schmidt et al. 2014)

zwischen landschaftlicher Anpassung und Transformation auch sein mag, so lässt sich am Beispiel der Ackerterrassen doch eine gewisse Bandbreite festmachen, indem die Faktoren „Hauptnutzung" und „prägende Landschaftsstrukturen" berücksichtigt werden. Eindeutig sind beispielsweise die Fälle, in denen weder die Hauptnutzung erhalten wurde, noch die Terrassenrangen als prägende Strukturen erkennbar geblieben sind, z. B. in heute bewaldeten Gebieten. Hier ist bezogen auf den Landschaftscharakter treffender von einer landschaftlichen TRANSFORMATION als von einer Anpassung zu sprechen. Auch Bereiche der Terrassenlandschaften, in denen die einstigen Terrassen durch Reliefverebnung gänzlich entschwunden sind, können trotz Erhalt der Hauptnutzung wohl kaum als resilient bezeichnet werden. Schwieriger gestaltet sich die Abgrenzung zwischen Anpassung und Transformation in Bereichen, in denen sich sowohl die agrarische Hauptnutzung als auch die Terrassenrangen finden lassen, allerdings in einer deutlich überprägten Form, nämlich entweder durch Hecken überwachsen oder zu Grünland umgewandelt. Hier zeichnet sich ein fließender Übergang zwischen Anpassung und Transformation ab. Allerdings ist dies wohl nur eine Frage der Zeit. Sei es durch die sukzessive vegetative Zerstörung der Steinrangen oder den zunehmenden Technisierungsgrad in der Grünlandbewirtschaftung: Die Terrassenlandschaften werden voraussichtlich früher oder später gänzlich aus dem Landschaftsbild der ostthüringischen und mittelsächsischen Regionen entschwinden.

1.2.3 Ackerterrassenlandschaft auf Gozo

Greifen wir von den Terrassenlandschaften des Mittelmeerraumes noch das Terrassensystem der INSEL GOZO – der Nachbarinsel Maltas – heraus (◘ Abb. 1.13). Denn im Vergleich zu den bereits beschriebenen Terrassensystemen repräsentiert dieses Terrassensystem eines, welches unter gänzlich anderen klimatischen und bodenkundlichen Bedingungen entstanden ist. Im Spätsommer stellen sich die Terrassen regelmäßig als karges Brachland und gänzlich unbewirtschaftet dar, als würden sie von einer alten, aber längst vergangenen Terrassenkultur zeugen. Wie überrascht ist der Besucher jedoch, wenn er die Insel im Frühjahr besucht (vgl. ◘ Abb. 1.14)!

Denn in dieser Zeit präsentieren sich die Terrassen durchweg grün. Im Kernbereich des Systems verwandeln sich die Terrassen dann in ein vielgestaltiges und kleinräumiges Mosaik aus Anbauflächen an Gemüse und Getreide, Oliven, Früchten, Kartoffeln und vielen anderen Feldfrüchten. Dieser Abwechslungsreichtum verdeutlicht zugleich, wem die Terrassen bis heute ihre Existenz verdanken: einer Subsistenzwirtschaft, die klimatisch bedingt mit sommerlichen Brachzeiten arbeitet. Die Ursprünge der Terrassenlandschaft reichen dabei weit zurück. Für das südliche Europa insgesamt gibt Rackham (2010: 97) dabei zunächst an, dass sich zwar einzelne Terrassen bereits in der Bronzezeit und darüber hinaus auch einige in der klassischen griechischen Periode nachweisen lassen, dass aber die weitere Verbreitung von Terrassensystemen in dieser Zeit sehr unsicher sei. In der griechischen und römischen Literatur gibt es keine direkten Hinweise auf Terrassen. Die

1.2 · Der adaptive Zyklus von Landschaften

Abb. 1.13 Terrassenlandschaft auf Gozo bei Xlendi. (Foto: C. Schmidt)

Abb. 1.14 Nutzung der Ackerterrassen auf Gozo im Frühjahr. (Foto: C. Schmidt)

klassischen Sprachen hatten noch nicht einmal einen gesonderten Begriff für Terrassen, „ein Zeichen dafür, dass es, wenn auch Terrassen, so doch keine hochentwickelte Terrassenkultur gab" (Radkau 2002: 120). Selbst Plinius (23/24 bis 79 n. Chr.), der in Buch 18 seines enzyklopädischen, 37 Bände umfassenden Hauptwerkes „Naturalis Historia" ausgesprochen detaillierte Ausführungen zur römischen Landwirtschaft, einschließlich zur Viehzucht und zum Ackerbau machte, sagt erstaunlicherweise nichts über den Bau von Terrassen. Dabei legen Verse des römischen Schriftstellers Mosella von Ausonius zumindest für die Zeit von 370 n. Chr. nahe, dass es in römischer Zeit Rebflächen an Steilhängen gab, so z. B. in den Hanglagen des Rhein-Mosel-Gebietes (vgl. Gilles 1999, Höchtl et al. 2011: 3), die eigentlich nur unter Nutzung von Terrassen vorstellbar sind. Anzunehmen ist deshalb, dass man spätestens seit Etablierung der Steinbauweise in römischer Zeit in der Lage war, Terrassenlandschaften anzulegen, sei es für den Weinanbau, den Anbau von Olivenbäumen oder auch andere landwirtschaftliche Kulturen. Ob man den damit verbundenen Aufwand aber tatsächlich betrieb, wird (wie immer) von einer sorgfältigen Abwägung des Aufwandes mit dem Nutzen abhängig gewesen sein und sich letztlich nur bei einer besonderen standörtlichen Eignung oder bei besonderen Bedarfen (z. B. durch eine wachsende Bevölkerung) gelohnt haben.

Gozo geriet zusammen mit Malta bereits 217 v. Chr. unter römischen Einfluss. Die Römer führten (vermutlich in den friedlicheren Zeiten nach Ende der punischen Kriege 146 v. Chr.) ein Bewässerungssystem ein und erweiterten damit maßgeblich ihre Anbauflächen für Flachs, Wachs, Weizen und Olivenbäume (Latzke 2004). Für Olivenbäume sind frühzeitige Terrassierungen im Mittelmeerraum bekannt (vgl. z. B. Lohmann 1993: 194), sodass die Anfänge des Terrassenbaus auf Gozo gegebenenfalls bis vor die Zeitenwende zurückreichen. Xlendi wurde in dieser Zeit als römischer Hafen ausgebaut und erlangte eine gewisse Bedeutung (vgl. die noch heute erhaltene Terrassenlandschaft bei Xlendi in ◘ Abb. 1.13). Aber letztlich lässt sich der Beginn der Wachstumsphase nach Holling et al. (2002) ähnlich wie im Falle der Konso nur vermuten. Als die Araber Ende des 9./Anfang des 10. Jahrhunderts von Malta Besitz ergriffen, führten sie jedenfalls den Baumwollanbau ein, der in den folgenden Jahrhunderten für beide Inseln zur wichtigsten Einkommensquelle werden sollte und der zwingend einer Bewässerung bedurfte, die ohne eine Terrassierung nicht zu haben war. Belegt ist, dass die Araber zugleich zahlreiche von Tieren getriebene Wasserräder, sogenannte Sienjas, installierten, sodass angenommen werden kann, dass ein Großteil der Terrassen auf die arabische Periode zurückzuführen ist (vgl. u. a. zur Bewässerung Latzke 2004).

Nach Sapiano et al. (2008) hatten die Araber, aus einem ähnlich dürren Klima kommend, gute Gründe und viel Erfahrung, mit knappen Wasserressourcen umzugehen. Neben dem Bau von Trockenmauern und Ackerterrassen ist ihnen deshalb ebenso die Einführung von Johannisbrotbäumen und Olivenbäumen, die mit wenig Wasser auskommen, auf Gozo zu verdanken (Sapiano et al. 2008: 98). Ein arabischer Ursprung der Bewässerungstechnik ist schon allein durch die Vielzahl diesbezüglicher maltesischer Wörter naheliegend, die durchweg arabische Wurzeln haben, z. B. Bir für Zisterne, Migra für Wassertunnel oder Saqqaj für Wasserstelle (Sapiano et al. 2008: 98). Ein einfaches Dammsystem zur Veränderung der Abflussrichtung auf den Feldern wurde z. B. Qana genannt, und die Position einer Quelle oder Zisterne auf einem Feld wurde mit einem steinernen Brunnenkopf namens Horza und einer Gabja als Gegenpol des Flaschenzuges markiert. Hwat und Wwieq genannte Kanäle aus Stein leiteten Wasser über die Schwerkraft von den Brunnen zu den Feldern und dort wiederum von Feld zu Feld, also von Terrasse zu Terrasse (Sapiano et al. 2008: 99). Die Ackerterrassen Gozos dürften damit auf eine mindestens tausendjährige Geschichte zurückblicken und ihre Entstehung großflächig dem einstigen Baumwollanbau verdanken. Aber sie erwiesen sich auch außerhalb des Baumwollanbaus als sehr flexibel verwendbar, konnten sie doch nach Ende der Hochzeit des Baumwollanbaus auch für ganz andere landwirtschaftliche Kulturen genutzt werden. Halten wir also fest, dass das landschaftliche System eine hohe (landwirtschaftliche) Nutzungsvielfalt ermöglichte und sich dadurch über Jahrhunderte an veränderte Bedingungen anpassen konnte. Wesentlich störungsempfindlicher als die Terrassen selbst war vielmehr die Bewässerungstechnik, was sich letztlich schon allein daran zeigt, dass aktuell auf einen sommerlichen Anbau von Feldfrüchten weitgehend verzichtet wird, weil in dieser Jahreszeit nicht genügend Niederschlag fällt und andere Bewässerungsmöglichkeiten offensichtlich fehlen.

Insgesamt kann angenommen werden, dass die Wachstumsphase der Ackerterrassenlandschaft auf Gozo im Wesentlichen im Verlauf des 10. Jahrhunderts begann und bis ins 16. Jahrhundert reichte. Die daran anschließende Erhaltungsphase war immer wieder durch Veränderungen der angebauten Feldfrüchte geprägt, aber auch durch Zerstörungsphasen unterbrochen. So musste der Zusammenbruch größerer Bewässerungsanlagen zwangsläufig zu einer Aufgabe abgelegener und damit besonders aufwendig zu bewirtschaftender Terrassen führen. In diesen Bereichen mündete der Wegfall der einstigen Baumwollproduktion auch zwangsläufig in die Zerstörungsphase des adaptiven Zyklus. In anderen Bereichen ermöglichte die flexible Nutzbarkeit des Terrassensystems jedoch offensichtlich eine kleinbäuerliche Subsistenzwirtschaft, die bis heute für einen Erhalt von Kernbereichen einer lebendigen und vielfältigen Terrassenkultur sorgt. Wenn wir auf die Frage einer Grenzziehung zwischen Adaption und Transformation zurückkommen, so erfolgte auf Gozo mit der jahreszeitlichen Fokussierung des Anbaus eine Anpassung an den Wegfall der Bewässerung, ohne dass der Landschaftscharakter und die wesentlichen Funktionen der Landschaft preisgegeben wurden: ein offensichtlich resilientes landschaftliches System.

1.2.4 Vergleich und Zwischenfazit

Wie die drei Beispiele zeigen, sind Ackerterrassenlandschaften existenziell an kleinbäuerliche Wirtschaftsweisen gebunden. Über Jahrhunderte haben die Terrassen dabei eine erosionsmindernde und bodenschonende Landbewirtschaftung in Hanglagen gewährleistet und einer Vielzahl an Nutzern einen Anbau unterschiedlicher, mitunter sogar von Terrasse zu Terrasse abwechselnder landwirtschaftlicher Kulturen ermöglicht. Eine Anpassung an veränderte Bedürfnisse und wechselnde Präferenzen für Feldfruchtarten war mit dieser Wirtschaftsform stets leicht möglich: Es mussten im nächsten Jahr nur andere Pflanzen ausgesät oder gepflanzt werden. Diese Elastizität, die kurzfristige Änderungen im Anbau erlaubte, während Grundstruktur und Gesamtbild der Terrassenlandschaft beibehalten werden konnten, trug zusammen mit der Vielfalt an angebauten Feldfrüchten über viele Jahrhunderte zur Resilienz des landschaftlichen Systems bei, bei zwei der vorgestellten Landschaften sogar bis heute. Kurzfristige Marktänderungen oder auch ungünstige Wetterverläufe über das Jahr mögen hier und da durchaus als Störungen gewirkt und auch wirtschaftliche Krisen mit sich gebracht haben. Im nächsten Jahr konnte man sich jedoch um einen Ausgleich bemühen, ohne dabei das Grundgerüst der Landschaft – nämlich die Terrassen – zu verändern. Die Anpassungsfähigkeit solcher Terrassenlandschaften muss allerdings dann unweigerlich

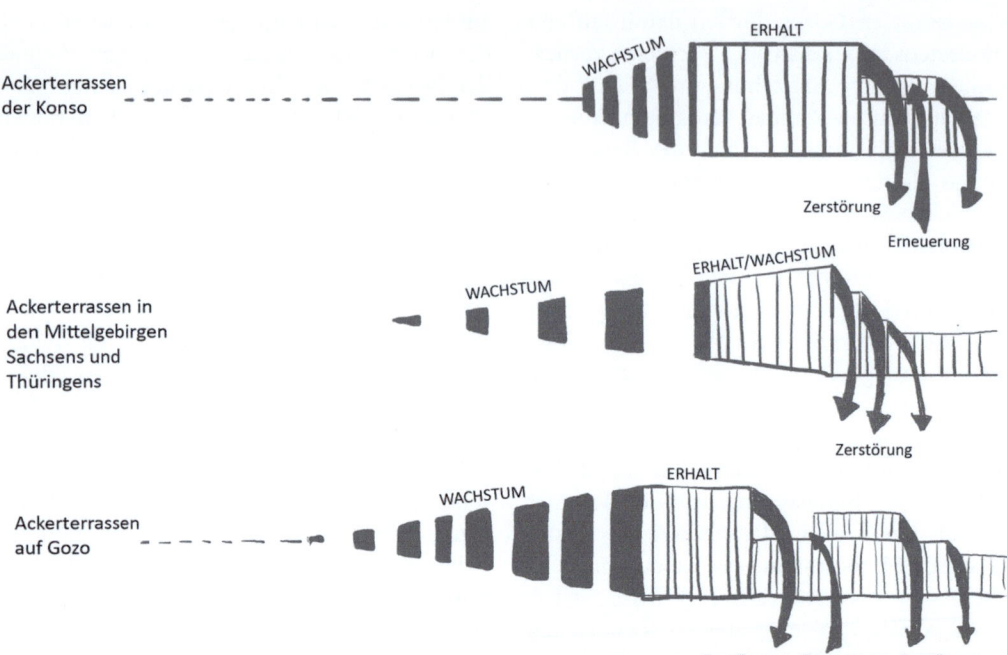

Abb. 1.15 Der adaptive Zyklus nach Holling et al. (2002), angewendet auf die drei untersuchten Ackerterrassenlandschaften. (C. Schmidt/A. Zürn)

an Grenzen stoßen, wenn die technische Entwicklung größere Regelbreiten der Terrassen erfordert und damit an dem festen Rahmen des Systems (den Terrassen) rüttelt. Dies belegen die sächsisch-thüringischen Beispiele eindrücklich. Die Terrassenlandschaft der Konso und auf Gozo zeigen im Gegenzug, dass Ackerterrassen auch durchaus in unseren Tagen resilient sein können, allerdings nicht als Bestandteil intensiver, zentralisierter und großflächiger Anbausysteme (in diesen sind sie früher oder später zum Untergang verurteilt), sondern als Bestandteil individueller Subsistenzwirtschaft wie auf Gozo oder als Ausdruck einer sehr kooperativen Gemeinschaft wie bei den Konso.

Abb. 1.15 verdeutlicht, dass ein und dieselbe Landschaftsstruktur in Abhängigkeit vom landschaftlichen Bedingungsgefüge ganz unterschiedliche Haltbarkeitsdauern aufweisen und damit resilient oder nicht resilient sein kann. Im Falle der betrachteten sächsischen und thüringischen Landschaften entschwinden die Ackerterrassen z. B. nach ca. acht Jahrhunderten aus dem Landschaftsbild, während sie auf Gozo nach mindestens zehn Jahrhunderten noch produktiv und lebendig sind.

> Es ist also nicht die Landschaftsstruktur selbst, welche die Resilienz bestimmt, sondern es sind die spezifischen Bedingungsgefüge, die sie hervorgebracht haben oder auch für ihr Verschwinden sorgen.

Die jeweilige Landschaftsstruktur (hier die Ackerterrasse) ist lediglich physischer Ausdruck und Indikator dieses Prozesses.

1.2 · Der adaptive Zyklus von Landschaften

> **Resilienz als zeitliche Momentaufnahme**
>
> ◘ Abb. 1.15 zeigt zugleich, dass es für Landschaftsstrukturen oft nur eine zeitlich limitierte Resilienz gibt, oder anders: Dass Resilienz eigentlich stets eine Frage der Zeit ist. Die Länge der Existenz einer Landschaftsstruktur kann interessante Hinweise auf ihre Resilienz und damit zugleich der von ihrer geprägten Landschaft geben. Je länger die Zeiträume sind, die unter Beibehaltung des Landschaftscharakters überdauert werden, desto resilienter war die Landschaft.

Besteht eine Landschaft indes aus vielen unterschiedlichen Landschaftsstrukturen, mag auch der Verlust einer einzelnen Struktur nicht zwangsläufig zu einem Zusammenbruch des landschaftlichen Systems führen. In diesem Fall könnte eine Landschaft z. B. auch beim Verlust von Ackerterrassen durchaus resilient sein. In dem Maße aber, wie Strukturen eigenartsprägend wirken, werden sie zwangsläufig auch zum Indikator für die Resilienz einer Landschaft.

Bezieht man den adaptiven Zyklus auf Landschaftsstrukturen, können insgesamt folgende Spezifika ergänzt werden:

- WACHSTUMSPHASE: Diese Phase beschreibt die zunehmende Konzentration der jeweiligen Landschaftsstrukturen. Alles, was gut funktioniert, geht in „Massenproduktion" und verdichtet sich damit räumlich bzw. dehnt sich räumlich aus. Da es oftmals Anstrengungen bedarf, die geschaffenen Landschaftsstrukturen auch zu erhalten, überlagern sich Erhaltungs- und Wachstumsphase vielfach. Die Wachstumsphase reicht bis zu dem Punkt, ab dem keine Ausdehnung oder Neuanlage der Strukturen mehr erfolgt.
- ERHALTUNGSPHASE: Die Phase ist durch (mitunter sehr erhebliche) Aufwendungen zum Erhalt der Landschaftsstrukturen geprägt. Sie werden zwar nicht mehr neu angelegt, aber dafür saniert und konserviert und im typischen Erscheinungsbild und in ihrer Funktionsfähigkeit erhalten.
- ZERSTÖRUNGSPHASE: Die Phase umfasst den Verfall bzw. die Auflösung von landschaftlichen Strukturen. Wie dem Einatmen das Ausatmen folgt, sind auch Konzentration und Auflösung landschaftlicher Strukturen in einer zeitlichen Abfolge eng miteinander verbunden, der Zeitraum kann jedoch erheblich variieren. Wie die dargestellten Terrassenlandschaften zeigen, wäre es zu vereinfacht, anzunehmen, dass Strukturen, die schnell entstehen, auch schnell wieder verfallen. Es kommt eher auf die konkrete Struktur und die jeweiligen naturräumlichen Bedingungen an.
- ERNEUERUNGSPHASE: Hier entscheidet sich, ob das landschaftliche System fortgeschrieben wird oder ein Systembruch erfolgt und ein gänzlich anderer adaptiver Zyklus eröffnet wird. Im Pfad der Anpassung beschreibt die Phase die Uminterpretation oder Umnutzung oder auch das Erneuern und Wiederaufleben prägender Landschaftsstrukturen nach einem Störereignis oder einer Krise, und zwar so, dass das typische Erscheinungsbild und die wesentlichen Funktionen bzw. Leistungen der Landschaft wiederhergestellt werden. Auf Gozo wurde dieser Zeitpunkt beispielsweise durch die Aufgabe des Bewässerungssystems markiert, bei den Konso durch Kriegsereignisse. Gelingt die Erneuerung, verfallen die Landschaftsstrukturen nicht weiter, sondern werden in aktuelle Nutzungsmuster eingebunden. Sie können durchaus auch verändert werden (siehe Gozo), allerdings wird die maßgebliche Typik der Landschaft gewahrt. Wird die Eigenart und Funktionsfähigkeit der Landschaft jedoch nicht wiederhergestellt, wird die Grenze der Erneuerungsphase überschritten. Dann erfolgt eine landschaftliche Transformation und wird ein gänzlich neuer adaptiver Zyklus mit einem neuen Landschaftstypus definiert. Bei den vorgestellten Terrassenlandschaften

waren dafür die jeweiligen wirtschaftlichen Rahmenbedingungen ausschlaggebend. Weitere Beispiele werden jedoch zeigen, dass auch andere Faktoren zu einer Systemänderung führen können.

Hahne & Kegler (2017: 42) fragen deshalb berechtigt, „ab wann – zeitlich, räumlich, qualitativ – sich ein System grundlegend zu ändern beginnt (Tipping Point)." In Bezug auf Landschaften steht diese Frage gleichermaßen. Wenn die Erneuerungsphase beispielsweise entscheidet, ob sich ein landschaftliches System erfolgreich erneuert: Warum gelingt dies in dem einen Fall und scheitert in dem anderen? Wenn Landschaftsstrukturen nicht Ursache, sondern Ausdruck resilienter Landschaften sind: Von welchen Bedingungsgefügen hängen sie ab?

1.3 Kriterien landschaftlicher Resilienz

Schon die bisherigen Beispiele haben gezeigt, dass sich die Frage, ob eine Landschaft resilient oder nicht resilient ist, schwerlich pauschal beantworten lässt, sondern KRITERIEN hilfreich sind, an denen die Resilienz von Landschaften sachgerechter, d. h. vor allem vergleichbarer und nachvollziehbarer festgemacht werden kann. Gehen wir deshalb für die weitere Erkundung zunächst von drei Kriterien landschaftlicher Resilienz aus, die anhand der Fallbeispiele zu überprüfen sein werden.

Kriterien landschaftlicher Resilienz

Landschaftliche Resilienz beschreibt, in welchem Maße und in welcher Geschwindigkeit die jeweiligen Landschaftsfunktionen unter Beibehaltung des Landschaftscharakters auch nach einem Störereignis erfüllt werden. Sie lässt sich demzufolge anhand folgender Kriterien bewerten (◘ Abb. 1.16):
- dem Erbringungsgrad von Ökosystemleistungen bzw. dem Erfüllungsgrad landschaftlicher Funktionen,
- dem Erhaltungsgrad des Landschaftscharakters und
- der Geschwindigkeit der Anpassung des landschaftlichen Systems.

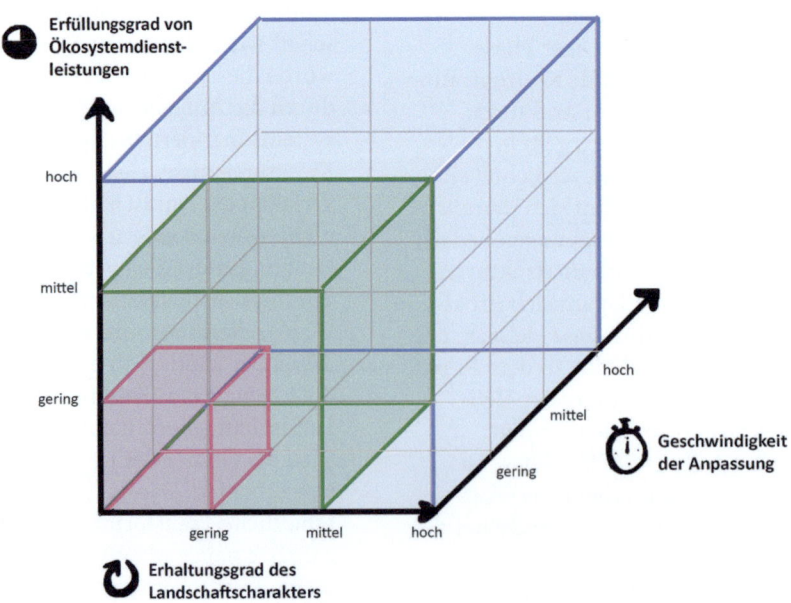

◘ **Abb. 1.16** Kriterien landschaftlicher Resilienz im grafischen Überblick (C. Schmidt)

1.3.1 Kriterium 1: Erbringungsgrad von Ökosystemleistungen bzw. Erfüllungsgrad landschaftlicher Funktionen

ÖKOSYSTEMLEISTUNGEN *(ecosystem services)* bezeichnen direkte und indirekte Beiträge von Ökosystemen zum menschlichen Wohlergehen und umfassen damit Leistungen von Landschaften, die dem Menschen einen direkten oder indirekten wirtschaftlichen, materiellen, gesundheitlichen oder psychischen Nutzen bringen (TEEB DE 2012: 80). Der in der Landschaftsplanung seit den 1980er-Jahren verbreitete Begriff der LANDSCHAFTSFUNKTIONEN (vgl. Langer et al. 1985) ist im Gegensatz dazu nicht explizit an eine direkte oder indirekte Nutz- und Verwertbarkeit landschaftlicher Leistungen durch den Menschen gebunden. Wenn das Bundesnaturschutzgesetz in § 1 beispielsweise auf die Leistungs- und Funktionsfähigkeit von Landschaften abzielt, so geschieht dies ausdrücklich auch „auf Grund ihres eigenen Wertes". Allerdings kann schon allein die Auswahl relevanter Landschaftsfunktionen nicht gänzlich frei von einer anthropogenen Sicht und Wertung sein. Natur und Landschaft sind stets zugleich „Grundlage für Leben und Gesundheit des Menschen" (§ 1 BNatSchG), sodass auch der Begriff der Landschaftsfunktionen durchaus ein anthropozentrischer Begriff ist, der mit dem Begriff der Ökosystemleistungen enge Querbeziehungen aufweist, wenngleich er nicht der Monetarisierung folgt, um die es in der aktuellen Diskussion um Ökosystemleistungen geht. ◘ Abb. 1.17 ordnet die Ökosystemleistungen im Wechselspiel zwischen Ökosystem und Gesellschaft und damit auch im Kontext zu den Landschaftsfunktionen ein.

Ansätze für eine Strukturierung von Ökosystemleistungen sind u. a. in Constanza et al. (1997) und Daily (1997), darauf aufbauend im Millenium Ecosystem Assessment (2005) sowie der TEEB-Studie (2010) enthalten. Bei aller Unterschiedlichkeit im Detail werden im Kern vier Kategorien von Ökosystemleistungen unterschieden: Basisleistungen, Versorgungsleistungen, Regulationsleistungen und kulturelle Leistungen.

> **Basisleistungen**
>
> Sie umfassen den Erhalt von Lebenszyklen und des Selbstregenerationsvermögens einer Landschaft. Bezogen auf Resilienz liegt auf der Hand, dass eine Landschaft nur dann resilient sein kann, wenn sie sich aus sich heraus selbst erneuern kann.

Naturlandschaften beherbergen in der Regel einen Genpool, der auch nach Störereignissen oder Katastrophen eine Wiederbesiedlung der Landschaft ermöglicht. Und selbst Kulturlandschaften können zwar vollständig verfallen, sollten aber selbst nach einem solchen Zusammenbruch zumindest noch neues Leben und neue Lebendigkeit ermöglichen. Auf diese Weise ließe sich vielleicht nicht unbedingt die alte, aber zumindest überhaupt eine (lebendige!) Landschaft entwickeln. Auf der Akteurs- und Handlungsebene der Landschaft bezieht sich dieser Aspekt schwerpunktmäßig auf die Fähigkeit zur Selbstorganisation.

> **Regulationsleistungen**
>
> (z. B. Klimaregulierung, Hochwasserregulierung, Wasserreinigung, Bestäubung, biologische Schädlingskontrolle)
> Im Ansatz der Landschaftsfunktionen sind hierunter vor allem ÖKOLOGISCHE FUNKTIONEN zu verstehen, insbesondere:
> - Arten und Biotope: Biotop- und Habitatfunktion für Tiere und Pflanzen,
> - Wasser: Grundwasserneubildungsfunktion, Hochwasserregulationsfunktion, Selbstreinigungsfunktion von Grund- und Oberflächenwasser,

- Klima: Luftregenerationsfunktion, Luftaustauschfunktion, Klimaanpassungsfunktion,
- Boden: Lebensraumfunktion, Regulationsfunktion im Naturhaushalt, Archivfunktion.

Die Aufzählung der Regulationsleistungen macht deutlich, dass es im Sinne von Resilienz nicht darum geht und gehen kann, pauschal die momentane Nutzung einer Landschaft zu konservieren. Landschaften sind von Natur aus dynamisch und einem permanenten Nutzungswandel unterlegen. Entscheidender ist vielmehr, ob trotz eines Nutzungswandels die entsprechenden ökologischen Funktionen der Landschaft aufrechterhalten werden können. Landschaftsplanerisch deckt sich dies mit dem Auftrag in § 1 BNatSchG, nachdem die Leistungs- und Funktionsfähigkeit des Naturhaushaltes und die Vielfalt, Eigenart und Schönheit von Natur und Landschaft zu erhalten sind. Als These kann formuliert werden, dass eine Resilienz dann nicht mehr gegeben ist, wenn Landschaften durch Störungen oder Krisen so unter Stress geraten, dass nicht nur die Nutzungen und die Nutzbarkeit der Landschaft nicht mehr gegeben sind, sondern auch die maßgeblichen ökologischen Funktionen nicht mehr erfüllt werden. Welche das im Einzelfall sind, lässt sich nur landschaftsspezifisch bestimmen.

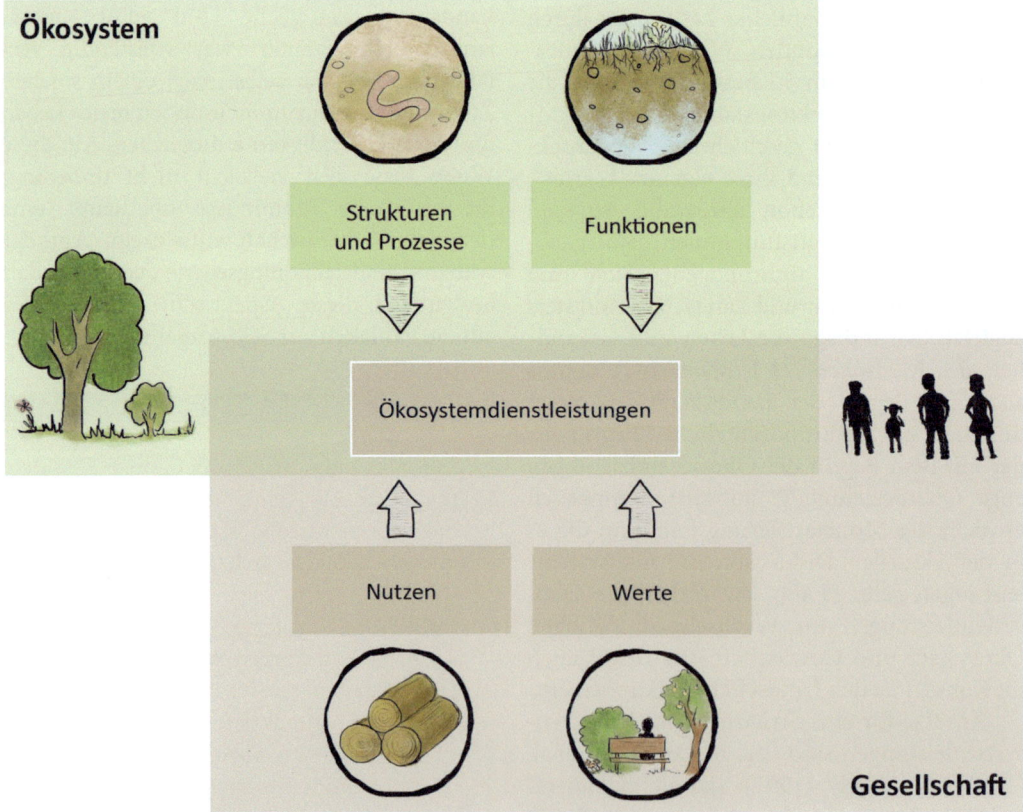

Abb. 1.17 Ökosystemdienstleistungen an der Schnittstelle zwischen Ökosystem und Gesellschaft. (C. Schmidt/A. Zürn auf der Basis von Naturkapital Deutschland TEEB DE 2015: 24)

> **Versorgungsleistungen**
>
> (z. B. die Gewinnung von pflanzlichen und tierischen Nahrungsmitteln, die Bereitstellung von Trink- und Brauchwasser, von Rohstoffen (z. B. Holz, mineralische Rohstoffe) oder die Energiegewinnung)
> Die genannten Leistungen entsprechen im Ansatz der Landschaftsfunktionen den NUTZFUNKTIONEN einer Landschaft.

Dass Nutzfunktionen nicht für Naturlandschaften, dafür aber umso mehr für Kulturlandschaften Bedeutung haben, liegt nahe. Wie könnte beispielsweise eine Kulturlandschaft als resilient gelten, wenn sie ihre Bevölkerung nicht ernähren kann? Nahrungsmittel, Wasser, Rohstoffe und Energie decken die zum Überleben nötigen menschlichen Grundbedürfnisse ab. Das heißt, es geht nur im Best Case um den Erhalt eines bestimmten, wie auch immer gearteten Lebensstandards. Im Worst Case einer Katastrophe oder Krise ist zunächst einmal abzusichern, dass eine Landschaft überhaupt als Lebensraum des Menschen fungieren kann. Wie einige Beispiele zeigen werden, ist dies leider aufgrund mancher Nutzungsweisen nicht immer der Fall.

> **Kulturelle Leistungen**
>
> (z. B. Erholung, geistige und körperliche Gesundheit, ästhetischer Genuss, Spiritualität, Bildung)
> Im Ansatz der Landschaftsfunktionen entspricht dies den KULTURELLEN FUNKTIONEN einer Landschaft.
> Diese setzen sich einerseits aus der Dokumentations- und Identifikationsfunktion einer Landschaft (vgl. Schmidt et al. 2011b), andererseits aus der landschaftsästhetischen Funktion und der Erholungsfunktion zusammen.

Mit den kulturellen Funktionen einer Landschaft ist die These verbunden, dass z. B. auch die Fähigkeit einer Landschaft, Identität zu stiften, die Resilienz einer Landschaft maßgeblich beeinflussen kann. Es liegt aber auf der Hand, dass ein solcher Indikator ähnlich wie die Versorgungsfunktionen vor allem bei Kulturlandschaften im Sinne von menschlich beeinflussten oder gestalteten Landschaften zu betrachten ist.

1.3.2 Kriterium 2: Erhaltungsgrad des Landschaftscharakters

In der Psychologie bezieht sich Resilienz in der Regel auf einzelne Personen. Jeder Mensch hat eine unterschiedlich hohe psychische Widerstandskraft bzw. Resilienz, und nur sehr selten wird verallgemeinert. Analog dazu gestaltet es sich auch landschaftsbezogen wesentlich einfacher, wenn man sich auf einzelne Arten und dort wiederum auf einzelne Individuen fokussiert. Jeder Landschaft ist aber naturgemäß eingeschrieben, dass sie aus einer Fülle von Individuen, Arten, Lebensräumen und Landschaftsstrukturen besteht. Landschaften stellen physisch komplexe Konglomerate dar, die weitaus mehr sind als die Summe ihrer Einzelteile! Und nicht nur das: Sie können von uns Menschen auch ebenso unterschiedlich gelesen und wahrgenommen werden und stellen nicht nur physisch erfassbare Gebilde, sondern wie bereits erläutert zugleich gedankliche Konstrukte dar. Vor diesem Hintergrund entsteht zwangsläufig die Frage: Wie kann mit dieser Komplexität umgegangen werden?

Wie bei vielen anderen planerischen Aufgaben wird zur Beantwortung dieser Frage der Ansatz verfolgt, die landschaftliche Komplexität zielbezogen zu reduzieren, indem auf das fokussiert wird, was für die Wahrnehmung als Landschaft besonders maßgeblich ist: den bereits mehrfach beschriebenen und in ▶ Abschn. 1.1 definierten Landschaftscharakter.

Zu fragen ist: Wodurch wird das äußere Erscheinungsbild einer Landschaft maßgeblich bestimmt? Welche Landschaftsstrukturen prägen die Eigenart einer Landschaft? Sind die charakteristischen Landschaftsstrukturen bestimmt, ist in einem nächsten Schritt zu fragen, wie resilient sie sind. Wird eine Landschaft schwerpunktmäßig durch resiliente Landschaftsstrukturen geprägt, wird ihr Charakter beibehalten, obwohl sie sich verändert. Dann könnte ggf. auch die gesamte Landschaft als (mehr oder eben weniger) resilient gegenüber einem bestimmten Störfaktor bezeichnet werden.

1.3.3 Kriterium 3: Geschwindigkeit der Anpassung des landschaftlichen Systems

Es ist aber nicht nur entscheidend, in welchem Maße die Funktionen einer Landschaft und ihr Landschaftscharakter trotz einer Krise erhalten oder gestärkt werden, sondern auch, in welcher GESCHWINDIGKEIT gegebenenfalls auftretende Schäden oder Beeinträchtigungen überwunden werden, wie rasch also eine Anpassung und Erholung des landschaftlichen Systems an die neue Situation erfolgt. Wie einige Beispiele zeigen werden, ist dies ein ganz entscheidender Aspekt: Alles ist in gewisser Weise eine Frage der Zeit. Können Beeinträchtigungen sehr schnell verkraftet und behoben werden, ist das landschaftliche System zweifelsohne deutlich resilienter als eines, welches Jahrzehnte braucht, um die beeinträchtigten Funktionen wiederherzustellen oder einen vergleichbaren Landschaftscharakter wie vor der Störung oder Krise zu erreichen. Allerdings steckt auch hier der Teufel im Detail. Denn welchen Maßstab nimmt man für eine Bewertung des zeitlichen Faktors? Mindestens zwei Möglichkeiten bieten sich dafür an. Zum einen kann im Vergleich geurteilt werden – die eine Landschaft benötigt mehr Zeit als eine andere. Dabei hängt das Ergebnis freilich vom Bezugsraum (weltweit, regional) ab. Zum anderen kann auch die LANDSCHAFTSEIGENE ZEIT als Beurteilungsmaßstab gewählt werden. Darunter wird die Zeit verstanden, die die prägenden Biotoptypen für ihre Wiederherstellung benötigen. Für die Akteurs- und Handlungsebene einer Landschaft bedarf es jedoch ergänzender Ansätze, und generell besteht die Frage, welche Informationsgrundlagen für die Abschätzung des Faktors überhaupt zur Verfügung stehen. Dies wird sich an den Fallbeispielen zeigen.

- **Resilienz und Komplexität**

Bevor auf die dargelegten Kriterien in den folgenden Kapiteln immer wieder zurückzukommen sein wird, ist vorab noch eine begriffliche Abgrenzung zwischen Resilienz und Komplexität einer Landschaft vorzunehmen. Denn die Höhe der Resilienz ist nicht zwangsläufig mit dem GRAD DER KOMPLEXITÄT eines landschaftlichen Systems gleichzusetzen.

> **Landschaftliche Komplexität**
>
> Darunter werden im Folgenden Grad der funktionalen Vernetzung innerhalb einer Landschaft und zugleich Anzahl und qualitative Ausprägung der Funktionen verstanden, die sie erfüllt bzw. der Ökosystemleistungen, die sie erbringt.

Eine Wüste kann beispielsweise gegenüber Veränderungen eine hohe Widerstandskraft entfalten: Ehe aus ihr ein anderer Landschaftstypus entsteht (Transformation), muss schon ziemlich viel passieren. Ihre Komplexität muss deshalb aber noch lange nicht genauso hoch sein. Wüsten stellen vielmehr höchst spezialisierte Lebensräume mit einer vergleichsweise geringen Artenzahl dar, die naturgemäß nur selten Versorgungsfunktionen für den Menschen oder herausragende Regulationsfunktionen erfüllen. Im Gegensatz zu ihnen sind Feucht- oder Trockensavannen durch eine Fülle an funktionalen und ökosystemaren Verflechtungen sowie ökologischen Landschaftsfunktionen geprägt. Sie erreichen demzufolge auch einen wesentlich höheren Komplexitätsgrad. Auch Städte als Inbegriff anthropogener Landschaftssysteme weisen einen ausgesprochen hohen Komplexitätsgrad auf. Es ist zu vermuten, dass zwischen landschaftlicher Resilienz und Komplexität Zusammenhänge bestehen. Aber welche? Eine Antwort auf die Frage wird erst die Betrachtung von Fallbeispielen ermöglichen. Zuvor sind jedoch noch die zwei Ebenen landschaftlicher Resilienz einzuführen, die für das Grundverständnis landschaftlicher Resilienz wesentlich sind.

Ebenen landschaftlicher Resilienz

2.1 Gegebene landschaftliche Resilienz – 43

2.2 Erworbene landschaftliche Resilienz – 63

© Springer-Verlag GmbH Deutschland, ein Teil von Springer Nature 2020
C. Schmidt, *Landschaftliche Resilienz,* https://doi.org/10.1007/978-3-662-61029-9_2

Man braucht nur an Hochwasserereignisse, Sturmfluten oder Hitzewellen zu denken: Die jeweilige naturräumliche Lage einer Landschaft beeinflusst in entscheidendem Maße, welcher Aufwand betrieben werden muss, um sie vor derartigen Extremereignissen zu schützen oder an Folgewirkungen anzupassen. Diesem Teil des Bedingungsgefüges von Resilienz wird im gegenwärtigen stadt- und regionalplanerischen Resilienzdiskurs allerdings erstaunlich wenig Beachtung geschenkt. Naturräumliche Expositionen werden der Seite der Vulnerabilität zugerechnet, obgleich sie genauso zur Kehrseite der Medaille, der Resilienz, gehören. Lediglich Kegler (2014) differenziert in eine konstitutionelle und eine erworbene Resilienz, wobei diese jedoch keinen direkten Bezug zur naturräumlichen Lage einer Stadt herstellen. Bezogen auf Landschaften ist die Einbeziehung naturbedingter Standortfaktoren jedoch unverzichtbar.

Gehen wir deshalb zunächst davon aus, dass landschaftsbezogen grundsätzlich zwischen einer GEGEBENEN und ERWORBENEN RESILIENZ zu unterscheiden ist.

> **Gegebene und erworbene Resilienz**
>
> Die gegebene Resilienz umschreibt in diesem Verständnis die natürlich gegebenen Ausgangsbedingungen der jeweiligen Landschaft.
> Die erworbene Resilienz stellt das Ergebnis des gesellschaftlichen Umgangs mit den natürlichen Ausgangsbedingungen und mit dem ablaufenden Landschaftswandel dar.

Da sich Landschaften stets im Wandel befinden, dürften gegebene und erworbene Resilienz Momentaufnahmen darstellen. Beide sind fortlaufend Veränderungen unterworfen, wobei auch die Grenze zwischen beiden eine fließende sein muss, denn auch die natürlichen Ausgangsbedingungen sind nicht statisch, sondern werden sowohl durch natürliche als auch anthropogen bedingte Entwicklungsprozesse beeinflusst. Wie in einem Sedimentationsprozess verdichten sich im Verlaufe der Zeit Teile der erworbenen landschaftlichen Resilienz sukzessive zur gegebenen Resilienz. Diese markiert wiederum die Ausgangsbedingungen für die nächste menschliche Generation, sodass ständige Wechselwirkungen zwischen gegebener und erworbener Resilienz kennzeichnend sind. Was die nächste Generation aus der „gegebenen" Resilienz der eigenen Landschaft macht bzw. wie viel landschaftliche Resilienz sie zusätzlich erwirbt oder auch verliert (mit den entsprechenden Konsequenzen für ihre Nachfahren), liegt in der Hand einer jeden Generation. ◘ Abb. 2.1 soll dies verdeutlichen.

Aber nähern wir uns zunächst anhand von Beispielen der gegebenen landschaftlichen Resilienz an, um anschließend den Unterschieden zwischen gegebener und erworbener Resilienz nachzuspüren.

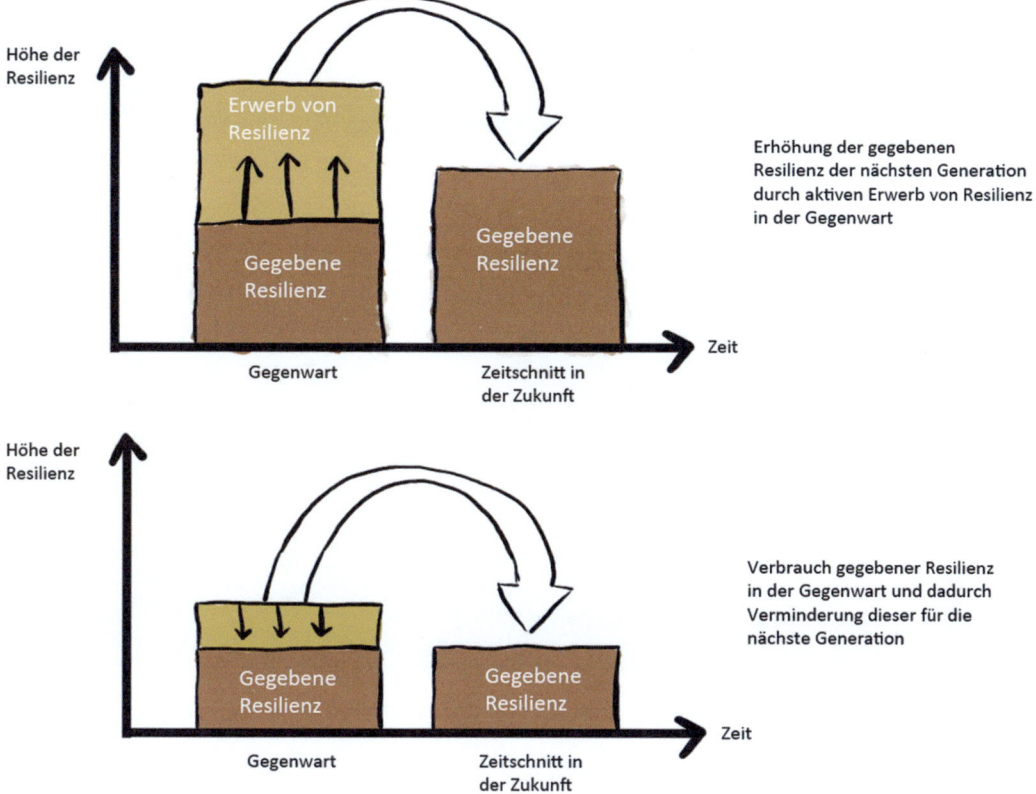

Abb. 2.1 Beziehung zwischen der gegebenen Resilienz und dem aktiven Erwerb zusätzlicher Resilienz im Verlauf der Zeit. (C. Schmidt/A. Zürn)

2.1 Gegebene landschaftliche Resilienz

2.1.1 In borealen Waldlandschaften

Das YUKON-GEBIET WESTKANADAS wird auf einer Fläche von ca. 275.000 km² durch nichts Anderes als boreale Nadelwälder bestimmt – eine Fläche, die so groß wie Schweden oder Kalifornien ist und die nicht forstwirtschaftlich bewirtschaftet wird (vgl. ◘ Abb. 2.2). Vom Yukon bis nach Alaska reichend, zählen diese Wälder zu den größten unzerstörten borealen Wildnisgebieten der Erde und haben damit scheinbar schon von Natur aus den Begriff der Resilienz gepachtet. Wenn nicht diese Landschaften resilient sind, welche sollten es wohl dann sein? Und auch wenn selbst diese Region nicht wirklich frei von menschlichem Einfluss ist, so dürfte sie doch als eine der wenigen Landschaften der Erde gelten, die man noch am ehesten als Naturlandschaft bezeichnen könnte. Lässt sich an ihrem Beispiel fassen, was unter einer „gegebenen" landschaftlichen Resilienz zu verstehen ist?

◘ **Abb. 2.2** Borealer Nadelwald entlang des Yukons in Westkanada. (Foto: C. Schmidt)

Das Erscheinungsbild der borealen WALD-LANDSCHAFTEN unterscheidet sich von den uns bekannten Nadelwaldforsten der gemäßigten Zone nicht nur aufgrund seiner ausgeprägten Urwüchsigkeit. Während Forstbäume viele Jahre lang sehr dicht stehen, sind die Taigawälder deutlich lichter. Die Form der Nadelbäume wird zum Schutz vor Schäden durch die Schneelast nach Norden hin immer schlanker, und eine dichte Beastung bis zum Boden sorgt für eine optimale Licht- und Wärmenutzung der tief stehenden Sonne. Ein erstaunlich heller und merkwürdig stiller Urwald überzieht in erhabener Endlosigkeit die Weite des Nordens. Weißfichten *(white spruce, Picea glauca)* und Küstenkiefer *(lodgepole pine, Pinus contorta)* zählen zu den häufigsten Bäumen in der borealen Nadelwaldzone des Yukon-Territoriums. Darüber hinaus sind z. B. auch Felsentannen *(supalpine fir, Abies lasiocarpa)*, Schwarzfichten *(black spruce, Picea mariana)* und ostamerikanische Lärchen *(tamarack, Larix laricina)* zu finden. Als Laubbäume ergänzen vor allem amerikanische Zitterpappeln *(trembling spen, Populus tremuloides)*, Balsam-Pappeln *(balsam poplar; Populus balsamifera)*, Papierbirken *(paper birch, Betula papyrifera)* und hin und wieder Weidenarten das Waldbild. Die Weißfichten

2.1 · Gegebene landschaftliche Resilienz

gedeihen sowohl auf feuchten als auch in trockenen Böden, ihr Vorkommen ist entlang der Flüsse am größten. Küstenkiefern sind in trockeneren Gebieten, Zitterpappeln an lichten Hängen, Schwarzfichten auf nassen Böden über Permafrostböden zu entdecken und Balsam-Pappeln in Gebieten, in denen sich Wasser ansammelt. Das Yukon-Gebiet stellt insgesamt eine von Flüssen und eiszeitlichen Seen durchzogene, waldbestimmte Naturlandschaft dar, und dennoch gleitet man auf dem Yukon plötzlich mit dem Boot dutzende Kilometer lang durch Waldbrandgebiete hindurch. Zunächst kann der Besucher über die Größe der abgebrannten Gebiete etwas erschrecken. Sie sind unterschiedlichen Datums: Auf topographischen Karten sind Waldbrände von 1977, dann wieder von 1998 oder 2005 vermerkt. Darüber hinaus sind vor Ort aber auch abgebrannte Waldareale zu entdecken, die auf keiner Karte vermerkt sind, weil sie offenbar jüngeren Datums sind. Ist die Naturlandschaft tatsächlich noch resilient oder sind die Waldbrände vielmehr ein Zeichen, dass eine neuralgische Schwelle – ein TIPPING POINT– überschritten wurde und die Waldlandschaft langsam ihre Stabilität verliert (vgl. Abb. 2.3)?

Zunächst einmal: Natürliche Waldbrände gehören untrennbar zum Ökosystem des borealen Nadelwaldes dazu. Ohne Waldbrände würde die typische Humusauflage die Verjüngung der Wälder behindern. Denn die Streu der Nadelbäume ist schwer zersetzbar. Der Zersetzungsprozess dauert etwa 350 Jahre und läuft damit hundertmal langsamer ab als in mitteleuropäischen Laubwäldern (vgl. Treter 1994, Fischer 1995). In Verbindung mit dem sehr geringen Energieeintrag in das Ökosystem und der kältebedingt verringerten Tätigkeit von Mikroorganismen entstehen oft mächtige Humusauflagen von bis zu 50 cm Dicke, die eine gewisse Barriere zum darunter befindlichen mineralischen Boden aus Sand, Schluff und Ton bilden. Die durch Blitzschläge ausgelösten

Abb. 2.3 Waldbrandspuren entlang des Yukon. (Foto: C. Schmidt)

Feuer legen die unter der Humusauflage befindlichen Mineralböden frei, wodurch wertvolle Nährstoffe, die durch den Dauerfrostboden und die Nadeln der Bäume für die Pflanzen unzugänglich waren, freigesetzt werden. Seit der letzten Eiszeit vor ca. 10.000 Jahren wechseln sich das Abbrennen und das erneute Aufwachsen des Waldes in einem immer wiederkehrenden Zyklus ab. In sommertrockenen Gebieten Alaskas und Kanadas soll sich der Zyklus alle 50 bis 100 Jahre, in feuchteren Gebieten alle 300 bis 500 Jahre wiederholen (Yukon Governement 2018). Feuer stellen in dieser Landschaft demnach altbekannte Störereignisse dar, Stresssituationen unterschiedlichen Ausmaßes im Sinne der Resilienz. Die Landschaft hat aber auch über Tausende von Jahren gelernt, damit umzugehen. Viele Pflanzen und Tiere profitieren beispielsweise von den Feuern. So schmilzt das Feuer das Harz, welches sonst die Schuppen der Zapfen der Schwarzfichte und der Küstenkiefer versiegelt. Die Küstenkiefer stellt dabei ein ausgesprochen prägnantes Beispiel dafür dar, wie feuerabhängig manche Baumarten der borealen Nadelwaldzone sind: Ihre Zapfen brauchen erst hohe Temperaturen, um sich zu öffnen und die Samen freizugeben. Insofern ermöglichen der Spezies oft erst Brände, den Bestand zu regenerieren und ihren Platz im borealen Nadelwald zu behaupten (vgl. Fischer 1995). Zum anderen vernichtet Feuer die Humusauflage, und die Samen der Nadelbäume können sich ohne diese besser im Mineralboden verankern und erhalten auch die fürs Keimen nötige direkte Sonneneinstrahlung und Wärme. Pionierpflanzen nach dem Feuer sind das Schmalblättrige Weidenröschen *(Epilobium angustifolium)*, die Drachenkopfminze *(dragonhead, Dracocephalum parviflorum)* und verschiedene Grasarten (insbesondere *Calamagrostis purpurascens)*. Das Weidenröschen besiedelt die Rohböden nach einem Brand und gibt dem Namen des sogenannten Feuergürtels entlang des North Klondikes Highways auch nach Abklingen des Feuers eine Bedeutung. Die frischen Pflanzen und die nach ihnen aufkommenden Sträucher werden gern von Schneehasen gefressen, denen folgen wiederum die Luchse. Auch Elche bevorzugen Sträucher in fünf bis 20 Jahre alten Brandflächen. Blaubeeren und andere Beerensträucher werden von Grizzlys und Schwarzbären bevorzugt. Marder, Füchse und Minks profitieren schließlich von den Kleintieren. Die Nadelwälder im Yukon-Gebiet sind also Ökosysteme, die sich an immer wieder auftretende Brände bestens angepasst haben. Feuer ist für den natürlichen Rhythmus des Waldes sogar unentbehrlich.

Greifen wir die Kriterien landschaftlicher Resilienz auf (vgl. ▶ Abschn. 1.3), so zeigt sich, dass das Selbstregenerationsvermögen der Waldlandschaften des Yukon-Territoriums zweifelsohne gut gegeben ist. Jack London beschrieb die Wälder in seinen Abenteuererzählungen genauso, wie wir sie noch heute vielfach erleben können. Weilt man in ihnen, ist es nicht zuletzt ein Gefühl der Zeitlosigkeit, welches so tief beeindruckt. Die Natur hat Zeit, und sie nimmt sich diese auch, sowohl für das Aufwachsen der Wälder, als auch für deren Zerstörung. Mitunter entzünden sich Torfschichten und sorgen dafür, dass Brände über Monate hinweg vor sich hin schwelen und an unterschiedlichen Stellen immer wieder aufflammen (Yukon Governement 2018). Die ÖKOLOGISCHE FUNKTIONSFÄHIGKEIT ist jedoch auch nach einer Störung (also nach einem Brand) nicht geringer als vorher (vgl. erstes Resilienzkriterium in ▶ Abschn. 1.3). Durch natürliche Selektion steigern die Wälder vielmehr sukzessive ihre Widerstandskraft gegenüber derartigen Störungen. Das ist der Anpassungsprozess, den der Begriff der Resilienz so treffend beschreibt: durch Katastrophen nicht verletzbarer, sondern widerstandsfähiger zu werden! Da die Wälder zudem in der Regel in einem Patchworkmuster abbrennen und sich abgebrannte und nicht abgebrannte Areale in einem relativ kleinräumigen Mosaik abwechseln, bleibt zudem der LANDSCHAFTSCHARAKTER erhalten, zumindest weitgehend (zweites Kriterium). Denn es versteht sich, dass direkt im abgebrannten Areal ein ganz anderer, entweder zerstörter oder viel offener Landschaftseindruck entsteht. Aber das räumliche Mosaik macht's: In einem größeren räumlichen Zusammenhang bleiben die borealen Wälder urwüchsige Waldlandschaften, sodass summa summarum die Resilienzkriterien erfüllt werden. Das Patchworkmuster erleichtert den Eintrag von Samen aus benachbarten Waldbeständen und fördert auf diese Weise die Wiederbewaldung der abgebrannten Areale. Und da sich der Prozess der Feuerrotation naturgemäß über einen längeren Zeitraum von 50 bis 500 Jahren erstreckt, verlaufen die Anpassungsprozesse der borealen Wälder sowohl räumlich als auch zeitlich sehr differenziert. Markant ist darüber hinaus, dass es auch Gewöhnungsprozesse gibt. So tritt bei den Nadeln der Weißfichte beim Übergang zur Winterruhe ein Abhärtungsprozess ein. Ohne diesen würden sie schon bei −7 °C absterben, dank der Abhärtung können sie jedoch −40 °C ertragen (Fischer 1995, Treter 1994). Im Frühjahr erfolgt ebenso eine „Enthärtung", die auf einer Erhöhung der Zuckerkonzentration im Zellsaft beruht und innerhalb nur eines einzigen Tages verlaufen kann. Die Natur macht uns insofern vor, dass Resilienz durch ein kleinräumiges Patchworkmuster, Zeit und Gewöhnungsprozesse begünstigt werden kann.

Diese Faktoren scheinen jedoch – bedingt durch den Klimawandel und den menschlichen Einfluss – zunehmend ins Wanken zu geraten, und damit kommen wir zum dritten Resilienzkriterium, der GESCHWINDIGKEIT der Prozesse. In dem sogenannten Feuergürtel entlang des North Klondike Highways sind nämlich mittlerweile im Durchschnitt pro Jahr 140 Brände zu erleben, die ca. 117.000 ha Wald verbrennen (vgl. Abb. 2.4).

Die Brandflächen haben dabei innerhalb eines halben Jahrhunderts enorm an Größe

Abb. 2.4 Großflächig abgebranntes Gebiet am Yukon in Westkanada. (Foto: C. Schmidt)

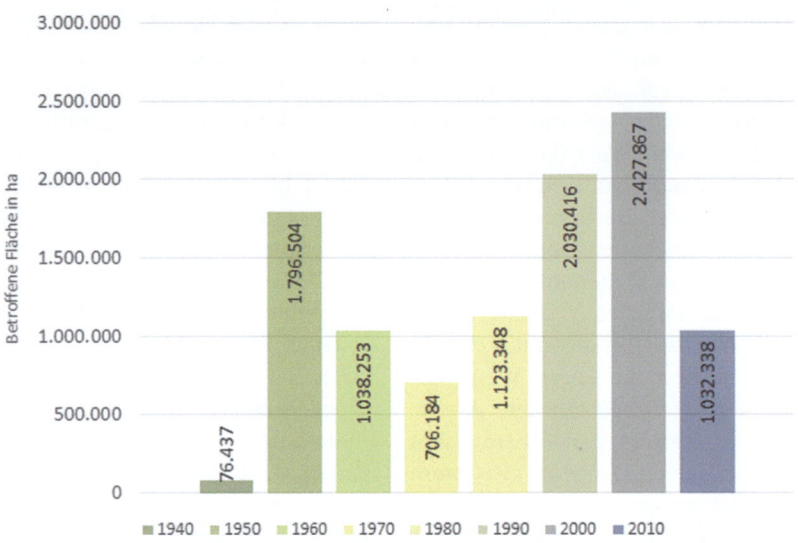

Abb. 2.5 Von Waldbränden betroffene Fläche in ha im Yukon-Gebiet im Verlauf der letzten Jahrzehnte. (gemeint sind stets Jahrzehnte, z. B. von 1940 bis 1950, wobei das Jahrzehnt ab 2010 nur bis 2017 reicht, A. Müller/C. Schmidt auf Basis der Kartendaten des Government of Yukon und OpenStreetMap-Daten 2018)

gewonnen. Im nachfolgenden Diagramm (vgl. Abb. 2.5) lässt sich gut erkennen, dass die Größe der abgebrannten Flächen in allen Jahrzehnten nach 1950 deutlich über dem Vergleichsjahrzehnt von 1940–1949 lag, wobei das Jahrzehnt von 2010 noch nicht abgeschlossen ist und nach den verheerenden Bränden der letzten Jahre voraussichtlich noch über dem vorangegangenen Jahrzehnt liegen wird. Fast drei Viertel des Feuergürtels sind in den letzten 50 Jahren abgebrannt, und mit zunehmender Klimaerwärmung wird das Waldbrandrisiko voraussichtlich noch weiter anwachsen.

Die Hälfte der Brände wird mittlerweile nicht mehr durch Blitzschläge, sondern durch menschliche Fehler ausgelöst, wie z. B. nicht ordnungsgemäß gelöschte Campingfeuer (Yukon Governement 2018). Zwar sollen natürlich ausgelöste Brände aufgrund der entlegenen und kaum zugänglichen Ausgangspunkte nach wie vor für 95 % der verbrannten Gesamtfläche verantwortlich sein. Die Karte in Abb. 2.6 zeigt jedoch Konzentrationsgebiete anthropogener Auslöser entlang der Straßen und im Umfeld von Siedlungen. Zudem gewinnen die Brände infolge der zeitweisen Austrocknung des Bodens und der nicht unerheblichen Torfvorräte an Fläche.

Das Beispiel des borealen Nadelwaldes zeigt insofern, dass alles eine Frage des Maßes ist. Die Dosis bestimmt bekanntermaßen das Gift!

> Was in längerem zeitlichen Abstand und im kleinräumlichen Mosaik positive Auswirkungen hat, kann sich in kürzerem zeitlichen Abstand und in größerer Flächendimension gänzlich ins Gegenteil verkehren.

Denn der boreale Nadelwald gerät schon allein durch die im Klimawandel steigenden Jahresmitteltemperaturen zunehmend unter Stress. Wird der Schwellenwert von 120 Tagen im Jahr mit einer mittleren Tagestemperatur von 10 °C überschritten, werden Laubbäume gegenüber den Nadelbäumen

2.1 · Gegebene landschaftliche Resilienz

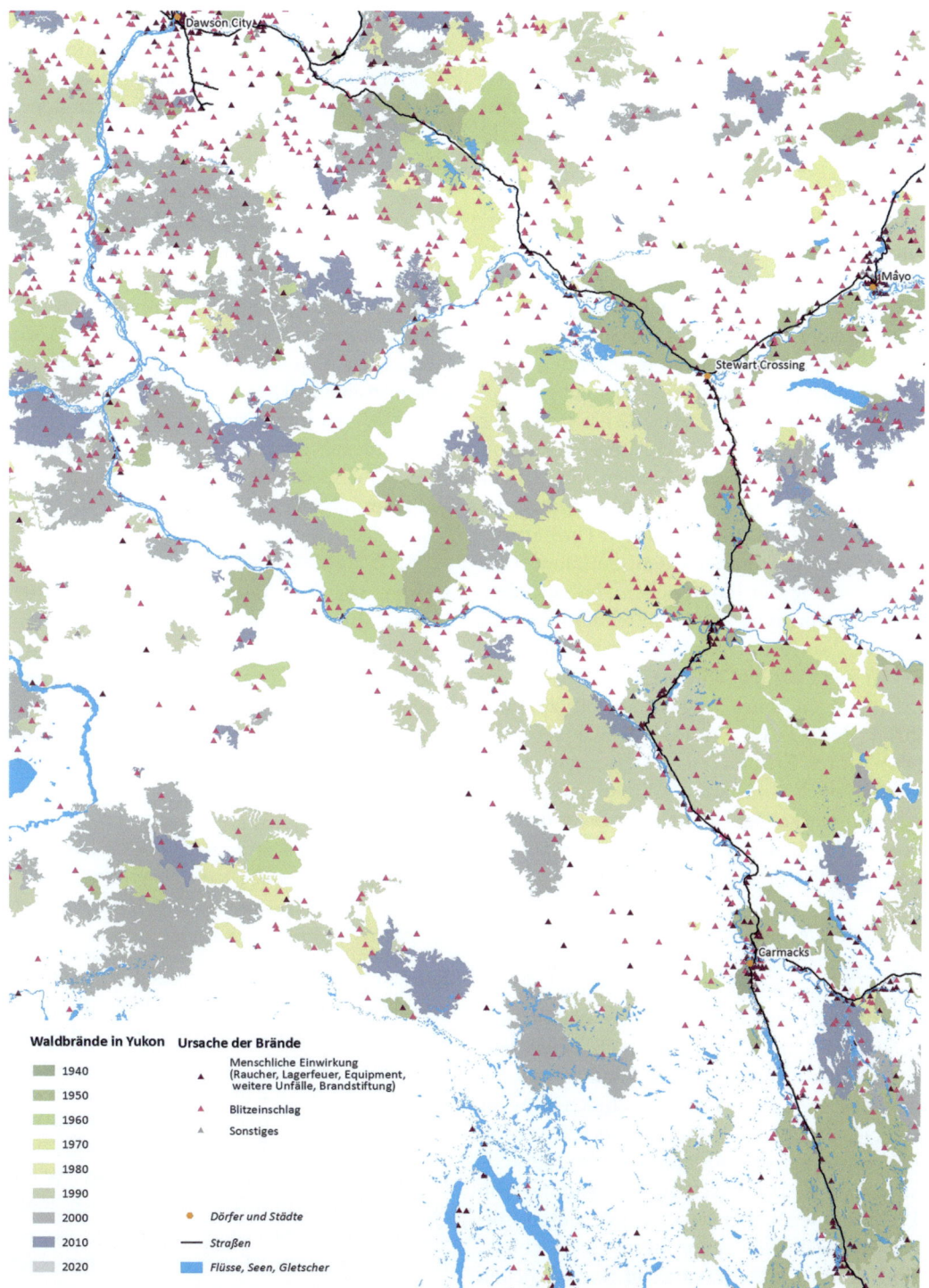

Abb. 2.6 Waldbrandareale im Yukon-Gebiet im Verlauf der letzten Jahrzehnte. (A. Müller/C. Schmidt auf Basis der Kartendaten des Gouvernement of Yukon und OpenStreetMap-Daten 2018)

konkurrenzfähiger (vgl. Fischer 1995). Häufen sich noch dazu Waldbrände, nimmt der Konkurrenzdruck auf die prägenden Nadelbaumarten weiter zu. Dabei ist zu berücksichtigen, dass der boreale Nadelwald aufgrund der kurzen Vegetationsperiode, aber auch wegen des durch die Nadelbäume mitverursachten Podsols, naturgemäß nur langsam wächst. Die Regenerationsdauer ist dementsprechend lang. Fällt ein Wald in den Tropen einem Brand zum Opfer, wächst er rasch wieder auf. Anders verhält es sich in der borealen Nadelwaldzone. Brennen folglich in kürzeren Abständen immer größere Waldareale ab, wächst das Risiko, dass der TIPPING POINT überschritten wird und sich die betroffenen Areale eben nicht mehr selbst regenerieren können. Noch dazu ist die boreale Nadelwaldzone oft durch Permafrostböden geprägt, die nach dem Auftauen eine Fülle brennbarer Materialien bereitstellen. Mit zunehmenden Jahresmitteltemperaturen wächst das Risiko solcher Torfbrände weiter an. Dies verdeutlicht, dass die natürlichen Bedingungen einer Landschaft oft zugleich ihren POINT OF WEAKNESS markieren. Wohl durch kein anderes Störereignis, durch keinen noch so harten Winter oder kein noch so markantes Hochwasser ließe sich der boreale Wald in seiner Typik so tiefgreifend und großflächig in Frage stellen wie durch Feuer.

Gerät der natürliche Anpassungsprozess der Waldlandschaft an das Feuer aus der Balance, bleibt nichts anderes übrig, als die menschlich erzeugte erhöhte Waldbrandgefahr auch im Gegenzug durch einen entsprechenden menschlichen Einfluss wieder zu reduzieren und so zu versuchen, ein neues Gleichgewicht zu unterstützen. So kann beispielsweise die Anlage von Waldbrandschneisen die großflächige Ausdehnung von Waldbränden verringern. Bisher waren solche Maßnahmen weder nötig noch üblich, sind sie doch mit einem nicht unerheblichen Aufwand verbunden, ohne eine Erfolgsgarantie geben zu können. Nehmen die Waldbrände jedoch weiter zu, wird das Verhältnis zwischen Aufwand und Nutzen neu zu diskutieren sein. Zumindest scheint es zunehmend fraglich zu sein, ob es gerechtfertigt ist, wie bislang sogenannte *forest firefighter* in Brandgebieten abzusetzen und deren Leben in unkontrollierten Brandsituationen zu riskieren. Hier sind dringend neue Ansätze gefragt. Im Juli 2019 tobten allein im oberen Yukon-Tal Alaskas an der Grenze zu Kanada 250 Brände, davon 200 unkontrolliert. Die betroffene Fläche von rund 9000 km^2 entspricht ungefähr der Hälfte der Landesfläche des Freistaates Sachsen und einem Vielfachen der Waldbrandfläche vergangener Jahre (FAZ 2019).

■ **Zwischenfazit**

Halten wir bis hierhin fest, dass Naturlandschaften wie der boreale Nadelwald im Yukon-Gebiet grundsätzlich durchaus in der Lage sind, mit Störungen wie Waldbränden umzugehen und davon sogar zu profitieren. Es kommt allerdings auf die zeitliche Abfolge und den flächenmäßigen Umfang der Störwirkungen an.

> **Die gegebene landschaftliche Resilienz beschreibt dabei, über welche Widerstandskraft eine Landschaft schon allein naturgemäß verfügt.**

Bei den borealen Waldlandschaften zeigt sich beispielsweise, dass ihre gegebene Resilienz umso höher ist, je engmaschiger und diverser ihr Standortmosaik ist und je stärker natürliche Barrieren eine großflächige Ausbreitung der Brände behindern. Betrachtet man den Faktor Zeit, sind boreale Wälder gegenüber Bränden deutlich stärker als andere Waldlandschaften gefährdet: Sie benötigen mehr Zeit für den natürlichen Anpassungsprozess. Insofern markieren Feuer naturbedingt einen Point of Weakness dieses Landschaftstyps.

2.1 · Gegebene landschaftliche Resilienz

> **Point of Weakness und Tipping Point**
>
> Ein POINT OF WEAKNESS markiert eine naturräumlich angelegte besondere Wirkungsbeziehung (oder auch Sensitivität) eines landschaftlichen Systems. Wird ein Point of Weakness durch Störungen, Krisen oder landschaftlichen Stress ausgelöst, wird schneller ein Tipping Point erreicht oder überschritten. Ein TIPPING POINT beschreibt dabei diejenige Schwelle, an der die bisherige landschaftliche Entwicklung abrupt abbricht und der jeweilige adaptive Zyklus der Landschaft verlassen wird.

Ein solches Risiko ist bei der aktuell stark anwachsenden Anzahl an Bränden gegeben. Die natürliche Anpassungsfähigkeit des Waldes wird durch die anthropogen bedingt steigende Waldbrandgefahr zunehmend überfordert. In diesem Fall gilt es, zusätzlich Resilienz zu „erwerben", um ein Überschreiten des Tipping Points zu verhindern.

In Deutschland ist die Situation zwar bei Weitem nicht so brisant wie in den borealen Nadelwäldern oder anderen Teilen der Erde (vgl. Nasa 2019). Gleichwohl haben auch hierzulande die Dürreperioden 2018 und 2019 zu deutlichen Trockenschäden in den Wäldern und einer Zunahme an Waldbränden geführt (UBA 2019), die zeigen: Mehr Resilienz ist auch in deutschen Wäldern nötig.

2.1.2 Abtauchen: Rifflandschaften

Mit einer geschätzten Anzahl von bis zu einer Million Arten zählen Korallenriffe wie das im Bild (vgl. Abb. 2.7) neben tropischen

Abb. 2.7 Korallenriff im südlichen roten Meer. (Foto: C. Schmidt)

Regenwäldern zu den vielfältigsten Landschaften der Erde: Obwohl sie nur 0,1 bis 0,2 % der globalen Meeresfläche bedecken, leben in ihnen ca. ein Drittel aller bekannten Arten im Meer (IPCC 2007). Wenn man in den überaus farbenprächtigen Gärten taucht, mag man über die unglaublichen Lebensformen nur ehrfurchtsvoll staunen, erst recht, wenn man sich vergegenwärtigt, welches Alter Rifflandschaften haben. Korallenriffe gab es schon zur Zeit der Dinosaurier, wobei die meisten heute existenten Riffe nach der letzten Eiszeit entstanden sein dürften. Sie haben in ihrer Evolution schon gravierende Meeresspiegelschwankungen, drastische Erwärmungen wie auch ebenso gravierende Abkühlungen der Meere überstanden (vgl. Kießling et al. 2012, Schumacher et al. 2011). Das deutet auf eine Menge (natur-)gegebener Resilienz! Allerdings mussten Korallenriffe noch nie gleichzeitig mit so schnell zunehmenden Wassertemperaturen, pH-Wert-Reduzierungen, mit Überfischung und zerstörerischen Fischereimethoden, einem steigenden Meeresspiegel, stärker und häufiger werdenden Stürmen und einer Verschmutzung durch Plastik und Chemikalien fertigwerden. 2016 waren 93 % der weltweiten Rifflandschaften von der Korallenbleiche *(coral bleaching)* betroffen, allein 29 % der Korallen des weltweit größten Riffs – des Great Barrier Riffs – starben in einem Jahr ab (Roodsari 2017, Hughes 2018). Gab es in der zweiten Hälfte des 20. Jahrhunderts ungefähr alle 25 bis 30 Jahre Massenkorallenbleichen, verkürzte sich der Zeitraum zwischen solchen Ereignissen auf aktuell durchschnittlich sechs Jahre, und nur 6 % aller von Hughes et al. (2018) weltweit untersuchten Riffe waren seit 1980 nicht von einer schwerwiegenden Korallenbleiche betroffen. Extreme werden zunehmend zur Normalität, und die Zukunft der Korallenriffe gilt mittlerweile als äußerst ungewiss.

Vergegenwärtigt man sich dies, ist man umso verblüffter, beim Tauchen im südlichen ROTEN MEER noch weitgehend intakte und farbenfreudige Riffe vorzufinden. Wieso ist in diesen Regionen die Korallenbleiche noch nicht so weit fortgeschritten wie beispielsweise in der Karibik? In den karibischen Riffen ist zwar ebenso eine Reihe faszinierender Gärten aus Hart- und Weichkorallen zu finden, allerdings nehmen die Flächen ausgeblichener und zerstörter Korallen weitaus größere Flächen als in den Saumriffen des Roten Meeres bei Marsa Alam ein. Mehr als die Hälfte der Korallenriffe in der Karibik sind seit 1970 verschwunden (Jackson et al. 2014: 14), und vergleicht man Kartierungen aus dem Jahr 2012, so waren im südlichen Roten Meer in derselben Flächeneinheit ungefähr dreimal so viele Korallen existent wie in der Karibik. Einem Korallenbedeckungsgrad von 50,8 % im südlichen Roten Meer (Moldzio 2012) stand einer von 16,3 % in der Karibik gegenüber (Jackson 2014: 14). Verfügen die Riffe des Roten Meeres vielleicht über eine höhere Resilienz im Vergleich zu den Riffen in der Karibik? Interessant ist darüber hinaus, dass sich bei eigenen Erkundungen von Rifflandschaften im Indischen Ozean (Mayotte) ebenso wie in der KARIBIK, (Kuba) und im Pazifik (Fidschi) nicht nur Unterschiede zwischen den Regionen, sondern auch innerhalb dieser zeigten. Die Resilienz der Rifflandschaften gegenüber der zunehmenden Temperaturerhöhung schien mitunter selbst von Riff zu Riff zu schwanken. Was macht die gegebene Resilienz von Rifflandschaften also konkret aus?

Korallen verdanken ihre Farbschönheit den mit ihnen in symbiotischer Gemeinschaft lebenden Zooxanthellen – einzelligen Algen, die sich mit dem Gewebe ihrer Wirtskoralle vernetzen, um mittels der Photosynthese Nährstoffe für sie zu erzeugen. Ohne die Zooxanthellen gäbe es die Farbenpracht der Korallenriffe nicht, und es ist immer wieder erstaunlich, wie viele unterschiedliche Farbnuancen die Natur möglich macht. Im Gegenzug verschafft die bewirtende Koralle ihren Algen einen „Platz an der Sonne" und stellt ihnen Kohlendioxid sowie stickstoff- und phosphathaltige Stoffwechselprodukte zur

Verfügung, die schließlich von den Zooxanthellen in Zucker und Sauerstoff umgewandelt werden (Lieske & Myers 2010: 10). In produktionsdominierten Riffen, die seit der letzten Eiszeit den weltweit am häufigsten vorkommenden Typ eines Korallenriffes darstellen, lagern die riffbildenden Arten der Hartkorallen Calciumcarbonat ab (Kerber 2018). Die Riffe wachsen und haben auf diese Weise über Tausende von Jahren in den tropischen und subtropischen Flachwasserbereichen bis zu einer Tiefe von 30–40 m großflächige Landschaften gebildet. Im Allgemeinen gedeihen Korallen dabei ab einer Mindestwassertemperatur von 18 °C (Frieler et al. 2012). Dies begründet beispielsweise, warum sich um Island keine Riffe ausbilden konnten, während das Rote Meer vom Golf von Aqaba im Norden bis zum Bab el Mandeb im Süden nahezu durchgehend durch Saumriffe geprägt wird: Durch die Aufheizung im Sommer und die Zirkulation im Winter herrschen selbst in 1000 m Tiefe während des ganzen Jahres nicht weniger als 20 °C, und der regelmäßigen Nordwind Shamal führt besonders an der Luvseite der Riffe zu einer Anreicherung mit Sauerstoff, der ein Korallenwachstum maßgeblich befördert (Lieske & Myers 2010: 7). Aber auch die Karibik weist durchgehend Wassertemperaturen von über 20 °C auf und bietet bezogen auf die Mindesttemperatur nicht weniger optimale Bedingungen für Rifflandschaften als das Rote Meer. Dies begründet also noch keine Unterschiede.

So sehr Korallen jedoch an höhere Wassertemperaturen gebunden sind, so empfindlich reagieren sie zugleich auf eine zu hohe Temperatur. Hier zeigt sich analog zu den bereits betrachteten borealen Waldlandschaften ebenso ein POINT OF WEAKNESS, nur verständlicherweise ein völlig anderer: Liegen die Wassertemperatur mindestens 1 °C über der lokalen langjährigen mittleren Höchsttemperatur (Glynn et al. 1990) und hält die Anomalie mindestens einen Monat an, kommt es in der Regel zu einer Korallenbleiche. Dabei kann die absolute Bleichschwelle interessanterweise durchaus unterschiedlich sein, sie lag z. B. bei 27 °C in Rapa Nui (Osterinsel) oder bei 35 °C im Persischen Golf (Jokiel et al. 2004). So unterschiedlich der Toleranzbereich der einzelnen Korallenarten auch ist, früher oder später stoßen Korallen in solchen Situationen ihre Zooxanthellen panikartig ab. Grund dafür ist vermutlich, dass die Algen unter Temperaturstress Giftstoffe erzeugen. Nach dem Abstoßen bleiben nur die weißen Kalkskelette der Hartkorallen zurück, und es entsteht das typische Zerstörungsbild der Korallenbleiche. Korallen sind nämlich als Nesseltiere ähnlich wie Quallen transparent. Ohne Algen sieht man deshalb nur noch das durchsichtige Gewebe und darunter das strahlend weiße Kalkskelett. Ungefähr eine Woche kann eine Koralle auch ohne Alge überleben. Im günstigsten Fall lässt sie sich wieder besiedeln, entweder durch ein paar Zooxanthellen, die im Gewebe übriggeblieben sind und sich vermehren, oder sie nimmt neue Zooxanthellen aus dem Meerwasser auf. Wenn allerdings höchstens in vier Woche die Symbiose nicht wiederhergestellt wird, ist die Physiologie der Koralle so gestört, dass sie abstirbt. Zudem sind die Korallen ohne den Schutz ihrer Algen auch deutlich stärker jeglichen anderen Umwelteinflüssen ausgesetzt und werden nicht selten durch Bakterien infiziert oder von Krankheitskeimen befallen. Je länger eine Stresssituation anhält, desto rapider sinken insgesamt die Chancen für eine Erholung des Riffs. Der Zusammenhang zwischen einer Erhöhung der Meerestemperatur und der zunehmenden Ausbreitung der Korallenbleiche gilt dabei mittlerweile als sicher nachgewiesen (u. a. Hughes et al. 2018, 2017, IPCC 2007). Hohe Wassertemperaturen sind im Sommer aber sowohl im Roten Meer als auch in der Karibik zu verzeichnen. Auch das kann allein also noch nicht die Unterschiede in der Ausbreitung der Korallenbleiche erklären. Ausschlaggebend für die unterschiedliche Resilienz von Korallenriffen sind offensichtlich vielmehr folgende fünf Faktoren.

1. **Großräumige geographische Lage der Riffe**

Die Lage bestimmt in mehrfacher Weise die Resilienz eines Riffes. Das wird schon allein dann deutlich, wenn man die sommerlich bekannten Tauchplätze im südlichen Roten Meer ausnahmsweise im Winter besucht und bei 24 °°C Bodentemperatur zu frösteln beginnt. Denn während die Wassertemperatur in tropischen Regionen über das gesamte Jahr nur um ca. 2–3 °C schwankt, beträgt der Unterschied zwischen der Wassertemperatur im Sommer und im Winter im Roten Meer durchschnittlich bis zu 6 °C und mehr. Das mag auf den ersten Blick wenig erscheinen. Für die Korallen verschafft dieser Unterschied aber über mehrere Monate hinweg eine enorm erholsame Regenerationsphase. 24 °C bieten immer noch optimale Wachstumsbedingungen für Korallen. Selbst bei Schädigungen durch sommerliche Temperaturüberschreitungen wird auf diese Weise regelmäßig die Chance für eine Wiederbesiedlung der Korallen durch Zooxanthellen gegeben. Eine solche Verschnaufpause haben die Rifflandschaften der Karibik nicht, sie stehen temperaturmäßig zunehmend unter Dauerstress. Zudem haben sich die Korallen des Roten Meeres über Jahrhunderte an große TEMPERATURSPANNWEITEN gewöhnt: Bei einer Temperaturerhöhung von 2 °C würde sich die ihnen bekannte Temperaturamplitude lediglich um ca. ein Drittel erweitern, während sie sich für die Korallen in der Karibik nahezu verdoppeln würde. Sie haben eine größere ökologische Potenz. Darüber hinaus bestimmt die geografische Lage auch großräumige Klimaphänomene. So war die Korallenbleiche in den letzten Jahren häufig an El-Niño-Ereignisse gekoppelt, die in unregelmäßigen Abständen und in unterschiedlicher Intensität im Pazifik auftreten und zu Wärmeanomalien führen. Das Rote Meer wird davon verschont, während sowohl der Pazifik als auch der Indische Ozean und die Karibik davon immer wieder stark betroffen werden. So waren die Massenkorallenbleichen 1998 und 2016 beispielsweise an einen El Niño gekoppelt. Eine weitere Wirkungsbeziehung zwischen der großräumigen geografischen Lage und der Resilienz von Riffen ergibt sich über die Exposition für STURMEREIGNISSE. Während Hurrikans beispielsweise typischerweise in der Karibik, im Golf von Mexiko und anderen Bereichen des nördlichen atlantischen Ozeans sowie Teilen des Pazifiks vorkommen, sind für den Indischen Ozean und Teile des südlichen Pazifiks Zyklone und für Südostasien und den nordwestlichen Teil des Pazifiks Taifune typisch. Ihnen allen ist gemein, dass sie als tropische Wirbelstürme Orkanstärke (Windstärke 12 auf der Beaufortskala) und damit eine immense Zerstörungskraft entfalten. Treffen Wirbelstürme auf Land, stellen Korallenriffe in der Regel die erste Verteidigungslinie dar. Metaanalysen von Ferrario et al. (2014) zeigen diesbezüglich, dass Korallenriffe die Wellenenergie von Hurrikans um durchschnittlich 97 % reduzieren und die Höhe der Flutwellen um 43 bis 84 % mindern. So wichtig Korallenriffe deshalb für den Küstenschutz sind, so sehr werden sie durch Sturmereignisse selbst geschädigt – wie stark, das hängt neben der geografischen Lage auch von einer Reihe kleinräumiger Faktoren ab (z. B. Lage in einer geschützten Bucht, Exposition des Küstenabschnitts u. a.). Nun ist das Vorkommen tropischer Wirbelstürme nicht unabhängig von der Meerestemperatur zu sehen. Hurrikans bilden sich vielmehr gerade über erwärmten Meeresteilen. Durch die Erhöhung der Meerestemperatur um durchschnittlich 0,11 °C pro Jahrzehnt seit 1971 (IPCC 2013) hat die Hurrikanenergie global um 70 % zugenommen (WWF 2013). Einerseits wächst also die Zerstörungskraft der Wirbelstürme in

2.1 · Gegebene landschaftliche Resilienz

den betroffenen Meeren, andererseits schwindet zugleich die Stabilität der Riffe durch die parallel ablaufende Minderung des pH-Wertes des Meeres. So ist der pH-Wert der oberen Schichten der Meere seit Beginn der Industrialisierung um 0,1 abgesunken und wird eine weitere Verminderung um durchschnittlich 0,065 bis 0,31 bis Ende des Jahrhunderts erwartet (IPCC 2013). Durch die Minderung des pH-Wertes wird die Verfügbarkeit von Carbonat-Ionen reduziert, die Riffkorallen benötigen, um ihre Skelette herzustellen. Untersuchungen von Mollica et al. (2018) zeigen, dass das Skelettwachstum von Korallen aus zwei verschiedenen Prozessen, einer Dehnung (Aufwärtswachstum) und einer Verdichtung (laterale Verdickung) besteht und insbesondere die Verdichtung auf eine Änderung der Ionenkonzentration reagiert. Danach verlieren die Korallen durch eine Minderung des pH-Wertes an Skelettdichte, bis Ende des 21. Jahrhunderts voraussichtlich um bis zu $20,3 \pm 5,4$ % (Mollica et al. 2018). Die weicheren Korallenskelette sorgen damit zwangsläufig für eine höhere Empfindlichkeit der Hartkorallen gegenüber Erosion. Riffe werden bei Sturm und Wellengang leichter zerrieben. So gesehen haben die Riffe des Roten Meeres gegenüber denen der Karibik schon allein durch ihre geografische Lage weitaus günstigere Bedingungen, denn vor tropischen Wirbelstürmen ist das nur bis zu 350 km breite Rote Meer durch die umgebenden großflächigen Landmassen gut geschützt, während die Karibik ihnen in hohem Maße ausgesetzt ist. Die genannten Aspekte tragen insofern zu einer naturbedingt höheren Resilienz der Rifflandschaften des Roten Meeres gegenüber der Karibik bei.

2. **Genetische Anpassung und Hitzetoleranz der Arten**
   Korallenarten sind ebenso wie ihre symbiotischen Zooxanthellenarten in unterschiedlichem Maße hitzetolerant. In Abhängigkeit vom jeweiligen Artenspektrum eines Riffes kann daraus zwangsläufig eine unterschiedliche Hitzetoleranz der gesamten Riffgemeinschaft erwachsen. Seemann et al. (2012) haben z. B. Versuche mit den Hartkorallen *Agaricia tenuifolia* und *Poritis furcata* durchgeführt und festgestellt, dass Temperaturstress bei *A. tenuifolia* zu einer Verringerung der Lipide und einer 100 %-igen Mortalität führte, während *P. furcata* die Fähigkeit aufwies, Lipidreserven durch Heterotrophie wiederaufzubauen und damit auch unter Stressbedingungen Energie sowohl für den Wirt als auch für die Algen bereitzustellen. Die deutlich niedrigere Sterblichkeit und Resistenz dieser Spezies macht die kleinpolypige Steinkoralle *P. furcata* zu einer wichtigen hitzeresistenten Schirmart in Riffen. In Studien im Indischen Ozean und im Pazifik zeigten schnell wachsende, verzweigende Arten wie *Acropora*, *Seriatopora*, *Stylophora*, *Millepora* und *Pocillopora* eine höhere Bleichanfälligkeit und Mortalität als langsam wachsende, massive Arten wie *Favites*, *Goniastrea*, *Astreopora* und *Turbinaria* (Floros et al. 2004, McClanahan et al. 2004). Frade et al. (2018) konnten am Great Barrier Riff an den Korallenarten *Porites*, *Leptoseris*, *Acropora* und *Pocillopora* geringere Schäden durch die Korallenbleiche feststellen als bei den Taxa *Stylophora*, *Isopora* und *Montipora*, die besonders hohe Mortalitäten aufwiesen. Die Hitzetoleranzen der Korallenarten können sich demnach von Region zu Region durchaus unterscheiden. Darauf verweisen viele Wissenschaftler, u. a. West & Salm (2003) und Grimsditch & Salm (2006). So erwies sich beispielsweise die Korallenart *Stylophora pistillata* im Great Barrier Riff als nicht hitzeresistent, dafür aber umso mehr im Roten Meer. In Experimenten von Krueger et al. (2017) wiesen nämlich Korallen dieser Art aus dem Golf von Aquaba keinerlei Anzeichen einer Bleiche auf, obwohl sie sechs Wochen bis zu 2 °C höheren Temperaturen ausgesetzt waren als ihr langfristiges Sommermaximum (27,7 °C), und dies in einem Meerwasser mit einem niedrigeren

pH-Wert (7,8). Im Gegenteil: Ihre symbiotischen Dinoflagellaten verdoppelten sogar ihre Netto-Sauerstoffproduktion und steigerten ihre Primärproduktivität um 51 %. Wie erklärt sich eine unterschiedliche Hitzetoleranz innerhalb ein- und derselben Art? Krueger et al. (2017) führen die Resilienz der Korallen des Golfes von Aquaba auf eine spezifische evolutionäre Anpassung zurück. Denn am Ende der letzten Eiszeit besiedelten Korallen das Rote Meer über eine so schmale und flache Verbindung zum Indischen Ozean, dass sich das Wasser in dieser Passage stark aufheizte und die Temperaturen im Sommer 30 bis 32 °C betrugen. Nur sehr temperaturresistente Individuen konnten auf diese Weise ins Rote Meer gelangen – eine genetisch bedingte Resilienz, die sich bis heute erhalten haben könnte. Andererseits lag das absolute Temperaturmaximum im oben genannten Versuch mit 29,7 °C auch noch deutlich unter den Temperaturmaxima in anderen Meeren, in denen *Stylophora pistillata* vorkommt, sodass die gute Entwicklung der Korallen auch dadurch bedingt sein kann. Die unterschiedliche Hitzetoleranz der prägenden Korallenarten eines Riffes stellt jedenfalls insgesamt den zweiten Einflussfaktor dar.

3. **Binnenstruktur der Riffe und angrenzende mesotrophische Riffe**
Unabhängig ob Rotes Meer, Karibik oder Pazifik: In allen Meeren kann es sein, dass ein Flachwasserriff an ein MESOTROPHISCHES RIFF angrenzt und dadurch maßgeblich an Resilienz gewinnt. Mesophotische Riffe sind dabei Meeresbereiche, in denen Korallen nicht im lichtdurchfluteten Flachwasser wachsen, sondern in mittleren Tiefen zwischen etwa 30/40 m und 150 m. Nach Baker et al. (2016) bietet das kühlere Wasser dieser Ökosysteme für viele Arten einen Rückzugsraum mit einem geringeren Temperaturstress. Zudem gibt es in größeren Tiefen weniger Wellen und Turbulenzen, auch der Druck durch Fischerei und andere menschliche Einflüsse ist geringer. Allerdings überlappen sich Korallenarten der tiefen und flachen Riffs nur begrenzt (Frade et al. 2018). Holstein und Kollegen (2016) konnten zwar für die kleinpolypige Steinkoralle *Poritis astreoides* belegen, dass mesotrophische Riffe reproduktive Zufluchtsorte darstellen. Korallen der Art *Orbicella faveolata* produzieren in tieferem Wasser sogar mehr als zehnmal so viele Eier pro Quadratkilometer wie ihre Artgenossen im Flachwasser (Holstein et al. 2015), sodass gute Chancen bestehen, mit überschüssigen Larven auch angrenzende Flachwasserriffe zu besiedeln. Für Korallen scheint jedoch eine solche Wechselwirkung vor allem für die obere mesophotische Zone (30–50 m) relevant zu sein. Tiefere Bereiche werden aufgrund der veränderten Lichtverhältnisse durch gänzlich andere Arten besiedelt (Baker et al. 2016: 85). Bei Rifffischen ist indes eine größere Variabilität gegeben. So zeigen Arten wie *Chromis verater* beispielsweise keine genetischen Unterschiede in Abhängigkeit von der Tiefe, und eine Studie bei Puerto Rico konstatiert, dass annähernd 76 % der in mesophotischen Riffen vorkommenden Arten genauso in Flachwasserriffen zu Hause sind (Baker et al. 2016: 10). Vor diesem Hintergrund können mesophotische Riffe grundsätzlich Ausweichmöglichkeiten und genetische Pools für die Wiederbesiedlung angrenzender Flachwasserriffe darstellen und damit deren Resilienz befördern, wenngleich sich dieser Effekt von Art zu Art unterscheidet. Frade und Kollegen (2018) stellten bei Untersuchungen im Great Barrier Reef allerdings fest, dass die oberen mesophotischen Tiefen (40 m) im Hitzejahr 2016 nur zeitweise eine thermische Entlastung boten und – ähnlich wie es Smith et al. (2016) für die Karibikregion feststellten – durch einen verzögerten Beginn, aber zugleich auch

eine längere Dauer der Wärmebelastung im Vergleich zu Flachwasserriffen geprägt waren. Aber die Korallenbleiche fiel in den mesophotischen Riffen des Great Barrier Riffs dennoch summa summarum etwas geringer aus als in den Flachwasserriffen: Während 40 % der Korallen in einer Tiefe von 40 m eine schwerwiegende Bleiche aufwiesen, waren es in Tiefen von 5–25 m 60–69 %. 6 % abgestorbene mesotrophische Riffe standen 8–12 %abgestorbene Flachwasserriffe in den kartierten Bereichen gegenüber. Mesotrophische Riffe vermögen das Überwärmungsproblem also nicht gänzlich zu lösen, stärken aber in einem gewissen Umfang die Widerstandsfähigkeit der Riffe. Da das Vorkommen solcher tieferen Riffe naturgegeben ist, stellt dies ein Merkmal gegebener Resilienz dar. Aber auch eine vielfältige BINNENSTRUKTUR erhöht die naturgegebene Widerstandskraft eines Riffes. Hock et al. (2017) identifizierten beispielsweise innerhalb des südlichen Great Barrier Riffs ca. 100 kleinere Riffe, die für eine Wiederbesiedlung gebleichter Areale besonders günstige Bedingungen aufwiesen, da sie noch relativ gesund waren und sich zugleich an Meeresströmungen befanden, die benachbarte Riffe mit Korallenlarven beliefern können. Eine gute Verteilung solcher Rückzugsräume innerhalb von Korallenlandschaften mag ebenso wie das Vorkommen von mesotrophischen Riffen also resilienzfördernd wirken. Ein Angebot unterschiedlicher Substrate ist zudem für die Larvenansiedlung von entscheidender Bedeutung. Je vielfältiger die Binnenstruktur eines Riffes ist, desto eher wird auch eine Reproduktion des Riffes im Krisenfall befördert. Auf den Aspekt der Vielfalt wird später noch einzugehen sein. Ebenso wird die Konnektivität von Korallenriffen von Grimsditch & Salm (2006) als resilienzfördernd angesehen, da sie maßgeblich für einen genetischen Austausch sorgen kann. Die isolierte Lage eines Riffes vermindert zwangsläufig dessen Resilienz – seine Wiederbesiedlungsmöglichkeiten im Worst Case sind deutlich eingeschränkt. Grimsditch & Salm (2006) benennen zudem bestimmte STRÖMUNGSVERHÄLTNISSE, die in Abhängigkeit von der Lage und Ausbildung eines Riffes entstehen können, als resistenzfördernd. So kann beim sogenannten *upwelling* warmes Oberflächenwasser durch kaltes Wasser aus dem Untergrund im Rahmen von Tiefenströmungen ersetzt werden und zu einer Minderung des Temperaturstresses beitragen (so auch Riegl & Piller 2003). Selbst oberflächennahe Strömungen können schädliche Sauerstoffradikale entfernen und auf diese Weise schützend wirken. Nakamura und van Woesik (2001) zeigten beispielsweise in Laborexperimenten, dass die Bleichsterblichkeit von *Acropora digitata*-Kolonien in starken Strömungen deutlich niedriger ausfiel als in schwachen Strömungen. Aber auch in eigenen Tauchgängen ließen sich deutliche Unterschiede zwischen gut und weniger gut durchströmten Bereichen feststellen.

4. **Fischfang und Fischbestand**
Während die drei bisher benannten Kriterien die naturbedingt GEGEBENE RESILIENZ einer Rifflandschaft prägen, zeigt die Art und der Umfang des Fischfanges im Einflussbereich eines Riffes, wie eng gegebene und erworbene Resilienz miteinander verflochten sind. Smith et al. (2016) stellten in Untersuchungen im pazifischen Raum nämlich auffallende Unterschiede zwischen bewohnten und unbewohnten Inseln fest: Das Benthos der Riffe um bewohnte Inseln herum wurde zu mehr als 50 % von Rasenalgen bestimmt, während es im Umfeld unbewohnter Inseln von kalk- und riffbildenden Organismen, also Hartkorallen, dominiert wurde. Die Unterschiede ließen sich vor allem durch den Fischfang erklären, denn dieser führt im Umfeld der bewohnten

Inseln zu einem Rückgang just solcher Fischarten, die sich als „WEIDEGÄNGER" von Algen ernähren, wie z. B. Papagei- und Doktorfischen. Fehlen pflanzenfressende Fischarten, kann der zunehmende Algenbewuchs nicht mehr gebändigt werden. Er überwuchert und verdrängt die Korallen. Studien von Jessen & Wild (2013) im Roten Meer haben beispielsweise gezeigt, dass sich in Käfigen, die alle größeren Weidegänger aussperrten, in nur vier Monaten eine um 17-fach höhere Algenmasse entwickelte (hier vor allem aus fädigen Turfalgen und Makroalgen) im Vergleich zu frei zugänglichen Flächen. Zudem waren auch schädliche Braunalgen nachzuweisen. Der Erhalt eines stabilen Bestandes an Weidegängern wie Papagei-, Doktor- und Kaninchenfischen sowie auch Seeigeln trägt demnach im Roten Meer wie in allen anderen Meeren maßgeblich zur Vielfalt der Riffe bei. Die durch den Fischbestand gewährleistete Balance zwischen Hartkorallen und Algen gewährleistet die Reproduktionsfähigkeit der riffbildenden Arten und damit zugleich das Wachstum des Riffes. Insofern sorgt ein guter Bestand an Weidegängern zugleich für eine höhere Resilienz der Riffe gegenüber Temperaturveränderungen. Cinner et al. (2016) untersuchten dabei vertiefend, von welchen Faktoren der Fischbestand in Riffen abhängt und werteten dazu Daten von mehr als 2500 Riffen in 46 Ländern der Welt aus. Im Ergebnis fassten sie eine Reihe von Trends zusammen. Beispielsweise stellten sich Riffe in reicheren Regionen unabhängig von allen Umweltfaktoren meist als fischreicher als in ärmeren Regionen dar. Der Zustand der Korallenriffe hängt also bei Weitem nicht nur von naturgegebenen Faktoren, sondern auch von SOZIOÖKONOMISCHEN FAKTOREN ab. Wird der Fischfang nur vor Ort verkauft, bleiben die Fischbestände in der Regel ebenfalls größer, als wenn der Weltmarkt bedient wird. Meeresschutzgebiete wirkten sich zudem positiv aus, zumindest dann, wenn die Vorschriften auch eingehalten werden. Allerdings stießen die Wissenschaftler immer wieder auf Gebiete, die den allgemeinen Trends nicht folgten. So identifizierten sie 15 *bright spots.* Darunter befanden sich zwar erwartungsgemäß nahezu unberührte Riffe wie die der Chagos-Inseln im Indischen Ozean, aber erstaunlicherweise auch stark befischte und dicht besiedelte Regionen wie Kiribati und die Solomon-Inseln im Pazifik. Was machte sie gegenüber anderen Riffen so besonders resilient? Recherchen vor Ort zeigten, dass der Fischbestand der *bright S´spots* einerseits von der Nähe mesophotischer Riffe profitierte, welche Flachwasserbewohnern Ausweichräume und Zuflucht bieten, andererseits von strikten soziokulturellen Regelungen des Fischfangs und einer starken Abhängigkeit der Bevölkerung von den Meeresressourcen. So gibt es beispielsweise in den Dörfern der Insel Karkar in Papua-Neuguinea ein sehr ausgeklügeltes System zur Regulierung der Fischerei. Auf einen Rückgang der Fänge wird umgehend mit Beschränkungen reagiert, die bis zu einem Jahr in Kraft bleiben können, sodass die Riffe trotz einer umfangreichen Nutzung bis heute ausgesprochen fischreich sind. Umgekehrt identifizierte das Forscherteam um Cinner zugleich 35 *dark spots,* beispielsweise in Nordwesthawaii. Typisch für *dark spots* sind z. B. bestimmte Netze und Fangtechniken großindustrieller Fischerei oder Schiffe mit Kühlmöglichkeiten an Bord, sodass große Mengen Fisch auf Vorrat gefangen und später verkauft werden können. Es ist also nicht nur der Fischfang im Allgemeinen, sondern vor allem die Art des Fischfanges, die über eine positive oder negative Entwicklung eines Riffes entscheidet. Positive Beispiele ließen sich vor allem in Regionen finden, in denen die örtliche Bevölkerung beim Management kräftig mitmischt. Wo es lokale Eigentumsrechte gibt, Tabus und vor Ort festgelegte Nutzungsregelungen gelten und mit traditionellen Methoden gefischt werden, geht es den Fischbeständen oft ungewöhnlich gut. Zu einem ähnlichen Ergebnis kommt auch McClanahan (2016a), dessen Team vier unterschiedliche Szenarien von Fischereivorschriften bewertete und zum Schluss kam, dass Governance-Strategien, die Nutzern bei moderaten Fischereidichten (5 Fischer/ km^2) in einem gewissen Rahmen Selbstverantwortung zugestehen, zu höheren Fischbiomassen führen als eine rigide zentrale Reglementierung. Eine aktive Partizipation lokaler Nutzer kann die Resilienz eines Riffes demnach deutlich befördern! Mumby (2014) entwickelte mit seinen Kollegen ein differenziertes Modell für Korallenriffe von Belize, um deren Resilienz in Abhängigkeit von der Temperaturerhöhung, Hurrikans, aber auch der Fischerei und weiteren Faktoren abzuschätzen. Im Ergebnis kamen die Autoren zum Schluss, dass die meisten Riffe nur über eine geringe Resilienz verfügen würden, sofern die bisherigen fischereilichen Praktiken bestehen bleiben würden. Mindestens drei Viertel der Riffe könnten sich unter diesen Bedingungen nicht erholen! Würde jedoch ein Schutz von Papageienfischen und anderen pflanzenfressenden Fischarten erfolgen, würde sich die Rate der Riffzerstörung halbieren, da diese Fischarten den Algenbewuchs zurückdrängen und den riffbildenden Korallenarten verbesserte Wachstumschancen verschaffen würden. Mit zusätzlichen Maßnahmen gegen den Klimawandel könnte der Rückgang der Riffe auf schätzungsweise ein Drittel reduziert werden. Die Szenarien machen deutlich, dass die Resilienz eines Systems nur selten von einem einzigen Faktor abhängt und dementsprechend auch Maßnahmen an mehreren Faktoren ansetzen sollten. Ein verbesserter Schutz des Fischbestandes führte in den Szenarien Mumbys et al. (2014) zu einer sechsfach höheren Resilienz. Mit einer Veränderung des Fischfangs wird Resilienz also „erworben". Wird in einer Region kein Fischfang betrieben, dann beeinflusst der naturbedingte Fischbestand das ökologische Gleichgewicht des Riffes und auf diese Weise die (natur-) gegebene Resilienz des Riffes.

5. **Summe anthropogener Zusatzbelastungen**
Ein Stressfaktor allein ist wesentlich leichter zu verkraften als die zunehmende Ballung vieler verschiedener Stressoren. Da sich diese räumlich unterscheiden, können sie von der Belastungsseite her zu einer räumlich unterschiedlichen Resilienz von Rifflandschaften führen. So führt die permanente Zunahme der Sediment-, Stoff- und Abwassereinträge in die Meere zu veränderten Nährstoffverhältnissen. Diese wiederum befördern das Entstehen von Dornenkroneninvasionen. De'ath et al. (2012) werteten Zeitreihen von 214 Riffen in der Region des Great Barrier Riffs zwischen 1985 und 2012 aus und postulierten in diesem Zeitraum insgesamt einen Verlust von 50,7 % der Korallen. 42 % dieser Verluste wurden allein auf Invasionen des Dornenkronen-Seesternes *(Acanthaster planci)* zurückgeführt. Die Dornenkronen rücken bei einer Explosion ihrer Population als wahre Fressfront vor. Ein einzelnes Tier zerstört täglich etwa ein Viertel Quadratmeter Hartkorallen, sodass sie im Endeffekt nicht weniger weiße Korallenlandschaften hinterlassen als die Korallenbleiche. Bohrkerne aus dem Great Barriere Riff haben belegt, dass natürlicherweise in der Vergangenheit etwa alle 400 Jahre Epidemien von Dornenkronen aufgetreten sind (Lieske & Myers 2010: 10). Diese Zeiträume haben sich aber mittlerweile deutlich verkürzt, da natürliche Feinde wie das Tritonshorn *(Charonia tritonis)* und die Harlekin-Garnele *(Hymenocera picta)* als begehrte Sammel- und Aquarienobjekte im Bestand massiv reduziert wurden und sich die stoffliche Belastung der Meere im

Allgemeinen erhöht hat. Hinzu kommen Plastikmüll und giftige Chemikalien. Hawaii und Palau haben mittlerweile Gesetze erlassen, welche ab 2020/2021 die Verwendung von Sonnencremen verbieten, die Octinoxat und Oxybenzon enthalten, mit der Begründung, dass diese zwei Chemikalien als Giftstoffe Korallen schädigen. 14.000 t Sonnencreme enden jedes Jahr in den Meeren dieser Welt (Hanser 2018). Führt man sich vor Augen, wie sensibel Korallen auf Giftstoffe reagieren, kann man sich gut vorstellen, welch noch wesentlich gravierendere Folgen die in Asien beliebte Fangmethode tropischer Fische mit dem Nervengift Cyanid hinterlässt. Noch schlimmer ist eigentlich nur noch das Dynamitfischen in den asiatischen Gefilden, denn das Dynamit zerstört die Riffe sowohl mechanisch als auch chemisch. Es ist die räumliche Überlagerung dieser Faktoren, die in ihrer Wechselwirkung die Widerstandskraft der Rifflandschaften maßgeblich vermindern kann. Ein Anstieg des Meeresspiegels allein würde beispielsweise die Korallen nicht unbedingt in Bedrängnis bringen. Sind sie gesund, können sie mit einem Höhenwachstum von 15 mm im Jahr mithalten (Schumacher et al. 2011), während die bisherige Geschwindigkeit des Meeresspiegelanstieges mit 3,2 mm im Zeitraum von 1993 bis 2010 angegeben wird (IPCC 2014: 42). Aber geschwächt durch die Summe aller oben genannten Faktoren trägt der sukzessive Meeresspiegelanstieg zu einer verminderten Photosynthese von Rifflandschaften bei. Bei einer pH-Wert bedingt geringeren Wachstumsrate der Riffe kann diese die Anfälligkeit von Rifflandschaften erhöhen. Es versteht sich dabei, dass Zusatzbelastungen wie der Fischfang (Kriterium 4) nicht die naturbedingt gegebene Resilienz, sondern das Maß der anthropogen erworbenen (oder vielmehr verbrauchten) Resilienz beeinflussen.

Von den fünf erläuterten Faktoren sind insgesamt drei der gegebenen und zwei der erworbenen Resilienz zuzuordnen. Nun stellt die Störung und die nachfolgende Wieder- oder Neubesiedlung von Rifflandschaften zunächst einmal grundsätzlich nichts Neues dar. Ähnlich wie die Zerstörung und der erneute Aufwuchs borealer Nadelwälder nach Bränden entspricht ein solcher Prozess vielmehr einem naturgemäßen Rhythmus, der bereits die gesamte evolutionäre Entwicklung der Rifflandschaften prägte und ihre Resilienz vielfach sogar stärkte. So wird durch Sturmschäden an alten Korallen zugleich Platz gemacht für das Aufwachsen junger Korallen. Hitzeperioden fördern die evolutionäre Selektion hitzeangepasster Arten. Die entscheidende Frage ist allerdings, wie viel ZEIT einem Riff für seine Anpassung und seine Regeneration bleibt. Und gerade in Bezug auf die Geschwindigkeit der ablaufenden Prozesse und die Fülle der Stressfaktoren lassen sich entscheidende Unterschiede im Vergleich zu früheren Perioden feststellen. Denn während die Erholung eines Riffes zehn bis 15 Jahre für die schnellsten Arten und weit länger für die gesamte Riffgesellschaft in Anspruch nimmt, treten heute im Durchschnitt alle sechs Jahre größere Korallenbleichen auf (Hughes et al. 2018). Diese Zeiträume sind zu kurz für eine komplette Erholung der Riffe. Hinzu kommt, dass der Rückgang der Korallenriffe bei genauerer Betrachtung nicht erst mit der Korallenbleiche begann. McClenachan und seine Kollegen (2017) verglichen beispielsweise in der Floridastraße die auf historischen Seekarten von 1773/75 dargestellten Korallenriffe mit dem heutigen Bestand und stellten fest, dass mittlerweile 52 % der einstigen Korallenriffe nicht mehr vorhanden sind. Dabei sind in den letzten 240 Jahren allein 87,5 % der Korallenriffe in den küstennahen Bereichen westlich der Florida Keys verschwunden, während der Verlust in den Offshore-Bereichen flächenmäßig nicht so zu Buche schlug. Dies deutet darauf hin, dass der menschliche Einfluss bereits vor der Zeit massenhafter Korallenbleichen zu einem deutlichen Rückgang der Riffe geführt hat und die heutigen Stressfaktoren auf deutlich vorbelastete und im Bestand bereits reduzierte Riffe treffen. Evolutionär haben Rifflandschaften freilich schon so manche Krisenzeit überstanden. Das Forscherteam um Kießling et al. (2012) untersuchte beispielsweise Korallenfossilien aus der Warmperiode zwischen den beiden vergangenen Eiszeiten vor rund 125.000 Jahren. Damals kam es zu einem Temperaturanstieg um rund 0,7 °C. Dies führte dazu, dass die Korallen mit einer Geschwindigkeit von ca. 400 m pro Jahr in weniger überwärmte Gebiete auswichen. In den Gewässern um den Äquator herum lebten schließlich nur noch etwa halb so viele Arten wie in den nördlich und südlich benachbarten Regionen, wobei sich die Verbreitungsgrenze der Korallen in nördlicher Richtung noch weiter verschob als in südlicher. Die paläobiologischen Untersuchungen zeigen demnach, dass Korallen – und mit ihnen Fische und andere Meeresbewohner – je nachdem, ob die Temperaturen steigen oder sinken, in Richtung der Pole oder von dort wieder zurückwandern. Ein solcher Effekt ist auch aktuell denkbar! Allerdings ist diesbezüglich die ZEIT das entscheidende Zünglein an der Waage. Denn die oben genannte Temperaturerhöhung von 0,7 °C haben wir heute bereits in einem viel kürzeren Zeitraum seit der zweiten Hälfte des letzten Jahrhunderts erreicht (IPCC 2013). Die Rifflandschaften müssten – erst recht bei einer weiteren Temperaturzunahme – mit einer deutlich höheren Wanderungsgeschwindigkeit als 400 m pro Jahr ausweichen. Können sie dies? Zudem würde eine solche Verschiebung der Verbreitungsgrenzen von Korallenriffen nicht zwangsläufig den Verlust an Artenvielfalt kompensieren, der mit einem Rückgang der tropischen Riffe einhergeht.

Aber kommen wir zu den Riffen des Roten Meeres zurück und damit zu der Frage, was ihre spezifische Resilienz gegenüber Hitzebelastungen im Vergleich zur Karibik ausmacht. Die bisherigen Ausführungen haben dabei gezeigt, dass die Rifflandschaften des Roten Meeres bereits durch ihre geografische Lage (Einflussfaktor 1) und die genetische Anpassung und Hitzetoleranz ihrer Arten (Einflussfaktor 2) gegenüber der Karibik und anderen Meeresregionen durchaus begünstigt sind. Die Binnenstruktur der Riffe (Einflussfaktor 3) mag dabei auf der lokalen Ebene manche Unterschiede erklären. Insgesamt stellen die Aspekte der gegebenen Resilienz gute Voraussetzungen dar, dass die Riffe des Roten Meeres bei einer weiteren Zunahme der Meerestemperatur nicht an Artenvielfalt und Bedeutung verlieren, sondern sogar gewinnen. Allerdings gilt dies nur, wenn die Bestände der Rifffische nicht durch Überfischung aus dem ökologischen Gleichgewicht gebracht (Einflussfaktor 4) und die Zusatzbelastungen (Einflussfaktor 5) vermindert werden. Bei Letzteren spielt eine weitere Besonderheit des Roten Meeres noch eine Rolle: An der Meerenge von Bab el Mandeb ist es nur 29 km breit und 130 m tief, sodass im Vergleich zu seiner maximalen Tiefe von 3040 m nur recht wenig Wasser vom Indischen Ozean eindringen kann. Der Zustrom (ca. 2 m Höhe pro Jahr) reicht gerade mal aus, um die natürliche Verdunstung wieder auszugleichen. Auf diese Weise hat sich im Verlauf der Jahrtausende ein vergleichsweise autarkes Ökosystem herausgebildet. Nicht umsonst gelten allein 15 % der Fischarten des Roten Meeres als endemisch (Lieske & Myers 2010: 6). Auch der Aspekt der Autarkie soll dementsprechend später noch eingehender beleuchtet werden. Am Beispiel des Roten

Meeres deutet sich an, dass Autarkie in gewissem Maße Resilienz befördern kann, zumindest gegenüber äußeren Störeinwirkungen. Allerdings kann Autarkie auch genau das Gegenteil bewirken, nämlich in Bezug auf Störeinwirkungen, die das System aus sich heraus entwickelt. So ist das Rote Meer gegenüber einer Invasion von Dornenkronenseesternen aus anderen Meeren zwar relativ gut geschützt, allerdings nicht vor einer, die sich innerhalb des Roten Meeres selbst entwickelt. Ein und derselbe Aspekt kann also diametral entgegengesetzt wirken. Einer internen Epidemie könnten die Rifflandschaften des Roten Meeres nur bei gutem ökologischen Gleichgewicht etwas entgegensetzen, und ein Zusammenbruch der Rifflandschaften würde noch radikalere Folgen haben als in anderen Meeren, würde eine Wiederbesiedlung aufgrund des geringen Zustroms aus dem Indischen Ozean doch umso längere Zeiträume beanspruchen. Vor dem erläuterten Hintergrund erscheint es deshalb umso bedeutsamer, dass die Anrainerstaaten des Roten Meeres auf eine Verringerung der Nährstoffeinträge und stabile ökologische Verhältnisse in ihren Rifflandschaften achten. Solche Einflussfaktoren (zusammengefasst unter Punkt 5) verweisen auf die Anteile an Resilienz, die „erworben" werden können. Gelingt der Schutz der Riffe vor Zusatzbeeinträchtigungen, kann unter Beibehaltung des Landschaftscharakters die Funktionsfähigkeit der Rifflandschaften auf einem ausgesprochen hohen Niveau erhalten werden. Denn das Rote Meer stellt den Lebensraum von mindestens 1100 Fischarten und etwa 300 Hartkorallenarten dar. Dies entspricht etwa dem Vierfachen der Hartkorallenvielfalt an karibischen Riffen (Alevizion 2014). Korallenriffe jeglicher Art sind zudem aufgrund ihrer Strukturvielfalt Evolutionsmotoren, sorgen immer wieder für das Entstehen neuer Arten und Gattungen und erbringen vielfältige Regulationsleistungen. Auf die Küstenschutzfunktion von Riffen wurde bereits eingegangen. Der Tourismus verweist neben dem Fischfang darüber hinaus auf die Versorgungsfunktion von Rifflandschaften, die umso besser erfüllt werden können, wenn die Riffe intakt sind. Das Zünglein an der Waage stellt die beschriebene zeitliche Komponente dar.

■ **Zwischenfazit**

Betrachtet man die bisherigen Beispiele, zeigt sich, dass die gegebene Resilienz von Landschaften nicht nur im Vergleich unterschiedlicher Landschaftstypen, sondern auch innerhalb eines Landschaftstyps unterschiedlich ausgeprägt sein kann: Die Rifflandschaften des Roten Meeres sind z. B. gegenüber Temperaturerhöhungen resilienter als die der Karibik, und auch die borealen Nadelwälder weisen in Abhängigkeit z. B. von Torfvorkommen eine Binnendifferenzierung in der Resilienz gegenüber Bränden auf.

> **Die gegebene Resilienz markiert insofern zusammenfassend die naturbedingte Toleranz einer Landschaft gegenüber Störfaktoren. Aus ihrer konkreten Ausprägung lassen sich besondere Wirkungsbeziehungen und Sensitivitäten (Points of Weakness) ableiten.**

So sind die borealen Nadelwälder beispielsweise in besonderem Maße durch Brände, die Korallenriffe durch Hitzeperioden verwundbar. Das Interessante daran ist nicht nur, dass die Points of Weakness unterschiedlich stark ausgeprägt sein können, sondern auch, dass sie längst nicht nur negative, sondern zugleich auch positive landschaftliche Zusammenhänge markieren. Denn Feuer tragen unabdingbar zur Regeneration der borealen Wälder bei, und das Vorkommen von Korallen ist zwingend an bestimmte Mindesttemperaturen gebunden.

2.2 · Erworbene landschaftliche Resilienz

> Das, was einerseits stärkt, kann andererseits auch schwächen. Die gegebene landschaftliche Resilienz ist insofern zunächst wertfrei zu sehen. Sie verweist lediglich auf besonders wichtige Wirkungszusammenhänge, die im Endergebnis positiv oder auch negativ wirken können. Es kommt auf das Maß und auf die räumlichen und zeitlichen Dimensionen an, in denen sich die Prozesse abspielen.

Werden POINTS OF WEAKNESS bedient, gerät eine Landschaft schneller unter Stress als in anderen Wirkungszusammenhängen und werden eher Tipping Points erreicht, bei deren Überschreitung das Risiko eines Kollabierens des landschaftlichen Systems besteht. In den tropischen Rifflandschaften wächst beispielsweise durch den Klimawandel das Risiko eines solchen. Auch in borealen Waldlandschaften ist zu sehen, dass wir uns einem solchen Tipping Point nähern. Nur selten entstehen Probleme dabei durch einen einzigen Störfaktor. Es ist vielmehr ein Geflecht unterschiedlicher Faktoren, die in ihren Wechselwirkungen ein bisher noch nicht dagewesenes Niveau an Brisanz und Konfliktintensität erreichen. Wird dem Klimawandel also für manche Krisen gern die Schuld in die Schuhe geschoben, so zeigen die bisherigen Beispiele: Meistenteils wird er erst im Zusammenwirken mit anderen Stressfaktoren zum Problem.

2.2 Erworbene landschaftliche Resilienz

Während die gegebene Resilienz die Ausgangsbedingungen umschreibt, zielt die ERWORBENE LANDSCHAFTLICHE RESILIENZ begrifflich auf den Anteil an Widerstandskraft, der durch aktives Tun im Laufe der Zeit hinzugewonnen wird. Dabei findet sich der Erwerb von Resilienz längst nicht nur in Kultur-, sondern durchaus auch in Naturlandschaften.

Wie schaffen es z. B. die Anemonenfische – um beim letzten Beispiel der Rifflandschaften zu bleiben – in den Seeanemonen zu überleben, während jeder andere Fisch genesselt und von dem Hohltier verschlungen wird (vgl. ◘ Abb. 2.8)? Es ist nicht etwa das Erbgut, das die Anemonenfische (*Amphiprion bicinctus*, Rotmeeranemonenfisch) so resilient gegenüber den Nesseln macht. Sie erwerben vielmehr Resilienz, stärken also fortlaufend ihre eigene Widerstandskraft. Die Wirkung der Nesseln wäre sonst auch verheerend, denn Anemonen (*Heteractis magnifica*) tragen wie alle Nesseltiere in ihren Fangtentakeln unzählige Nesselzellen (Nematocyten). Eine Berührung löst einen sofortigen lawinenartigen Ausstoß aus: In Millisekunden wird dann ein Bündel messerartiger Anhänge ausgefahren, die Haut des Opfers zerschnitten, danach dringt ein Faden aus dem Inneren der Zelle in die Wunde des Feindes ein und gibt ein Gift ab, um die Beute zu lähmen oder zu töten. Auf diese Weise schützen sich die Seeanemonen. Aber warum funktioniert das Prinzip just bei den Anemonenfischen nicht? Weil sich Anemonenfische eine ausgefeilte Variante eines Gewöhnungsprozesses antrainiert haben. So legen die Weibchen zur Laichzeit etwa 500 bis 1500 Eier nicht irgendwo, sondern unmittelbar neben der Wirtsanemone (*Heteractis magnifica*) ab. Nachdem die Eier auf ein Hartsubstrat geklebt sind, besamt das Männchen die Eier und bewacht sie. Debelius beschreibt den nachfolgenden Resilienzprozess dann so:

> Um die Eier vor den Anemonententakeln zu schützen, nimmt ein Elterntier einen solchen ins Maul und reibt ihn sanft gegen sie. Der Schleim des Tentakels bedeckt die Eier und immunisiert die Embryonen gegen das Nesseln, bevor die kleinen verletzlichen Larven geschlüpft sind. (Debelius 2002: 143)

Später muss sich auch der Jungfisch an „seine" Anemone gewöhnen. Er reibt sich dazu vorsichtig so lange gegen ihre schleimbedeckten Tentakel, bis er nach und nach „unsichtbar" für die Sensoren der Nesselzellen

Abb. 2.8 Anemonenfisch in Seeanemonen, Rotes Meer. (Foto: C. Schmidt)

wird (Debelius 2002: 143). Das heißt, der Anemonenfisch ist nicht resilient, er wird es erst. Er immunisiert sich Schritt für Schritt selbst, er „erwirbt" Resilienz.

> Resilienz ist so gesehen keine Gabe, sondern ein Lernprozess.

Nun stellt die Symbiose zwischen Anemonenfisch und Seeanemone zweifelsohne nur auf Artebene einen Resilienzprozess dar. Landschaften bestehen aber aus unzähligen Arten und stellen wesentlich komplexere Gefüge dar. Dennoch kann ausgehend von dem Anemonenbeispiel vermutet werden, dass Resilienz auch auf landschaftlicher Ebene nichts ist, was eine Landschaft per se hat, sondern was auf der Basis des Gegebenen immer wieder neu erworben werden muss.

Landschaftliche Resilienz zu erwerben, umschreibt mithin einen aktiven Prozess, bei dem es kein allgemeingültiges Optimum geben wird. In Abhängigkeit von der gegebenen Resilienz geht es vielmehr um eine spezifische Ausgewogenheit verschiedener Einflussfaktoren, die bei jeder Landschaft und zu jeder Zeit unterschiedlich ausfallen kann.

Greifen wir auf der weiteren Suche nach landschaftlicher Resilienz deshalb unterschiedliche Landschaftstypen auf und versuchen wir herauszufinden, in welchem Maße dort Resilienz erworben oder auch nicht erworben wurde. Die Kriterien landschaftlicher Resilienz mögen dabei wieder als Hilfsmittel für eine Bewertung herangezogen werden. Darüber hinaus stehen hinter den nachfolgenden Recherchen aber noch folgende weitere Thesen:

2.2 · Erworbene landschaftliche Resilienz

> Es gibt kein allgemeingültiges Maß für die Resilienz von Landschaften. Jede resiliente Landschaft zeichnet sich vielmehr durch eine landschaftsspezifische Balance zwischen verschiedenen Faktoren aus, die sich von anderen durchaus unterscheiden kann.

> Es gibt aber durchaus allgemeingültige Prinzipien, die zur landschaftlichen Resilienz beitragen und die genutzt werden können, um daraus Strategien zur Resilienzstärkung zu entwickeln.

2.2.1 Aride Agrarlandschaften

Was verbindet die bizarre Landschaft des KAOKOLANDES im Norden Namibias (vgl. ◻ Abb. 2.9) mit der MESOPOTAMISCHEN EBENE im IRAK und den Landschaften beidseits des ÄGYPTISCHEN NILS? Auch wenn es auf dem ersten Blick nicht zu vermuten ist, umfassen sie alle AGRARLANDSCHAFTEN mit einer langen Geschichte: Die Himbas des Kaokoveldes halten seit Jahrhunderten Rinder und betreiben saisonal geringfügig Gartenbau, während das Zweistromland und das Nildelta sogar zu den Ackerbaugebieten mit den weltweit längsten Traditionen zählen. Alle drei Landschaften müssen sich mit naturräumlichen Bedingungen begnügen, die eine jegliche landwirtschaftliche Nutzung vor ganz besondere Herausforderungen stellt. Denn sie alle sind klimatisch dem Wüstenklima (BWh entsprechend der Klimaklassifikation von Köppen und Geiger) und vegetativ großräumig den Halbwüsten und Wüsten zuzuordnen. Das aride Klima sorgt in allen drei Landschaften dafür, dass das langjährige Mittel des Niederschlages geringer ausfällt als die Verdunstung. Allerdings werden alle drei Landschaften zugleich von Flüssen durchzogen, wobei der Kunene des Kaokolandes mit einem Abfluss von 174 m³/s (Nakayama 2003: 9) der deutlich kleinste ist. So ähnlich demnach die naturbedingt gegebene Resilienz der Landschaften einzuschätzen ist, so unterschiedlich fällt ihre ERWORBENE RESILIENZ aus. Wie resilient sind die Antworten der Landschaften auf die ariden Klimabedingungen tatsächlich?

Atemberaubende Berge markieren den Eingang des KAOKOLANDES, Schichtenberge, die sich mit akkuraten dunklen Linien in eine grasgelbe Ferne schieben. Kommt man aus südlicher Richtung, hat man das Kaokoland spätestens dann erreicht, wenn die Farmzäune aufhören, eine Giraffe über die Sträucher lugt und eine Springbockherde über die Straße eilt. Rotbraun wird die Erde nun und karger, bestreut mit unzähligen rötlichen Steinen, die nur spärlich von verblichenen Grashalmen eingerahmt werden. Kein Wunder, dass das Land den Himbas gelassen wurde, es erfordert einiges an Überlebenskunst. Bei einem Besuch der ca. 7.800 bis 16.000 Menschen umfassenden Ethnie (die genaue Anzahl weiß niemand wirklich) fegt nicht selten ein Sandsturm über das Land, so erlebte es jedenfalls die Autorin mehrfach. Es ist eine atemberaubend schöne und zugleich extreme Landschaft, die sich zwischen der Skelettküste und dem Ovamboland, dem Kunene und dem Damaraland erstreckt. Die

Abb. 2.9 Himbas im Kaokoland, Namibia. (Foto: C. Schmidt)

Höhen schwanken zwischen 100 und 2000 m über NN, die Niederschläge zwischen 50 und 300 mm, wobei seit ca. 1976 ein deutlicher Rückgang der Niederschläge um 25 % und mehr zu verzeichnen ist – ein Rückgang, der bei den geringen Absolutwerten des Niederschlages und den wenigen permanenten Oberflächengewässern umso mehr zu Buche schlägt (Schulte 2002: 45 ff). Zudem ist die Niederschlagsvariabilität mit mehr als 30 % durchaus erheblich. Die Himbas mussten sich schon von alters her mal mit feuchteren, mal mit trockeneren Jahren und in einem Zyklus von etwa zehn bis elf Jahren auch mit schweren Dürreperioden arrangieren (Schulte 2002: 48). Mitunter reichten Dürreperioden sogar über mehrere Jahre, wie z. B. die von 1980 bis 1982, die für die Himbas noch heute mit traumatischen Erinnerungen verbunden ist. Die geringen Niederschläge stehen einer potenziellen Evaporation von ca. 2500 bis 3400 mm gegenüber (Kempf 1994), sodass das aride Klima des Kaokolandes mit dem von Mesopotamien und Ägypten durchaus vergleichbar ist. Im Gegensatz zu den fruchtbaren Alluvialböden in den Auen von Euphrat, Tigris und Nil werden die vielfältigen geologischen Formationen des Kaokolandes jedoch nur von kargen Rohböden (Lithosolen) bedeckt, Kolluvien sind selten und alluviale Böden lassen sich nur im Umfeld des Kunene im Norden des Kaokolandes und entlang weniger temporärer Fließgewässer finden. Der größte Point of Weakness der Landschaft, der zugleich ihre gegebene Resilienz charakterisiert, lässt sich rasch identifizieren und stimmt mit dem der anderen beiden Landschaften überein: Es ist der mangelnde Niederschlag, der die Verletzlichkeit, aber zugleich auch die besondere Eigenart der

Landschaft begründet. Eingebettet in bizarre Bergmassive, die heute noch wie am ersten Tage von der Erdentstehung zu künden scheinen, erstreckt sich im Kaokoland weithin eine Mopane-Savanne (*Colophospermum mopane* -, *Terminalia prunioides*-Savanne). Die Flora ist mit etwa 950 Arten, mindestens 116 Arten davon endemisch, erstaunlich vielfältig (Hilton-Tayler 1994), und doch ist es keine Naturlandschaft, sondern eine Kulturlandschaft. Das Landschaftsbild mutet nur auf den ersten Blick so naturnah an. Im Kern stellt das Kaokoland vielmehr eine pastoralnomadische WEIDELANSCHAFT dar – einen Agrarlandschaftstyp, wie er auch in anderen ariden Gebieten dieser Welt vorkommt, z. B. in der mongolischen Steppe.

Für das Kaokoland ist durch archäologische Faustkeilfunde eine frühgeschichtliche Besiedlung durch Jäger und Sammler nachgewiesen (Schulte 2002: 52), die sich – unterbrochen durch eine Phase der Haustierhaltung von Schafen und Ziegen in der Zeit um Christi Geburt – bis zur Ankunft der Himbas gehalten hat und vermutlich den Khoi-San zuzuschreiben ist. Frühestens im 16. Jahrhundert und spätestens Mitte des 18. Jahrhunderts zogen Hereros auf der Flucht vor Kriegen im Süden Angolas durch das Kaokoland. Ein Teil dieser wanderte weiter in das mittlere Namibia, ein anderer Teil blieb im Kaokoland und hielt an der traditionell nomadischen Lebensweise fest (Schulte 2002: 53, Vedder 1938). Dieser Teil nannte sich fortan Himbas. Und so finden sich bei den Himbas eine Reihe von Traditionen, die auch von den Hereros bekannt sind: das heilige Feuer, der Kälberkraal in der Mitte des Dorfes, die Ost-West-Ausrichtung des Kraals, und – nicht zu vergessen – die Rinder. Es sind die *ozongombe ozomwaha zoviruru,* wie die Himbas der Autorin vor Ort erzählten, die heiligen Rinder der Geister ihrer Vorfahren. Sie stammen aus demselben Baum, dem Ahnenbaum *(Combretum inberbe),* der nach den religiösen Vorstellungen der Himbas den Menschen und das heilige Feuer zeugte (Dittmann und Dittmann 2002: 45). Im Unterschied zu den Hereros sind die Himbas aber nicht nur nomadisierende Rinderhirten geblieben, sondern bestehen auch bis heute auf einer traditionellen Gesellschaftsstruktur aus Patri- und Matriclans, die von Chiefs angeführt wird, wie eindrucksvoll an der Himba-Deklaration von 2012 deutlich wird. In dieser bezeichnen sich die Himbas als „Ureinwohner, Bewahrer und wahre Eigentümer des Kaokolandes" (Himbas 2012: 1), fordern die Anerkennung ihrer Kultur und wehren sich gegen jegliche Einmischungen und Überprägungen ihres Lebensraumes, insbesondere durch die kommunale Landreform Namibias von 2002, Bergbauunternehmen und die Planung eines Staudammes am Kunene. Himba zu sein, entscheidet sich letztlich weniger ethnisch als vielmehr kulturell. Denn während die christianisierten Hereros sesshaft wurden und z. B. ihre Kleidung sichtbar der viktorianischen Prägung ihrer Missionare entlehnten, verzichten die Himba-Frauen als Hüter ihrer Kultur bis heute gänzlich auf westliche Kleidung. Sie schützen ihre Haut vielmehr durch eine markante und ästhetisch beeindruckende rötliche Körperbemalung, die aus Kuhbutter und dem roten Steinmehl von Opuwo hergestellt wird. Der himbatypische Fellschurz wird zur Abtötung von Keimen über dem Feuer ausräuchert. Die Beispiele mögen verdeutlichen, dass sich die Himbas noch heute recht unbeeindruckt von westlichen Einflüssen zeigen und nicht anders als vor 400 Jahren über ihre traditionelle Lebensweise definieren. Dabei gingen Kriege über ihr Land, wie der mit den Nama, die Mitte des 19. Jahrhunderts auf der Suche nach Weidegründen kurzfristig ins südliche Kaokoland vordrangen, oder der zwischen SWAPO und Südafrika in den 60er- bis 80er-Jahren des letzten Jahrhunderts. Dürreperioden wie z. B. die in den Jahren 1944/45, 1958–1960 oder 1980–1982 kamen und gingen. Sie hinterließen zwar tiefste Spuren – beispielsweise verloren die Himbas im Laufe der 1980er-Jahre bis zu 90 % ihrer Rinder, sodass diese Zeit noch heute als Zeit, in der die „Menschen ihre Lederkleidung essen mussten", überliefert ist (Jakobsohn 1998: 16). Aber weder Dürrekatastrophen noch Kriege oder auch die jahrzehntelange Abschottung des

Kaokolandes änderte etwas an der Lebensweise der Himbas und dem Landschaftscharakter der Region. Das Gebiet wurde 1928 als Wildschutzgebiet, ein paar Jahrzehnte später als „sensibler Sicherheitsbereich" eingestuft und war damit bis 1990 selbst für Namibier nicht frei zugänglich (Dittmann und Dittmann 2002: 46). Vermutlich trug die unfreiwillige Ausgrenzung sogar dazu bei, die Kultur der Himbas nicht nur zu bewahren, sondern sogar zu stärken. Immerhin gelang es den Himbas mit dieser autarken Lebensweise, in einer ariden Extremlandschaft selbst in gesellschaftlich (Kriege) und klimatisch (Dürren) schwersten Zeiten zu überleben. Das ist ein Kunststück für sich und deutet auf eine hohe erworbene Resilienz. Auf den Aspekt der AUTARKIE wird später noch zurückzukommen sein. Das heutige Nutzungsgefüge und die Landschaftsstruktur des Kaokolandes haben jedenfalls bereits seit ungefähr 400 Jahren Bestand – eine zweifelsohne hohe Kontinuität unter diesen unwirtlichen Bedingungen. Allerdings existieren die Ackerbaulandschaften im Nildelta und in der mesopotamischen Ebene noch deutlich länger, nämlich schon seit mehreren Tausend Jahren. Ist die Resilienz der Ackerbaulandschaften damit noch höher als die der Weidelandschaft der Himbas einzuschätzen? Es lohnt sich, genauer hinzusehen.

Obwohl sich Ansehen und Stellung eines Himbas bis heute durch die Größe und den Zustand seiner RINDERHERDEN definieren, werden die Rinder der Himbas nicht aus wirtschaftlichen Gründen gehalten. Sie sichern vielmehr über ihre Ahnen die Verbindung zu Gott (Ndjambi Karunga) und haben damit in höchstem Maße eine religiöse Bedeutung (Dittmann und Dittmann 2002: 47). Insofern erfüllt die Landschaft des Kaokolandes mit der Bereitstellung von Weideland für die Rinder weniger eine Versorgungsfunktion, sondern vor allem eine kulturelle Funktion. Vergegenwärtigt man sich, dass Rinder nur in den seltensten Fällen geschlachtet werden und lediglich die Milch der Kühe genutzt wird, ist es schon erstaunlich, wie viel Aufwand für die Mehrung der Rinderherden betrieben wird, ohne tatsächlich einen maßgeblichen ökonomischen Vorteil daraus zu ziehen. Selbst als Exportprodukte fungieren die Rinder nicht, denn Rindfleisch lässt sich in Namibia andernorts mit viel geringeren Risiken und größeren Erträgen erzeugen (Dittmann und Dittmann 2002: 49). Ihren eigentlichen Lebensunterhalt decken die Himbas neben Milch vielmehr aus der Haltung von Ziegen und Schafen sowie der Jagd von Wildtieren. Trotz der nur geringen ökonomischen Bedeutung der Rinderhaltung steht allerdings nichts anderes so sehr im Mittelpunkt des Lebens der Himbas. Das erkennt man schon an der im Detail festgelegten Struktur eines Kraals, in welchem beispielsweise der Bereich der gedachten Verbindungslinie zwischen dem Eingang der Hütte des Sippenoberhauptes, dem Heiligen Feuer und dem Eingang zum Kälberkral als „heiliger Raum" (Omuvanda) gilt, der nur von den Angehörigen der direkten Verwandtschaftslinie des Sippenoberhauptes durchschritten oder betreten werden darf (Dittmann und Dittmann 2002: 48). Die Rinder bestimmen den Großteil des Tagesablaufes, und es besteht aus der Kultur der Himbas heraus stets das Ziel, den Rinderbestand zu mehren. Aus ihrem unverrückbaren Selbstverständnis als Rinderhirten („We are people of cattle") und ihrer intensiven tagtäglichen kulturellen Praxis („We are living in the culture") beziehen die Himbas in bewusster Abgrenzung zu den benachbarten Völkern eine enorm ausgeprägte kollektive Identität und eine selbstbewusste Positionierung (vgl. Rothfuß 2006: 36), die sie gegenüber äußeren Einflüssen relativ resilient erscheinen lässt. Hier wirkt in starkem Maße die Akteurs- und Handlungsebene in das Bedingungsgefüge landschaftlicher Resilienz.

Die im Mittelpunkt ihrer Kultur stehenden Rinder beeinflussen zwangsläufig auch am stärksten die Landschaftsstruktur im Kaokoland, denn es gibt weitaus mehr Rinder als Himbas. Schulte (2002: 57) gibt an, dass der Rinderbestand der Himbas während der Dürre 1958–1960 zwar auf ca. 60.000 Tiere zurückgegangen war, während der Dürre 1980–1982 sogar bis auf 16.000 Tiere.

Bis 1996 war er allerdings wieder auf 120.000 Tiere angewachsen und hatte im Jahr 2000 sogar die bis dahin noch nie dagewesene Größenordnung von 170.000 Tieren erreicht. In den 1990er-Jahren und bezogen auf das gesamte Kaokoland war damit eine Besatzdichte von 2,5 TLU/km^2 (TLU: Tropical Livestock Unit) zu verzeichnen (Bolling & Schulte 1999: 496). In den nördlichen, intensiver beweideten Teilbereichen des Kaokolandes wurde 1996 eine Besatzdichte von 47 TLU/km^2 erreicht (Schulte 2002: 57). Nimmt man den Viehbestand des Jahres 2000 an und rechnet ihn in die mitteleuropäischen Großvieheinheiten (GVE) um, kommt man für diese Bereiche auf schätzungsweise 1,3 GVE/ ha. Auch wenn dies eine immer noch vergleichsweise extensive Beweidungsintensität ausmacht, ist zu fragen, ob dies von einer so fragilen Landschaft wie dem Kaokoland verkraftet werden kann. Immerhin kommen noch ca. 150 Stück Kleinvieh pro km^2 (Ziegen, Schafe) hinzu, von denen sich die Himbas im Kern ernähren (Schulte 2002: 58)! Die Frage nach der landschaftlichen Resilienz ist also keineswegs pauschal mit einem Hinweis auf die Weisheit von Naturvölkern zu bejahen. Die Viehdichte ist nicht zu unterschätzen und bringt das Risiko einer ÜBERWEIDUNG mit sich, und auf eine solche würde die aride Landschaft rasch mit einer vollständigen Degradation der Böden reagieren. Die gegebene Resilienz ist relativ gering – es braucht also nicht viel, um den Tipping Point zu erreichen.

Allerdings haben die Himbas über die Jahrhunderte eine Weidewirtschaft kreiert, die eine beachtliche Anpassung an die Sensitivität der Landschaft aufweist. So wird beispielsweise zwischen REGENZEITWEIDEN und TROCKENZEITWEIDENunterschieden. Ist man vor Ort, kann man erleben, wie die Herden nach den ersten stärkeren Regenfällen von den Männern des Clans in der Nähe einiger weniger Siedlungsgebiete zusammengezogen werden und erst gegen Ende der Regenzeit in Richtung der Trockenzeitweiden getrieben werden dürfen (so auch Schulte 2002: 56).

Die Himbas reagieren auf den naturbedingten Wechsel zwischen Trocken- und Regenzeiten also mit einem darauf angepassten Weideregime: Sie lassen die Grasvegetation in den ferneren Weidegebieten in der Regenzeit zunächst ungestört aufwachsen und schonen die siedlungsfernen Weiden auf Kosten kleiner siedlungsnaher Weideflächen. Damit sichern sie zugleich den Erhalt einer ausreichenden Samenbank. Ist die Regenzeit zu Ende, nutzen die Hirten zunächst die Trockenzeitweiden in der Nähe, bevor sie in weiter entlegene Gebiete ziehen. Das Grundwasser in den sandigen Flussbetten stellt die Wasserversorgung in den Trockenzeiten sicher. Die Frauen verbleiben während dieser Zeit mit den Kindern im Kraal. Sie legen mit Beginn der Regenzeit auf alluvialen Böden entlang der Flussläufe sogenannte REGENZEITGÄRTEN an. Diese werden zu Beginn der Trockenzeit abgeerntet. Am dauerhaft wasserführenden Kunene gibt es darüber hinaus auch TROCKENZEITGÄRTEN, die nach den alljährlichen Regenzeitüberflutungen freigelegt und bis weit in die Trockenzeit hinein bepflanzt werden (Behrens 2003). Das Lebensmodell der Himbas ist demnach sowohl räumlich als auch zeitlich höchst flexibel ausgestaltet. Bodenversalzungen gibt es in den Regen- und Trockenzeitgärten nicht, denn die Himbas gehen mit ihrer Bewirtschaftung vollständig mit dem natürlichen Rhythmus der Flüsse mit. ELASTIZITÄT lautet das Stichwort, das noch aufzugreifen sein wird.

Gegenüber dem kleinräumigen Gartenbau der Himba-Frauen hat die Weidewirtschaft der Himba-Männer eine deutlich größere Bedeutung. Für diese gibt es eine Reihe von Nutzungsregeln, die einer strengen sozialen Kontrolle unterliegen und deren Übertretungen sanktioniert werden. Beispielsweise werden bestimmte Gebiete als Schutzgebiete ausgewiesen, die nur im Falle von Dürren genutzt werden dürfen (Bollig 1999). In feuchten Jahren werden in besonders beanspruchten Teilräumen Ruhepausen eingelegt (UfZ 2002). Für Baumarten wie den Schäferbaum oder Stinkbusch (*Boscia foetida*) gelten Fällverbote, weil dessen Früchte für die Tiere ebenso wie für die Himbas selbst Nahrungsquellen darstellen und die Baumart weniger resistent gegenüber Eingriffen ist als z. B. der Mopane-Baum *(Colophospermum mopane)*, der einen Verbiss in aller Regel gut verkraftet (Schulte 2002: 169). Der Mopane-Baum hat sich nämlich schon in Jahrtausenden natürlicher Evolution mit seinem „aggressiven" Wurzelwerk bestens an die immer wieder auftretenden Dürren, Brände und Verbisse durch Elefanten und andere Wildtiere im Kaokoland angepasst, auf ein paar Tiere mehr oder weniger kommt es da nicht so an. Seine Keimlinge weisen eine so außergewöhnlich weite physiologische Amplitude auf, dass er trotz Verbiss und Holzeinschlag in der Regel rasch wieder ausschlägt (Schulte 2002: 157) – eine Fähigkeit, die die Himbas zu nutzen wissen. Mopane- und Kampfer-Bäume *(Cinnamomum camphora)* stellen die am meisten genutzten Bäume der Himbas dar. Aus Letzterem werden u. a. Löffel und die traditionellen Nackenstützen gefertigt. Der Saft des Baumes lindert Hunger und Durst. Der Mopane-Baum stellt im Gegensatz dazu die Baumaterialien für Hütten und Zäune zur Verfügung, auch Seile werden aus den biegsamen Ästen gefertigt. Die aus Mopane-Ästen und Lehm konstruierten Hütten sind mit einem vorgeschobenen Eingang ausgestattet, der bestens vor den bereits erwähnten Sandstürmen schützt (vgl. ◘ Abb. 2.10).

Die Bauweise der Hütten ermöglicht, dass sie ohne einen erheblichen Aufwand ab- und auch wieder aufgebaut werden können. Das müssen sie auch. Denn zum einen kann auf diese Weise in Notzeiten auf andere Standorte ausgewichen werden. Zum anderen werden die Siedlungsgebiete der Himbas nach einer

◘ **Abb. 2.10** Himbas im Kaokoland, Namibia. (Foto: C. Schmidt)

bestimmten Zeitspanne (ca. 20 Jahre) ohnehin verlassen, um eine Überweidung der Landschaft zu vermeiden. Der Mindestabstand zur neuen Siedlung beträgt dabei in etwa s (Schulte 2002: 169).

Die Himbas reagieren auf die hohe Empfindlichkeit der Landschaft also vor allem mit einer ausgesprochen hohen FLEXIBILITÄT und Dynamik. Denn so ausgeklügelt die dargestellten Beweidungsregeln auch sind, so können doch letztlich nur die Hirten vor Ort entscheiden, welche Flächen zu einem bestimmten Zeitpunkt tatsächlich beweidet werden können und welche auch nicht. Dasselbe trifft für die Standorte der Siedlungen zu. Trockene und feuchte Jahre wechseln sich ab, Dürreperioden erfordern andere Handlungsweisen als ein einzelnes trockenes Jahr. Gelingt es mit den dargestellten Prinzipien der Weidewirtschaft aber tatsächlich, eine Überweidung zu vermeiden? Schulte (2002) legte 1995/96 in zwei Siedlungsgebieten der Himbas im Kaokoland 50 Dauerbeobachtungsflächen an und beobachtete über einen Zeitraum von fünf Jahren deren vegetationsökologische Entwicklung in Abhängigkeit von der Beweidung. Zugleich führte sie Beweidungsausschluss-Experimente durch, die Hinweise auf die naturbedingte Entwicklung (ohne Beweidung) gaben. Im Ergebnis kommt Schulte (2002: 188) zum Schluss, dass die Himbas die ursprüngliche Mopane-Savanne des Kaokolandes zwar mittlerweile flächenhaft in eine Kulturlandschaft umgewandelt haben, in dem ausdauernde Gräser durch einjährige ersetzt wurden und eine räumliche Differenzierung zwischen intensiver genutzten Regenzeit- und extensiver genutzten Trockenzeitweiden erfolgte. Auch die Bodenerosion wurde durch die Beweidung gegenüber einer natürlichen Erosionsrate von weniger als 2 cm pro 1000 Jahre auf ca. 25 cm pro 1000 Jahre erhöht. Allerdings impliziert die pastoralnomadische Nutzung ein Störungsregime, das in vielen Aspekten dem natürlichen Störungsregime sehr ähnelt. Wirklich degradierte Flächen ließen sich deshalb nur punktuell finden, sodass die Regularien der Himbas offensichtlich tatsächlich die langfristige Aufrechterhaltung eines stabilen Sekundärstadiums der Savanne ermöglichen und als nachhaltig bezeichnet werden können, zumindest bis zu den Besatzdichten, die im Untersuchungszeitraum der Studie existent waren. In ariden Gebieten bietet Vieh letztlich eine der nachhaltigsten Möglichkeiten der Landnutzung: Die Mägen von Rindern, Schafen und Ziegen enthalten Mikroorganismen, die es ihnen gestattet, faserreiche Vegetation zu verdauen. Ihr Kot enthält Pflanzenreste und ist reich an Mineralien. Pflanzenfresser können so auch bei längerer Trockenzeit die für ein gesundes Ökosystem unerlässlichen Zerfallsprozesse von organischem Material aufrechterhalten. Außerdem brechen ihre Hufe krustigen Boden auf, sodass Wasser versickern kann und Graswachstum gefördert wird. Eine Studie des Umweltforschungszentrums Leipzig vertiefte die Ergebnisse von Schulte (2002), in dem ein entwickeltes Simulationsmodell das Beweidungsmodell der Himbas mit dem einer benachbarten Farm verglich. Im Ergebnis erwies sich die von beiden praktizierte Variante, der Vegetation nicht etwa in trockenen, sondern in feuchten Jahren eine Ruhepause in der Beweidung zu gönnen, ökologisch für die Vegetation von großem Vorteil (UfZ 2002: 32). Grund dafür ist, dass nur in feuchten Jahren so viel Wasser vorhanden ist, dass die Gräser ausreichend Photosynthese betreiben, um sich zu erholen.

Die Frage ist allerdings, was passiert, wenn die Viehdichte des Kaokolandes weiter steigt und Dürreperioden noch häufiger werden als sie es gegenwärtig sind. Klimaprojektionen zeigen ein zunehmendes Risiko von Dürreperioden im südlichen Afrika sowie eine zunehmende Spannweite von Extremen, insbesondere geringer wie auch hoher Niederschläge im 21. Jahrhundert (IPCC 2014: 18). Das Streben der Himbas nach einem Zuwachs ihrer Herden liegt, wie erläutert, in ihrer Kultur begründet. Interessanterweise ist es in einem solchen Fall nach Schulte (2002: 189) zwar auch, aber längst nicht allein die Viehdichte der

Himbas, die darüber entscheiden wird, ob der Tipping Point überschritten oder das sekundäre Ökosystem doch noch aus seinem Gleichgewicht gebracht werden könnte. Das Risiko erhöht sich vielmehr erst dann signifikant, wenn die Gras- als auch Baumschicht des Kaokolandes über mehrere Jahre intensiv genutzt und damit vorbelastet ist und in einer solchen Situation schließlich ein Extremereignis zu einer Übernutzung der Vegetation führen würde, welche durch die Flexibilität des Weidemanagements nicht mehr abgepuffert werden kann (Schulte 2002: 190). Ähnlich wie bei den bislang vorgestellten Wald- und Rifflandschaften ist es also auch hier erst eine Kombination von Faktoren, die bei einer gewissen Vorbelastung der Landschaft gefährlich werden kann. Allerdings haben die Himbas selbst dann durchaus noch Handlungsoptionen. So verleihen sie beispielsweise Rinder an entfernt lebende Verwandte (Bollig 1999) und können dadurch ihren Rinderbestand sowohl dezimieren oder auch wiederaufbauen, je nachdem, wie es erforderlich ist. Abgesehen davon würde eine Reduzierung des Rinderbestandes die Überlebensfähigkeit der Himbas gar nicht unmittelbar infrage stellen, da sie von den Rindern nur die Milch nutzen und das Kleinvieh in ihrer Ernährung eine wesentlich größere Rolle spielt. Es ist also eher eine kulturelle Frage – eine Frage der AKTEURS- UND HANDLUNGSEBENE der Landschaft – ob es den Himbas künftig gelingt, nicht die Anzahl, sondern den Gesundheitszustand ihrer Rinder zum Maß der Dinge zu machen und darüber den Viehbesatz im Kaokoland auf eine ökologisch tragfähige Größenordnung zu beschränken. Mit einer solchen Regulierung hätten die Himbas gute Chancen, dass ihre pastorale Agrarlandschaft auch zukünftig Bestand haben wird. Halten wir zusammenfassend bis hierhin fest, dass eine Beweidung im oben genannten Rahmen eine durchaus resiliente Antwort auf die Herausforderungen der ariden Landschaft darstellt, deren Geheimnis vor allem in der Flexibilität des Nutzungssystems liegt. Wie ist im Vergleich dazu die Resilienz von Ackerbaulandschaften in ariden Gebieten einzuschätzen?

Das ZWEISTROMLAND und das NILDELTA haben historisch einzigartige Hochkulturen hervorgebracht, die die Weltgeschichte veränderten. Ohne Landwirtschaft hätten diese weder entstehen, noch sich über Jahrhunderte halten können. Es war gerade die Kunstfertigkeit der Sumerer und Ägypter, mit ihrer Landwirtschaft enorme Nahrungsmittelüberschüsse zu erzielen, die eine solche kulturelle Blüte erst ermöglichten. Umso verwunderlicher ist, dass die einst so fruchtbaren Schwemmgebiete zwischen Euphrat und Tigris heute kaum noch Erträge bringen. Allein 25 % – ungefähr 2 Mio. ha – lassen mittlerweile überhaupt keinen Anbau von Getreide mehr zu (Wadvalla 2012). Wie ist das möglich, wenn doch Herodot ca. 430 v. Chr. so eindrücklich schreibt:

» Kein Land der Erde, das wir kennen, eignet sich so gut zum Getreidebau wie Babylonien. (Herodot Historien 1 Nr. 193 in Haussig 1979)

Wie kann ein heute so karges Land eine so großartige Zivilisation hervorgebracht haben?

Die Böden im Nildelta haben im Gegensatz dazu nicht ganz so viel ihrer einstigen Fruchtbarkeit verloren, aber auch hier ist von den paradiesisch anmutenden Landwirtschaftsverhältnissen, die Herodot einst beschrieb,

2.2 · Erworbene landschaftliche Resilienz

Abb. 2.11 Nicht bewirtschaftbares, salzbelastetes Land im südlichen Ägypten. (Foto: C. Schmidt)

aktuell nicht mehr viel zu erkennen (vgl. Abb. 2.11). Auf 60 % der Anbauflächen im unteren Nildelta ist beispielsweise nur noch ein sehr eingeschränkter Anbau von Feldfruchtarten möglich (Aboukhaled et al. 1975). Wie ist das zu erklären?

Die Ausgangspunkte für die Entwicklung der Landwirtschaft in beiden Hochkulturen waren mit den Alluvien der Flüsse zunächst einmal hervorragend. Aber beide Landschaften weisen von Anbeginn einen gemeinsamen POINT OF WEAKNESS auf, der im Kaokoland kein anderer ist: mangelnde Niederschläge. Dies ist noch heute so. Auch wenn man Ägypten öfter besucht, so kommt man doch höchst selten in das Vergnügen, einen Regenguss zu erleben. Der Jahresniederschlag schwankt im Niltal nur von 0 bis 18 mm, und wenn es Niederschlag gibt, dann einen kurzen und heftigen. Die mittleren Jahresniederschläge in den größten Teilen des Iraks liegen unter 250 mm (Christen & Saliem 2012) – ebenfalls keine sehr günstigen Voraussetzungen für eine landwirtschaftliche Nutzung. In beiden Landschaften wurde darauf in einer vergleichbaren Weise geantwortet: nämlich mit einer Bewässerung. Ohne eine solche wäre die Blütezeit des Ackerbaus nicht möglich gewesen, allerdings ebenso wenig seine darauffolgende Depression. Im Aufstieg liegt bekanntermaßen nicht selten auch der Keim des Niedergangs. Denn ein Bewässerungsackerbau in ariden Gebieten hat über kurz oder lang stets den Preis einer Versalzung, und gerade die Salzbelastung der Böden ist es, die die Erträge in den alten Ackerbaulandschaften heute so schmälert und in Teilbereichen für eine gänzliche Unfruchtbarkeit der Böden gesorgt hat. Interessanterweise haben Ägypten und Mesopotamien dabei unterschiedliche Bewässerungskulturen hervorgebracht, die über die Jahrhunderte auch graduell unterschiedliche landschaftliche Konsequenzen nach sich zogen.

Schon Herodot fiel ca. 430 v. Chr. in Mesopotamien auf:

» Im Lande der Assyrier regnet es wenig; auf folgende Art bringt man das Korn zum Wachsen. Man bewässert es vom Fluss her, sodass es reift und gedeiht, doch nicht wie in Ägypten, wo man den Fluss über die Felder treten lässt, sondern indem man das Wasser mit der Hand und durch Schöpfwerke über die Felder hingießt. Ganz Babylonien ist wie Ägypten von Gräben durchzogen. Der größte dieser Gräben ist schiffbar; er (…) verbindet den Euphrat mit (…) dem Tigris (…). Fruchtbäume wachsen (…) nicht im Lande, nicht die Feige, nicht der Wein, nicht die Olive. Aber das Getreide gedeiht so vorzüglich (…) Die Blätter des Weizens und der Gerste erreichen dort oft eine Breite von vier Fingern. (…) Überall in der Ebene wachsen Palmen. (Herodot Historien 1 Nr. 193 in Haussig 1979)

Während sich ÄGYPTEN jahrhundertelang mit dem begnügte, was der Nil naturgemäß abgab, verfügte das Zweistromland über ein ausgefeilteres Bewässerungssystem und hatte auch schon früher mit einer Bewässerung begonnen. Die ersten Spuren einer Bewässerung in Mesopotamien lassen sich bereits um 6000 v. Chr. in Choga Mami nachweisen (Helbaek 1972). Ein größerer Ausbau des Bewässerungssystems im niederschlagsärmeren Süden Mesopotomiens erfolgte ab Ende des 4. Jahrtausends v. Chr. (Hrouda 2008). Zunächst wurden die Felder über Kanäle, später über Wasserschöpfwerke namens Schaduff bewässert, welche ungefähr ab 1500 v. Chr. auch von Ägypten übernommen wurden. Bereits 1000 v. Chr. wurde in Mesopotamien zugleich die Noria eingeführt, eine wassergetriebene Wasserhebeanlage, die großflächig auch solche Gebiete bewässern konnte, welche das Wasser allein durch seine Schwerkraft nicht zu erreichen vermochte (Radkau 2002: 118). Damit konnte auch außerhalb von überfluteten Gebieten zu einer ganzjährigen Bewässerung und Ernte übergegangen werden. Allerdings brachte es das aride Klima der mesopotamischen Ebene naturgemäß mit sich, dass mehr Wasser verdunstete als Niederschlag fiel. Wurde nun durch die Bewässerung beständig Wasser zugeführt, wurden durch den ansteigenden Grundwasserspiegel Salze im Boden gelöst, die mit der Verdunstung an die Erdoberfläche gelangten und dort auskristallisierten. Der Boden versalzte – ein Problem, welches umso stärker auftrat, je intensiver, großflächiger und länger die Bewässerung erfolgte und je weniger im Gegenzug eine Entwässerung funktionierte. Euphrat und Tigris hatten im Unterlauf ein geringeres Gefälle als der Nil, diesbezüglich spielt auch die gegebene landschaftliche Resilienz in das Bedingungsgefüge hinein. Die beiden Flüsse beförderten deshalb ungefähr fünfmal so viele Sedimente wie der Nil (Radkau 2002: 115), sodass die Äcker Mesopotamiens immer wieder versumpften und damit noch schneller versalzten. Ausschlaggebender als dieser Faktor war aber das Bewässerungssystem selbst: Es gewann über Jahrzehnte und Jahrhunderte an Großflächigkeit (Wachstumsphase im adaptiven Zyklus nach Holling et al. 2002, vgl. ▶ Abschn. 1.2), und mit zunehmender Großflächigkeit wuchsen zugleich die Abhängigkeiten. Je größer und komplizierter das Bewässerungssystem wurde, desto anfälliger wurde es zugleich. Fielen Teile der Bewässerung aus oder wurde die Versalzung zu stark, folgten Hungersnöte, die wiederum zu gesellschaftlichen Erosionsprozessen führten. Nun ist zu berücksichtigen, dass die Salzbelastung der Ackerböden Mesopotamiens nur in sehr kleinen Schritten und über einen extrem langen Zeitraum anwuchs. Wurde beispielsweise ca. 3500 v. Chr. noch Weizen und Gerste in gleicher Menge angebaut, musste der Weizenanbau ca. 2000 v. Chr. wegen der zunehmenden Salzbelastung aufgegeben und ganz auf die salztolerante Gerste umgestellt werden (Hrouda 2008). Dazwischen lagen immerhin 1500 Jahre. Es trat also kein plötzliches Ereignis ein, sondern es war ein schleichender Prozess. Wie viel weniger Zeit braucht man im Gegensatz dazu mit der verbesserten Technik unserer Tage! Die Region um den Aralsee zeigt beispielsweise, dass das, was Mesopotamien über mehrere Tausend Jahre an unfruchtbaren Böden erzeugt wurde, auch in nur 60 bis 70 Jahren möglich ist. Mit Resilienz hat dies nur wenig zu tun. Im alten Mesopotamien versuchte man indes durchaus, Resilienz zu „erwerben", indem man auf die wachsende Salzbelastung mit verschiedenen Gegenmaßnahmen reagierte. Eine Keilschrifttafel, die als „Farmers Almanach" bezeichnet und ungefähr 1700 bis 1500 v. Chr. datiert wird, belegt beispielsweise, dass der wachsenden Salzbelastung mit einer umso sorgsameren Kontrolle der Funktionsfähigkeit der Be- und Entwässerung entgegengewirkt werden sollte. Eine vollständige Übersetzung des Textes findet sich in Kramer (1993). Zudem wurde ein Feld mindestens alle zwei Jahre brachgelegt und wurden die Böden regelmäßig ausgelaugt, um Salze zu entfernen. Ebenso erfolgte eine Anpassung der angebauten Fruchtarten. So zählt neben der bereits erwähnten Gerste auch die Dattelpalme zu den eher salztoleranten Kulturpflanzen, und diese gedieh in der mesopotamischen Ebene in der Nähe der Kanäle bestens (Joannès 2001: 624 ff). Liest man heutige Studien zur Salzbelastung, so ähneln die aktuellen Handlungsempfehlungen denen vor ca. 3500 Jahren in erstaunlich hohem Maße. Quadir und Kollegen (2014) empfehlen beispielsweise bodenverbessernde Maßnahmen z. B. durch tiefes Umpflügen und ein Untermischen von Pflanzenresten, einen besseren Fruchtwechsel und die Verwendung salztoleranterer Sorten sowie – ganz maßgeblich – die technische Verbesserung des Be- und vor allem Entwässerungsnetzes. Das Grundübel der Versalzung konnte damit weder in der Zeit vor Christi noch heute behoben werden, es verschärfte sich vielmehr über die Zeit. Insofern lässt sich die Geschichte des Bewässerungsackerbaus zugleich als Geschichte der Unfähigkeit des Menschen lesen, sich aus bestehenden Traditionen und Denkmustern zu lösen, denn dazu hätte die Sinnhaftigkeit des Bewässerungsackerbaus in ariden Gebieten insgesamt infrage gestellt werden müssen. Soweit wollte man weder historisch; noch will man es heute gehen.

Insoweit stellt die Entwicklung des Bewässerungsackerbaus in Mesopotamien einen PFADABHÄNGIGEN PROZESS dar, wie er in ▶ Abschn. 1.2 theoretisch eingeführt wurde: Durch historisch weit zurückreichende und von Anbeginn mit einem gigantischen Aufwand verbundene Entscheidungen lässt sich der einmal eingeschlagene Entwicklungspfad nur noch sehr schwer verlassen, selbst wenn sich der Bewässerungsackerbau in den ariden Gebieten in der Zwischenzeit als unübersehbar nachteilig erwiesen hat und die Schäden von Jahr zu Jahr anwachsen. Pfadabhängige Entwicklungen neigen dazu, Fehler zu verfestigen. Sie führen nach einem anfänglichen Kreuzungspunkt zu einer stabilen Phase, in der es nur noch zu kleineren Variationen des gewählten Pfades kommt, weil Alternativen nicht mehr wahrgenommen werden oder weil keine Ressourcen bereitstehen, grundsätzlich aus dem Pfad auszubrechen. So ist bezeichnend, dass es später vor allem die Art und die technische Ausgestaltung des Be- und Entwässerungssystems waren, welche verbessert wurden. Zu erwähnen sind beispielsweise die großflächigen Drainageprojekte ab den 50er-Jahren des letzten Jahrhunderts. Ganz gleich aber, wie das Be- und Entwässerungssystem auch aufgerüstet wurde, es konnte die Zunahme der Versalzung höchstens etwas verlangsamen, nicht jedoch reduzieren oder gar beseitigen. Letztlich kratzten alle Maßnahmen nur an der Oberfläche. Das mag bei der jahrtausendealten Ackerbau- und Bewässerungstradition und dem notwendigen Bedarf an Nahrungsmitteln für eine wachsende Bevölkerung auch nicht verwundern.

Allerdings wird der Nahrungsmittelbedarf mit der Bewässerung langfristig auch nicht zu decken sein. Die Erträge von Gerste, Mais, Baumwolle und Sonnenblumen auf versalzenen Böden im Irak liegen schon jetzt in der Regel 40–65 % unter denen auf nicht salzhaltigen Böden (Christen & Saliem 2012: 19), und der Anteil vollständig degradierter Böden und Salzwüsten wächst permanent. 2003 galten trotz der Drainagesysteme annähernd 74 % der mesopotamischen Ebene als salzbelastet: 20 % leicht (>2 dS/m), 50 % mittel (4–8 dS/m) und 4 % mit Salzgehalten von mehr als 16 dS/m extrem hoch (UNEP 2003). Aktuell zeigen Bodenproben im Umfeld von Mussaiab leichte (2–4 dS/m) bis mittlere Salzgehalte (4–8 dS/m), im Umfeld von Dujailah hohe (8–16 dS/m) bis extrem hohe Salzgehalte von mehr als 32 dS/m (Christen und Saliem 2012: 15). Es gibt also im Schweregrad der Belastungen durchaus Unterschiede, die neben unterschiedlichen Vorbelastungen auch auf Art und Funktionsfähigkeit der heutigen Entwässerungsanlagen zurückgeführt werden. So umfasst das aus den 1950er-Jahren stammende *Mussaiab Irrigation Project* eine bewässerte Fläche von 66.750 ha und wird mit Wasser aus dem Euphrat durch einen 49,5 km langen Kanal versorgt, wobei das Bewässerungsnetz eine Gesamtlänge von 95,1 km hat und so konzipiert ist, dass es nur durch die Schwerkraft funktioniert. Die Entwässerung erfolgt über oberflächige Gräben. Das *Dujailah Irrigation Project* – ebenfalls aus den 1950er-Jahren stammend – bewässert im Gegensatz dazu eine Fläche von ca. 99.000 ha, wird über einen 57 km langen Kanal aus dem Tigris gespeist und verfügt über eine stärker technisierte Be- und Entwässerung. Annähernd 20 % der Fläche werden beispielsweise unterirdisch drainiert. Während allerdings 70-80 % der Entwässerungsanlagen im *Mussaiab Irrigation Project* effektiv funktionsfähig sind, liegt der Anteil im *Dujailah Irrigation Project* nur bei 50–60 % (Christen & Saliem 2012: 23, 26). Das kann entscheidend sein, wenn man sich vergegenwärtigt, dass sich im Drainagewasser im *Dujailah Irrigation Project* eine elektrische Leitfähigkeit von 9,8 dS/m gegenüber 1,2 dS/m im Bewässerungswasser messen lässt. Die Entwässerung führt also enorme Salzfrachten ab. Bekanntermaßen ist noch weitaus wichtiger als die Bewässerung selbst eine Entwässerung betroffener Ackerflächen, um die Salzbelastung zu reduzieren. Vergleicht man beispielsweise bewirtschaftete Böden mit nicht bewirtschafteten Flächen, so sind Letztere mit Salzgehalten von 32–70 dS/m in der Regel noch deutlich versalzener als bewirtschaftete Standorte, da akkumulierte Salze nicht abgeführt werden (Christen & Saliem 2012: 30). Letztlich kann der Großteil längerfristig nicht bewirtschafteter Flächen im Irak nur noch von wenigen Halophyten, extrem salztoleranten Pflanzen, bewachsen werden.

Die Situation verschärfte sich in den letzten Jahrzehnten zudem, weil sich der Salzgehalt des Euphrats z. B. seit 1973 nach Angaben von Rahi & Halihan (2009) mehr als verdreifacht hat. Es wird also zunehmend mit Wasser bewässert, welches für sich bereits deutlich salzbelastet ist. Logischerweise wird damit aber auch das Drainagewasser fortlaufend salzhaltiger, welches wiederum in die beiden Flüsse Euphrat und Tigris abgeleitet wird. Hinzu kommt, dass Euphrat und Tigris in den letzten Jahren deutlich weniger Wasser führen und allein dadurch der Salzgehalt des Flusswassers steigt. Schuld daran ist längst nicht nur der Klimawandel. Vielmehr wird der Euphrat auf türkischem Gebiet mittlerweile durch sechs Talsperren kontrolliert, bevor er weiter durch Syrien nach Irak fließt. Drei Staudämme zähmen den Tigris vor der Grenze zum Irak, und weitere Projekte sind im Bau oder geplant. Die Abflüsse des Euphrat-Tigris-Gewässersystems wurden dadurch gegenüber der Zeit vor dem Talsperrenbau (vor 1973) um 30–45 % reduziert (Christen & Saliem 2012: 18). Es ist also eine sich selbst verstärkende Abwärtsspirale, die durch verschiedene Faktoren bedingt wird und schrittweise zur vollständigen Degradation der Böden in der einstigen Kornkammer führt. Der Salzgehalt nimmt naturgemäß im Unterlauf der Flüsse zu, sodass die schwersten Schäden im Süden der mesopotamischen Ebene zu verzeichnen sind (Christen & Saliem 2012: 19). Ein Großteil der 25 % bewässerter Ackerflächen, auf denen keinerlei Pflanzenanbau mehr möglich ist, konzentriert sich hier. Dort, wo alles begann, endet es nicht selten auch.

In ÄGYPTEN ist die Situation nicht ganz so drastisch wie in der mesopotamischen Ebene, wenngleich ein Anteil mäßig versalzter Flächen (>4 dS/m) von nahezu 35 % (1 Mio. ha) immer noch hoch genug ist (Kotba et al. 2000). Wie lässt sich die etwas geringere Salzbelastung gegenüber der mesopotamischen Ebene erklären? Radkau (2002: 115) vermutet die etwas andere Art der Bewässerung als Ursache.

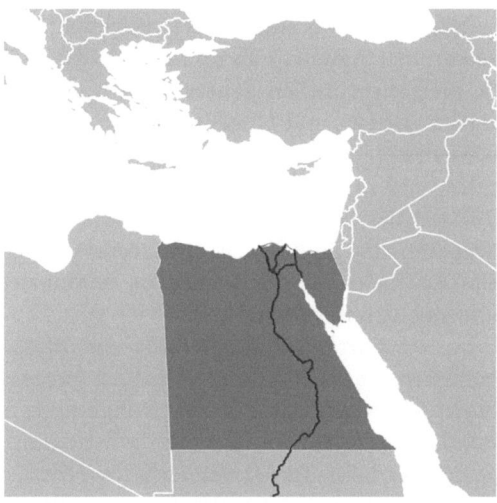

Tatsächlich unterscheiden sich sowohl Ausprägung, Flächenumfang als auch Zeitraum der Bewässerung in beiden Landschaften. Herodot hebt in seinen Reisebeschreibungen Ägyptens von ca. 430 v. Chr. vor allem den Nil hervor:

> » Wenn nun der Nil das Land überschwemmt, so ragen nur die Städte über dem Wasser hervor, fast wie die Inseln in unserem Ägäischen Meere. (Herodot Historien 2 Nr. 97 in Haussig 1979)

Der Nil war Ausgangspunkt und Zentrum der ägyptischen Ackerbaukultur. Zunächst arbeiteten die Ägypter ausschließlich mit den naturgegebenen Überschwemmungen. Denn sie konnten sich relativ sicher sein, dass der Fluss Anfang Juli in Südägypten anschwoll und Mitte August in der Nähe von Assuan Hochwasser erreichte. Die Flut kam etwa vier bis sechs Wochen später im nördlichen Teil des Tales an. Auf diese Weise konnten die Bauern Anfang des Winters Weizen und andere Fruchtarten in einen gut durchfeuchteten und durch den Schlamm aus dem äthiopischen Hochland zugleich fruchtbaren Boden pflanzen und Mitte April bis Anfang Mai ernten (Butzer 1954). Der eigentliche Bewässerungsackerbau begann erst um etwa 3100 v. Chr., als die Ägypter die jährlichen Fluten systematisch zur Bewässerung speziell angelegter Felder nutzten, und damit fast 3000 Jahre nach der ersten gezielten Bewässerung in Mesopotamien. Schon allein dies mag einen gewissen Unterschied in der heutigen Salzbelastung der Böden erklären. Aber selbst dann wurde in Ägypten noch keine Versalzung der Böden bewirkt. Die um diese Zeit datierte historische Darstellung des „Keulenkopfes des Scorpions II." zeigt beispielsweise einen König, der feierlich eine Hacke hält und einen Graben einweiht. Das Bewässerungssystem bestand also einerseits aus offenen Gräben, darüber hinaus auch aus Becken. Man grenzte nämlich mittels Dämme Überschwemmungsbassins ab und stattete sie mit Zu- und Abflusskanälen aus. Die Becken wurden einmal jährlich zur Zeit des höchsten Wasserstandes des Nils geflutet und dann für vier bis sechs Wochen geschlossen, damit der Schlamm sich absetzen und der Boden durchfeuchtet werden konnte. Anschließend wurde das restliche Wasser in benachbarte, tiefer liegende Becken oder in den nächsten Kanal abgelassen, und es erfolgte Anfang des Winters die Aussaat in den Becken. Bis zur Ernte dauerte es dann nur drei bis vier Monate (Butzer 1954). Mit dieser Flächenstaumethode wurde der Boden regelmäßig neue Nährstoffe zugeführt, sodass es nicht wie in Mesopotamien nötig wurde, Flächen zur Regeneration brach liegen zu lassen. Auch eine Versalzung trat nicht auf, da der Sommerwasserspiegel mindestens 3–4 m unter der Oberfläche blieb und möglicherweise angesammelte Salze mit der Ableitung des Wassers wieder ausgespült wurden (Butzer 1954). Auf diese Weise gelang den Ägyptern innerhalb des Niltales ein erstaunlich resilientes Bewässerungssystem, welches in der ursprünglichen Form mindestens 1500 Jahre lang (!) Bestand hatte und rund 800.000 ha bediente. Postel (1999) hält diese Form des Bewässerungssystems sogar für grundsätzlich stabiler als das aller anderen auf Bewässerung basierenden Gesellschaften der Menschheitsgeschichte. Bedauerlicherweise hielt es nur nicht der weiteren Entwicklung stand. Denn während das System der Überschwemmungsbassins noch vollständig mit dem Rhythmus des Nils mitging, erlaubte das Schaduff, welches ca. 1500 v. Chr. aus Mesopotamien in Oberägypten eingeführt wurde, eine schrittweise Loslösung von den Wasserschwankungen des Nils: Nun konnte ganzjährig, selbst wenn der Nil nur wenig Wasser führte, eine Bewässerung erfolgen. Zunächst lagen die Bewässerungsflächen stets flussnah, sodass die Anbaufläche lediglich um 10–15 % vergrößert wurde (Butzer 1954). Aber mit der Einführung der Sakia, einem von Ochsen angetriebenen Schöpfrad, und der wassergetriebenen Noria nach etwa 325 v. Chr. konnten auch weiter vom Nil entfernte Gebiete mit Wasser versorgt werden, und der Versalzungskreislauf nahm allmählich seinen Lauf. Als Ägypten Kornkammer des Römischen Reiches war und sich etwa 1 Mio. ha Land in der Bewirtschaftung befanden, war allerdings davon noch nicht viel zu spüren. Unter Kaiser Augustus wurden jährlich 150.000 t Getreide aus Ägypten nach Rom verschifft (Bechert 1999).

An Fahrt gewannen die VERSALZUNGSPROZESSE erst viel später, insbesondere als das Nildelta in der ersten Hälfte des 19. Jahrhunderts mit dem Bau der Delta Barrages und der Neuanlage eines Kanalsystems von 7200 km Sommer- und 4000 km Schwemmkanälen vollständig umstrukturiert wurde (Butzer 1954). Die Kanäle und Staustufen ermöglichten zwar großflächig eine ganzjährige Bewirtschaftung, jährlich mehrfache Ernten und sogar den Anbau der lukrativen Baumwolle. Allerdings trugen sie auch dazu bei, dass die Salzbelastung heute im unteren Nildelta ungefähr dreimal so hoch ist wie im oberen Abschnitt des Nils: 1975 waren ca. 60 % der Anbauflächen im unteren Nildelta, 25 % im mittleren und 20 % im oberen Niltal sowie 25 % der Anbauflächen in Oberägypten salzbelastet (Aboukhaled et al. 1975). Der Ausbau des Nildeltas wurde in seinem Gigantismus lediglich noch durch den Bau des ASSUAN-STAUDAMMES in den 1960er-Jahren überboten. Zehnmal so groß wie der Bodensee und als Prestigeobjekt des damaligen ägyptischen Staatspräsidenten gefeiert, sichert er zwar ein Viertel der Stromversorgung Ägyptens ab und hat die Ägypter in den vergangenen Jahrzehnten auch vor einigen Dürre- und Hungerperioden bewahrt (Ossenkopp 2010), hat aber zugleich die Salzbelastung in den stromabwärts gelegenen Flächen des Niltales anwachsen lassen. Dies liegt zum einen daran, dass über dem Assuan-Stausee mehr Wasser als zuvor verdunstet und mit der Regulierung des Nils ganz ähnliche Versalzungskreisläufe wie in Mesopotamien einsetzen. Zudem wird der Prozess noch durch eine zusätzliche Düngung verstärkt. Denn der kalihaltige Nilschlamm, der früher bei jeder Überflutung des Nils für eine natürliche Düngung der Ackerflächen sorgte, akkumuliert nun in einem Umfang von jährlich rund 130 Mio. t im Stausee (Ossenkopp 2010) und geht auf diese Weise den nilabwärts gelegenen Flächen verloren. Dafür werden in einem erheblich höheren Umfang künstliche Dünger ausgebracht, sodass dem System insgesamt noch mehr Salze zugeführt werden. Hinzu kommt noch ein ganz anderes Risiko, welches mit dem Assuan-Staudamm gewachsen ist: Was passiert beispielsweise, wenn der Damm (z. B. durch einen Terroranschlag) bricht? Das Niltal zählt mit rund 1000 EW/km² zu den ausgesprochenen bevölkerungsreichen Regionen der Welt (Ossenkopp 2010), und die Landschaft des gesamten Niltales einschließlich seiner Bewohner ist mit dem Großprojekt des Stausees wesentlich verletzbarer geworden. Je komplexer landschaftliche Systeme werden, desto resilienter müssen sie auch ausgestaltet werden. Im Niltal ist dies jedoch nicht der Fall, denn es gibt weder Einrichtungen, die die Flut im Störfall wirksam aufhalten würden, noch solche, die die Anfälligkeit des technischen Systems im Krisenfall insgesamt mindern. Darüber hinaus werden über das Wasser des Stausees nicht nur Ackerflächen im Niltal, sondern auch ca. 400.000 ha Wüste bewässert (Ossenkopp 2010) – eine Tendenz, die aktuell mit dem *1.5 Million Feddan Project* in noch weitaus größerem Umfang fortgeführt werden soll. So werden nach Angaben der ägyptischen Regierung seit 2015 die Landwirtschaftsflächen sukzessive um 20 % erweitert. Dafür wird gezielt Land in der westlichen Wüste urbar gemacht, wobei mehr als 5000 neue Wasserbrunnen und 600 Bohrlöcher gebohrt werden (Ahram 2015). In diesen Gebieten dürfte der Wettlauf zwischen Urbarmachung und Versalzung schon vom ersten Tag an in einem besonderen Tempo beginnen. Über kurz oder lang ist eine Versalzung der in Kultur genommenen Wüstengebiete bei den ariden Klimaverhältnissen nahezu zwangsläufig, erst recht bei der wenig effizienten Be- und Entwässerungsstruktur, wie sie für die kleinbäuerliche Landwirtschaft Ägyptens typisch ist. Die Bewässerung erfolgt dort üblicherweise über eine Flutung der Felder. Sprinkler- oder gar Tröpfchenbewässerungen sind nur höchst selten zu finden (allerdings z. B. bei Sekem – einem Pilotprojekt biologisch-dynamischer Landbewirtschaftung). Selbst diese Bewässerungstechniken können jedoch trotz ihrer viel höheren Effizienz eine sukzessive Zunahme des Salzgehaltes nicht vollständig vermeiden. Eine Entwässerung ist in den ländlichen Gebieten Ägyptens zudem oft nur unzureichend ausgebildet und nicht in einem guten Zustand, sodass das Bewässerungswasser auf den Feldern verdunstet und rasch weiße Krusten hinterlässt. Vor diesem Hintergrund ist anzunehmen, dass die Versalzung der neuen Ackerflächen in den Wüsten nicht so viel Zeit in Anspruch nehmen wird wie in der mesopotamischen Ebene. Was an zusätzlichem Kulturland gewonnen wird, das wird auf die Dauer vermutlich nicht ausreichen, um die Ertragseinbußen infolge der Versalzung wettzumachen. Im Norden des Nildeltas hat die Versalzung bereits in größerem Umfang sterile Böden der sogenannten Barārī-Regionen (der unfruchtbaren Regionen) hervorgebracht.

- **Zwischenfazit**

Die Beispiele des Niltales und der mesopotamischen Ebene verdeutlichen, dass ein Bewässerungsackerbau in ariden Gebieten früher oder später mit einer Versalzung verbunden ist. Zwar könnte dies theoretisch vermieden werden, wenn die Bewässerung mit einer ebenso guten Entwässerung einhergeht, aber erfahrungsgemäß kann gerade dies in der Regel nicht dauerhaft gewährleistet werden. Interessanterweise brachte der höhere technische Entwicklungsstand der Bewässerungstechnik in Mesopotamien nicht eine größere, sondern vielmehr eine geringere Resilienz im Vergleich zum Niltal mit sich. Denn mit der besseren Technik konnte noch stärker über die naturgegebenen Grenzen hinaus gelebt und gewirtschaftet werden – auf Kosten der zukünftigen Bevölkerung, die nun teilweise einen unfruchtbaren Boden übergeben bekommt.

> **Der fehlende Erwerb von Resilienz führte also dazu, dass das Polster an gegebener Resilienz weiter schrumpfte, und dies in einer Region, die ohnehin mit naturräumlichen Extrembedingungen zurechtkommen muss.**

Ägypten war jahrhundertelang durch einen geringeren Technisierungsgrad der Bewässerung vor einer Übernutzung der natürlichen Ressourcen „geschützt" und hatte zeitweise eine sogar resiliente Bewässerungsformen hervorgebracht. Allerdings scheint das Land in den letzten Jahren alles an Erfahrungen nachzuholen, die Mesopotamien schon gemacht hat. Der Anteil versalzener Böden in beiden Regionen gleicht sich zunehmend an. Mit den erwähnten Ertragseinbußen und teilweise sterilen Böden wurde die Versorgungsleistung in beiden Landschaften bereits deutlich eingeschränkt. Auch die ökologischen Funktionen der Landschaft sind erheblich gestört worden, denn abgesehen von wenigen salztoleranten Pflanzen sind die anthropogen geschaffenen Salzwüsten ausgesprochen lebensfeindlich und erfüllen auch nur eingeschränkt Regulationsfunktionen im Naturhaushalt. Dass sich mit der Desertifikation auch der Landschaftscharakter grundlegend geändert hat, sei der Vollständigkeit halber ergänzt. Beide Landschaften verdeutlichen insofern die Konsequenzen eines Überschreitens der Tipping Points.

> Wird ein Tipping Point überschritten, wird die Komplexität des landschaftlichen Systems drastisch reduziert und der Landschaftscharakter grundlegend und zumeist irreversibel verändert (Systemzusammenbruch).

Vorschläge, wie eine Regeneration versalzener Ackerflächen erfolgen kann, gibt es zwar einige, ihre Wirksamkeit ist jedoch höchst fraglich. Eine Studie von Kotba et al. (2000: 258) schlägt für das stark salzbelastete Nildelta beispielsweise Reisanbau als „optimale und effektivste Abhilfemaßnahme zur Rückgewinnung versalzter Böden" vor. Die Frage ist nur, ob für den wasserintensiven Reisanbau auch genügend Wasser zur Verfügung steht. Die Autoren empfehlen deshalb gleichzeitig, die derzeitigen Reisanbaugebiete um fast 50 % zu reduzieren. Christen & Saliem (2012) setzen zum einen auf größere Nutzerverbünde, um ungünstige traditionelle Bewässerungsmethoden wie die Überflutung von Feldern zu reduzieren, zum anderen auf Investitionen in effizientere Bewässerungsanlagen wie Sprinkler- und Tröpfchenbewässerungen, eine Instandsetzung und Erneuerung der Entwässerungsanlagen bei einem zugleich verbesserten Monitoring der Salzbelastung und insgesamt ein integriertes Landwirtschafts-Wasser-Management. Diese Maßnahmen sind sicher geeignet, um einer weiteren Erhöhung der Salzbelastung entgegenzuwirken. Aber können sie tatsächlich stark salzbelastete Böden regenerieren? Es fällt auf, dass mit den vorgeschlagenen Maßnahmen sorgsam eine Frage ausgelassen wird, die bei genauerer Betrachtung jedoch die eigentliche Kernfrage darstellt: nämlich ob ein Bewässerungsackerbau in ariden Landschaften überhaupt resilient ausgestaltet werden kann und damit eine realistische Zukunftsoption darstellt.

Das Beispiel des Niltales hat in seiner Geschichte zwar durchaus ein resilientes Bewässerungssystem hervorgebracht, allerdings nur im direkten Alluvium des Flusses und im naturgegebenen Überflutungsrhythmus. Alle anderen erläuterten historischen und aktuellen Variationen waren nie ohne die Schattenseite der Versalzung zu haben und damit letztlich von Anbeginn zum Scheitern verurteilt. Interessanterweise schlagen Christen & Saliem (2012: 34) vor diesem Hintergrund für die stark versalzten Flächen der mesopotamischen Ebene auch eine Umnutzung vor: eine stärkere Viehhaltung in Kopplung mit Futtermittelanbau. Damit schließt sich in gewisser Weise der Kreis zur eingangs erläuterten Weidelandschaft der Himbas – mit dem Unterschied, dass deren Weideflächen bislang nicht salzbelastet sind. So gesehen, stellt sich die erworbene landschaftliche Resilienz im Kaokoland deutlich höher als die der Bewässerungsackerlandschaften in der mesopotamischen Ebene und im Niltal dar.

2.2.2 Einmal Osterinsel und zurück

Die OSTERINSEL stellt wohl weltweit eine der abgelegensten Landschaften dar. Gerade deshalb eignet sie sich jedoch in besonderem Maße für eine Differenzierung gegebener und erworbener Resilienz, stellt sie doch ein (lagebedingt) gut abgrenzbares landschaftliches System dar.

Ihren Namen erhielt sie von Jacob Roggeveens, der sie just zu Ostern 1722 entdeckte. Er notierte mit Blick auf die kolossalen Steinstatuen, Moai genannt, überrascht in sein Tagebuch:

> …wir konnten nicht begreifen, wie es möglich war, dass Menschen, denen schweres und dickes Holz mangelt, um ein Gerät zu machen, die auch kein starkes Tauwerk besitzen, derartige Statuen, die wohl dreißig Fuß hoch und dementsprechend dick waren, hatten aufrichten können. (Roggeveen 1722 in Schulze-Maizier 1926: 219)

Wie war das nur möglich? Die Moais sind noch heute zutiefst beeindruckend (vgl. ◘ Abb. 2.12). Zwischen 4 und nahezu 10 m hoch und durchschnittlich 12,5 t wiegend (van Tilburg 1994) trotzen die Giganten aus Tuffstein der sturmumtosten Küste und strahlen eine unvergleichliche Mystik aus. Die Verblüffung der europäischen Entdecker lässt sich noch immer gut nachempfinden. Denn auch wenn einer der Matrosen Roggeveens – Carl Friedrich Behrens – im Nachgang der Reise davon schwärmt, dass auf der Osterinsel „alles bepflanzt und bewachsen" war (Behrens 1738: 86), so schien die Insel bereits 1722 über keine großen Wälder mehr zu verfügen. Wie sonst ließe es sich erklären, dass die Kanus der Einwohner so undicht waren, „dass sie die Hälfte der Zeit mit Schöpfen" verbrachten (Roggeveen 1722 in Schulze-Maizier 1926: 221)? Dies mutet bei einer Seefahrernation, deren Vorfahren schon Jahrhunderte zuvor Tausende von Kilometern auf einem gigantisch großen Meer in Kanus überwunden hatten, zweifelsohne merkwürdig an. Wie konnten die Rapa Nui die Osterinsel zwar mit Kanus entdeckt und besiedelt haben, aber später noch nicht einmal mehr in der Lage sein, auf offener See Fischfang zu betreiben? Und wie konnten sie dennoch solch überdimensionale Steinstatuen errichten? Nach den Beobachtungen von Roggeveen waren die Kanus bereits 1722 nur noch aus vielen kleinen Planken und Holzstückchen zusammengefügt, es fehlte also offensichtlich sowohl an alten Bäumen als auch an Material für das Kalfatern. Behrens schrieb zwar: „Auch sah man in der Ferne Wälder" (Behrens 1738: 70). Aber er inspizierte sie nicht aus der Nähe, sodass offenbleiben muss, welcher Art und welchen Alters die gesichteten Gehölzbestände tatsächlich waren. Einige Palmen muss es allerdings schon allein deshalb noch gegeben haben, weil Behrens davon berichtet, dass die aus Holzstützen bestehenden Häuser mit „Palmenblättern" bedeckt waren (Behrens in Knoche 2016: 79). Das war spätestens 52 Jahre später nicht mehr der Fall. Im März 1774 findet nämlich Georg Forster, der zusammen mit seinem Vater James Cook begleitet, nur noch zehn bis zwölf der einstigen Hütten vor. Sie wurden mittlerweile mit Zuckerrohr gedeckt, während der größte Teil der Einwohner in Erdlöchern und Höhlen

Abb. 2.12 Gigantische Steinstatuen (Moais) in Tongariki, Osterinsel. (Foto: C. Schmidt)

hauste (Forster 1777: 488). Forster beschreibt bitterste Armut.

> Der ganze Boden war mit Felsen und Steinen von verschiedener Größe bedeckt, die alle ein schwarzes, verbranntes, schwamigtes Ansehen hatten, und folglich einem heftigen Feuer ausgesetzt gewesen seyn mußten. Zwey bis drey Grasarten wuchsen zwischen diesen Steinen kümmerlich auf und milderten einigermaßen, ob sie gleich schon halb vertrocknet waren, das verwüstete öde Ansehn des Landes. (Forster 1777: 485)

Forster vermutet ein Unglück durch „volcanisches Feuer" (Forster 1777: 511), aber die Vulkane der Insel waren zu dieser Zeit schon längst erloschen. Viel naheliegender ist, dass die zerstörerischen Brände kriegerischen Auseinandersetzungen zuzuschreiben sind. Die Auswirkungen waren in jedem Fall verheerend. „Je weiter wir ins Land kamen, desto kahler und unfruchtbarer fanden wir den Boden", notiert Forster (1777: 487) in sein Tagebuch, und „es war auch kein Baum, der uns einigen Schatten hätte geben können". Zwar erwähnt Forster einen Berg, der mit der „Mimosa" (vermutlich *Sophora toromiro*) überwachsen war, dem einzigen Gehölz, dass die Bewohner für ihre Kanus und Keulen (pattu-pattus) nutzen konnten. Auch diese gibt er jedoch nur in Strauchhöhe unter 3 m an (Forster 1777: 504), und selbst die Papiermaulbeerbäume *(Broussonetia papyrifera)*, aus deren Rinde ähnlich wie auf Tahiti Kleidung hergestellt wurde und die bis zu 20 m Wuchshöhe erreichen können, waren zwar „ordentlich in Reihen angepflanzt", aber nicht über 1,2 m hoch (Forster 1777: 487). Alles in allem hatte offensichtlich nicht nur eine permanente Abholzung, sondern hatten auch Brände für einen LANDSCHAFTLICHEN ZUSAMMENBRUCH gesorgt, der vermutlich im Kontext zu einem kulturellen Niedergang stand. Denn während Behrens 1722 noch den Eindruck hat, dass sich die Bewohner der Osterinsel

2.2 · Erworbene landschaftliche Resilienz

„völlig auf ihre Götter- und Götzenbilder" verlassen (Behrens 1722: 69) und er immer wieder beobachtet, dass sie „bei ihren Götzen (...) viele Feuer" anlegen (Behrens 1722: 65), davor niederfallen und beten (Behrens 1722: 69), kann Forster 52 Jahre später keine einzige kultische Handlung mehr erkennen. Er notiert:

> » Wir merkten übrigens nicht, dass die Insulaner diesen Pfeilern, Säulen oder Statüen einige Verehrung erwiesen hätten; doch mussten sie wenigstens Achtung dafür haben, denn es schien ihnen manchmal ganz unangenehm zu sein, wenn wir über den gepflasterten Fussboden oder das Fussgestell gingen. (Forster 1777: 486)

Vor dem Hintergrund der großen „Armut und Öde", die beide Forsters beim Besuch der Osterinsel vorfinden, wirkten die kunstfertigen und gigantisch hohen Steinstatuen damit noch rätselhafter als schon 1722. „So ist doch schwer zu begreifen, wie ein Volk, das kein Handwerkszeug und andere mechanische Hülfsmittel hat, so große Massen hat bearbeiten und aufrichten können", fasst der junge Forster den Eindruck zusammen (zit. in Grave 2014: 33). Im Jahr 1774 war bereits ein Teil der Moai umgestürzt. 1840 stand schließlich keine einzige mehr von ihnen auf ihrem Platz (Schulze-Maizier 1926: 17) und die einstige Hochkultur entschwand sukzessive ins Reich des Mystischen. Dies gipfelte schließlich darin, dass Heyerdahl (1949) die These aufstellte, die Moai könnten unmöglich von den Rapa Nui, sondern könnten nur von Einwanderern aus Südamerika errichtet worden sein, die die Osterinsel noch vor den Polynesiern besiedelt hätten. Mittlerweile gilt die These jedoch als widerlegt und wird übereinstimmend davon ausgegangen, dass es niemand anderes als die Rapa Nui selbst gewesen sind, die für die kulturelle Blütezeit der Moai, allerdings auch für ihren Niedergang verantwortlich sind. Aber wieso war die einzigartige Symbiose zwischen Landschaft und Kultur offensichtlich nicht resilient? Warum hielt sie Krisenzeiten nicht stand? Und war dafür die gegebene oder die erworbene Resilienz verantwortlich?

Gut belegt ist mit den bereits zitierten Tagebuchaufzeichnungen, dass die Osterinsel bereits 1722 arm an Baumbewuchs und 1774 schließlich gänzlich ohne diesen war und zwischen diesen beiden gut belegten Expeditionen eine deutliche Verschlechterung der Lebensbedingungen stattgefunden hat, die mit einem sukzessiven kulturellen Verfall einherging. Forster beschreibt die Bewohner der Insel 1774 beispielsweise als äußerst mager, überwiegend unbekleidet (Forster 1777: 481,483). Im Gegensatz dazu waren noch 1722 „die Weiber in rote und weiße Decken gehüllt, und jede trug einen kleinen Hut, der aus Stroh oder Rohr geflochten war" (Behrens 1722: 68). „Das ganze Land ist bestellt", würdigt Behrens, nirgends fällt ihm 1722 Hunger auf. 52 Jahre später jedoch notiert Forster: „Das kleine Häufchen von Einwohnern, die uns am Landungsplatze entgegengekommen, schien der Hauptstamm des ganzen Volks gewesen zu seyn" (Forster 1777: 487). Er entdeckte auch nur auffallend wenige Frauen unter ihnen, und rätselte, ob sie sich verstecken oder es tatsächlich nur noch so wenige gibt. Tatsächlich konnte sich ein Teil der Bevölkerung in Höhlen verborgen haben. Denn wenn man heute die Osterinsel besucht, kann man in einigen dieser alten Lava-Tubes noch herumklettern. Was heute jedoch aus Spaß an der Sache gemacht wird, diente historisch dem schlichten Überleben. Glaubt man nämlich den Überlieferungen der Rapa Nui, suchte die verbliebene Bevölkerung die Höhlen vor allem als Schutz vor Kannibalen auf. Zwar lässt sich nicht genau datieren, wann sich der durchaus auch auf anderen polynesischen Inseln bekannte Kannibalismus auf der Osterinsel ausbreitete. Da er nach Métraux (1989) jedoch stets an Stammesfehden und Kriege gebunden war, kann zumindest angenommen werden, dass er auf der Osterinsel zwischen 1722 und 1774 erheblich zugenommen hat. Nach Diamond (2012: 140) griffen die Inselbewohner „anstelle ihrer früheren wilden Fleischlieferanten (...) jetzt auf die einzige Möglichkeit zurück, die ihnen noch zur Verfügung stand: auf Menschen." Denn die ehemals sechs Landvogelarten waren zu diesem Zeitpunkt bereits vollständig ausgerottet worden, und von den 25 Seevogelarten war nur noch ein Drittel geblieben, welches sich zum Brüten auf schwer erreichbare, vorgelagerte Felsen zurückzog (Diamond 2012: 139). Noch 1882 ist den Rapa Nui in Gesprächen gut bekannt, dass ihre Vorfahren Kai-Tangata (Kannibalen) waren, und dass es gang und gäbe war, Kriegsgefangene zu verzehren (Geiseler 1883). Der mit dem landschaftlichen Zusammenbruch einhergehende gesellschaftliche Zusammenbruch war insofern ein absolut fundamentaler.

Aus der darauffolgenden Geschichte der Osterinsel sei an dieser Stelle lediglich herausgegriffen, dass der Niedergang der Inselkultur mit Ankunft der Europäer keineswegs gestoppt wurde. Die Entdecker brachten vielmehr (wie so oft) Krankheiten wie Grippe und Syphilis mit, welche die Rapa Nui weiter dezimierten. Zudem wurden 1862 fast tausend Einwohner von Sklavenhändlern zur Zwangsarbeit auf die peruanischen Chincha-Inseln verschleppt. Der größte Teil von ihnen ging in den dortigen Guano-Gruben elend zugrunde, nur wenigen gelang die Rückkehr. Unterwegs holten sich diese die Pocken. Nur 15 der Verschleppten erreichten die Insel und steckten den Rest der Bevölkerung an. Im Jahr 1877 lebten auf der Osterinsel gerade einmal noch 111 Personen, davon 36 Rapa Nui (Koch 2009, Grave 2014: 36). Der französische Ethnologe Alfred Métraux schlussfolgerte deshalb 1941:

» Der Wandel in der Neuzeit wird von der alten Kultur der Osterinsel nichts mehr vernichten, was nicht bereits zugrunde ging, denn die alte Kultur ist im Grunde zwischen den Jahren 1862 und 1870 ausgestorben. (Métraux 1989: VII)

Bleibt die Frage: Warum? Waren die Bewohner anderer tropischer Inseln nachhaltiger und vorausschauender in ihrer Bewirtschaftung? Auch wenn dies nicht gänzlich auszuschließen ist, dürfte für das Fiasko der Osterinsel noch etwas anderes ausschlaggebend gewesen sein: nämlich eine geringere gegebene landschaftliche Resilienz. Denn die Osterinsel verfügte über zwei POINTS OF WEAKNESS, zwei kritische Eigenschaften, die andere polynesische Inseln nicht in diesem Maße aufwiesen und die maßgeblich zum Zusammenbruch des gesamten Systems beitrugen.

1. **Grad der Isolation**
Die Osterinsel liegt ca. 3600 km von der chilenischen Küste entfernt, ca. 6200 km von Neuseeland, ca. 4200 km von Tahiti. Die nächste bewohnte Insel inmitten des Pazifiks ist die Pitcairn-Insel. Selbst zu dieser sind es aber ca. 1900 km auf offener See zu überwinden. Nicht umsonst nannten die Bewohner ihre Insel und ihre Sprache „Rapa Nui": weit entferntes Land (Koch 2009). Nur 162,5 km^2 groß und nicht in ein Inselsystem eingebunden, begründete der extreme Isolationsgrad der Insel einerseits die sehr eigenständige kulturelle Entfaltung, trug aber andererseits auch maßgeblich zu ihrem Untergang bei. Denn es gab kein Entrinnen! Die Kanus wiesen schon 1722 einen Zustand auf, der Hochseefischfang auf offenem Meer nicht mehr oder zumindest kaum noch ermöglichte, erst recht nicht Reisen von mindestens 1900 km. Die Rapa Nui waren gänzlich auf sich selbst angewiesen. Selbst nach der Entdeckung durch Roggeveen 1722 dauerte es 48 Jahre, ehe das nächste Schiff mit Filipe Gonzales vor der Insel ankerte (Knoche 1911). Die abgelegene Lage der Insel markierte von Anbeginn ihrer Besiedlung also einen Point of Weakness. Zum Vergleich: Tahiti besteht aus 14 bewohnbaren Inseln und unzähligen Atollen, und zwischen der Hauptinsel Tahiti und der benachbarten Insel Moorea liegen lediglich 20 km. Bei solch einer begünstigten geografischen Lage ist im Krisenfall sofort ein Ausweichen möglich. Zudem kann auch ein kontinuierlicher kultureller Austausch erfolgen. Im Vergleich dazu gestaltete sich die Situation auf der Osterinsel von Beginn an wesentlich schwieriger. Waren seetüchtige Kanus wohl

für jedwede polynesische Insel bedeutsam – für die Osterinsel waren sie schlichtweg überlebenswichtig. Hier zeigt sich die Bedeutung von VERNETZUNG, auf die später noch zurückzukommen sein wird. Während zu Beginn der Besiedlung der Osterinsel nachgewiesen werden konnte, dass mehr als ein Drittel der Nahrung der Rapa Nui aus Delfinen bestand (Diamond 2012: 135), die nur auf hoher See gejagt werden konnten, ging der Fischanteil der Nahrung der Rapa Nui auf diese Weise in der weiteren Entwicklung der Osterinsel immer weiter zurück. Schließlich war die Osterinsel „in ganz Polynesien die einzige Stelle, wo Rattenknochen an den archäologischen Fundstätten zahlreicher sind als Fischknochen", so schreibt Diamond (2012: 135). Der Verlust hochseetauglicher Kanus hatte also nicht nur für Handelsbeziehungen mit anderen Inseln, sondern auch für das zur Verfügung stehende Nahrungsspektrum gravierende Konsequenzen. Die Versorgungsfunktion des zweiten Bewertungskriteriums landschaftlicher Resilienz wurde empfindlich betroffen. Abgesehen davon war im Kriegsfall auch keine Flucht mehr möglich. Seetüchtige Kanus oder gar der Ausbau einer ganzen Schiffsflotte hätten die isolierte geografische Lage in gewissem Maße kompensieren können. Ohne diese aber löste der Point of Weakness des Isolationsgrades eine negative Wirkungskette aus, die sich fortlaufend selbst verstärkte. Grave beschreibt dies in Bezug auf die Kultur der Rapa Nui wie folgt:

> Von außen drangen keine Ideen zu ihnen durch (…). Umso heftiger musste ein moralischer Erosionsprozess verlaufen, wenn einmal Zweifel an dem guten Sinn der gewohnten gesellschaftlichen Ordnung aufgekommen sein sollten. (Grave 2014: 169)

Gesellschaftliche und landschaftliche Veränderungen hingen auf der Osterinsel also untrennbar zusammen. Die Moai wurden nicht etwa von fremden Eroberern, sondern von den Rapa Nui selbst umgestürzt und zerstört. Hier zeigt sich gut, dass auch die kulturelle Funktion der Landschaft in Mitleidenschaft gezogen wurde, die ökologischen Funktionen der Insel jedoch nicht weniger. Die extreme Isolation und die Tatsache, dass die Osterinsel in ihrer Genese nie mit einer kontinentalen Landmasse verbunden war, führten dazu, dass die Insel von Natur aus floristisch vergleichsweise artenarm war. Dies grenzte das zur Verfügung stehende pflanzliche Nahrungsangebot der Bewohner von vornherein deutlich ein, bot aber in den ersten Jahrhunderten der Besiedlung offensichtlich dennoch ein ausreichendes Spektrum. Nach Darwins Theorie musste die Isolation als Evolutionsfaktor zugleich zur Ausbildung endemischer Arten beitragen. Und tatsächlich ist es auch so, dass paläobotanische Studien mit fossilem Pollen belegen, dass die Insel vor Ankunft der ersten polynesischen Siedler mit Wald bedeckt war, und dieser in besonderem Maße durch eine endemische Palme *(Paschalococos disperta)* beherrscht wurde, die ihresgleichen suchte. Sie war nämlich noch größer als die verwandte chilenische Palme *(Jubaea chilensis)* und „zu ihrer Zeit die größte Palme der Welt" (Diamond 2012: 133). Unbekannt ist, wie ihre Samen auf die Insel kamen. Carlquist (1965) schätzt, dass mehr als 70 % der einheimischen Pflanzen der Insel von Vögeln eingeführt wurden. Bekannt ist allerdings, dass die Hütten der Rapa Nui noch 1722 mit Palmenwedel bedeckt waren. Demnach müsste die Palmenart noch im 17. Jahrhundert auf der Insel vorhanden gewesen sein. Zu einem solchen Ergebnis kommt auch eine Radiokohlenstoffdatierung von Flenley et al. (1984), nach der die Palme noch Mitte des 17. Jahrhunderts auf der Insel präsent war. Die verwandte chilenische Palme eignete sich sowohl für den Boots- als auch Hausbau, für die Herstellung von Wein, Zucker bzw. Honig und die Produktion von Nüssen, sodass Ähnliches auch von der gigantischen

Osterinsel-Palme angenommen werden kann. Abdrücke ihrer Wurzeln in der Lava deuten darauf hin, dass ihr Stamm einen Durchmesser von weit über 2 m erreichte (Diamond 2012: 133). Unter anderem deshalb nimmt man an, dass sie das wichtigste Holz für den Transport der riesigen Steinstatuen und für die Kanus bereitstellte. Sie wurde jedoch spätestens Anfang des 18. Jahrhunderts auf der Osterinsel gänzlich ausgerottet und gilt heute als ausgestorben. Die isolierte Insellage schränkte den floristischen wie auch faunistischen Genaustausch so stark ein, dass auch eine Wiederbesiedlung nicht möglich war. In diesem Punkt wird auch das Selbstregenerationsvermögen der Landschaft (erstes Resilienzkriterium im ▶ Abschn. 1.3) berührt.

Diamond (2012: 133, 134) verweist über die endemische Osterinsel-Palme hinaus noch auf weitere 20 durch Pollen und Holzkohle nachgewiesene Baum- und Straucharten. Er schlussfolgert daraus, dass die Osterinsel ursprünglich durchaus über einen artenreichen Wald verfügte. Nur bei einem Teil der Arten lässt sich allerdings nachweisen, dass sie tatsächlich einheimisch waren, der Rest wurde erst im Zuge der Besiedlung eingeführt. Zu den einheimischen Arten ist *Triumfetta semitriloba* zu rechnen, ein Strauch, der bereits vor mindestens 35.000 Jahren auf der Osterinsel existierte (Aldén 1990) und nach der Besiedlung als wichtige Textilpflanze genutzt wurde. Darüber hinaus wurde der Wald beispielsweise durch einheimische Baumarten der Gattungen *Alphitonia, Elaeocarpus* und *Psydrax* geprägt, die noch heute in tropischen Wäldern anderer Inseln Polynesiens vorkommen. Die kulturhistorisch bedeutsamen Rongorongo-Tafeln der Osterinsel mit ihrer einzigartigen Schrift der Rapa Nui wurden nach Orliac (2005) zudem aus *Thespesia populnea* hergestellt, in einigen polynesischen Sprachen auch als Miro bekannt. Auch der Portiabaum bzw. Küsten-Tropeneibisch muss insofern auf der Osterinsel vorgekommen sein. In den archäobotanischen Pollenanalysen von Flenley und King (1984) konnte darüber nachgewiesen werden, dass auch der Toromiro *(Sophora toromiro)* bereits vor mindestens 35.000 Jahren auf der Insel heimisch war. Forster hatte ihn erstmals 1772 erwähnt und aufgrund äußerlicher Ähnlichkeiten als „Mimosa" bezeichnet (Forster 1777: 504). La Pérouse (1799) beschreibt ihn ebenfalls 1786, hielt aber analog zu Forster fest, dass er nur einzelne dünne Sträucher finden konnte, deren stärkste Zweige keinen größeren Durchmesser als 7 cm (3 Zoll) hatten. Offensichtlich hatten sich die Bestände des Toromiro, die nach dem Aussterben der Palme als nächste Baumart hauptsächlich für den Bootsbau verwendet wurde, noch zwölf Jahre nach Forsters Besuch nicht erholt. Dies sollten sie auch in den nächsten Jahrzehnten nicht. Mitte des 20. Jahrhunderts gab es lediglich noch ein einziges Exemplar des Endemiten auf der Insel (Fosberg 1998). Der radikale Rückgang der Gehölzbestände hatte zwangsläufig kulturelle Konsequenzen. Nicht nur, dass mit schwindenden Großbäumen kein Holz für die Hütten und Kanus zur Verfügung stand, selbst die Bestattungsmethoden mussten sich ändern.

» Die Einäscherung, die für jede Leiche viel Holz erfordert hatte, wurde unmöglich und machte der Mumifizierung sowie der Erdbestattung Platz. (Diamond 2012: 139)

Ähnlich, wie die isolierte geografische Lage die floristische Artenausstattung einschränkte, begrenzte sie zugleich die faunistische DIVERSITÄT: Nach Diamond (2012: 134) verfügte die Insel vor Ankunft des Menschen zwar über sechs Land- und 25 Seevogelarten, jedoch über keinerlei Säugetiere und Reptilien. Die erwähnten Ratten kamen erst als blinde Bootspassagiere mit den ersten Siedlern an und mussten dann den Speiseplan der Rapa Nui ergänzen, als kaum noch andere Nahrungsquellen zur Verfügung standen.

2. **Ökologische Grenzbereiche**
Die Osterinsel wird nach der Klimaklassifikation nach Köppen und Geiger noch dem tropischen Klima zugerechnet. Allerdings liegt sie im Gegensatz zu Tahiti und anderen Inseln Polynesiens an der Grenze zur subtropischen Zone, sodass die Siedler nach ihrer Ankunft mit deutlich anderen klimatischen Bedingungen zurechtkommen mussten, als sie aus ihren ursprünglichen Herkunftsgebieten kannten. Die Besiedlung der Osterinsel erfolgte von Polynesien aus, u. a. von den Marquesas (Métraux 1989), einem tropischen Archipel, das heute zusammen mit Tahiti und anderen Inseln zu Französisch-Polynesien gehört und in der Klimaperiode 1982 bis 2012 eine durchschnittliche Jahresmitteltemperatur von 25,9 °C aufwies. Im Gegensatz dazu betrug die Jahresdurchschnittstemperatur auf der Osterinsel im selben Zeitraum nur 20,7 °C. Für Anfang des 20. Jahrhunderts gibt Knoche (1911: 138) 20,4 °C an. Insgesamt liegt die Jahresmitteltemperatur damit ca. 5 °C unter der des vermutlichen Herkunftsgebietes, gepaart mit starken Passatwinden. Zudem fallen auf der Osterinsel auch nur ca. zwei Drittel der Niederschläge Ost-Polynesiens (Imprint 2019). Im Vergleich zu den klimatischen Bedingungen des beschriebenen Kaokolandes mögen die Bedingungen auf der Osterinsel also zwar paradiesisch sein, im Vergleich zu anderen polynesischen Inseln waren sie es weitaus weniger!

Die geringere Jahresmitteltemperatur brachte es mit sich, dass eine Reihe mitgebrachter Pflanzen auf der Osterinsel nicht gedieh. So führt beispielsweise Métraux aus:

> Zweifellos hatten (sie) Kokosnüsse und Samen des Brotbaumes an Bord (und) … mussten die grausame Enttäuschung erleben, dass die zwei Pflanzenarten, deren Früchte ihnen in ihrer Heimat die Grundnahrung geliefert hatten, vor ihren Augen in einem viel kälteren Klima zugrunde gingen. (Métraux 1989: 51)

Da Kokospalmen unzählige Nutzungsmöglichkeiten bieten und ebenso wie Brotfruchtbäume *(Artocarpus)* wichtige Eckpunkte polynesischer Traditionen darstellten, dürfte ihr Verlust besonders schmerzhaft gewesen sein. Interessant ist, dass die Kokospalme *(Cocos nucifera)* heute sehr wohl auf der Osterinsel zu finden ist. Wenn man die Geschichte der Osterinsel kennt, mag man darüber staunen. In Pollenanalysen ließen sich in den zurückliegenden Jahrhunderten jedenfalls weder Hinweise auf die Kokospalme noch auf den Brotbaum finden.

Die endemischen Baumarten wie die Palme und der Toromiro hatten sich über Jahrtausende an das kühlere Klima angepasst. Sie hatten allerdings darauf mit einem langsameren Baumwachstum reagiert, welches ihnen nun mit Ankunft der polynesischen Siedler zunehmend zum Verhängnis wurde. Denn das Neuwachstum von Bäumen kann nach Diamond (2012: 150) zwar auf feuchten, warmen Inseln durchaus mit einer mäßig starken Abholzung mithalten. Wenn man auf einer solchen Tropeninsel die Bäume abholzt, kann man ein Jahr später bereits wieder junge Bäume entdecken. Gänzlich anders verhält es sich aber auf kühleren Inseln wie der Osterinsel. Die Osterinsel-Palme und Toromiro-Bäume stellten besonders langsam wachsende Arten dar. Sie konnten schlichtweg nicht so schnell wachsen, wie die älteren ihrer Art gerodet wurden!

Zu den kühleren Klimabedingungen kam noch eine zweite Besonderheit der Osterinsel hinzu, die sich als noch problematischer erweisen sollte als schon die erste: Die Insel verfügt nämlich über keine Fließgewässer, nur ausgesprochen wenige Quellen und höchst selten kleinere stehende Gewässer.

> Diese Umstände finden ihre Erklärung in der außerordentlichen Porosität sowohl der Laven als auch der klastischen Produkte, die das atmosphärische Wasser bis zum Grundwasserspiegel durchsickern lassen, wenn nicht irgendeine undurchlässige Tuffschicht Widerstand entgegensetzt. (Knoche 1911: 97)

Denn die Osterinsel ist vulkanischen Ursprungs. Sie wird in wesentlichem Maße aus andesitischen Ergüssen, Tuffen und Aschen aufgebaut (Knoche 1911: 94), sodass der Regen in dem porösen Boden sehr schnell versickert. Talbildungen durch fließendes Wasser kommen auf diese Weise erst gar nicht zustande. Das Sickerwasser bildet vielmehr unterirdische Gewässer, die erst im Küstenbereich an die Oberfläche treten. Unglücklicherweise verlaufen die nur kurzzeitigen oberirdischen Grundwasseraustritte so nah am Meer, dass „ihr Wasser salzig ist. Die Vorfahren (…) versuchten, die Vermischung des Wassers zu verhindern, indem sie durch Mauern eine Art Reservoir schufen. Diese Anlagen konnten jedoch die Qualität des Wassers (…) kaum verbessern" (Métraux 1989: 54). Nicht umsonst berichtet Forster (1777: 488), dass die Einwohner Kapitän Cook eine Art Brunnen zeigten, der „nicht weit von der See (lag) und (…) tief in den Felsen gehauen (war), aber voll Unreinigkeiten. Als ihn unsere Leuthe gereinigt hatten, fanden sie das Wasser brackisch, gleichwohl tranken es die Einwohner mit großem Gefallen." Denn die Rapa Nui hatten nie eine große Auswahl und durften nicht allzu wählerisch sein. Sie mussten vielfach große Wegstrecken zurücklegen, um überhaupt zu Wasserstellen zu gelangen oder nicht unerhebliche Aufwendungen auf sich nehmen, um tiefere Wasservorräte zu erschließen. So berichtet z. B. Forster:

> Von hier gingen wir noch weiter ins Land hinein, und kamen an einen tiefen Brunnen, der durch die Kunst gehauen zu seyn schien und gutes süßes Wasser hatte, das aber etwas trüb war. (Forster 1777: 503)

Métraux (1989: 53,54) beschreibt darüber hinaus künstlich in den Felsen eingehauene Becken, die nach Angaben der Rapa Nui „früher zum Sammeln des Regenwassers dienten". Offensichtlich waren die Einwohner der Osterinsel also durchaus erfindungsreich. Aber die Trinkwasserreservoirs waren dennoch unvergleichlich stärker als in Ost-Polynesien beschränkt. Von Tahiti, das durch zahlreiche Bäche, Flüsse, Quellen und Wasserfälle geprägt ist, berichtet Forster beispielsweise auf seiner Weiterreise von der Osterinsel, dass das „clima des Landes (…) vielleicht eins der glücklichsten auf Erden ist" (Forster 1777: 255). Das konnten die Rapa Nui von der Osterinsel sicher nicht sagen, denn die hydrogeologischen Bedingungen standen nicht zuletzt auch der Entwicklung umfangreicher Bewässerungssysteme für die angebauten landwirtschaftlichen Kulturen entgegen. „So ist die Wasserfrage auf der Insel seit jeher eine dringende gewesen", fasst Knoche (1911: 97) treffend diesen Point of Weakness der Osterinsel zusammen. Das Beispiel der Osterinsel zeigt aber nicht nur die Bedeutung der gegebenen landschaftlichen Resilienz, sondern zugleich, wie wichtig es ist, mit dem Erwerb von Resilienz den beschriebenen Points of Weakness gezielt entgegenzusteuern. So hätte der geografischen Isolation der Insel durch umso größere Anstrengungen entgegengewirkt werden müssen, sich handelsseitig zu vernetzen. In Bezug auf die Wasserfrage sind durchaus Ansätze der Rapa Nui überliefert, mit den begrenzten Ressourcen besonders schonend umzugehen. 1911 erklärte einer der ältesten

2.2 · Erworbene landschaftliche Resilienz

Bewohner beispielsweise, dass die Vorfahren der Rapa Nui Hühner, Bataten, Jam, Taro, Bananen, Zuckerrohr und Papiermaulbäume mitgebracht hätten (Knoche 1911: 131), und Forster berichtet wiederum, dass um jede Bananenpflanze „eine Vertiefung von 12 Zoll gemacht (war), vermutlich in der Absicht, dass der Regen da zusammenlaufen und die Pflanze desto feuchter stehen möge" (Forster 1777: 489). Auch die Papiermaulbeerbäume wurden nach Métraux (1989: 52) „in mehr oder weniger tiefen, natürlichen oder künstlichen Gräben kultiviert". Dies geschah vermutlich zum einen, um Niederschlagswasser zurückzuhalten, zum anderen, um der im Zuge der Abholzungen zwangsläufig wachsenden Erosion entgegenzuwirken. Noch heute kann man auf der Osterinsel mit aufmerksamem Blick zwei Praktiken finden, um Anpflanzungen zu schützen: Als MANAVAI werden schützende Trockenmauern aus Tuffsteinen bezeichnet (◘ Abb. 2.13), als PU Senken mit einem Durchmesser von 50–60 cm, die günstigere Feuchteverhältnisse bieten (vgl. auch Ramirez 2000: 32).

Papiermaulbeerbäume *(Broussonetia papyrifera)* wurden von Asien über Neuguinea nach Polynesien gebracht und auf vielen polynesischen Inseln für die Herstellung von Kleidung, als Nahrung und als Medizin kultiviert (Irwin 1992). Behrens beschreibt den aus dem Papiermaulbeerbaum gewonnenen Stoff als „weich und beim Berühren wie Seide" (Behrens 1722: 79). Bei den Decken, die auf der Osterinsel 1722 als Kleidung und zugleich als Schlafplätze genutzt wurden, „handelt (es) sich nicht um gewebte Stoffe, sondern um Rindenstoff, die Tapa, die aus der Rinde des Papiermaulbeerbaumes gewonnen wird" (Behrens 1722: 68). Die Rapa Nui versuchten also, erfindungsreich auf andere

◘ **Abb. 2.13** Manavai – Pflanzenschutz auf der Osterinsel. (Foto: C. Schmidt)

Varianten auszuweichen, etwas, was in einem späteren Kapitel des vorliegenden Buches in den Aspekt der REDUNDANZ hineinspielen wird. 1774 sind aber auch die Pflanzungen der Papiermaulbeerbäume bis auf wenige Neuanlagen zerstört und Forster klagt:

> Oster-Eyland (…) ist so außerordentlich unfruchtbar, dass nicht über zwanzig verschiedene Gattungen von Pflanzen darauf wachsen, und diese müssen noch dazu größtentheils auf bearbeiteten Feldern (…) angebauet werden. Der Boden ist durchgehend steinig und von der Sonne verbrannt. Wasser ist so selten, dass sich die Einwohner mit Brunnenwasser, das noch dazu etwas faul ist, behelfen müssen. (Forster 1777: 509)

Die beiden geschilderten Points of Weakness haben nicht unwesentlich zum landschaftlichen und letztlich auch gesellschaftlichen Zusammenbruch der Osterinsel beigetragen. Denn gerodet wurde zeitgleich auch auf Tahiti und allen anderen polynesischen Inseln in großem Stil. Es galt, seetüchtige Kanus zu bauen, Brenn- und Bauholz zu gewinnen und Land urbar zu machen. Das galt es überall! Und dennoch ist von Französisch-Polynesien keine auch nur annähernd so vollständige Entwaldung und kein auch nur annähernd so vollständiger Faunen- und Florenverlust wie für die Osterinsel bekannt. Noch heute weist Französisch-Polynesien vielmehr einen Waldanteil von ca. 39 % auf (Länderdaten 2019). Denn während der Wald auf Tahiti und anderen polynesischen Inseln dank eines tropischen Klimas rasch wieder aufwuchs, blieb die Osterinsel – einmal gerodet – zunächst für eine lange Zeit weitgehend baumfrei. Der Raubbau an Resilienz wurde allerdings selbst nach dem Zusammenbruch der einstigen Hochkultur noch fortgesetzt: 1866 vereinnahmten zwei Europäer umfangreiche Ländereien auf der Osterinsel, vertrieben die wenigen verbliebenen Rapa Nui aus ihren Siedlungen, um sie in Hanga Roa zu konzentrieren und den Rest der Insel als Weideland für Schafe und Rinder zu nutzen. Thomson (1891: 451), der der Insel 1886 einen Besuch abstattete, fand zwar an verschiedenen Stellen noch kleine Ansammlungen des Toromiro, des Papiermaulbeerbaumes und des Hibiskus, „aber alle waren tot, all ihre Rinde war von den Schafherden abgebissen worden, die über die ganze Insel streunten. Keiner dieser Bäume war höher als 10 Fuß und der dickste Stamm, den wir fanden, hatte gerade mal 5 Zoll im Durchmesser". Von nun ab hatten aufkommende Gehölzbestände allein schon durch eine massive Überweidung keine Chance. 1888 von Chile annektiert, wurde die Insel ab 1895 verpachtet und ab diesem Zeitpunkt von anderen Personen höchst intensiv für die SCHAFHALTUNG genutzt. Schätzungsweise 60.000 Schafe fraßen nun bis 1953 die Insel gänzlich kahl, während die Rapa Nui das Areal um Hanga Roa nicht mehr ohne Erlaubnis verlassen durften und unentgeltlich für die Schaffarm arbeiten mussten (Koch 2009). Die Insel war damit außerhalb der Ortslage Hanga Roa zu einem Intensivschafstall im Großformat verkommen, während die verbliebenen Einwohner weiterhin am Existenzminimum lebten. Spätestens hier hatte die Entwicklung der Insel ihren absoluten Tiefpunkt erreicht.

Zieht man die KRITERIEN LANDSCHAFTLICHER RESILIENZ (vgl. ▶ Abschn. 1.3) heran, wurde kein einziges Kriterium mehr erfüllt. Nicht nur, dass sich der Landschaftscharakter grundlegend verändert hatte, mit dem nahezu vollständigen Verlust der früheren Flora und Fauna war auch keine ökologische Funktionsfähigkeit der Landschaft mehr gegeben. Die Insel konnte ihre Einwohner nicht mehr ausreichend mit

Nahrungsmitteln, naturbedingt auch nur eingeschränkt mit Trinkwasser versorgen. Die mit der Landschaft eng verwobene Kultur der Rapa Nui war vollständig zugrunde gegangen. Und selbst das Selbstregenerationsvermögen der Landschaft war nicht mehr gegeben, denn eine Wiederbewaldung konnte beispielsweise schon allein aufgrund des fehlenden Genreservoirs nicht aus der Landschaft heraus erfolgen.

Interessant ist allerdings auch die Geschichte der Osterinsel nach dem landschaftlichen Zusammenbruch, denn ein Bruch in der Entwicklung scheint offensichtlich den nächsten nach sich zu ziehen. Die Insellandschaft als Intensivschafstall markiert beispielsweise einen solchen Bruch. Aber auch zur heutigen Landschaft lässt sich ein solcher nachvollziehen. Besucht man gegenwärtig die Osterinsel ist beispielsweise kein einziges Schaf mehr zu entdecken, nichts, das in irgendeiner Weise an die fast 90 Jahre Geschichte der Insel erinnert. Die Insel ist aktuell vielmehr eine Pferdelandschaft geworden. Das Grünland setzt sich aus *Stipa spp., Nassella spp., Sporobulus indicus* und *Cynodon dactylon* (Bermudas-Gras) zusammen und wird von sich invasiv ausbreitenden, südamerikanischen Guaveträuchern durchsetzt und von mehr als 6000 Pferden beweidet. Die annähernd 5 % Aufforstungsflächen umfassen Monokulturen aus australischem Eukalyptus, die ungefähr in den 1970er-Jahren angelegt worden sein müssen und heute 20–25 m hoch sind. Ist der Eukalyptus bei den Rapa Nui mittlerweile aufgrund seiner vielfältigen Verwendungsfähigkeit zwar durchaus beliebt, so hat er einen extrem hohen Wasserbedarf, der bei den angespannten Wasserverhältnissen der Insel nicht unproblematisch ist. Die Diuka-Finken und die Chimango-Karakas, die zu beobachten sind, stammen aus Südamerika, die Kokospalmen aus Polynesien. Insofern ist die heutige Landschaft der Osterinsel eine kontinental übergreifende „Neukomposition". Ein im Sinne der Resilienz „Zurückspringen" in den Ausgangszustand ist auch heute nicht denkbar, selbst wenn Paine (1991) die Gesamtzahl der vorhandenen Pflanzenarten mittlerweile wieder auf etwa 150 schätzt. Die meisten davon sind nicht einheimisch. Zudem ist durch die jahrhundertelangen Erosionsprozesse auch der Boden der Insel in einem solchen Maß geschädigt bzw. abgetragen, dass ein Pflanzenwachstum schon allein dadurch erheblich begrenzt wird, und dies noch auf absehbare Zeit. Die Osterinsel ist in ihrer Funktionsfähigkeit heute absolut von Importen aus Chile abhängig, die zwar einen guten Lebensstandard der Inselbewohner ermöglichen, aber dennoch im Sinne der Resilienz einen gewissen „Vorbehalt" ausdrücken: Würde die Vernetzung gekappt, wäre die Insel für sich nach wie vor nicht überlebensfähig.

■ **Zwischenfazit**

Das Ignorieren der beschriebenen Points of Weakness und der im Vergleich zu Polynesien deutlich geringeren, gegebenen landschaftlichen Resilienz hatte insofern fatale Folgen. Denn die Osterinsel wurde letztlich so behandelt, als hätte sie dieselben naturräumlichen Bedingungen wie die Herkunftsgebiete der Polynesier. Diamond (2012: 149) stellte neun Kriterien auf, um das Risiko einer Waldzerstörung auf Pazifikinseln einzuschätzen und kommt zum Schluss, dass die Osterinsel zu den Inseln mit dem höchsten Risiko gehörte. Er meint deshalb zusammenfassend:

》 Wegen ihrer isolierten Lage ist die Osterinsel das eindeutigste Beispiel für eine Gesellschaft, die sich durch eine übermäßige Ausbeutung ihrer eigenen Ressourcen selbst zerstört hat. (Diamond 2012: 152)

Von dem landschaftlichen Zusammenbruch hat sich die Osterinsel bis heute noch nicht wieder ganz erholt. Zwar wurde mittlerweile eine Vielzahl an Moai wieder aufgestellt, und es wird auf der Akteurs- und Handlungsebene der Landschaft gezielt an einstige Traditionen (z. B. Tänzen) angeknüpft. Auf der physisch-materiellen Ebene der Landschaft sind bestimmte Schädigungen jedoch irreversibel. Zugleich ist offensichtlich, dass nach dem Zusammenbruch phasenweise sehr konträre landschaftliche Entwicklungen abwechselten. In diesen wurde der Landschaftscharakter der Osterinsel eher ausgetauscht als kontinuierlich weiterentwickelt.

> Sind Landschaften mit Überschreitung eines Tipping Points einmal aus ihrer Balance gebracht worden (Systemzusammenbruch), verbleiben sie einerseits auf einer Stufe geringer landschaftlichen Komplexität und sind andererseits prädestiniert dafür, auf neue Störfaktoren oder Krisen mit weiteren diskontinuierlichen Brüchen in ihrer Entwicklung zu reagieren.

Für die Abschätzung landschaftlicher Resilienz lässt sich aus dem Beispiel der Osterinsel schlussfolgern, dass die GEGEBENE RESILIENZ umso geringer ausfallen muss,
— je größer der Isolationsgrad einer Landschaft ist,
— je geringer ihre ökologische Amplitude ausfällt,
— je stärker ökologische Grenzbereiche erreicht werden und
— je länger die Regenerationsdauer einzuschätzen ist.

Für eine Betrachtung ERWORBENER RESILIENZ deutet sich im Gegensatz dazu an, dass sie von einer Vielzahl weiterer Einflussfaktoren aktiv beeinflusst werden kann. Die oben genannte Vernetzung zum chilenischen Festland kann beispielsweise als Gegengewicht zu der nicht mehr möglichen Autarkie verstanden werden. Eine Vielfalt an Tier- und Pflanzenarten wie auch an Nutzungsmöglichkeiten kann eine gewisse Flexibilität in der Entwicklung ermöglichen, oder der Aufbau modularer Strukturen kann den Ausfall eines Teilsegmentes leichter kompensieren.

Betrachtet man sowohl die Beispiele der ariden Agrarlandschaften als auch das Beispiel der Osterinsel, wird deutlich, wie eng verzahnt gegebene und erworbene landschaftliche Resilienz oft sind. Bei der Osterinsel wäre zunächst zu erwarten gewesen, dass es vor allem die mangelnde erworbene landschaftliche Resilienz ist, die den landschaftlichen Zusammenbruch begründete, und diese hat zweifelsohne auch eine Rolle gespielt. Ohne die geringe gegebene landschaftliche Resilienz hätte diese jedoch voraussichtlich nicht solch gravierende Folgen gehabt. Deshalb ist es auch bedeutsam, den Point of Weakness einer Landschaft zu kennen. Bei den ariden Agrarlandschaften war die gegebene landschaftliche Resilienz in allen drei Fallbeispielen (die Weidelandschaft der Himbas in Namibia und die historisch bedeutsamen Agrarlandschaften im Niltal und in Mesopotamien) vergleichbar gering ausgeprägt, die Anpassungsstrategien waren jedoch gänzlich andere, maßgeblich beeinflusst durch die Akteurs- und Handlungsebene.

> So überlappend und einander beeinflussend gegebene und erworbene landschaftliche Resilienz deshalb auch sind: Eine Differenzierung beider ist dennoch sinnvoll, denn nur die erworbene landschaftliche Resilienz kann aktiv auf der Handlungsebene einer Landschaft beeinflusst werden.

Aber wie? Welche Faktoren beeinflussen, stärken oder verringern landschaftliche Resilienz? Nähern wir uns einer Antwort im nächsten Kapitel zunächst mit einem ersten Überblick über relevante Einflussfaktoren.

Einflussfaktoren auf landschaftliche Resilienz

3.1 Vielfalt und Flexibilität – 95

3.2 Redundanz und Modularität – 101

3.3 Resistenz und Stabilität – 106

3.4 Elastizität und Toleranz – 112

3.5 Autarkie und Dezentralität – 121

3.6 Vernetzung und Konzentration – 124

3.7 Prinzipien landschaftlicher Resilienz – 129

3.8 Selbstwirksamkeitserwartung und andere Katalysatoren – 131

© Springer-Verlag GmbH Deutschland, ein Teil von Springer Nature 2020
C. Schmidt, *Landschaftliche Resilienz*, https://doi.org/10.1007/978-3-662-61029-9_3

Die bisherigen Beispiele legen nahe, dass bestimmte EINFLUSSFAKTOREN die landschaftliche Resilienz erhöhen oder auch erniedrigen können. Wertet man diesbezüglich die Fachliteratur aus, gibt es allerdings viele Faktoren, die zwar mit unterschiedlichen Begriffen beschrieben werden, aber im Kern doch ein- und denselben Sachverhalt umschreiben. Andererseits werden manche Begriffe in den verschiedenen Fächerkulturen auch sehr gegensätzlich definiert, sodass insgesamt ein recht inhomogenes Bild entsteht. Mit dem Blick auf Landschaften lassen sich jedoch sechs EINFLUSSFAKTOREN herauskristallisieren, die von besonderer Bedeutung zu sein scheinen. Nähern wir uns diesen im Folgenden an, indem wir ihren landschaftlichen Bezügen nachgehen und prüfen, in welchem Verhältnis sie zueinanderstehen. Ziel sollte ein komprimiertes System an Einflussfaktoren sein, welches zwar naturgemäß enge Wechselwirkungen, aber keine gravierenden inhaltlichen Dopplungen aufweist. Die nachfolgende Abbildung (◘ Abb. 3.1) zeigt zunächst eine erste Übersicht. Ob die dargestellte Systematik der Einflussfaktoren tatsächlich trägt, soll anschließend anhand von Fallbeispielen überprüft werden.

Dass in der Abbildung (vgl. ◘ Abb. 3.1) verschiedene Einflussfaktoren einander gegenüberstehen, hat keine darstellerischen, sondern inhaltliche Gründe.

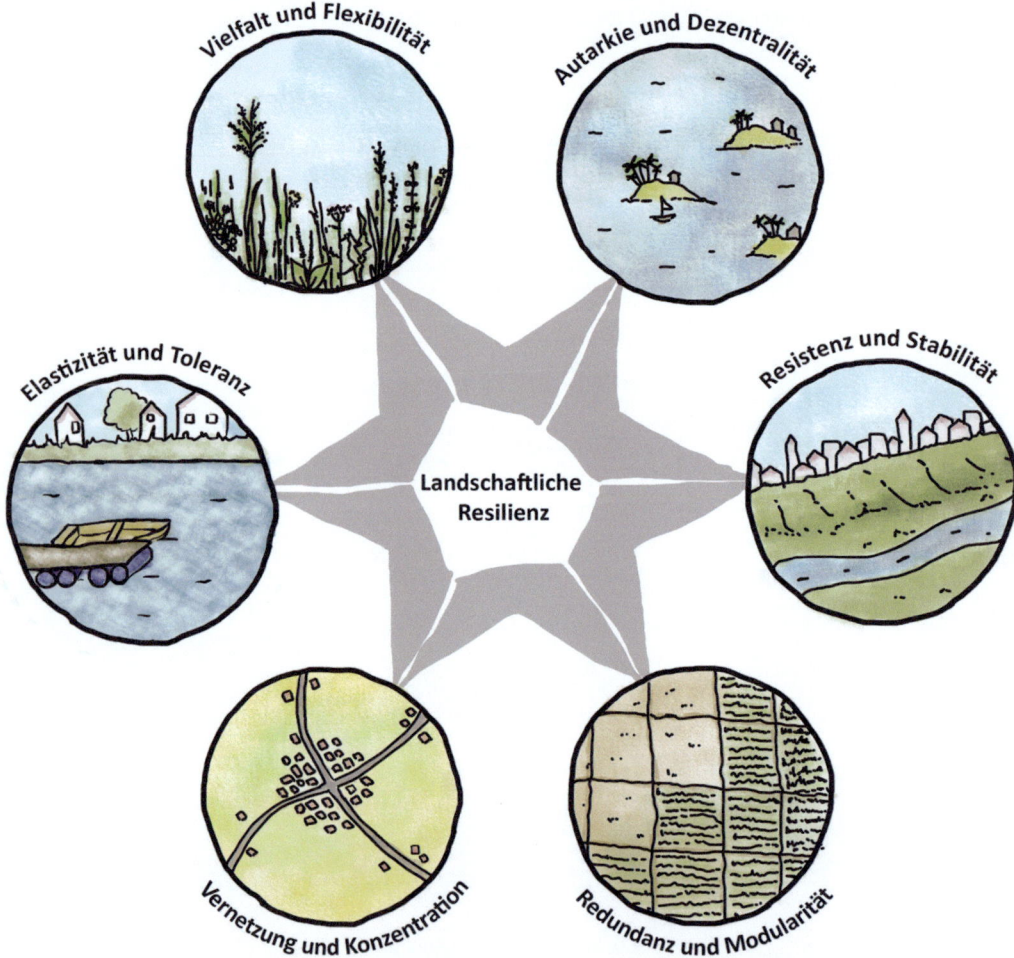

◘ Abb. 3.1   Einflussfaktoren auf landschaftliche Resilienz. (C. Schmidt/A. Zürn)

> Zum einen wird angenommen, dass jeder Einflussfaktor tatsächlich über einen ANTAGONISMUS verfügt. Zum anderen wird davon ausgegangen, dass Resilienz nicht aus einem Entweder-oder, sondern vielmehr aus einer VERNETZUNG der Einflussfaktoren zu einem landschaftsspezifischen Bedingungsgefüge erwächst.

In der einen Landschaft mag beispielsweise die Elastizität, in einer anderen die Stabilität eine größere Rolle spielen. In einem gewissen Umfang können sich – so die Annahme – Einflussfaktoren also durchaus ausgleichen, nicht jedoch vollständig ersetzen. Es kommt auf das in der Abbildung flächenhaft dargestellte Netzwerk an, welches sich insgesamt ergibt und in jeder Landschaft anders konfiguriert sein kann. Führen wir die einzelnen Einflussfaktoren zunächst einzeln ein und schauen wir, welche Bezüge sie zu landschaftlicher Resilienz aufweisen.

3.1 Vielfalt und Flexibilität

„Je geringer die Vielfalt, desto anfälliger ist das Gesamtsystem", so fassen Hahne & Kegler (2017: 43) die Bedeutung von VIELFALT für die Resilienz eines Systems zusammen. Dabei zählt Vielfalt zu den Faktoren, die im aktuellen Resilienzdiskurs am häufigsten genannt werden. Vielfalt kann sich im Landschaftsbezug beispielsweise auf Artenvielfalt, aber auch auf eine Vielfalt an Landschaftsstrukturen und Ökosystemen beziehen, ebenso zugleich auf eine Vielfalt an Nutzungen oder landschaftsprägenden Akteuren, Positionen und Sichtweisen auf Landschaft.

Es lohnt sich dementsprechend, zwischen der physischen Ebene und der Handlungs- und Akteursebene einer Landschaft (vgl. ▶ Abschn. 1.1.3) zu differenzieren. Auf der physischen Ebene leuchtet ein ökologischer Bezug zwischen Resilienz und Vielfalt schnell ein, wenn man zunächst bei einzelnen Arten beginnt. Der Helle Wiesenknopf-Ameisenbläuling *(Phengaris teleius)* verkraftet beispielsweise Beeinträchtigungen der von ihm bewohnten Wiesen äußerst schwer, weil er zwingend auf eine einzige Pflanzenart – den Großen Wiesenknopf *(Sanguisorba officinalis)* – angewiesen ist und im Störfall auf keine anderen Pflanzen ausweichen kann. Er nutzt die Blüten als Nahrungsquelle, die Pflanze als Schlaf- und Ruheplatz sowie zur Balz, Paarung und Eiablage. Sein Lebensmodell verkompliziert sich zudem noch dadurch, dass er sich in einer späteren Lebensphase als Raupe von der Pflanze fallen und von der Trockenrasen-Knotenameise *(Myrmica scabrinodis)* in ihr Nest tragen lässt. Bis zu seiner Verwandlung zum Schmetterling ernährt er sich von der Ameisenbrut, und ist auch diesbezüglich in starkem Maße an die eine spezifische Ameisenart gebunden. Der Schmetterling ist als stenöke Art insofern durch eine relative Alternativlosigkeit in der Wahl seiner Symbiosepartner geprägt. Geht im Störfall auch nur einer seiner beiden Partner verloren, ist kein Vorkommen des Schmetterlings mehr möglich. Vor diesem Hintergrund verwundert es nicht, dass der Helle Wiesenknopf-Ameisenbläuling in Deutschland stark gefährdet ist. Seine Vulnerabilität gegenüber Veränderungen seines Lebensraumes ist ausgesprochen hoch, die Resilienz im Störfall nur gering ausgeprägt. Wie anders lassen sich im Vergleich dazu die Lebensmodelle invasiver

Neozoen und Neophyten charakterisieren! Sie sind oft gerade deshalb so verbreitungsstark, weil sie auf vielfältige Alternativen zurückgreifen können. Beispielsweise hat sich in den letzten Jahren der Waschbär *(Procyon lotor)* in Deutschland explosionsartig verbreitet. Anfang des 20. Jahrhunderts als Gefangenschaftsflüchtling aus der Pelztierzucht und 1934 in Hessen zielgerichtet als Edelpelztier zur Jagd ausgesetzt, blieb der Bestand über einige Jahrzehnte auf konstant niedrigem Niveau, explodierte aber ab den 1990er-Jahren. Im Jagdjahr 2016/2017 wurden in Deutschland mehr als 60-mal so viele Waschbären erlegt wie im Jagdjahr 1990/1991 (Nehring 2018: 454). Ein Grund für die mittlerweile nahezu flächendeckende Verbreitung des Waschbären ist dabei die Vielfalt seiner Nahrungsquellen. Er ist Allesfresser und greift auf alle Nahrungsressourcen zurück, die verfügbar sind: Der Pflanzenanteil schwankt im Verlauf des Jahres zwischen 28 % (Frühjahr) und 43 % (Winter), der Anteil an Wirbeltieren zwischen 11 % im Winter und 28 % im Frühjahr, der von Wirbellosen liegt recht konstant übers Jahr zwischen 41 % und 46 % (Nehring 2018: 456). Das heißt, der Waschbär kann je nach Nahrungsangebot den Anteil von Wirbeltieren mit dem von Pflanzen ausgleichen. Diese Vielfalt in den möglichen Nahrungsquellen und die dadurch bedingte Flexibilität in seiner Ernährung begünstigt seine Ausbreitung enorm. Eine ähnlich große Rolle spielt Vielfalt beim Riesen-Bärenklau *(Heracleum mantegazzianum),* einer invasiven Pflanzenart, die ursprünglich im Kaukasus beheimatet ist (vgl. ◘ Abb. 3.2) und als Bienenweide und Zierpflanze in Deutschland eingeführt wurde, bevor man erkannte, wie invasiv und gesundheitsschädigend die Pflanze ist.

Ihre Konkurrenzstärke verdankt die Pflanze vielen Aspekten. So mindert ihre extreme Giftigkeit beispielsweise die Anzahl ihrer Fressfeinde. Im Gegenzug erhöht die

◘ Abb. 3.2 Riesen-Bärenklau in seinem natürlichen Verbreitungsgebiet bei Kapan, Armenien. (Foto: C. Schmidt)

Vielfalt ihrer Ausbreitungsstrategien ihre Erfolgschancen: Eine einzelne Pflanze bildet nach drei bis fünf Jahren durchschnittlich 20.000 Samen (Thiele & Otte 2008a: 274) – das sind 20.000 Alternativen, 20.000 Möglichkeiten. Zudem können die Samen sowohl durch den Wind, als auch durch Tiere, den Verkehr und selbst durch Wasser verbreitet werden. Die Samen sind bis zu drei Tagen schwimmfähig und können damit bei Standorten der Mutterpflanze an Fließgewässern große Distanzen zurücklegen (vgl. Thiele & Otte 2008b). Vielfalt ermöglicht also generell eine Auswahl unterschiedlicher Alternativen. Bricht die ein oder andere weg, können die verbleibenden Alternativen dennoch eine positive Entwicklung induzieren. Thiele (2007: 68) führt den Ausbreitungserfolg des Riesen-Bärenklaus nicht zuletzt darauf zurück, dass die Pflanze bevorzugt gestörte Standorte besiedelt, schwerpunktmäßig Grünlandbereiche, die aufgrund eines wie auch immer gearteten Störereignisses Lücken in der Vegetationsdecke aufweisen oder verbrachen. Was die Resilienz andere Pflanzen überschreitet, begünstigt also anpassungsstarke Arten wie den Riesen-Bärenklau.

Während sich der Bezug zwischen Vielfalt und Resilienz auf der Einzelartebene über das Vorhandensein von Alternativen noch recht klar umreißen lässt, gestaltet es sich auf der Ökosystemebene oder der landschaftlichen Ebene deutlich schwieriger. Ob Vielfalt tatsächlich Stabilität und Gleichgewicht der Ökosysteme bedingt, wurde unter Ökologen bereits seit den 70er-Jahren des letzten Jahrhunderts intensiv diskutiert (vgl. z. B. Goodman 1975, Trepl 1997). Dennoch konnte kein eindeutiges Ergebnis erzielt werden, zumal nach Haber (2009: 23) Stabilität und Gleichgewicht nur sehr zeitweilige Zustände einer äußerst dynamischen Natur sind. In den letzten Jahren leistete das sogenannte „Jena-Experiment" um Prof. Dr. Wolfgang Weisser und Prof. Dr. Nico Eisenhauer am Beispiel von Grünland-Standorten interessante Beiträge zur Diversitäts-Stabilitäts-Diskussion.

So konnte zwar einerseits belegt werden, dass Diversität Stabilität erzeugen kann, beispielsweise Stabilität gegen das Eindringen von Pflanzenspezies, zeigte sich andererseits aber zugleich, dass Diversität bei starken Störungen oder erhöhter Verfügbarkeit von Ressourcen auch genau das Gegenteil bewirken kann (Weisser et al. 2017). So führte das Saale-Hochwasser von 2013 schlagartig zu einer erhöhten Verfügbarkeit von Wasser und Nitratressourcen. Grünlandgemeinschaften mit einer höheren Artdiversität waren am besten in der Lage, diese Veränderungen zu nutzen – sie waren nach dem Hochwasser deutlich produktiver als zuvor. Diese erhöhte Biomasseproduktion bedeutete jedoch zugleich eine große Abweichung von der Ausgangsproduktivität. Versteht man Stabilität als Fähigkeit eines Ökosystems, nach einer Störung zum ursprünglichen ökologischen Gleichgewicht zurückzukehren, waren die Pflanzengemeinschaften mit höherer Diversität insofern „instabil" (Wright et al. 2015). Sie konnten jedoch sehr flexibel auf die Störung reagieren und diese für ihre Entwicklung sogar nutzen. Nach Fischer et al. (2016) wuchsen nach der Flut schnellwachsende Pflanzen mit dichten, flachen Wurzeln und kleinen Blättern besser an. Versteht man Resilienz demnach nicht nur als Erhalt, sondern als Anpassungsfähigkeit (erweitertes Begriffsverständnis siehe ▶ Kap. 1), waren die artenreichen Grünlandversuchsflächen trotz verringerter Stabilität resilienter als die artenärmeren – sie profitierten nämlich letztlich von der durchlebten Krisensituation durch eine erhöhte Biomasseproduktion.

Der Zusammenhang zwischen Vielfalt und ökologischer Stabilität bzw. Resistenz lässt sich wohl auch mit dem derzeitigen Stand des Jena-Experimentes nicht abschließend klären. Die Ergebnisse bleiben diesbezüglich ambivalent. Craven und Koautoren (2018) belegen durch die Auswertung der Daten aus 39 Grünlandexperimenten beispielsweise, dass eine hohe genetische und artenbezogene Vielfalt stabilisierend auf die

Biomasseproduktion wirken, eine geringe Vielfalt aber ebenfalls zu einer, wenn auch schwachen Ökosystemstabilität führt. Isbell und Koautoren (2015) werteten 46 Grasland-Experimente aus und schlussfolgerten, dass sich die Resistenz bzw. Widerstandsfähigkeit von Grünland gegenüber klimatischen Extremereignissen (sowohl Hochwasser als auch Dürre) mit zunehmender Biodiversität erhöht. Bei Graslandgemeinschaften mit geringer Diversität (1–2 Arten) reduzierte sich die Produktivität unmittelbar nach Extremereignissen um etwa 50 %, während die von Gemeinschaften mit hoher Diversität (16–32 Arten) nur um etwa 25 % sank. Allerdings hatte sich die Produktivität der Ökosysteme in beiden Gemeinschaften bereits nach einem Jahr wieder erholt. Es wäre insofern zu vereinfacht anzunehmen, dass Vielfalt pauschal zu einer größeren landschaftlichen Stabilität führen würde. Ebenso falsch wäre es, jedwede Vielfalt ökologisch per se als positiv anzusehen. Beispielsweise sind organische Sandbäche von Natur aus artenarm und müssten massiv eutrophiert und grundhaft in ihrem Charakter überprägt werden, um eine Artenvielfalt zu erzeugen. Es kommt also auf die natürlichen Ausgangsbedingungen an, welche Vielfalt tatsächlich dem Standort entspricht.

Vielfalt zeigt offensichtlich längst nicht nur über den Faktor Resistenz bzw. Stabilität, sondern vermutlich noch viel stärker über andere Aspekte, wie z. B. den der Flexibilität, einen Bezug zu ökosystemarer Resilienz. So führt eine höhere Vielfalt an Pflanzenarten im Grünland zu einem rascheren Wachstum der Pflanzen und in der Folge auch zu einer höheren Vielfalt an Konsumentengemeinschaften wie Herbivoren (Weisser et al. 2017). Vielfalt bringt also Vielfalt hervor! Die Kohlenstoffspeicherung des Bodens nahm im Jena-Experiment mit zunehmender Artenvielfalt ebenfalls stark zu. In Versuchsflächen mit einer höheren Biodiversität wurden im Boden zwar mehr Krankheitserreger gefunden, wiesen die Pflanzen aber zugleich geringere Beeinträchtigungen durch deren Befall auf als in Monokulturen (Weisser et al. 2017). Dies ist ein klares Zeichen für mehr Resilienz. Meyer et al. (2017) konnte anhand von 82 Indikatorvariablen von Ökosystemfunktionen zudem zeigen, dass die Multifunktionalität von Grünland-Ökosystemen mit zunehmender Biodiversität stark wächst. Nach Weisser et al. (2017) wurden etwa 45 % der im Experiment belegbaren Ökosystemprozesse signifikant durch die Vielfalt an Pflanzenarten beeinflusst, wobei viele Messgrößen linear mit dem Logarithmus des Artenreichtums zunahmen. Artenreichere Ökosysteme können demnach tendenziell deutlich mehr Funktionen erfüllen als artenarme. Sie werden also KOMPLEXER, wenngleich es zweifelsohne auch Funktionen geben mag, die unabhängig vom Aspekt der Vielfalt sind. Im Gegenzug dazu können WÜSTEN als Beispiel dafür gelten, dass Vielfalt nicht zwingend nötig ist, um resiliente landschaftliche Systeme zu erzeugen. Denn Wüsten sind in der Regel resilient, ohne auch nur im Ansatz besonders vielfältig sein. Sie zeigen allerdings auch nicht die Komplexität, die den beschriebenen Grünländern innewohnt. Resilienz und Komplexität müssen im Zusammenhang betrachtet werden.

Aber wie sieht es in anthropogen stark überprägten Ökosystemen aus? Werfen wir dazu beispielhaft einen Blick ins STADTUMLAND VON ANTANANARIVO. Wie viele Einwohner die Hauptstadt Madagaskars hat, vermag dabei wohl niemand mit Sicherheit zu sagen, denn wie auch andere afrikanische Millionenstädte wird Antananarivo von einer stets wachsenden Anzahl an informellen Siedlungen umgeben. Eine Reihe von Straßen ist noch unbefestigt. Die Armut ist groß, das Abwassersystem zudem nur rudimentär ausgeprägt, sodass die hygienischen Bedingungen der Stadtbevölkerung in vielen Teilen kritisch sind. Aber die Versorgung der Einwohner mit Lebensmitteln war über lange Zeiten recht stadtnah möglich, da Antananarivo von einem großflächigen Gürtel an Reisfeldern umgeben war. Reis (madagassisch *vary*) ist bis heute die Lieblingsspeise der Madagassen. Die Insel hat mit ca. 120 kg Reis pro Person einen der höchsten Pro-Kopf-Verbräuche weltweit, noch vor China mit nur 77 kg (Negro 2013). Reis gibt viel Energie, ist gut verträglich und macht nicht dick – die Lobeshymnen der Madagassen auf Reis, die man auf Reisen durch Madagaskar hört, muten schier unendlich an. Umso erstaunter ist man allerdings, wenn man aktuell nicht mehr so weiträumige oder über verschiedene Ebenen gestaffelte Reisfelder im Stadtumland Antananarivos vorfindet wie noch vor 15 Jahren, sondern immer häufiger trockengelegte Felder, auf denen Ziegel gestapelt werden (vgl. ◘ Abb. 3.3). Erkundigt man sich vor Ort danach, bekommt man erzählt, dass mittlerweile mehr noch als Reis Ziegel in der boomenden Metropole gefragt sind. Für die traditionellen Häuser der Madagassen hatten Palmenholz, Palmenblätter und Lehm genügt. Aber diese Zeiten sind vorbei, die Bauweise hat sich geändert. Infolgedessen wird die dichte Lehm- und Tonschicht, die bislang die Reisfelder nach unten abdichtete, abgestochen und zu Backsteinen geformt. Diese werden zunächst in der Sonne getrocknet und dann zu Hunderten im Wechsel mit Reispflanzen übereinandergestapelt. Die riesigen Backsteinstapel bilden Öfen mit Löchern in der Mitte, in denen Feuerholz angezündet wird. Die Feuer der „Mpanaobriky" (der Backsteinarbeiter), die hinter den meterhohen Mauern aus Backsteinen vor sich her qualmen, überziehen das gesamte Umland Antananarivos mit Rauch, der mitunter so stark ist, dass er die Luft nimmt. Das Geschäft mit den Ziegeln ist für die Bauern durchaus ein lukratives Geschäft, allerdings zugleich ein einmaliges: Ist die Lehm- oder Tonschicht einmal entfernt, können die Felder nicht mehr das Wasser halten, um erneut dem Reisanbau zu dienen.

Es ist also nicht nur so, dass sich Backsteine bekanntermaßen nicht essen lassen und vor dem Hintergrund der Armut in Antananarivo zu fragen ist, ob der Nahrungsbedarf gegenüber dem Baustoffbedarf nicht eigentlich schwerer

◘ **Abb. 3.3** Ziegelherstellung auf ehemaligen Reisfeldern im Stadtumland von Antananarivo, Madagaskar. (Foto: C. Schmidt)

wiegt. Noch entscheidender als dies ist, dass eine Fläche durch die Ziegelherstellung jeglicher Nutzungsoptionen beraubt wird. Denn ohne die oberste Bodenschicht ist der Boden weitgehend unfruchtbar, sodass auch ein Anbau anderer landwirtschaftlicher Kulturen nahezu aussichtslos ist, ganz gleich, welcher. Verfügten die Bauern vor ihrer Entscheidung, Backsteine herstellen zu lassen, demnach über eine Vielzahl an Nutzungsoptionen, verbleibt ihnen nach ihrem Ziegelgeschäft nur noch eine einzige, nämlich die der Bebauung. Resilient ist die neue „Ziegellandschaft" im Umland Antananarivos damit sicher nicht. Schon allein die landschaftliche Regenerationsfähigkeit wird nicht mehr gewährleistet, geschweige denn die anderen Ökosystemleistungen, die die Reisfelder zuvor erbrachten.

Analog zum Aspekt der Multifunktionalität im ökologischen Sinn wird auch im stadtplanerischen Resilienzdiskurs die MULTIFUNKTIONALITÄT von Freiflächen als resilienzfördernd benannt (Sieverts in Jakubowski & Kaltenbrunner 2013: 319). Eine solche Multifunktionalität ermöglicht ein größeres Angebot an Nutzungsoptionen und damit im Störfall wiederum eine höhere Flexibilität an Anpassungsmöglichkeiten und Antworten auf die Störung. Ähnlich erhöht auch die Abhängigkeit einer Stadt oder Region von nur einem einzigen Industriezweig ihre Anfälligkeit in Krisenzeiten, während eine größere Vielfalt an Erwerbsmöglichkeiten und Wirtschaftszweigen die Resilienz der jeweiligen Landschaft für ihre Bewohner deutlich stärkt. Behrendt et al. (2010) nutzen ebenso die Vielfalt unterschiedlicher (regenerativer) Energieträger, um die regionale Krisenfestigkeit zu bewerten. Hintergrund hierfür ist das Vorhandensein verschiedener Optionen für die Aufrechterhaltung der Energieversorgung, sollte die herkömmliche Energieversorgung durch ein Störereignis oder eine Krise zusammenbrechen. Es wäre demnach viel zu verkürzt, den Aspekt der Vielfalt auf Arten oder Ökosysteme zu beschränken. Vielfalt findet sich letztlich in ganz unterschiedlichen landschaftsrelevanten Bezügen wieder.

Zudem stellt Landschaft wie erläutert zugleich ein SOZIALES KONSTRUKT dar und unterscheidet sich schon wesensgemäß durch eine Vielfalt an menschlichen Perspektiven auf sie. So gesehen ist der mögliche Bezug zwischen Vielfalt und landschaftlicher Resilienz zweifelsohne ebenso sozialwissenschaftlich zu hinterfragen. Aus sozialkonstruktivistischer Sicht ist Landschaft dabei nicht einfach existent. Jede „Realität" und jede Landschaft wird vielmehr sozial hergestellt (näher dazu Kühne 2008 a und b). Nach Anders & Fischer (2012: 12) umschreibt Landschaft „angeeignete Natur", wobei die Aneignung auf unterschiedlichem Weg erfolgen kann, sei es beispielsweise durch eine direkte Nutzung, aber auch eine gedankliche, wissenschaftliche oder künstlerische Auseinandersetzung mit dem jeweiligen Ausschnitt der Natur. Aus den unterschiedlichen Aneignungsformen resultiert zwangsläufig, dass auch das Wissen über eine Landschaft heterogen sein muss und Landschaft „nur aus einer Vielfalt an Perspektiven heraus verstanden werden" kann (Anders & Fischer 2012: 15). So gesehen entsteht Landschaft erst aus einer Vielfalt an Betrachtungsweisen, und die Einbeziehung einer möglichst großen Vielfalt unterschiedlicher landschaftlicher Akteure in landschaftsbezogene Planungsprozesse ist nicht nur *nice to have*, sondern zwingende Voraussetzung, um dem sozialen Konstruktionsprinzip von Landschaft überhaupt in einer gewissen Weise Rechnung zu tragen.

Damit befindet man sich zugleich mitten im sozialwissenschaftlichen Diskurs um DIVERSITÄT und Diversity Management, dem hier nicht vertiefend nachgegangen werden kann. Festzuhalten ist jedoch, dass das Ziel sozialer und kultureller Vielfalt sehr unterschiedlich und nicht selten mit ökonomischen Vorteilen der jeweiligen Unternehmen und Organisationen begründet wird (vgl. Cox 1994).

Aber auch der bereits in anderen Zusammenhängen beschriebene Aspekt des Angebots von Alternativen findet sich sozialwissenschaftlich wieder, beispielsweise, wenn Fuchs schreibt:

> Kulturelle Vielfalt (…) schließt Lebensformen und Perspektiven ein, die von anderen Akteuren gelebt oder artikuliert werden (…) Solche Lebensformen und Perspektiven repräsentieren zugleich kulturelle Potenziale, die Alternativen auch für einen selbst darstellen. Fuchs (2007: 19)

Bezogen auf landschaftliche Resilienz ist naheliegend, dass eine Vielfalt an Akteuren auch zu einer größeren Vielfalt an Antworten auf Krisensituationen und damit zu einer höheren Wahrscheinlichkeit führt, dass eine der Antworten auch zielführend ist. Fraglich ist freilich, ob eine Vielfalt an Akteuren auch tatsächlich in dem Sinne landschaftsprägend wirkt, dass auch das äußere Erscheinungsbild der Landschaft und ihre Landschaftsstrukturen anders ausfallen. Dies konnte Seidel (2017) am Beispiel von drei Agrarlandschaften in Sachsen und Brandenburg näher untersuchen. Sie ging der Frage nach, unter welchen Voraussetzungen und durch welche Prozesse eine Vielfalt an unterschiedlichen physischen Erscheinungsformen, mithin an Landschaftsstrukturen in der heutigen Agrarlandschaft entsteht und fand dafür eine Reihe statistisch sogar signifikanter Zusammenhänge, von denen an dieser Stelle nur einer herausgegriffen werden soll: Mit der Zahl unterschiedlicher Akteure im Raum stieg in den Untersuchungsgebieten zugleich die Zahl unterschiedlicher physischer Erscheinungsformen (Seidel 2017: 285). Das heißt, dass eine Heterogenität landschaftlicher Strukturen durch eine Heterogenität auf der Akteursebene ganz entscheidend begünstigt wird. Oder anders: Vielfalt an Akteuren bringt tendenziell auch eine Vielfalt an Landschaftsstrukturen hervor. Dies betrifft sowohl die Anzahl an Einzelakteuren als auch in noch stärkerem Maße die Anzahl unterschiedlicher „Akteurstypen", sodass in Planungsprozessen z. B. in Gebieten mit einem dominanten Einzelakteur gezielt auch weitere Akteure mit anderen Motivationen und Zielen einbezogen werden sollten. Letztlich geht auch das KONZEPT DES SOZIALEN LERNENS davon aus, dass ein partizipativer Planungsprozess soziales Lernen erst dann wirksam unterstützen kann, wenn es tatsächlich gelingt, unterschiedliche Akteursgruppen aktiv in die Planung einzubeziehen (Albert et al. 2017: 150). Soziale und ökologische Vielfalt hängen vielfach enger zusammen als gedacht. In beiden Bezügen stärkt Vielfalt durch ein Mehr an Handlungsoptionen und Flexibilität landschaftliche Resilienz.

3.2 Redundanz und Modularität

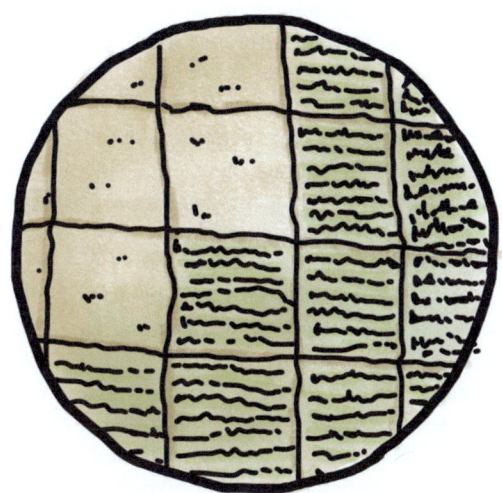

Als Antagonist zu Vielfalt fungiert die REDUNDANZ. Denn was sich voneinander unterscheidet, wiederholt sich nicht. Redundanz kommt dabei etymologisch aus dem Lateinischen (redundare) und umschreibt etwas, was im Überfluss vorhanden ist. Technisch wird unter Redundanz das zusätzliche Vorhandensein funktional gleicher oder vergleichbarer Ressourcen eines Systems verstanden. Sprachlich wird sich mit der Verwendung des Begriffes oft auf (überflüssige)

Wiederholungen bezogen. In einer Landschaft können redundante Strukturen durchaus zur Resilienz beitragen, denn in Krisenzeiten kann ein Teil der redundanten Landschaftsstrukturen verloren gehen, ohne dass die Funktionsfähigkeit der Landschaft nachlässt.

Raith et al. (2017: 62) heben vor diesem Hintergrund „scheinbar ineffiziente, aber durchaus sinnvolle funktionale Überlappungen – also Redundanzen" als bedeutsam für die regionale Resilienz hervor. Dabei kann Redundanz selbstverständlich enger oder weiter aufgefasst werden. Es können damit identische Raumstrukturen, Nutzungen oder Funktionen beschrieben werden, die sich aufgrund ihrer Häufigkeit relativ einfach austauschen oder ersetzen lassen. Aber mitunter werden darunter auch unterschiedliche Strukturen oder Systemteile subsummiert, die jedoch dieselbe Funktion erfüllen. Entscheidend ist letztlich, ob ein bestimmtes Systemteil oder Modul durch ein anderes ersetzt werden kann oder nicht. Als Beispiel dafür führt Horx (2013: I) aus, dass bei Ausfall der elektronischen Steuerung des Seitenruders eines Flugzeuges noch ein mechanischer Seilzug verfügbar sein sollte, der die Steuerung des Flugzeuges absichert. In dieser Lesart werden unter dem Schlagwort der Redundanz dementsprechend häufig BACKUP-MÖGLICHKEITEN (Rückfallvarianten) als resilienzfördernd aufgeführt. So erlaubt die Verfügbarkeit von Backup-Einrichtungen und Reservekapazitäten nach Hahne & Kegler (2017: 52) „die Verlagerung des Betriebs auf andere Systemkomponenten". Redundante Systeme können Störungen von Teilsystemen durch gestaffelte Backups kompensieren. Je technisierter ein System ist, desto anfälliger ist es zwangsläufig gegenüber Störungen und desto nötiger ist es, derartige Backups einzubauen. An dem in ▶ Abschn. 2.2.1 beschriebenen Assuan-Stausee in Ägypten ist beispielsweise gerade zu kritisieren, dass im Störfall keine hinreichend wirksamen Backups zur Verfügung stehen. Für den Fall von Wohnhäusern benennt Sieverts (2013) beispielhaft die Existenz unterschiedlicher Heizmöglichkeiten als Backup-Varianten.

Denn wenn im Sinne der Effizienz eigentlich nur ein Heizungssystem nötig wäre, so würden es die Bewohner bei einem Ausfall der öffentlichen Energieversorgung sicher zu schätzen wissen, doch noch einen Kaminofen anfeuern zu können oder über eine Batteriespeicherung den Stromausfall abpuffern zu können. Redundanzen sind auch in der Wirtschaft zu finden, etwa wenn das Getreide aus Brandenburg marken- und produktgebunden in Sachsen-Anhalt und das Getreide aus Sachsen-Anhalt andersherum in Brandenburg verwendet wird. Solche Redundanzen sind nach Gillert (2016: 66) „rein wirtschaftlich unsinnig, entstehen aber durch die Vielfalt der Marken, Produkte und dem Zusammenwirken dieser mit den Lebensmittelhändlern und der Lebensmittelindustrie". Im Krisenfall können solche Redundanzen nicht unerheblich zur Versorgungssicherheit beitragen und damit die Resilienz von Räumen erhöhen.

Die EFFIZIENZ eines Systems steht der beschriebenen Redundanz diametral entgegen, denn nach Lukesch (2013: I) verstehen wir unter Effizienz „die Hervorbringung eines Produkts oder einer Leistung mit dem geringstmöglichen Ressourceneinsatz bzw. -verbrauch." Je größer die Redundanz eines Systems ausfällt, desto weniger effektiv dürfte es dementsprechend sein. Deutlich wird damit aber, dass eigentlich die Schnittmenge zwischen Effizienz und Redundanz gesucht wird.

> Strukturen und Prozesse so fehlerfreundlich und so einfach wie möglich zu machen, ist ein Weg, diese Schnittmenge zu finden. (Lukesch 2013: I)

In diesem Sinne gehören auch die Fragen nach der Fehlertoleranz und Fehlerfreundlichkeit eines Ansatzes zum Thema. Hahne & Kegler (2017: 51) stellen mit der Frage „Wird in Systemkapazitäten und modularen Strukturen gedacht?" zudem die MODULARITÄT eines Systems als resilienzfördernd heraus. Besteht ein System aus vernetzten Modulen kann ein Modul rasch ersetzt werden, hier wirkt der Faktor Redundanz. Als Beispiel dafür werden gern Schiffe herangezogen, bei denen im Falle

3.2 · Redundanz und Modularität

eines Lecks modular Bereiche abgeschottet werden und damit ein Sinken des Schiffes verhindert werden kann. Bei resilienten Systemen kann dementsprechend ein redundanter Teilbereich durchaus ausfallen, wenn die Verzahnung im Gesamtsystem gut funktioniert.

Auch die für Krisenfälle generell empfohlene Vorratshaltung kann dem Einflussfaktor der Redundanz zugeordnet werden – auf der Akteurs- und Handlungsebene der Landschaft. Wenn beispielsweise das Bundesamt für Bevölkerungsschutz empfiehlt, pro Person ca. 14 l Flüssigkeit je Woche zu bevorraten (BBK 2019), so ist das zur Alltagsversorgung völlig redundant und im Normalfall auch unnötig, kann aber im Katastrophenfall gegebenenfalls Leben retten. In Finnland wird von staatlicher Seite sogar Getreide vorgehalten, welches mengenmäßig dem menschlichen Regelverbrauch von sechs Monaten entspricht, darüber hinaus hält Finnland auch Futterproteine und Samen vor (Gillert 2016: 101). Effizient ist dies sicher nicht, resilient in Krisenzeiten aber sehr wohl.

Als plastisches Beispiel für eine Landschaft, in der Modularität und Redundanz eine maßgebliche Rolle spielten, kann die HÖHLENLANDSCHAFT KHNDZORESK in ARMENIEN fungieren. Bei dem Begriff der Höhlenlandschaften denkt man vielleicht zunächst an Tropfsteinhöhlen oder ähnliche Wunder der Natur. Aber Höhlen können auch gezielt vom Menschen geschaffen werden. Treten sie so massiv auf wie in Khndzoresk, wo sie mit einer stattlichen Anzahl von 1800 (!) ein ganzes Tal überziehen, können sie selbst Landschaften prägen, und zwar in einer ganz besonderen Eigenart. Der südliche Kaukasus ist dabei generell für Höhlenstädte bekannt – an verschiedenen Orten hat man hier seit uralten Zeiten Paläste, Kirchen, aber auch schlichte Wohnhäuser in den Felsen geschlagen. Am bekanntesten dürften die Höhlenstädte Wardzia und Uplisziche in Georgien sein. Aber auch Armenien hat mit Alt Goris und Khndzoresk eindrucksvolle Höhlensysteme zu bieten. Sie stehen für recht ungewöhnliche Siedlungslandschaften, wie sie nur für wenige

◘ Abb. 3.4   Höhlenstadt Khndzoresk in Armenien. (Foto: C. Schmidt)

unwegsame und ehemals umkämpfte Gebirgsregionen dieser Welt bekannt und typisch sind. So eindrucksvoll schon allein der erste Blick auf diese Landschaft ist (vgl. ◘ Abb. 3.4), umso interessanter wird sie noch in Bezug auf landschaftliche Resilienz, wenn man erfährt, dass diese Stadt noch bis 1950 bewohnt wurde. Erst zu diesem Zeitpunkt wurden alle Einwohner gezwungen, in ein oberhalb des Canons – auf dem angrenzenden Plateau – gelegenes Dorf zu ziehen. Was hat die Bewohner bewegt, so lange in Höhlen zu leben? Was machte die eigenartige Besiedlung über Jahrhunderte so resilient?

Eine Besiedlung der Talhänge in Khndzoresk soll nach Flaig (2018: 434) bereits seit der Bronzezeit nachgewiesen sein. Zu dieser Zeit lassen sich auch in Uplistsikhe (Georgien) erste Siedlungsnachweise finden, allerdings auf dem angrenzenden Plateau (Unesco 2018). Gleiches ist auch in Khndzoresk anzunehmen, denn die Mühsal, die stark geneigten Felshänge zu besiedeln, hat man vermutlich nicht sofort, sondern erst dann auf sich genommen, als auf dem Plateau kein sicheres Leben mehr möglich war. In Uplistsikhe geht man davon aus, dass dies sukzessive im ersten und zweiten Jahrtausend v. Chr. geschah: Die Talhänge wurden besiedelt, um sicher vor Feinden zu sein. KRIEGE waren also der treibende Faktor für das Entstehen dieser Siedlungslandschaft. Ausgebaut wurde die Festungsstadt dann im 6. Jahrhundert v. Chr. In Khndzoresk wurden die ersten Höhlen dementgegen ab dem 5. Jahrhundert n. Chr. in die Felsen geschlagen. Der Kalkstein war weich und gut bearbeitbar. Schritt für Schritt wuchs die Anzahl der Höhlen. Keine einzige der Höhlen ist demnach naturbedingten Ursprungs, und so naturnah die Landschaft auch jetzt anmutet, so stellt sie doch eine altehrwürdige Kulturlandschaft dar. Wie lange die Wachstumsphase im adaptiven Zyklus nach Holling et al. (2002) mit der Schaffung neuer Höhlen, Vorräume, Terrassierungen und Wege zwischen den verschiedenen Ebenen andauerte, kann nicht genau belegt werden. Armenien hat eine sehr wechselvolle Geschichte und geriet zwischen Orient und Okzident immer wieder in kriegerische Auseinandersetzungen. Gerade Krisensituationen werden aber die Vorteile des Siedlungstyps demonstriert und zu einer weiteren Ausdehnung des Ortes geführt haben. Denn die Höhlen boten wie kaum andere Siedlungsformen das, was in Kriegszeiten am allerwichtigsten war: Sicherheit. Die Höhlen konnten nur mit einem erheblichen Aufwand erreicht und zudem bestens von innen verbarrikadiert werden. Aber auch die Siedlungslandschaft im Ganzen bot enorme Vorteile, konnten doch randlich gelegene Teile beispielsweise modular aufgegeben werden, ohne dass der Kernbereich davon betroffen war. Die einzelnen Ebenen und Höhlen waren durch ein verschachteltes System an inneren und äußeren Wegen miteinander verbunden, welches sich Angreifern nicht schnell erschloss. Zudem verfügten die verschiedenen Ebenen über ganz unterschiedliche Standortvorteile, die sich gegenseitig ergänzten: die unteren Ebenen beispielsweise über einen schnelleren Zugang zum Wasser, die oberen Ebenen über eine bessere Sicht. Insofern stellt die Höhlenlandschaft Khndzoresk ein klassisches Beispiel für ein redundantes System dar: Im Angriffsfall wurden stärker am Rande gelegene Höhlenwohnungen aufgegeben, es erfolgte ein Rückzug in die am besten geschützten Bereiche, in die sich nach Informationen vor Ort teilweise mit bis zu 10 m langen Seilen abgeseilt werden musste. Offenkundig war es also dieses Sicherheitssystem, das der Höhlenstadt eine so lange Überlebensfähigkeit gewährte.

Erstmals urkundlich erwähnt wurde Khndzoresk im 13. Jahrhundert, als es auf einer Liste der Siedlungen auftaucht, die an das Kloster Tatev Steuer zahlen. Zu dieser Zeit wurde Uplistsikhe, das seine Blütezeit im 9. bis 11. Jahrhundert hatte, bereits von Mongolen verwüstet (Unesco 2018), und Wardsia durch ein Erbeben zerstört. Khndzoresk überdauerte die beiden anderen Höhlenstädte und einen Krieg nach dem anderen. Genauer überliefert ist dies beispielsweise für die Befreiungskämpfe unter Dawit Bek im 18.

3.2 · Redundanz und Modularität

Jahrhundert. Die Stadt wuchs über die Jahrhunderte offensichtlich permanent! Darauf verweisen schon die unterschiedlichen Entstehungszeiträume der Kirchen mit 1665 (St. Hripsime-Kirche), dem 17./18. Jahrhundert (St. Tadevos) und dem 19. Jahrhundert (Anapat). 1913, so vermerkt eine Schautafel vor Ort, gab es in Khndzoresk neben den Kirchen und Festungen 1800 Wohnungen, sieben Schulen, mehrere Kirchen, Friedhöfe, Ölpressen, Staubecken, Einkaufsmöglichkeiten sowie Arbeitsstätten. Glaubt man der Schautafel, galt Khndzoresk zu dieser Zeit „als größtes Dorf in Ostarmenien". Der besondere Standort brachte zweifelsohne auch eine besondere Architektur hervor. Dabei lag der Hauptteil der Wohnungen in den Höhlen, wurde aber durch Vorbauten und Veranden erweitert, die mit Stützen aus Kalkstein und gestuften Holzdächern versehen waren. Die Wohnungen erstreckten sich mitunter über mehrere Etagen und verfügten dementsprechend über mehrere Räume in Höhlen und ein verwinkeltes Verbindungssystem. Analog dazu wies der gesamte Ort eine mehrstöckige und höchst komplexe Struktur auf. Mitunter waren die Häuser aufeinandergestapelt, wobei das Dach des einen die Terrasse des anderen bildete. Noch um 1950 hatte Khndzoresk ungefähr 3000 Einwohner. Es war also selbst Mitte des 20. Jahrhunderts im Gegensatz zu den anderen genannten Höhlenstädten gut bevölkert. Vermutlich hätte die armenische Höhlenstadt auch noch weiter überdauert, aber der Umzug in ein „modernes" Dorf auf dem Plateau wurde staatlich angeordnet und nachfolgend auch stringent umgesetzt. Denn dem Vorteil der Sicherheit standen zunehmend mehr Nachteile gegenüber, das Wasser- und Abwassersystem beispielsweise oder die enorme Anzahl an Höhenmetern, die täglich für die einfachsten Tätigkeiten zu überwinden waren. Das Beispiel macht insofern deutlich, dass die Wirksamkeit von Prinzipien wie Redundanz und Modularität enorm steigt, wenn sie sich auf eine Hauptbedrohung des Systems beziehen, im Falle von Khndzoresk auf kriegerische Auseinandersetzungen. Fällt diese allerdings weg, entschwinden auch die Vorteile eines so klar darauf ausgerichteten Systems. Ein weiteres redundantes System stellen im Übrigen die in ▶ Kap. 1 erläuterten Ackerterrassenlandschaften dar.

Nun hängt die Ausprägung der Antagonisten Vielfalt und Redundanz in nicht unerheblichem Maße von der BETRACHTUNGSEBENE ab. Mayr meint beispielsweise treffend:

> Whereever one looks in nature, one finds uniqueness. Mayr (1997: 124)

Letztlich ist im Spiel der Evolution jedes Lebewesen einzigartig, und Vielfalt ist so gesehen unermesslich groß (vgl. Hutchison 1965). Fasst man allerdings die einzelnen Individuen zu Arten zusammen, und diese wiederum zu Biozönosen, kommt es auf das einzelne Individuum nicht mehr an – sie sind aus dieser Perspektive redundant. Für die Beständigkeit des Lebens auf der Erde ist deshalb nach Haber.

> ein bestimmter Artenbestand nicht notwendig; Arten können einander vertreten oder sich ersetzen. Ihr Wandel und ihre Aufeinanderfolge bezeugen nur, dass das erwähnte genetische Spiel (der Evolution) erfolgt. Haber (2009: 23)

Analog dazu ist auch die Höhlenlandschaft Khndzoresk sowohl durch Vielfalt (jede Höhlenwohnung ist bei genauerer Betrachtung einzigartig) als auch Redundanz (man konnte jede Wohnung im Kriegsfall aufgeben und sich in eine andere zurückziehen) geprägt. Vielfalt und Redundanz schließen sich demzufolge nicht aus. Sie können in einer Landschaft vielmehr gleichzeitig relevant sein, und sie sollten dies auch, um ihre Vorzüge bestmöglich miteinander zu kombinieren und für eine Weiterentwicklung zu nutzen.

3.3 Resistenz und Stabilität

Als Synonym für Resilienz wird gern der Begriff der Widerstandsfähigkeit verwendet. Widerstandsfähigkeit lässt sich im Englischen aber zugleich mit *resistance* übersetzen, also der RESISTENZ oder Robustheit eines Systems. Schon allein dadurch ist Verwirrung vorprogrammiert, und so werden Resilienz und Resistenz begrifflich mitunter so verwendet, als wären sie identisch, obwohl sie es bei genauerer Betrachtung keineswegs sind. Grimsditch & Salm (2006: 10) definieren Resistenz als die Fähigkeit eines Systems „to withstand disturbance without undergoing a phase shift or losing neither structure nor function", während Resilienz die Fähigkeit eines Systems „to absorb or recover from disturbance and change, while maintaining its functions and services" umschreibt.

Resistenz drückt demzufolge die Fähigkeit aus, Störungen zu widerstehen – Resilienz, sich von ihnen zu erholen. Während bei einem resistenten System erst gar keine Schäden auftreten, können sie bei einem resilienten System durchaus entstehen; das System verkraftet sie allerdings unter Aufrechterhaltung seiner Funktionen und Leistungen. Resistente Systeme sind damit in der Regel zugleich resilient, resiliente Systeme im Umkehrschluss aber nicht zwingend auch resistent. Synonym für Resistenz lässt sich der Begriff der Robustheit verwenden, welche nach Horx (2013: I) die „Härtung" eines Systems gegenüber äußeren Störungen beschreibt. Horx bringt dafür das Beispiel von Flugzeugen, die man im Sinne einer größeren Robustheit panzern müsste, damit sie beim Absturz nicht kaputtgehen, macht aber an diesem Beispiel auch klar, dass Robustheit nicht immer zielführend ist: Besser wäre, wenn Flugzeuge erst gar nicht erst abstürzen würden. Robustheit bezieht sich im Fachdiskurs vielfach auf technische Konstruktionen, die auch unter großem Stress ihre Stabilität wahren.

Verbleiben wir zunächst auf der physisch-materiellen Ebene der Landschaft, findet sich Resistenz als Merkmal von Resilienz beispielsweise in ökologischen Bezügen. Bestimmte Arten sind beispielsweise gegenüber Krankheitserregern oder Giften widerstandsfähiger als andere: Sie erkranken erst gar nicht. Beispielsweise verfügt der winzige australische Wasserfrosch (*Litoria dahlii*) über eine natürliche Immunität gegenüber dem Gift der Agakröte (*Bufo marinus*), während die unvergleichlich größeren Süßwasserkrokodile (*Crocodylus johnsoni*) dem Gift der Kröte zunächst der Reihe nach erlagen. In den ersten zwei Jahren nach der Ankunft der Agakröte in Nordaustralien war eine Todeswelle an Krokodilen zu beobachten, die sich mit der Ausbreitung der Kröten westwärts bewegte und den Bestand der Krokodile drastisch reduzierte, z. B. am Victoria-River um 77 % (Schmidt 2013: 82). Resistenz lässt sich aber auch evolutionär erwerben. Vier Arten von Schlangen haben beispielsweise im Laufe der ca. 80 Jahre, die die Agakröte Australien mittlerweile kolonisiert, nachweislich kleinere Kiefer entwickelt, sodass sie nicht mehr in der Lage sind, große und entsprechend stark gifthaltige Agakröten zu verschlingen (Philipps & Shine 2004). Andere Arten erhöhen ihre Widerstandsfähigkeit, in dem sie durch kleinere, sozusagen homöopathische Dosen des Giftes Abwehrkräfte entwickelten. Eine solche Immunisierungsstrategie findet sich analog dazu auch in der menschlichen Gesundheitsvorsorge, in der

3.3 · Resistenz und Stabilität

zwischen aktiver und passiver Immunisierung unterschieden wird. In beiden Fällen geht es letztlich darum, entweder erst gar nicht zu erkranken, oder im Falle einer Erkrankung schneller zu genesen. Hier zeigt sich der enge Zusammenhang zwischen Resistenz und Resilienz.

Der Aspekt der Robustheit findet sich aber nicht nur in ökologischen Bezügen, sondern häufig auch im KATASTROPHENSCHUTZ. Wenn beispielsweise Gebbeken & Warnstedt (2018) testen, inwiefern Pflanzen Druckwellen von Explosionen bei Terroranschlägen reduzieren können, dann steht eindeutig der Aspekt der Resistenz im Vordergrund. Sie stellten dabei fest, dass Eiben mit 45 % und Thujen mit 40 % nicht nur höhere Werte im Vergleich zum Bambus und Berberitzen (<30 %) erzielen, sondern sich nach der Explosion sogar noch in einem guten Zustand befanden. Eibe und Thuja sind demzufolge deutlich robuster gegenüber Explosionswirkungen als andere Pflanzenarten. Analog dazu unterscheiden sich auch Baumaterialien in ihrer Resistenz gegenüber Terroranschlägen. Aber auch in nahezu allen Hinweisen zum Bevölkerungsschutz gegenüber Naturereignissen wiederholen sich die Empfehlungen, möglichst widerstandsfähige Baumaterialien zu verwenden (vgl. z. B. BBK 2015). Den Unterschied zwischen Resistenz und Resilienz verdeutlichen Naumann und Koautoren (2011: 94) am Beispiel von Gebäuden im Kontext zu Hochwasserereignissen: Eine auf Resilienz ausgerichtete Strategie zielt vor allem auf eine Reduzierung der Höhe an Hochwasserschäden und eine möglichst schnelle und kostenarme Wiedernutzbarmachung der Gebäude, beispielsweise durch Baumaterial mit einer hohen Wasserdampfdurchlässigkeit bzw. Porosität, sodass der Trocknungsprozess des betroffenen Gebäudes entscheidend beschleunigt wird. Im Gegensatz dazu wird eine auf Resistenz ausgerichtete Strategie versuchen, den Eintritt des Hochwassers in die Gebäude mit aller Kraft durch Barrieren und Schutzvorkehrungen zu verhindern. Die Maßnahmen müssen dabei die potenzielle Dauer der Überflutung und die maximale Wassertiefe berücksichtigen. Die sogenannte „weiße Wanne" mag beispielsweise durch wasserdichten Beton dem Eindringen von Hochwasser gut widerstehen, wird jedoch eine kritische Schwelle überschritten, dann hält sie das Wasser genauso lange und gut im Inneren des Gebäudes fest und der einstige Vorteil verkehrt sich in einen Nachteil.

Dass Resistenz und Resilienz aber zugleich oft Hand in Hand gehen, kann man gut in der STADTLANDSCHAFT RAUMA (Finnland) nachvollziehen. Die gesamte Altstadt Raumas wird noch heute auf einer Fläche von 29 ha durch Holzhäuser aus dem 18. und 19. Jahrhundert geprägt. Rauma stellt eines der am besten erhaltenen und großflächigsten Beispiele für die traditionelle Holzarchitektur der nordeuropäischen Länder dar und wurde deshalb auch zum Weltkulturerbe erklärt (ICOMOS 1991). Holz aber ist gegenüber den langen und schneereichen Wintern bekanntermaßen besonders vulnerabel. Die Architektur reagiert einerseits mit Blechdächern, Dachüberständen und einer steinernen Vorblendung der bis zu 1 m hohen Aufständerungen der Häuser darauf – Aspekte, die die Resistenz der Häuser gegenüber Nässe erhöhen. Auf der anderen Seite wird die eigentliche Holzkonstruktion mit Verschleißbrettern geschützt, wobei der Sockelbereich von der restlichen Fassade oft abgeteilt wird (vgl. ◘ Abb. 3.5). Dies ermöglicht, die Verschleißbretter im besonders gefährdeten Spritzwasserbereich auszuwechseln, ohne gleich die gesamte Fassade erneuern zu müssen. Das heißt, ein voraussichtlich eintretender Schaden der Holzverschalung wird von vornherein akzeptiert, aber die Sanierung nach einem Schaden wird erleichtert – ein Ansatz, der für Resilienz steht.

Freiraumbezogen lässt sich der Unterschied zwischen Resistenz und Resilienz gut an der SUMPF- UND MOORLANDSCHAFT DES SOOMAA-NATIONALPARKSverdeutlichen.

Abb. 3.5 Holzarchitektur in Rauma, Finnland, mit einer auf Resilienz ausgerichteten Gestaltung des Spritzwasserbereiches. (Foto: C. Schmidt)

Dort werden Waldwege, die hin und wieder überschwemmt werden, aber im Sommer touristisch als Wanderwege dienen, lediglich mit einer Schicht aus Holzsägespänen überzogen, die zur Genüge als Reststoffe in den angrenzenden Forsten anfallen. Würde man dem Ansatz der Resistenz folgen, würde man eine stärkere, damit aber zweifelsohne auch kostenintensivere Befestigung durch eine wassergebundene Wegedecke, Pflaster o. ä. wählen. Resilienz hingegen nimmt den Verlust der ausschließlich natürlichen Wegematerialien bei Hochwasser in Kauf, setzt dafür aber auf eine rasche Wiederherstellbarkeit nach Schadereignissen. Nach Naumann et al. (2011: 94) intendieren resiliente Ansätze insgesamt eher ein Leben mit dem Wasser, resistente Maßnahmen gegen das Wasser. Dabei sind durchaus beide Ansätze gerechtfertigt, es kommt auf den Standort und die Situation an.

Sieverts (2013: 320) bezieht Robustheit auch auf STADTGEFÜGE. Beispielsweise werden in tsunamiexponierten Küstenzonen in Japan und in Indonesien stadtplanerisch spezielle Baustandards vorgegeben, um die Widerstandsfähigkeit gegenüber Extremereignissen zu erhöhen. Spezielle Gebäude dienen im Ereignisfall als (besonders robuste) Zufluchts- und Evakuierungsgebäude (Birkmann 2013). Greift man erneut das Beispiel von Hochwasserereignissen auf, ist neben der Robustheit von Deichen auch die Robustheit der wesentlichen Infrastrukturen einer Landschaft bedeutsam. Das Hochwasser 2013 führte beispielsweise im Raum Deggendorf zu einer elftägigen Sperrung der Bundesautobahn A3 und einer dreitägigen Sperrung der Bundesautobahn A92 (BMVI 2017: 15). Die Hochwasserschäden an diesen Infrastrukturen zogen räumlich extrem weitreichende Folgen nach sich. Einige Jahre zuvor (2002) bewirkte ein Hochwasser an der Mulde die temporäre Schließung einer Trinkwassergewinnungsanlage, welche zu ungefähr 40 % für die Trinkwasserversorgung der Stadt

3.3 · Resistenz und Stabilität

Abb. 3.6 Blick vom Kloster Sewanawank auf die Bebauung auf der Landzunge, die einst von Wasser bedeckt war und das auf einer Insel gelegene Kloster Sewan vom Ufer trennte. (Foto: C. Schmidt)

Leipzig verantwortlich ist (Leipziger Wasserwerke 2017). Beispiele wie diese verdeutlichen, dass es Infrastrukturen gibt, die für die Funktionsfähigkeit einer Landschaft im Störfall von herausgehobener Bedeutung sind. Werden sie betroffen, können in der Folge erhebliche Domino- und Kaskadeneffekte entstehen. Das Bundesministerium des Inneren hat vor diesem Hintergrund bereits 2009 eine „Nationale Strategie zum Schutz Kritischer Infrastrukturen" entwickelt, nach der u. a. bei diesen Infrastrukturen „umfassende Schutzvorkehrungen" getroffen werden sollen (BMI 2009: 10) – sie sollten demnach im Rahmen der Möglichkeiten besonders robust ausgestaltet werden.

Haltbares zu schaffen, seien es Bauwerke, die möglichst allen Anfechtungen der Zeit widerstehen oder auch andere Landschaftsstrukturen, wie beispielsweise die im ▶ Abschn. 1.2 erläuterten und ebenso stabil ausgeführten Ackerterrassen, stellt ein zutiefst inneres Bedürfnis des Menschen dar.

Elastizität und Robustheit stehen sich damit als Handlungsansätze in gewisser Weise konträr gegenüber.

Dass Robustheit auch negative Wirkungen entfalten kann, zeigt das Beispiel des armenischen SEWAN-SEES (vgl. ◘ Abb. 3.6).

Im Jahr 874 gegründet, zählt das Kloster Sewanawank zu den frühesten Zeugnissen christlicher Baukunst nach dem arabisch-muslimischen Intermezzo in Armenien im 8./9. Jahrhundert und thronte jahrhundertelang einsam und zugleich majestätisch auf einer felsigen Insel inmitten des Sewan-Sees (Flaig 2018: 215). Allerdings verlor der Sewan-See im Laufe des 20. Jahrhunderts zunehmend an Wasser. Zwar ist der See fast doppelt so groß wie der Bodensee, aber die massive Nutzung seines Wassers (u. a. für die Wasserversorgung Jerewans) führte ab 1949 dazu, dass der Bereich zwischen der Klosterinsel und dem Ufer sukzessive trockengelegt wurde. Schließlich wurde aus der einstigen

Klosterinsel vor ungefähr 40 Jahren eine Landzunge. Das neu gewonnene Land wurde umgehend besiedelt und bebaut, ob mit oder auch ohne Baugenehmigung, wie man vor Ort erfährt. Das Entscheidende daran ist nun, dass die Bebauung so robust erfolgte, dass heute nur unter größten Schwierigkeiten ein Wiederanstieg des Wasserspiegels möglich wäre. Art und Umfang der Bebauung haben die Handlungsmöglichkeiten so massiv eingeschränkt, dass von Elastizität keine Rede mehr sein kann.

Die Situation am Sewan-See ist dabei für Seenlandschaften gar keine so unübliche, wenngleich die Dimensionen sicher besondere sind. Ausgelöst durch großflächige landwirtschaftliche Bewässerungsprojekte und die Errichtung von Wasserkraftwerken am Hrazdan-Fluss wurde ab 1949 so viel Wasser aus dem Sewan-See entnommen, dass der Wasserspiegel bis 1962 um ca. 1 m pro Jahr, insgesamt um 13 m absank (Harutyunyan 2007). 1988 erreichte die Absenkung trotz Zuführung von Wasser aus einem anderen Fluss sogar ca. 22 m. Eine solche Dimension ist für einen See, der in großen Teilen nur eine Tiefe von ca. 40 m hat (Babayan et al. 2006: 348), zweifelsohne sehr erheblich. Die Wasserspiegelabsenkung entsprach einem Rückgang des Wasservolumens um ungefähr die Hälfte und führte zu massiven Wasserqualitätsproblemen durch Algenbefall sowie zum Aussterben der zwei im See ablaichenden Unterarten der Sewan-Forelle *(Salmo ischchan ischchan; Salmo ischchan danilewskii)*. Als Reaktion auf die Umweltprobleme beschloss der damalige Ministerrat deshalb, den Wasserstand des Sewan-Sees wieder anzuheben, innerhalb von 30 Jahren jährlich um 20 cm und damit insgesamt um 6 m. 2001 wurde zudem beschlossen, die Wasserentnahmen aus dem See auf 150 Mio. m^3 pro Jahr zu begrenzen (Harutyunyan 2007). Wenig später finanzierte die Weltbank sogar ein diesbezügliches Aktionsprogramm, wurde der See doch zugleich als Nationalpark ausgewiesen. Mit dem Aktionsprogramm konnte die Wasserstandsabsenkung des Sees im Vergleich zu 1949 auf ca. 20 m im Jahr 2002 (Babayan et al. 2006: 354) und gegenwärtig auf ca. 18 m reduziert werden. Eine weitere Minderung der Absenkung scheitert aber an vielfältigen Widerständen. Denn mit der dichten und direkt bis zum Wasser reichenden Uferbebauung hat man sich in vielen Bereichen jeglicher Handlungsspielräume beraubt. Um den Sewan-See leben annähernd 300.000 Einwohner. Der See ist zudem ein landesweit beliebtes Erholungsgebiet. Es ist also kaum möglich, die alten Fehler wieder rückgängig zu machen, ohne damit den Unmut einer Vielzahl an Nutzern und Akteuren auf sich zu ziehen. Zwar argumentieren die Befürworter eines Wiederanstiegs des Wasserspiegels, dass das Wasser des Sewan-Sees gerade in Zeiten des Klimawandels eine wichtige Ressource darstellt. Immerhin werden 80 % des Trink- und Bewässerungswassers in Armenien aus dem Sewan-See bereitgestellt (Harutyunyan 2007). Auch die Energiegewinnung, die Fischzucht und die Ökologie des Sees würden von einem höheren Wasserstand profitieren. Im Gegenzug wurden aber bereits seit 2002 mit einer Erhöhung des Wasserspiegels um ca. 2 m rund 450 ha (neu geschaffenes) Land überflutet, davon 215 ha Wald. Würde der Wasserspiegel wie ursprünglich vorgesehen weiter ansteigen, würden weitere 1797 ha Land, davon 1037 ha Wälder verlorengehen (Harutyunyan 2007). Am maßgeblichsten dürfte jedoch sein, dass damit auch in einem erheblichen Umfang Bebauung beschädigt werden würde. Denn auch nach eigenem Eindruck ist keine der Bebauungen darauf ausgerichtet, mit Schwankungen des Wasserspiegels umzugehen. Sie alle können zwar einen weiteren Rückgang des Wasserstandes tolerieren, nicht aber eine Erhöhung. Das Beispiel des Sewan-Sees zeigt insofern sehr eindrücklich eine Form von Robustheit, die zur Erstarrung führt. Eine auf Elastizität fokussierte Bauweise hätte z. B. mit Schwimmstegen gearbeitet, die sich an wechselnde Wasserstände anpassen, oder hätte einen größeren Abstand zum See eingehalten. Die Verwendung von Stützen und wasserunempfindlichen Materialien sowie andere Maßnahmen wären denkbar gewesen. Im Nachhinein lassen sich solche Maßnahmen jedoch nur mit einem unverhältnismäßig hohen Aufwand umsetzen, und so haben die vor mehr als 70 Jahren getroffenen Entscheidungen eine sozioökonomisch „pfadabhängige" Entwicklung ausgelöst, aus der sich nur schwer ausbrechen lässt.

Bleibt man beim Wasser, stellen Deiche beliebte Beispiele für die Notwendigkeit von Robustheit und Stabilität dar. Sie zeigen aber zugleich, dass als Gegenpol zur Robustheit mitunter auch Fragilität notwendig sein kann, wenn beispielsweise Sollbruchstellen in den Deichen die Überflutung eines Bereiches durch Überflutung eines anderen verhindern sollen. Robustheit und Fragilität müssen also stets in ihrem Wechselspiel betrachtet werden.

In welcher Weise Robustheit landschaftlich seinem Antagonismus Elastizität gegenübersteht, zeigt in faszinierender Weise die KURISCHE NEHRUNG in LITAUEN und RUSSLAND: Sie ist für ihre einzigartigen, über 50 m hohe Wanderdünen bekannt, die schon Wilhelm von Humboldt veranlassten, in einem Brief an seine Frau zu schreiben:

> » Die Kurische Nehrung ist so merkwürdig, dass man sie eigentlich ebenso gut als Spanien und Italien gesehen haben muss, wenn einem nicht ein wunderbares Bild in der Seele fehlen sollte. Humboldt (1809: 254)

Genau genommen stellt die grandiose Dünenlandschaft (vgl. ◘ Abb. 3.7) freilich eine anthropogen geschädigte Landschaft dar, die fehlende Robustheit mit Elastizität kompensierte: Die gigantischen Wanderdünen entstanden schlicht als Resultat der Rodungen des zuvor schützenden Waldes.

Gebildet wurde die schmale Landzunge der Kurischen Nehrung nach der letzten Eiszeit durch die vorherrschenden West- und

◘ Abb. 3.7 Wanderdünen in der Kurischen Nehrung, Naturreservat Nagliai, Litauen. (Foto: C. Schmidt)

Südwestwinde, die sukzessive sandiges Material des Samlandes ablagerten. Über die Jahrtausende hatte sich darauf Wald angesiedelt, der die Bodenschicht stabilisierte. Als jedoch im Nordischen Krieg (1674–1679) ein großräumiger Kahlschlag des Waldes erfolgte, geriet der Sand in Bewegung und löste ein Wandern der Dünen aus, welches eine erstaunliche Geschwindigkeit von bis zu 15 m pro Jahr erreichte (Albinus 2002). Im Verlaufe der Jahrzehnte nach der Waldrodung begruben die Wanderdünen im litauischen Teil der Kurischen Nehrung 14 Dörfer unter sich (Nationalpark Kurische Nehrung 2019). Allein das Dorf Nagliai musste zwischen 1675 und 1834 viermal wegen Sandverwehungen versetzt werden, bevor es schließlich ganz aufgegeben wurde (Nationalpark Kurische Nehrung 2019). Heute kann man an Stelle des alten Dorfes die verschiedenen Dünenausprägungen erleben. Sie reichen von Weißdünen mit ihren weiten Sandflächen und einzelnem Strandhafer *(Ammophila arenaria)* über Graudünen mit ihrer flächendeckenden Flechten- und Moosschicht bis hin zu Braundünen mit ihren Zwergstrauchheiden, unter deren Krähenbeeren *(Empetrum nigrum)* und Weiden *(Salix sp.)* die Bewegung der Wanderdünen allmählich abflaut (Nationalpark Kurische Nehrung 2019). Wirklich gebremst werden kann eine Dynamik solch großer Dünen aber erst durch Wald. Vor diesem Hintergrund beauftragte die preußische Krone ab 1870 den Düneninspektor Wilhelm Franz Epha im heutigen litauischen Teil der kurischen Nehrung mit einer „Festlegung" der Dünen durch Bepflanzung, wobei schwerpunktmäßig Kiefern verwendet wurden (Riekenberg 1959). Der Elastizität wurde also aktiv Robustheit entgegengesetzt. Die obere Bodenschicht wurde vegetativ befestigt. Während Thomas Mann, der sich über einige Jahre im Sommer auf der Kurischen Nehrung aufhielt und oft in den Dünen spazieren ging, 1931 noch zu diesem Teil der Nehrung meinte: „…man glaubt, in der Sahara zu sein", sind mittlerweile ungefähr 70 % der Kurischen Nehrung im litauischen Teil wieder bewaldet (Kurschat 1990) und die Dünen im Verlaufe der Zeit immer kleinflächiger geworden. Die ursprünglich gepflanzten Hakenkiefern *(Pinus mugo L.)* sind aktuell zwar stark abgängig und erhöhen die Waldbrandgefahr: Wie man vor Ort erfahren kann, brannten 2006 ca. 237 ha und 2014 weitere 130 ha Kiefernwald ab. Gleichwohl sorgen die ebenso gepflanzten und meistenteils gesunden Gemeinen Kiefern *(Pinus sylvestris)* und die durch Samenanflug hinzukommenden Birken *(Betula pendula)* insgesamt für eine neue, große Stabilität. Das Wandern der Dünen ist größtenteils zum Erliegen gekommen. Interessanterweise muss man sich nun sogar umgekehrt um einen Verlust der Dünen Gedanken machen: Da durch die Küstenbesiedlung des Samlandes nämlich ein Nachschub von Sand ausbleibt, verlieren die noch bestehenden Dünen permanent durch windbedingten Abtrag an Höhe. So hat die erwähnte Nagliai-Düne allein von 2003 bis 2015 etwa 5,5–8 m an Höhe verloren (Nationalpark Kurische Nehrung 2019). Die berühmten Besonderheiten der Kurischen Nehrung drohen also sukzessive zu verwehen. Das Beispiel zeigt indes sehr plastisch, wie konträr sich Stabilität und Elastizität zueinander verhalten.

3.4 Elastizität und Toleranz

Im Lexikon der Biologie (1999) wird Resilienz synonym für die Elastizität ökologischer Systeme benutzt. ELASTIZITÄT wird dabei als Geschwindigkeit verstanden, mit der eine Lebensgemeinschaft nach einer Störung wieder in ihren ursprünglichen Zustand zurückkehrt. Auch hier gibt es also in der Definition Dopplungen, die zunächst irritieren. Denn ähnlich wie bei der Robustheit sind auch Elastizität und Resilienz bei genauerer Betrachtung nicht wirklich identisch.

Dass Elastizität allerdings einen großen Einfluss auf landschaftliche Resilienz haben kann, leuchtet auf der physischen Ebene einer Landschaft schnell ein, wenn man sich mit dem Toleranzbereich von Lebewesen beschäftigt. Unter Toleranzbereich versteht man dabei jenen Bereich, in dem die bloße Existenz eines Lebewesens möglich ist, während die sogenannte „ökologische Potenz" den Bereich umfasst, in dem auch Fortpflanzung, Bewegung und Entwicklung stattfinden kann. Damit definiert der TOLERANZBEREICH die (genetisch angelegte) Fähigkeit von Lebewesen, Schwankungen von Umweltfaktoren zu ertragen und sich – innerhalb ihrer ökologischen Potenz und in Konkurrenz zu anderen – dennoch zu entwickeln und fortzupflanzen (Lexikon der Biologie 1999). Je größer der Toleranzbereich und vor allem die ökologische Potenz eines Lebewesens ausfallen, desto größer ist also auch die Elastizität, mit der ein Lebewesen auf Veränderungen, Störungen und Krisen reagieren kann. Wie im ▶ Abschn. 2.1.2 beschrieben, gedeihen Korallen beispielsweise ab einer Mindestwassertemperatur von 18 °C (Frieler et al. 2012). Dies charakterisiert das Minimum des Toleranzbereiches, während das Maximum regional unterschiedlich ausfällt und z. B. im Persischen Golf bei 35 °C liegt (Jokiel et al. 2004). Die ökologische Potenz einzelner Korallenarten innerhalb dieses Toleranzbereiches unterscheidet sich und führt u. a. dazu, dass die kleinpolypige Steinkoralle *Poritis furcata* in Hitzeperioden weniger bleichanfällig ist als z. B. Vertreter der Taxa *Stylophora*. Ihre Resilienz gegenüber Hitze ist höher, sie erholt sich schneller. Gleichwohl wird die naturbedingt gegebene Resilienz von Korallenriffen noch durch viele weitere Faktoren bestimmt (vgl. ▶ Abschn. 2.1.2), u. a. auch von seiner groß- und kleinräumigen Lage und der Robustheit, mit der ein Riff trotz gegebenenfalls verminderter Skelettdichte Sturmereignissen standhalten kann. Elastizität ist demnach ein Einflussfaktor von vielen, während Resilienz den Überbegriff darstellt, der auf einem komplexen Wirkungsgefüge verschiedener Einflussfaktoren beruht.

Aber halten wir bis hierhin fest, dass Elastizität im ökologischen Sinn eng mit der TOLERANZ von Lebewesen verknüpft ist. Lebewesen mit einem euryöken Toleranzbereich haben die Fähigkeit, große Schwankungen und Veränderungen ihrer Umwelt zu ertragen, ohne geschädigt zu werden. Lebewesen mit einem stenöken und damit eingegrenzten Toleranzbereich sind dazu deutlich weniger in der Lage und infolgedessen vulnerabler. Der im Kapitel „Vielfalt" beschriebene Waschbär (*Procyon lotor*) ist beispielsweise in Bezug auf seine Nahrungsquellen in hohem Maße euryök, während der Helle Wiesenknopf-Ameisenbläuling (*Phengaris teleius*) mit seiner ausschließlichen Fixierung auf den Großen Wiesenknopf (*Sanguisorba officinalis*) zu den stenöken Arten zählt. Hier zeigt sich, dass zwischen Vielfalt und Toleranz ökologisch mitunter enge Bezüge bestehen. Große Toleranzbereiche finden wir auch bei dem bereits erwähnten Riesen-Bärenklau (*Heracleum Mantegazzianum*). Er besiedelt in seiner kaukasischen Heimat Bereiche bis zu Höhen von 2200 m über NN und kommt deshalb in Deutschland mittlerweile auch von den Alpen bis zur Küste vor. Angepasst an gemäßigt-kontinentales Klima mit heißen Sommern und kalten Wintern verträgt er eine große Temperaturspannweite und ist in Abhängigkeit vom konkreten Standort auch nur wenig empfindlich, wenn sich die sommerlichen Temperaturen im Zuge des Klimawandels weiter erhöhen. Zudem zeigt seine Blühfähigkeit eine enorme Spannweite. Zwar beträgt die durchschnittliche Zeit bis zur Blüte nach Thiele (2007: 68,69) drei bis fünf Jahre. Steht der Riesen-Bärenklau aber beschattet im Wald, kann er durchaus 20 Jahre damit warten. Wenn sich dann die Lichtverhältnisse verändern, blüht er schlagartig auf. Wird die Blüte vor der Samenbildung entfernt, ist er in der Lage, von unten neu aufzublühen. Daran scheiterten schon manche Versuche, ihn als unliebsame invasive Pflanze zu beseitigen. Da die adulte Pflanze vor dem Ausreifen der Früchte Reserven zur erneuten Blütenbildung besitzt, treibt sie später häufig nach und meist auch im Folgejahr wieder aus. Wenn die Pflanze nach Schnitten weitere ruhende Knospen im oberen Teil der Wurzel austreibt, hilft demnach nur das Ausgraben bzw. Abstechen der Wurzel, um den Riesen-Bärenklau wirksam zu beseitigen. Die genannten Aspekte zeigen, mit welcher Elastizität sich die Pflanze dynamisch an Veränderungen anpassen kann. Und das im ▶ Abschn. 2.2.1 beschriebene Beispiel des Mopane-Baumes *(Colophospermum mopane)* verdeutlicht wiederum, dass sich solche Toleranzbereiche evolutionär entwickeln. Denn der Mopane-Baum ist gerade deshalb heute so gut in der Lage, den Verbiss der Rinderherden der Himbas zu verkraften und immer wieder neu auszutreiben, weil er sich über Jahrtausende bereits an den Verbiss von Wildtieren gewöhnt hat und seine Keimlinge deshalb eine extrem weite ökologische Amplitude aufweisen (Schulte 2002: 157).

Während Elastizität in unterschiedlichem Maße ein immanentes Wesensmerkmal von Natur ist, hat der Mensch seit jeher versucht, ihr mit möglichst robusten Strukturen zu begegnen und im wahrsten Sinne des Wortes zu „widerstehen". Naturbedingte Elastizität wurde vielfach als Zumutung, im besten Falle als Herausforderung und nur selten als Geschenk wahrgenommen. Und so verwundert es nicht, dass sich über Kulturen und Kontinente hinweg unzählige Beispiele dafür finden lassen, wie der Mensch der Strategie folgte, seine Resistenz gegenüber der Natur zu stärken und weitaus weniger, wie der Mensch auf die Elastizität der Natur mit einer ebenso großen eigenen Elastizität antwortete. Um ein paar wenige Beispiele zu nennen, soll zunächst auf die PASTORAL-NOMADISCHEN LANDSCHAFTEN in KIRGISISTAN verwiesen werden, die heute noch Teile des Tian Shan-Gebirges prägen (◘ Abb. 3.8).

In Kirgisistan sind starke klimatische Unterschiede zwischen Winter und Sommer typisch. Wenn in Bischkek die Temperaturen im Juli über 30 °C steigen, fallen die Temperaturen in Naryn im Januar unter −20 °C. Die kirgisischen Halbnomaden (vgl. ◘ Abb. 3.9) haben ihr Leben daran durch einen jahreszeitlichen Zyklus angepasst.

Sie verlassen mit ihren Jurten Mitte Mai ihr Winterquartier in den tiefer gelegenen Dörfern am See Yssykköl und ziehen in die Berge, um dort ihre Yak- und Pferdeherden zu begleiten, bevor sie vor Wintereinbruch wieder in ihre festen Unterkünfte zurückkehren. Ihre Lebensweise lässt sich also durch eine hohe räumliche wie auch jahreszeitliche Elastizität charakterisieren. Diese schlägt sich nicht nur in der Bauweise ihrer Jurten, sondern auch in allen anderen Details ihrer Lebensweise nieder. Eine ähnliche Elastizität in der Lebensweise hat das Beispiel der Himbas in ▶ Abschn. 2.2.1 gezeigt. Nun kann man an dieser Stelle entgegenhalten, dass die mitteleuropäische Lebensweise eine solche Elastizität wohl kaum möglich macht. Aber abgesehen davon, dass die Zunahme an Pendlern, insbesondere auch Fernpendlern, durchaus für eine gewisse Elastizität in der Reaktion auf den Arbeitsmarkt steht, sind noch ganz andere Formen von Elastizität denkbar.

Im südlichen ÄTHIOPIEN demonstriert das kleine Volk der DORZE eine Bauweise, die dezidiert mit natürlichen Zyklen arbeitet. Fragt man die Dorze vor Ort über ihre Herkunft, erzählen sie, dass sie seit ca. dem 11. Jahrhundert die recht schlecht erreichbaren Gebirgslagen über 2500 m über NN besiedelten, die sie heute am Rande des ostafrikanischen Grabenbruchs bewohnen. Hintergrund war vor allem, um sich gegenüber Feinden besser schützen zu können.

3.4 · Elastizität und Toleranz

Abb. 3.8 Pastoral-nomadische Landschaft, Temir Kanat, Kirgisistan. (Foto: C. Schmidt)

Abb. 3.9 Kirgisin, Temir Kanat. (Foto: C. Schmidt)

Angepasst an die Witterungsbedingungen bauen sie seither in den Bergen bevorzugt Ensete-Pflanzen an, darüber hinaus auch Bambus. Aus beiden Materialien werden bis heute ebenso ihre Häuser errichtet. Diese sind nicht nur deshalb ausgesprochen kunstfertig, weil sie trotz ihrer beachtlichen Größe vollständig nagellos gebaut sind. Auch ihre Form ist höchst ungewöhnlich, sodass man beim ersten Anblick wahrlich grübelt, welche Bewandtnis diese auf sich hat. Die Dorze liefern dafür eine einleuchtende und zugleich merkwürdige Erklärung: Mit kleinen Augen als Entlüftungsöffnungen und einer Art Rüssel, in den die Tür eingebaut ist, sollen die Häuser an die Elefanten erinnern, die die Dorze bei ihrer Ankunft im Gebiet antrafen (vgl. ◘ Abb. 3.10).

Allein aus symbolischen Gründen über Jahrhunderte eine solche Hausform beizubehalten, scheint recht aufwendig zu sein. Bei genauerer Betrachtung erweisen sich die Häuser aber zugleich als ungemein praktisch. Von den vielfältigen nützlichen Vorteilen der Häuser sei im Kontext zur Resilienz einer hervorgehoben: Der „Rüssel" wird ebenso wie die gesamte Hauskonstruktion sukzessive von Jahr zu Jahr verkürzt, denn ab dem ersten Tag der Errichtung beginnen Termiten unverzüglich, die Häuser von unten her wieder aufzufressen. Die Häuser werden also von Jahr zu Jahr ohne Zutun der Dorze kleiner. Eine Strategie der Resistenz würde nun versuchen, die Zugänglichkeit der Hauskonstruktion für Termiten durch eine undurchdringliche Bodenplatte oder ähnliches zu verhindern, wenigstens maßgeblich zu erschweren. Anders aber antworten die Dorze: Sie bauen das Haupthaus mit Absicht besonders hoch – 9–12 m hoch – und schneiden in dem Maße, wie das Haus kleiner wird, in zeitlichen Abständen einfach die Tür wieder neu aus. Die „Augen" befinden sich als Abzugsöffnungen im oberen Teil des Hauses und müssen deshalb in der Regel nicht nachbearbeitet werden. Auf diese Weise kann ein Haus eingedenk einiger Ausbesserungsarbeiten am Dach

◘ Abb. 3.10 Typisches Haus der Dorze in Chenga, südliches Äthiopien. (Foto: C. Schmidt)

ungefähr 70 Jahre halten, dann hat sich das Haus selbst recycelt. Ein neues, ebenso vollständig recycelbares Haus wird errichtet. Insofern zeigt das Beispiel eine an Lebenszyklen orientierte Elastizität der Bauweise, die man nicht häufig findet.

Einen ganz anderen Ansatz, mit Spannweiten umzugehen, zeigen die LANGHÄUSER AUF BORNEO; wie sie für die Iban und Bidayuh (englisch auch als *Sea Dayak* oder *Land Dayak* bezeichnet) oder auch die Orang Ulu typisch sind. Die Langhäuser sind oft viele hundert Meter lang, beherbergen jeweils ein Dorf und sind in voller Länge und Breite aufgeständert. Damit wird nicht zuletzt auf die Hochwassergefährdung in den Siedlungsgebieten reagiert. Die Höhe der Aufständerung der Stelzenhäuser variiert dabei in Abhängigkeit vom Relief. Das Dorf Annah Rais in Sarawak (◘ Abb. 3.11) weist beispielsweise eine Höhendifferenz von mindestens 2 bis häufig 5 m zur umgebenden Flur auf. Zudem ist der benachbarte Fluss von Natur aus ca. 8 m tief ins Gelände eingeschnitten, sodass der Spitzenpegelstand eines Hochwassers 10–13 m betragen kann, ohne dass größere bauliche Schäden im Dorf befürchtet werden müssen. Die Bauweise ermöglicht es also, ohne Funktionsverluste mit einer erstaunlich großen Spannweite an Pegelständen des benachbarten Flusses zurechtzukommen. In gewisser Weise wird damit die Funktionsweise von Mangroven nachgeahmt.

Dabei ist es ein eigenartig federndes Gefühl, über die Bambusterrassen zu gehen. Sie erlauben in dem feuchtheißen Klima zugleich eine ausgesprochen angenehme Ventilation, sodass die Aufständerung nicht nur in Bezug auf Hochwasser ihre Vorteile hat. Historisch diente die Bauweise zugleich dem Schutz vor Angriffen. Bei Überfällen, so wird dem Besucher vor Ort erzählt, wurden die Treppen hochgezogen und die Feinde (Kopfjäger) von oben mit heißem Öl und kochendem Wasser übergossen. Auch gegenüber unerwünschten Tieren des Regenwaldes sicherte die Konstruktion

◘ Abb. 3.11 Langhaus Annah Rais der Bidayuh in Malaysia, Sarawak. (Foto: C. Schmidt)

einen bestmöglichen Schutz ab. Die Stelzenhäuser haben sich insofern über Jahrhunderte in verschiedensten Krisensituationen bewährt und funktionieren auch im normalen Alltag gut. So dient die Bambusterrasse als offener, multifunktional nutzbarer Gemeinschaftsraum, an dem sich die einzelnen privaten Wohnbereiche aneinanderreihen. Vor jeder Tür stehen Tische und Stühle. Hier trifft man sich, es werden zusammen Reis und Maniok getrocknet oder die Kinder betreut. Bis heute haben die Langhäuser auf diese Weise nicht an Beliebtheit verloren. Sie konnten sich rasch an wechselnde Rahmenbedingungen anpassen, was Rückschlüsse auf eine erstaunlich hohe Resilienz zulässt.

Während das Höhenniveau eines Langhauses bei wechselnden Wasserständen konstant bleibt, verändert es sich bei SCHWIMMENDEN KONSTRUKTIONEN. Hier wird „Elastizität" in einer anderen Form gelebt. Zwei Beispiele mögen dies verdeutlichen – eines aus Peru, ein anderes aus Singapur.

So haben z. B. die UROS, die in der Bucht von Puno im TITICACASEE (Peru) leben, schon sehr frühzeitig gelernt, aus Totora-Schilf tragfähige Boote zu konstruieren und nutzten diese Kenntnisse, als sie von den Inkas unterworfen werden sollten: Sie bauten schwimmende Schilfinseln und flüchteten mit diesen auf das offene Wasser. Seither leben durchschnittlich drei Familien auf einer Schilfinsel (vgl. ◘ Abb. 3.12) und ernähren sich einerseits vom Fisch- und Wasservogelfang, andererseits zunehmend auch vom Tourismus. Von den ungefähr 100 Schilfinseln, die die ungewöhnliche Insellandschaft in der Bucht von Puno prägen, werden mittlerweile ca. 20 touristisch genutzt. Die Schwimmfähigkeit der ungefähr 1000–2000 m² großen Inseln basiert dabei auf einem 1,5 m dicken, ausgestanzten Wurzelkörper des Totora-Schilfes, der aufgrund seines hohen Torfanteiles wie ein Auftriebskörper fungiert. Darauf wird über Kreuz eine Schilfschicht nach der anderen aufgebracht, bis eine ungefähr 2 m dicke

◘ **Abb. 3.12** Eine der schwimmenden Insel der Uros, Peru. (Foto: C. Schmidt)

Schicht entsteht, auf der es sich weich und elastisch laufen lässt. Mit diesem Aufbau können sich die Schilfinseln variabel an die sich verändernden Wasserstände des Titicacasees anpassen. Sie könnten ebenso den Standort wechseln, sind aber derzeit in der Bucht von Puno fest verankert, um Grenzkonflikte zu Bolivien zu vermeiden.

In SINGAPUR wird das Prinzip der schwimmenden Inseln mit anderen Baumaterialien umgesetzt: In der Marina Bay ist beispielsweise ein Spielfeld auf einer Schwimmplattform errichtet worden (Abb. 3.13), welches sich mit steigendem und sinkendem Wasserstand nach oben oder unten bewegt, dabei aber mittels zweier Ankerpunkte in der räumlichen Lage gehalten wird. Die Zuschauertribünen befinden sich auf dem benachbarten Festland.

Aber kommen wir noch einmal auf Hochwasserereignisse zurück, die dem Menschen seit jeher besondere Elastizität abverlangten.

In der SUMPF- UND MOORLANDSCHAFT SOOMAA haben Überschwemmungen sogar dazu geführt, dass man von einer „fünften" Jahreszeit spricht. Aufgrund der großflächigen Hochmoore und der hohen Fließgewässernetzdichte wird dort alljährlich ein Großteil des Gebietes überflutet. Zwar steigt der Wasserspiegel nach der Schneeschmelze mit einer Geschwindigkeit bis zu 1 m pro Tag recht schnell an, aber dann bleibt das Wasser für mehrere Wochen in einem Areal von bis zu 175 km^2 stehen (Soomaa Nationalpark 2019), sodass der Begriff der fünften Jahreszeit wahrlich nicht übertrieben scheint. Sie ordnet sich zwischen Winter und Frühling ein. Die höchsten Wasserstände betrugen in dieser Zeit mehr als 5 m über dem normalen Pegelstand (Soomaa Nationalpark 2019). Die Bewohner der Region haben sich vor diesem Hintergrund schon frühzeitig mit Hochwasserereignissen arrangieren müssen. Sie nutzen dazu bis heute

Abb. 3.13 Schwimmendes Spielfeld in der Marina Bay, Singapur. (Foto: C. Schmidt)

Abb. 3.14 Typische Hängebrücke im Soomaa-Nationalpark, Estland. (Foto: C. Schmidt)

gern Hängebrücken (vgl. Abb. 3.14), da sie nach einer Beschädigung oder Zerstörung mit vergleichsweise geringem Aufwand wiedererrichtet werden können. Andererseits arbeiteten die Bewohner über Jahrhunderte gezielt mit temporären Brücken. Diese wurden nach Abflauen eines Hochwassers aufgestellt und jedes Jahr vor Einsetzen des Winters wieder abgebaut, damit sie das nächste Hochwasser nicht zerstörte (Soomaa Nationalpark 2019). Um während der Flut mobil zu sein, wurden darüber hinaus bevorzugt aus Espen *(Populus tremula)* sogenannte Haabjas (Einbäume) gebaut (Environmental Board 2019). Heute werden diese freilich vielfach durch herkömmliche Kajaks ersetzt. Aber die Straßen sind indes nach wie vor nahezu ausschließlich als Schotterstraßen ausgebildet, um auch diesbezüglich den Wiederherstellungsaufwand nach Schadereignissen (und zugleich den regulären Wartungsaufwand) gering zu halten. Die genannten Ansätze setzen insofern nicht auf eine besonders hohe Widerstandskraft gegen Überschwemmungen, sondern vielmehr auf ein elastisches Mitgehen mit der Flut und eine rasche Wiederherstellung der landschaftlichen Funktionsfähigkeit nach einem Hochwasser.

Generell bringt der Klimawandel einen wachsenden Bedarf an elastischen Raumstrukturen mit sich. Hochwasser und sommerliche Trockenheit sind beispielsweise nur zwei Seiten ein und derselben Medaille. Die Spannweite der Extreme wächst, und wir brauchen Raumstrukturen, die gegenüber dem einen wie dem anderen gewappnet sind. In diesem Kontext wird im raum- und stadtplanerischen Fachdiskurs auch ein verbesserter UMGANG MIT UNSICHERHEITEN thematisiert. So ist es beispielsweise zielführend, planerisch mit unterschiedlichen Klimaprojektionen zu arbeiten und etwaige Klimaanpassungsmaßnahmen anhand der Spannweite möglicher klimatischer Entwicklungen zu überprüfen (vgl. u. a. Schmidt et al. 2011). Greiving (2019) schlägt diesbezüglich mit Verweis auf Hallegatte (2009) eine sogenannte No-regret-Strategie vor, mit der solche Maßnahmen bevorzugt umgesetzt werden, die auch einen Mehrwert haben, wenn sich die bislang angenommenen Rahmenbedingungen gänzlich anders entwickeln. Letztlich beziehen sich solche Ansätze ähnlich wie „reversible Strategien" auf das Denken in Varianten und Szenarien. Zudem schlägt er eine sogenannte Safety-margin-Strategy vor und verweist beispielhaft auf Baden-Württemberg, wo bei der Planung wasserbaulicher Anlagen ein Klimazuschlag von 15 % auf das Bemessungshochwasser HQ 100 aufgeschlagen wird, um einer möglichen Zunahme von Extremereignissen Rechnung zu tragen – ein weiteres Beispiel für eine stärkere Berücksichtigung von Spannweiten und damit eine größere Elastizität.

3.5 Autarkie und Dezentralität

Im Gegensatz zu den bisher genannten Einflussfaktoren lassen sich AUTARKIE und Dezentralität nicht auf der Ebene einzelner Arten, sondern erst auf ökosystemarer und landschaftlicher Ebene verhandeln. Dort aber nehmen sie im aktuellen Resilienzdiskurs eine wichtige Position ein. Der Begriff der Autarkie stammt dabei etymologisch aus dem Altgriechischen und umschreibt Selbstständigkeit bzw. die Unabhängigkeit von anderen. Nach Raith et al. (2017: 59) verschaffen Autarkie und Subsistenz in Notfällen Versorgungssicherheit und reduzieren die Fremdabhängigkeit. Erst das gewährleistet, dass Landschaften auch im Krisenfall funktions- und überlebensfähig sind. So wurde bei der Bewertung der „regionalen Krisenfestigkeit" in Deutschland des Eduard Pestel Institutes (Behrendt et al. 2010) ein Set von 18 Indikatoren angewendet, bei denen gerade die wirtschaftliche Autarkie im Krisenfall als positiv bewertet wurde und periphere ländliche im Vergleich zu städtischen Regionen als deutlich krisenfester bewertet wurden. „Dezentrale Energieerzeugung, soziale Stabilität, Verfügbarkeit von land- und forstwirtschaftlichen Flächen und Arbeitsplätze vor Ort helfen bei der regionalen Abfederung", so formulieren es Behrendt und Koautoren (2010: 13).

Untrennbar verbunden mit Autarkie ist die DEZENTRALITÄT, die nach Sieverts (2013: 320) „Selbstorganisation und kleinteiligen Wettbewerb, aber auch einfachere Anpassungen an neue Bedingungen" fördert. Aber was heißt schon dezentral? Oder wie lässt sich der vielfach in diesem Zusammenhang verwendete Begriff der Regionalität tatsächlich fassen? Die Konturen beider Begriffe verschwimmen bei genauerer Betrachtung vielfach. Gillert (2016) untersucht beispielsweise die Lebensmittelbranche in Deutschland vor dem Hintergrund einer Ernährungsnotfallversorgung und konstatiert, dass es zwar Produktgruppen gibt, denen eine gewisse Regionalität anhaftet, allen voran Obst und Gemüse. Aber auch diese „Regionalität" geht üblicherweise über das hinaus, „was im Rahmen einer Krise als Versorgungsstruktur einer einzelnen Region bezeichnet werden könnte". Beispielsweise wird die sogenannte „regionale Milch aus Brandenburg" in der Uckermark hergestellt, jedoch in der 250 km entfernten Lausitz verkauft (Gillert 2016: 64). Streng genommen können lediglich ungebundene Akteure, die

z. B. im eigenen häuslichen Garten, in Kleingärten, im Rahmen des Urban Gardenings oder in bäuerlichen Höfen Nahrung für den Eigenbedarf oder für sehr kleinräumige Versorgungskreisläufe erzeugen, tatsächlich zu einer regionalen Autarkie beitragen. Der Großteil aller lokalen Akteure dürfte Teil überregionaler, wenn nicht gar nationaler und internationaler Handelsketten sein (Gillert 2016: 63). Regionalität oder Dezentralität sind insofern begrifflich ziemlich amorph und dehnungsfähig. Sie sind eher als Prinzip, denn als objektive Größe zu verstehen. Aber halten wir zunächst fest, dass ein (landschaftliches) System in der Aufrechterhaltung seiner Funktionen im Stör- oder Krisenfall in der Fachliteratur umso resilienter gewertet wird, je kleinräumiger die lebensnotwendigen Versorgungskreisläufe ausgeprägt sind.

Schauen wir uns unter diesem Blickwinkel Malta näher an. MALTA weist als Insel für eine solche Betrachtung den Vorteil auf, sich als Landschaft einfach abgrenzen zu lassen. Wie autark ist die Landschaft im Krisenfall? Ganz gleich, ob durch Naturereignisse oder anthropogene Störereignisse oder Katastrophen ausgelöst: Um auch in einer solchen Situation funktions- und überlebensfähig zu sein, müsste auf der Insel aus eigener Kraft eine Versorgung der Bevölkerung mit Trinkwasser, Energie und Lebensmitteln möglich sein. Bezüglich des Trinkwassers hat Malta dabei schon Positives vorzuweisen. Nach Kitzler (2014) stammen nämlich annähernd 70 % des Trinkwassers aus eigenen Meerwasserentsalzungsanlagen. Landschaftlich existieren keine Fließgewässer, aus denen alternativ Trinkwasser gewonnen werden könnte. Malta weist einen Jahresniederschlag von nur etwas über 500 mm und eine ausgeprägte Sommertrockenheit auf (Imprint 2019), und in dem porösen Kalkstein der Insel versickern die wenigen Niederschläge rasch, ohne permanente Gewässer bilden zu können. Die Voraussetzungen für die Wasserversorgung sind damit schon im Normalfall schwierig. Der naturbedingte Wassermangel stellt einen Point of Weakness der gegebenen landschaftlichen Resilienz dar. Vor diesem Hintergrund sichert die Entsalzung von Meereswasser eines zwar aufgrund des hohen Energieaufwandes teure, aber im Krisenfall zielführende Variante dar. Die verbleibenden 30 % werden durch Trinkwasserimporte vom Festland und Grundwasserressourcen gedeckt. Sie werden beispielsweise für die Erzeugung von Wein und Bier genutzt.

Allerdings wurden die schon für die neolithische Siedlungsperiode nachgewiesenen und im Mittelalter noch erheblich ausgebauten Rückhaltesysteme von Regenwasser, wie sie Sapiano et al. (2008) beschreiben, im Laufe der Zeit vernachlässigt, sodass aktuell keine Alternative zur Entsalzung des Meerwassers existiert, die eine Unabhängigkeit der Insel im Krisenfall absichern würde. Hier könnte Malta seine Resilienz stärken. Denn während 1566 der Großmeister des Johanniterordens Jean de la Valette den Grundstein für Maltas Hauptstadt (Valetta) legte und dabei unter Androhung von Strafen festlegte, dass jedes Haus über eine unterirdische Zisterne für die Sammlung von Regenwasser verfügen musste (Sapiano et al. 2008: 101), ist heute eine längerfristige Bevorratung von Regenwasser weitgehend unüblich. Man ist gewohnt, dass Wasser nach Bedarf zur Verfügung steht. Die auf den Dächern in der Abbildung (vgl. ◘ Abb. 3.15) zu sehenden Wassertanks dienen als Zwischenspeicher zur Stabilisierung der Wasserversorgung, nicht aber der Regenwassersammlung. Das Wasserversorgungssystem Maltas ist also nicht gerade durch Redundanz und Vielfalt geprägt, aber zumindest durch Ansätze der Autarkie.

Anders verhält es sich allerdings mit der Energieversorgung, denn obgleich das sonnenverwöhnte Malta über enorme Ressourcen zur Nutzung von Photovoltaik und Solarthermie verfügt, sind derartige Module auf den Dächern der maltesischen Städte und Dörfer noch Mangelware. Nun muss man einschränkend aufführen, dass die Malteser klimabedingt über einen Großteil des Jahres nicht auf eine Heizung angewiesen

3.5 · Autarkie und Dezentralität

● **Abb. 3.15** Dachlandschaft in Valetta mit Zwischenspeichern für Wasser, Insel Malta. (Foto: C. Schmidt)

sind. Die Jahresdurchschnittstemperatur in der Periode von 1982 bis 2012 betrug angenehme 18,4 °C, und selbst im Januar sinken die Temperaturen gewöhnlich nicht unter 9 °C (Imprint 2019). Ein essenzielles Heizproblem besteht insofern nicht, und dennoch will auch der Strombedarf im Störfall zumindest insoweit gedeckt werden, dass lebensnotwendige Wirtschaftszweige und z. B. die Gesundheitsversorgung aufrechterhalten werden können. Malta verfügt jedoch über keinerlei eigene Rohstoffe. Die einst aus Steineichen (*Quercus ilex*) und Aleppo-Kiefern (*Pinus halepensis*) bestehenden Wälder wurden schon mit der Besiedlung der Insel sukzessive gerodet (Schembri 1997), und die Nutzung erneuerbarer Energien steht wie beschrieben erst am Anfang. Folglich beträgt die Energieimportabhängigkeit 100 %. Von einer Energieautarkie kann demnach keine Rede sein. Seit 2015 ist die Insel vielmehr durch ein Unterseekabel mit Sizilien verbunden. Fällt eines der vier Elektrizitätswerke aus, welches aus Erdgas (und im Backup Erdöl) Strom erzeugt, so kann über dieses Kabel Strom aus dem italienischen Netz importiert werden (Wikipedia 2019a). Anstelle von Autarkie setzt Malta hier demnach auf Vernetzung. Gleiches gilt für die Lebensmittelversorgung. Denn die Insel verfügt über viel zu wenige Freiflächen, um im Krisenfall tatsächlich mit eigenen Ressourcen eine Ernährung seiner über 400.000 Einwohner sicherzustellen. Ein Blick in die Läden zeigt schnell, dass der überwiegende Teil der Nahrungsmittel aus dem europäischen Markt importiert wird. Besucht man Malta, wird man zwar erstaunlicherweise selbst mitten in Valetta häufig durch Hähne geweckt. Trotz Platzmangels sind die Malteser bei der Aufrechterhaltung einer kleinen Subsistenzwirtschaft also durchaus sehr erfinderisch und nutzen sogar teilweise die Dachflächen für die Tierhaltung. Eine vollständige Autarkie ist damit aber zweifelsohne nicht möglich, dazu ist die Insel mit 1386 Einwohnern pro km² (2017) schlichtweg zu dicht besiedelt. Die Insel gleicht mittlerweile in ihrem Landschaftscharakter einer sich über mehr als 300 km² erstreckenden Stadtlandschaft, und wie die meisten anderen Städte, so weist auch sie insgesamt doch wenige Strukturen auf, die sie im Krisenfall autark machen würden. Allerdings ist der Trend der Urbanisierung nicht umsonst nach wie vor ungebrochen: In Großstädten als meisterhaftem Ausdruck von Zentralisierungstendenzen werden von einem Großteil der Bevölkerung entscheidende Vorteile für ihr Leben gesehen. Und so ist als Antagonist der Autarkie die Vernetzung zu betrachten, die mit zunehmenden Konzentrationsprozessen einhergeht.

3.6 Vernetzung und Konzentration

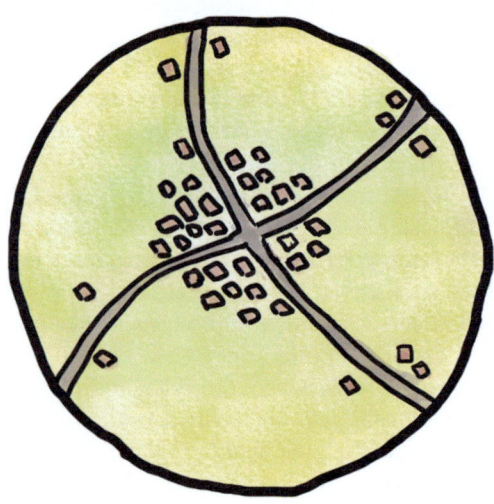

Dass VERNETZUNG in ganz entscheidendem Maße landschaftliche Resilienz beeinflussen kann, sieht man sehr eindrücklich an landschaftlichen Systemen, die aufgrund mangelnder Vernetzung zusammengebrochen sind.

Wie in ▶ Abschn. 2.2.2 näher beschrieben, wurde beispielsweise der Niedergang der Hochkultur der Osterinsel just dadurch eingeläutet, dass infolge der Abholzung die Kanus nicht mehr hochseetauglich ausgestaltet werden konnten und auf diese Weise weder ein größerer Fischfang noch ein Austausch mit anderen Inseln möglich war. Selbst nach der europäischen Entdeckung der Insel im Jahr 1722 dauerte es immerhin 48 Jahre, ehe das nächste Schiff anlandete. Geografisch durch einen extrem hohen Isolationsgrad geprägt, war eine Autarkie der Insel durchaus gegeben. Allerdings reichte diese nicht aus, die Kultur und den Lebensstandards der Rapa Nui dauerhaft aufrechtzuerhalten, nicht zuletzt aufgrund der geringen naturbedingt gegebenen Resilienz der Landschaft. Gerade weil die geografische Isolierung einen Point of Weakness darstellte (▶ Abschn. 2.2.2), hätte eine intensivere Vernetzung mit anderen Inseln als „Rettungsanker" fungieren können. Ohne funktionsfähige Kanus war jedoch eine Hilfe von außen nicht möglich.

Analog dazu brach auch die Kultur von NORMANNISCH-GRÖNLAND (vgl. ◘ Abb. 3.16) just in der Zeit zusammen, als in der kleinen Eiszeit die Schifffahrtsrouten zwischen GRÖNLAND und Norwegen durch Meereseis blockiert waren und die Handelsbeziehungen zwischen den beiden Ländern zudem aus wirtschaftlichen Gründen gänzlich abrissen. 1410 kehrte das letzte Schiff aus Grönland nach Norwegen zurück, welches von der Existenz der Nordmänner (bzw. den auch isländisch *Grænlendingar* genannten skandinavischen Siedlern Grönlands) kündete. Die nächsten Besuche von Europäern fanden erst mehr als 150 Jahre später (1576 und 1587) statt und berichteten zwar von Inuit, aber nicht mehr von Nordmännern (Diamond 2012: 338, 339). Sowohl die westliche, als auch die östliche Siedlung der Nordmänner waren vollständig verlassen worden. Seither wird trefflich darüber gerätselt, ob die ehemals ca. 5000 Nordmänner verhungerten, an Krankheiten starben, auswanderten oder in

3.6 · Vernetzung und Konzentration

Abb. 3.16 Küstenlandschaft bei Ilulissat, Grönland. (Foto: C. Schmidt)

kriegerischen Auseinandersetzungen getötet wurden. Fakt ist, dass sie ausnahmslos verschwanden und ihre Gesellschaft zusammenbrach.

Auch wenn das Schicksal der Nordmänner bis heute nicht eindeutig geklärt ist, lohnt es sich, mit Blick auf den Zusammenhang zwischen Vernetzung und Resilienz einige Aspekte aus dem zweifelsohne vielfältigen Bedingungsgefüge des Niedergangs der Gesellschaft der Wikinger auf Grönland herauszugreifen. So war beispielsweise das Verhältnis der Nordmänner zu den Inuit als unmittelbaren Nachbarn durch eine strikte Abgrenzung, und nicht etwa durch Austausch und Vernetzung geprägt. Dabei besiedelten beide Ethnien denselben Lebensraum in derselben Zeit. Nach den Angaben des Museums, welches man in Ilulissat besuchen kann, waren die Vorfahren der Inuit bereits seit 2500 vor unserer Zeit in mehreren Wellen über die Beringstraße aus Nordamerika eingewandert. Die letzte – die sogenannte Thule-Kultur – breitete sich in Grönland in der Periode wärmeren Klimas zwischen 1000 und 1200 n. Chr. aus, in der sich ebenso die Wikinger etablierten. Während die Inuit aber auch die nachfolgenden Jahrhunderte erfolgreich überstanden, scheiterten die Wikinger. Warum? D'Andrea und Kollegen (2011: 9768) konnten aus den Sedimentproben zweier Seen nahe des heutigen Ortes Kangerlussuaq eine komplette Klimageschichte der letzten 5600 Jahre erarbeiten und einen drastischen Temperaturrückgang in den Siedlungsgebieten der Nordmänner nachweisen, kurz bevor sie verschwanden (ca. 4 °C Durchschnittstemperatur in 80 Jahren). Vor diesem Hintergrund ist davon auszugehen, dass sich die Bedingungen der für die Nordmänner so prägenden Viehhaltung durch die „kleine Eiszeit" markant verschlechterten. An die Viehhaltung war aber – im Gegensatz zu den Inuit – ganz erheblich das Selbstverständnis der Nordmänner gebunden. Sie hatten eine ausgeklügelte Milchwirtschaft mit Kühen, Schafen und Ziegen mitgebracht, die in den ersten Jahrzehnten nach ihrer Ankunft Ende des 10. Jahrhunderts aufgrund der damaligen Warmzeit auch durchaus ein gutes Überleben sicherte (Diamond 2012). Nicht umsonst nannte Erik der Rote die Insel „grünes Land". Ähnlich wie viele andere Auswanderer blieben die Nordmänner dabei auch in den folgenden Jahrhunderten in ihrer Lebensweise und ihren Traditionen aufs engste mit ihren Herkunftsgebieten (Island und zuvor Skandinavien) verbunden. Von der Bauweise über die Bestattungskultur bis hin zu Alltagsgegenständen: Die Wikinger folgten in allen Einzelheiten den nordeuropäischen Sitten. Sie bauten große Kirchen, ja erzeugten eine Dichte an Kirchen pro Einwohner, die sogar dreimal so hoch wie auf Island war (Diamond 2012), kleideten sich normannischer als die Normannen, lebten normannischer, hielten ihre Kultur so hoch wie nicht einmal in ihrer Heimat, nicht zuletzt, um ihre Verbindung zu dieser und im gleichen Zuge ihre klare Abgrenzung zu den Inuit zu symbolisieren. Jedenfalls deutet nichts darauf hin, dass die Wikinger mit den Inuit handelten, geschweige denn von ihnen lernten, beispielsweise, wie man auch ohne Holz Boote bauen konnte oder wie man in diesen Breiten angelte (vgl. Diamond 2012). Arneborg et al. (2012) stellten zwar anhand einer Isotopenanalysen von 80 Nordmänner-Leichen fest, dass sie ihre Ernährung am Ende der Warmzeit sukzessive auf maritime Kost umstellten und sich insofern in der Krisenzeit notgedrungen doch stärker an die Lebensweise der Inuit anpassten. Während zu Beginn der Besiedlung im frühen 11. Jahrhundert nur zwischen 20–30 % ihrer Nahrung aus dem Meer stammten, machten Robben im 14. Jahrhundert maximal bis zu 80 %, und im Durchschnitt ungefähr 50–60 % der Ernährung der Nordmänner aus (Arneborg et al. 2012: 115, Stockinger 2013). Allerdings lassen sich in den Ausgrabungsstätten der Nordmänner erstaunlicherweise so gut wie keine Fische nachweisen. Ebenso fehlen Angelhaken oder ähnliche Utensilien des Fischfangs, den die Inuit meisterhaft beherrschen, gleichfalls Belege für Hochzeiten oder eine wie auch immer geartete Durchmischung beider Ethnien (Diamond 2012: 288 ff.). Die Gesellschaft der Nordmänner war vielmehr durch eine kulturelle Schließung geprägt. Diese führte zwangsläufig dazu, dass sie mit Verschlechterung der Klimabedingungen gleich zweifach isoliert wurden, nämlich außerhalb und innerhalb ihres Siedlungsgebietes. Mit dem schrittweisen Rückgang der Viehhaltung wurden nicht nur ihre Lebensgrundlagen eingegrenzt, sondern erodierte zugleich ihre Identität. Sie hätten mehr und mehr wie Inuit leben müssen, was mit ihrem Selbstverständnis nicht in Übereinstimmung zu bringen war. Diamond fasst treffend zusammen:

> Sie waren europäischer als die Europäer selbst, und diese kulturelle Barriere verhinderte die drastischen Veränderungen in der Lebensweise, mit denen sie hätten überleben können. Diamond (2012: 310)

Auf diese Weise hat die heute in Grönland vorzufindende Landschaft nichts mehr mit der einstigen Weidelandschaft der Nordmänner zu tun (vgl. ◘ Abb. 3.16).

Das Beispiel mag verdeutlichen, dass sich Vernetzung und (kultureller) Austausch gerade dann als nützlich erweisen können, wenn Autarkie als Prinzip versagt. Gesellschaftliche Systeme sind gerade dann besonders lernfähig, wenn sie sich nicht abschotten, sondern einen regen Austausch mit anderen pflegen und Impulse von außen kreativ aufgreifen und für sich anzupassen vermögen. Ein Austausch stellt insofern vielfach die Voraussetzung für Innovation und die Selbsterneuerung eines (auch landschaftlichen) Systems auf der Akteurs- und Handlungsebene der Landschaft dar. Kulturelle Schließungsprozesse findet man dabei im Kleinen wie im Großen in vielen Ländern, in unterschiedlichen Dimensionen auch in

Deutschland. Sie sind vermutlich deshalb so zugkräftig, weil sie leicht zur eigenen Identitätskonstruktion verwendet werden zu können. Hanke (2017) hat beispielsweise das kollektive Landschaftswissen im Landkreis Mittelsachsen untersucht und dabei festgestellt, dass sich die Identität der Bewohner des Erzgebirges wesentlich stärker aus der Abgrenzung zu anderen Räumen speist als es in anderen Teilräumen des Landkreises der Fall ist. Gleichwohl hat die landschaftsplanerische Arbeit im Landkreis auch gezeigt, dass sich die landschaftlichen Potenziale des Landkreises nur durch eine Vernetzung der einzelnen Teilräume erschließen lassen (Schmidt et al. 2014).

Betrachtet man die AKTEURS- UND HANDLUNGSEBENE der Landschaft finden sich auch in der psychologischen Fachliteratur zu Resilienz immer wieder Hinweise auf den enormen Einfluss sozialer Vernetzungen. Bei der Begleitung von annähernd 700 Kindern auf Kauai (Hawaii) stellten Werner & Smith (1977) beispielsweise fest, dass zwar ein Großteil der Kinder, die unter ungünstigen sozialen Bedingungen aufwuchsen, im Alter von zehn Jahren schwerwiegende Lern- und Verhaltensprobleme entwickelten, sich allerdings rund ein Drittel der Kinder dennoch stabil und positiv entwickelte, weil sie u. a. zumindest eine Bezugsperson hatten, zu der sie eine starke emotionale Bindung entwickeln konnten. Soziale Vernetzung und ein Gefühl von Zusammengehörigkeit können also im persönlichen Bereich stabilisierend wirken. Nicht anders wird es im gesellschaftlichen Bereich sein. Nicht umsonst werden Kooperationen in der gesichteten Fachliteratur allgemein als unabdingbar für Resilienz eingeschätzt. Raith und Kollegen (2017: 45) beziehen dies explizit auf Akteurs-Netzwerke.

Hier bietet der sozialwissenschaftliche Ansatz der AKTEURS-NETZWERK-THEORIE weiterführende Anknüpfungspunkte (vgl. Latour 2005, Christmann et al. 2012). So sind nach dieser Theorie Handlungen nicht einfach Ergebnis der Interessen, Absichten und Fähigkeiten einzelner Akteure. Gesellschaften – und analog dazu auch Landschaften – sind vielmehr stets netzwerkartig verfasst. Handlungen werden insofern nicht von einer Person, sondern auf komplexe Art und Weise von Beziehungsnetzwerken bestimmt, wobei diese nach Christmann et al. (2012: 21) auch materielle Objekte wie z. B. Landschaftsstrukturen umfassen können, deren Existenz und Verfügbarkeit bestimmte Handlungsformen suggerieren, erleichtern, fördern oder sogar provozieren können. Durch die konzeptionelle Integration von materiellen Objekten wird dem Ansatz der Akteur-Netzwerk-Theorie aus sozialwissenschaftlicher Perspektive zugeschrieben, die Dichotomie zwischen Materialität und Immaterialität aufzuheben. Festzuhalten bleibt an dieser Stelle zunächst einmal, dass sich die Bedeutung von Vernetzungen für die Ausprägung von Resilienz in vielen Fachdisziplinen wiederfindet. Auch im Katastrophenschutz sind immer wieder Maßnahmen und Empfehlungen verankert, funktionsfähige Netzwerke aufzubauen, die im Falle einer Krise oder Katastrophe schnell aktiviert und koordiniert eingesetzt werden können. Vergleicht man die Hochwasserereignisse der letzten Jahre, lässt sich beispielsweise gut nachvollziehen, dass die neuen sozialen Netzwerke eine schnellere Konzentration an Helfern an kritischen Standorten ermöglichten: Eine Kurznachricht über Twitter oder gesondert eingerichtete Plattformen reichte, und schon war wenig später Hilfe da. Eine gute Vernetzung kann also im Störfall lebensrettend wirken. Allerdings kann Vernetzung im Einzelfall auch kontraproduktiv wirken. Vernetzte Systeme können nach Horx

> … sogar besonders instabil sein. Da in ihnen oftmals simple Verstärkungsmuster herrschen, kann sich das System hochschaukeln, bis es einen kritischen Bereich erreicht – und sich selbst zerstört. (Horx 2013: I)

Insofern gilt es, das gesamte System in seinen Wechselbeziehungen und seiner Komplexität stets im Auge zu behalten.

Aber was hat Vernetzung mit KONZENTRATION zu tun? So wie Autarkie eng mit Dezentralität verbunden ist, entstehen Vernetzungen oft parallel zu und als Antwort auf Konzentrationsprozesse. In gewisser Weise stellen auch die Beispiele der Osterinsel und von Normannisch-Grönland Ergebnisse von Konzentrationsprozessen dar: bei der Osterinsel naturgemäß durch die Ballung von Land inmitten des Ozeans, in Normannisch-Grönland durch Konzentration der Nordmänner in nur zwei Siedlungen, umgeben von einer vielfach eisbedeckten und lebensfeindlichen Landschaft. Je stärker die Konzentration, desto großräumiger müssen sich tendenziell auch Vernetzungen ausprägen. Das kann man gut an heutigen Städtenetzen und ihren globalen Verflechtungen sehen. STÄDTE als Inbegriff von Zentralität und Konzentration können nahezu zwangsläufig nicht autark sein, zumindest nicht, wenn man ihre Abgrenzung auf die bebaute Fläche bezieht. Die Stadt Leipzig bezieht beispielsweise etwas mehr als 20 % ihres Trinkwassers über die Fernwasserversorgung aus einem Wasserwerk, welches sich über 50 km entfernt in der Elbaue befindet. Die verbleibende Menge stammt aus 20–30 km entfernten Wasserwerken (Fernwasserversorgung 2017). Ein ca. 20 km von der Stadtmitte entferntes Braunkohlekraftwerk deckt rund 80 % der Fernwärmeversorgung der Stadt ab. Lediglich 1,1 % des Gesamtstromverbrauchs wurden 2012 über Photovoltaikmodule auf den Dachflächen direkt in Leipzig erzeugt (Stadt Leipzig 2014: 16). Die Stadt ist also wie die meisten anderen Städte schon allein versorgungstechnisch maßgeblich von ihrem Umland abhängig, ihre funktionalen Vernetzungen reichen weit über ihre bebaute Fläche hinaus. In gewisser Weise wird dies auch durch den „ÖKOLOGISCHEN FUSSABDRUCK" zum Ausdruck gebracht, der nach Wackernagel & Beyers (2010) die Fläche bezeichnet, die nötig wäre, um den gegenwärtigen Lebensstil und -standard eines Menschen dauerhaft zu ermöglichen. Der ökologische Fußabdruck einer Berlinerin oder eines Berliners beträgt nach Schnauss (2001: 12) z. B. ca. 4,4 ha. Das heißt, zur Befriedigung der Konsumbedürfnisse und zur Kompensation der Umwelteinwirkungen der Stadt ist im Durchschnitt eine Fläche erforderlich, die insgesamt dem 168-fachen der eigentlichen Stadtfläche von Berlin entsprechen würde und in alle Himmelsrichtungen noch ca. 218 km weit reichen würde. Der ökologische Fußabdruck eines Hamburgers oder einer Hamburgerin ist mit ca. 5,5 ha sogar noch etwas größer (Schnauss 2001: 13). Ganz gleich aber, ob man Versorgungsbeziehungen, Pendlerverflechtungen oder den ökologischen Fußabdruck als Indikator nimmt: Städte sind auf allen Ebenen stets durch ein hohes Maß an Verflechtungen geprägt. Resilienz ist also in Konzentrationsprozessen wie den städtischen – wenn überhaupt – nur über Vernetzungen zu erlangen. Beide Aspekte sind scheinbar nur im Doppelpack zu haben.

Dass aber Konzentration und Dekonzentration vielfach auch schlichtweg eine Frage der Betrachtungsebene und der Perspektive sind, zeigt sich, wenn wir beim Beispiel der Städte bleiben und einen Blick in ihre Geschichte werfen. So sind in vielen Stadtchroniken fatale Stadtbrände überliefert, die nicht selten tiefe Krisen auslösten. Und doch wurde wohl keine Stadt allein aufgrund eines Stadtbrandes gänzlich aufgegeben. Helsinki wurde beispielsweise noch 1808 durch ein Großfeuer in Schutt und Asche gelegt, und doch wurde die Stadt danach wieder am selben Ort neu aufgebaut (Krämer und Quack 2018: 96). Denn mit der Konzentration an Gebäuden geht in Städten stets zugleich eine Konzentration an Akteuren einher. Wird eine Stadtlandschaft also auf physisch-materieller Ebene zerstört, existiert sie deshalb trotzdem noch auf der Handlungsebene. Helsinki verdankt dem Aufbauwillen seiner Bevölkerung eine Ablösung der landestypischen Holzbauten durch Steinbauten und sein bis heute prägendes neoklassizistisches Zentrum. In Mitteleuropa wurden Holzbauten schon weitaus früher ersetzt, die

Stadtentwicklung reicht dort jedoch auch länger zurück. Im Mittelalter waren Steinbauten jedoch auch in den mitteleuropäischen Städten nicht weit verbreitet, und selbst bei diesen war der Holzanteil durch Dachstühle, Treppenhäuser und Innenausstattung beträchtlich (Schott 2013). Der größte Teil der mittelalterlichen Wohnhäuser bestand aus Fachwerk und gut brennbaren Materialien, die Dachdeckung beispielsweise vielfach aus Holzschindeln, Stroh oder Reet. In den Höfen lagerten zudem große Mengen an Feuer- und Werkholz. Es war demnach eine hohe Konzentration an brennbarem Material auf engem Raum zu verzeichnen. Dabei heizte und kochte man an offenen Feuern, machte Licht mit offenen Flammen (Kerzen, Kienspane), sodass es relativ rasch zum Auslösen eines Brandes kommen konnte, dessen Ausbreitung durch die Konzentration an brennbarem Material und gegebenenfalls auch noch durch natürliche Witterungen (Trockenheit, starke Winde) begünstigt wurde. Für Basel sind im Spätmittelalter beispielsweise Großbrände im Abstand von 20 bis 40 Jahren nachweisbar (Schott 2013: 298, 299). Die Konzentration an brennbarem Material trug also nicht gerade zur Resilienz der Städte bei. Und doch hatte dies nicht zur Folge, dass man generell vom Konzentrationsmodell der europäischen Städte abrückte, andere Vorteile überwogen. Man erließ Feuer- und Bauordnungen und reduzierte durch die darin vorgeschriebenen Brandmauern oder auch durch eine wachsende Anzahl an Steinbauten die Anfälligkeit der Stadt gegenüber Feuer. Das heißt, innerhalb der Konzentration an Gebäuden nahm man eine Dekonzentration des brennbaren Materials vor. Konzentrations- und Dekonzentrationsprozesse schließen einander bei näherem Hinsehen also nicht unbedingt aus, sondern bedingen einander. Nicht die Dichte der Gebäude wurde reduziert, sondern ihre Ausführungsform geändert.

Analog dazu verfuhr man auch in der hygienischen Krise der Städte Anfang des 19. Jahrhunderts. Cholera-Epidemien, endemische Magen-Darm-Erkrankungen und eine hohe Säuglingssterblichkeit wurden durch eine immens hohe Konzentration an Menschen in unhygienischen Zuständen verschärft. Aber auch hier wurde nicht etwa das Konzentrationsmodell der Stadt insgesamt in Frage gestellt und ein Rückzug aufs Land ausgelöst. Der Urbanisierungstrend setzte sich vielmehr ungebrochen fort. Nicht die Konzentration an Menschen wurde verändert, sondern die Qualität der Stadtinfrastruktur durch Kanalisation und Trinkwasserreinigung verbessert und damit die Dichte der auslösenden Faktoren reduziert. Zentralisierungs- und Dezentralisierungsprozesse können sich insofern vielfältig überlagern, und ähnlich wie es bei Vielfalt und Redundanz davon abhängt, worauf man gerade das Scheinwerferlicht lenkt, scheinen sich Landschaften je nach Betrachtungsebene auch zwischen den Gegenpolen Konzentration und Dezentralität sowie Austausch und Autarkie zu bewegen.

3.7 Prinzipien landschaftlicher Resilienz

Ziehen wir an dieser Stelle ein kurzes Zwischenfazit. Die Ausführungen des Kap. 3 haben versucht, anhand von Beispielen und einer Auswertung von Fachliteratur Zusammenhänge zwischen einzelnen Einflussfaktoren und landschaftlicher Resilienz aufzuzeigen. Die eingangs vermuteten Antagonismen haben sich dabei durchaus bestätigt. Allerdings zeigte sich auch, dass sie nicht selten einander bedingen und es vielfach auf die Betrachtungsebene und den konkreten Blickwinkel ankommt, welcher der beiden Gegenpole überwiegt. Zudem unterscheidet sich das Verhältnis der Antagonismen zueinander selbstverständlich zwischen den einzelnen Landschaften.

Ausgehend von den Gegenpolen lassen sich jedoch grundsätzlich drei PRINZIPIEN LANDSCHAFTLICHER RESILIENZ ableiten (vgl. ◘ Abb. 3.17).

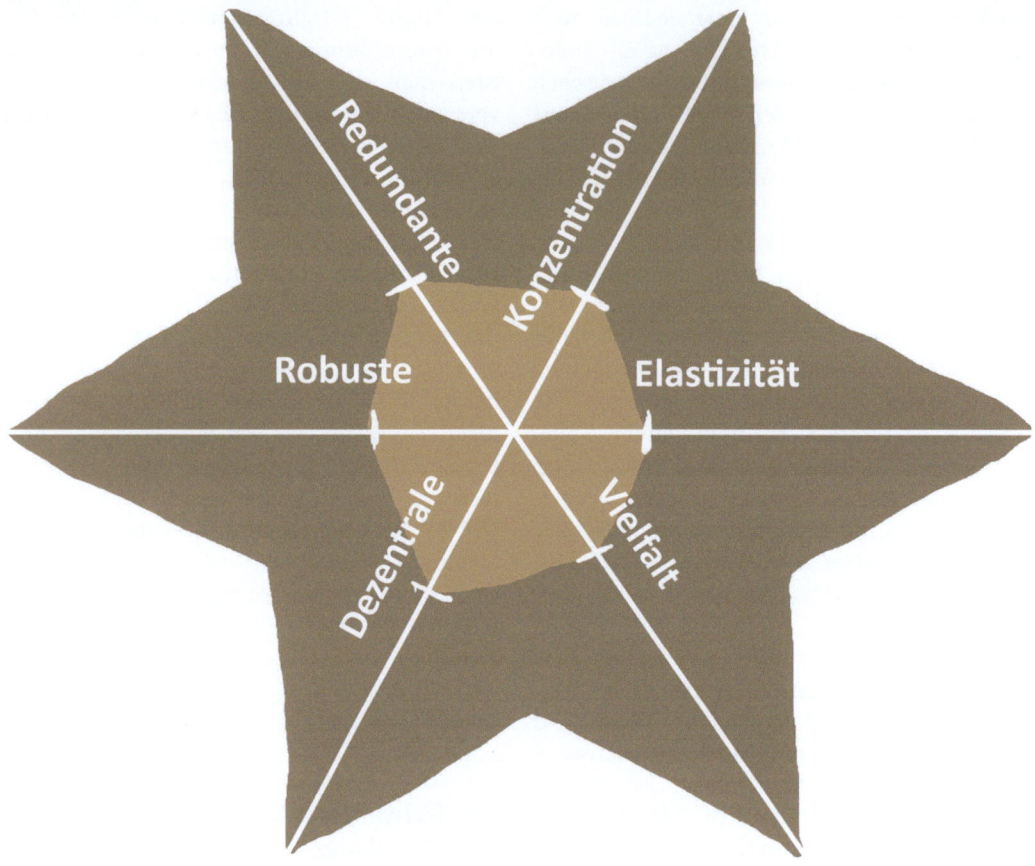

Abb. 3.17 Resilienzprinzipien im Überblick. (C. Schmidt/A. Zürn)

Prinzipien landschaftlicher Resilienz

1. **Das Prinzip der redundanten Vielfalt**
   Resilienzfördernd ist nicht allein Vielfalt, sondern ein landschaftsspezifisches Maß zwischen Vielfalt und Redundanz.
2. **Das Prinzip der robusten Elastizität**
   Ebenso kommt es nicht allein auf die Resistenz landschaftlicher Strukturen an, sondern auf ein ausgewogenes und der jeweiligen Landschaft entsprechendes Maß zwischen Elastizität und Resistenz bzw. Robustheit.
3. **Das Prinzip der dezentralen Konzentration**
   Landschaftliche Resilienz wird zudem durch ein landschaftsspezifisches Maß zwischen Autarkie und Austausch bzw. Zentralität und Dezentralität befördert.

Das letztgenannte Prinzip macht sich beispielsweise die Raumordnung mit dem Konzept der ZENTRALEN ORTE (vgl. u. a. Christaller 1933) zu eigen, wenn sie raumbezogen mit einer dezentralen Konzentration der Siedlungsentwicklung letztlich eine Variante zwischen Zentralität und Dezentralität sucht.

Wenn die jeweilige Ausprägung der Einflussfaktoren landschaftsspezifisch unterschiedlich und dennoch resilient sein kann, müssten sich LANDSCHAFTLICHE RESILIENZPROFILE finden lassen. Inwiefern sich diese tatsächlich von Landschaft zu Landschaft unterscheiden, wird deshalb im nächsten Kapitel anhand konkreter Fallbeispiele zu untersuchen sein. Ausgegangen wird davon, dass sich die Resilienzprinzipien sowohl auf der physisch-materiellen Ebene der Landschaft, als auch auf der Akteurs- und Handlungsebene finden lassen. Ob das so ist, soll ebenso anhand der Fallbeispiele überprüft werden.

3.8 Selbstwirksamkeitserwartung und andere Katalysatoren

Die dargestellten Resilienzprinzipien betten sich in ein Umfeld ein, welches förderlicher oder nachteiliger für die Ausprägung von Resilienz sein kann.

> **Katalysatoren**
>
> Begünstigende Aspekte, die sich nicht wie bei den Resilienzprinzipien sowohl auf der physisch-materiellen Ebene als auch auf der Akteurs- und Handlungsebene der Landschaft finden lassen, sondern ausschließlich der Akteurs- und Handlungsebene der Landschaft vorbehalten sind, lassen sich als Katalysatoren bezeichnen.

Denn analog zur begrifflichen Definition der Chemie, nach der Katalysatoren die Reaktionsgeschwindigkeit eines Prozesses erhöhen, ohne dabei selbst verbraucht zu werden (Lexikon der Chemie 2019), tragen sie zu einer beschleunigten landschaftlichen Anpassung bei, ohne dadurch vermindert zu werden.

Für eine Konkretisierung dieser landschaftlich wirksamen Katalysatoren muss auf die psychologische und gesundheitswissenschaftliche Resilienzforschung zurückgegriffen werden, denn die Akteurs- und Handlungsebene einer Landschaft wird durch eine Vielzahl an miteinander agierenden Einzelakteuren bestimmt, die alle ihre spezifischen Denkhaltungen in Bezug auf Krisen mitbringen. Allerdings ist dieser Bereich gegenwärtig durch eine geradezu inflationäre Fülle an Beiträgen gekennzeichnet, sodass an dieser Stelle vor allem auf einen gut gelungenen Überblick von Bröckling (2017) verwiesen sei und der Fokus auf einige wenige Aspekte gelenkt werden soll, die in den bisherigen Ausführungen noch keine Rolle spielten, aber dennoch auch in landschaftlichen Bezügen höchst relevant sein können.

So wird beispielsweise psychologisch oft betont, dass ein „positives Denken" eine Bewältigung von Krisen erleichtert, dies trifft zweifelsohne auch für solche mit landschaftlichen Konsequenzen zu. Diese Denkhaltung lässt sich mit fünf Aspekten untersetzen (Bardow 2019: 34):

— Internale Kontrollüberzeugung, also der Überzeugung zu sein, kein Spielball des Schicksals zu sein, sondern den Lauf der Dinge durch Handlungen bestimmen zu können
— Selbstwirksamkeitserwartung, also das Zutrauen in die eigene Kraft und Fähigkeit, ein Problem zu lösen (vgl. Bandura 1997)
— Optimismus, also die Neigung, grundsätzlich das Positive zu sehen
— Dispositionale Hoffnung, also das Vertrauen, dass stets genügend Wege und Möglichkeiten offenstehen (vgl. Scheier & Carver 1992)
— Günstige Erklärungsstile, also die Fähigkeit, selbst in Fehlschlägen das Gute zu sehen und sie als Möglichkeit, daran zu wachsen, zu begreifen

Bei genauerer Betrachtung gehen die genannten Aspekte freilich fließend ineinander über. Interessanterweise sind sie aber ebenso auf kollektiver wie auf persönlicher Ebene finden. Beispielsweise ist in einer offiziellen Broschüre Singapurs zu lesen:

> » Then, in this remarkable way, Singapore will be always able to turn what is a disadvantage into strength, and what seemed an unsurmountable vulnerability into endless opportunity. (PUB 2016: 3)

Dies ist nicht nur eine Marketingstrategie, sondern drückt eine hohe kollektive SELBSTWIRKSAMKEITSERWARTUNG aus, nämlich diejenige, trotz ungünstiger Voraussetzungen bestens gegenüber Krisen in der Wasserversorgung gewappnet zu sein. Dieses Selbstvertrauen ist auch nicht rein autosuggestiv, sondern speist sich aus Bestätigungen in der Realität. Denn wie in ▶ Abschn. 4.4 noch näher auszuführen sein wird, hat Singapur in der Vergangenheit erheblich an Resilienz gegenüber Dürreperioden gewonnen und sieht sich mit diesen Erfolgen auch darin bestärkt, künftige Herausforderungen bewältigen zu können.

Nach Bandura (1997), der das KONZEPT DER SELBSTWIRKSAMKEIT begründet hat, beruht Selbstwirksamkeit allerdings nicht nur auf vergangenen Erfahrungen, sondern auch auf Beobachtungen anderer, aus inneren Überzeugungen und Emotionen. Sie geht über das allgemein bekannte Selbstwertgefühl hinaus, bezieht sie sich doch weniger auf das Sein, sondern auf das Tun. Selbstwirksamkeitserwartung definiert sich nach Bandura (1986: 391) als „People's judgments of their capabilities to organize and execute courses of action".

Kollektive Selbstwirksamkeitserwartung ist dabei mehr als die Summe der individuellen Selbstwirksamkeitserwartung einzelner Akteure. Sie stellt vielmehr die überindividuellen Überzeugungen einer Gruppe, bezogen auf die gemeinschaftlichen Handlungen, dar. So gesehen gelingt das Erreichen von gemeinschaftlichen Zielen auch nicht nur durch das Teilen von Fähigkeiten und Wissen der Akteure einer Landschaft, sondern basiert auf einer interaktiven und synergetischen Dynamik der Akteure (vgl. Bandura 1997, Schwarzer & Jerusalem 2002), wie sie in Landschaften immer wieder zu finden ist.

Landschaftliche Erkundungen zwischen gegebener und erworbener Resilienz

4.1	Hochmontane Insellandschaften in Tourismuskrisen – 134
4.2	Stürmische Landschaften – 141
4.3	Salzlandschaften in ökonomischen Veränderungen – 151
4.4	Stadtlandschaften in Wasserkrisen – 161
4.5	Atolllandschaften im Klimawandel – 173
4.6	Bioinvasionslandschaften – 183

© Springer-Verlag GmbH Deutschland, ein Teil von Springer Nature 2020
C. Schmidt, *Landschaftliche Resilienz*, https://doi.org/10.1007/978-3-662-61029-9_4

Greifen wir unterschiedliche Landschaftstypen, aber auch unterschiedliche Typen an Störeinflüssen auf und schauen wir, welchen Stellenwert die gegebene und die erworbene Resilienz in ihnen haben und welche der dargestellten Einflussfaktoren (und Katalysatoren) dafür ausschlaggebend sind. Dabei bringt es die landschaftliche Vielfalt unserer Welt mit sich, dass sich die nachfolgenden Darstellungen nicht anmaßen können und wollen, einen repräsentativen Querschnitt an Landschaften zu betrachten. Es bleiben landschaftliche Streiflichter, allerdings stets mit einem engen Bezug zur Resilienz.

4.1 Hochmontane Insellandschaften in Tourismuskrisen

Beginnen wir zunächst mit zwei TERRASSENLANDSCHAFTEN auf einer Höhe von 3850 m ü. NN Sie weisen den Vorteil auf, gut miteinander vergleichbar zu sein, denn sie sind auf zwei im Titicacasee gelegenen, touristisch attraktiven Inseln zu finden, die beide bis heute von den Spitzen ihrer Berge bis zur Küste mit Terrassen überzogen sind. Beide werden damit durch sehr ähnliche naturräumliche Bedingungen geprägt. Verfügen sie damit aber auch über eine vergleichbare landschaftliche Resilienz? Was passiert beispielsweise, wenn der Tourismus als Einnahmequelle aufgrund unvorhergesehener Entwicklungen wegfallen würde?

Der zu betrachtende Störfaktor ist demnach den anthropogenen Stressfaktoren zuzurechnen. Landschaftlich gehören beide Fallbeispiele der Höhenstufe der Tierra fria (bis ca. 4000 m ü. NN) an, es sind vom Typus her hochmontane Terrassenlandschaften. Die eine Insel liegt auf der bolivianischen Seite des Titicacasees und gilt als Wiege der Inka-Kultur: die ISLA DEL SOL (14,3 km^2). Die andere befindet sich auf der peruanischen Seite des Titicacasees: die ISLA AMANTANI (15 km^2).

Auch wenn sich um die ISLA DEL SOL (vgl. ◘ Abb. 4.1) viele Mythen der Inkas ranken, so ist davon auszugehen, dass die Terrassen schon lange vor den Inkas entstanden – spätestens in der Tiwanaku-Kultur (bzw. Tiahuanaco-Kultur), die ab dem 7. Jahrhundert n. Chr. am Titicacasee zu Hause war. Auf Nachfrage der Autorin betonten die Bewohner der Sonneninsel immer wieder, dass schon die Tiwanaku Terrassen anlegten, und die Ausgrabungen in Tiahuanaco belegen auch eindrücklich, dass die Tiwanaku-Kultur schon vor 1000 n. Chr. großräumige Terrassensysteme und Wasserkanäle errichtete und nutzte (vgl. Ernenweini & Konns 2007, Williams et al. 2007, Fagan 2001). Auch das große Sonnentor auf der Isla del Sol wird der Tiwanaku-Kultur zugeschrieben. Die Wachstumsphase im adaptiven Zyklus (vgl. ▶ Abschn. 1.2) hat also sehr frühzeitig begonnen. Aber auch wenn die Inkas die Terrassenkultur nicht eingeführt haben, so blühte sie unter ihnen vermutlich maßgeblich auf. Die „Escalera del Inca", eine von den Inkas erbaute Steintreppe zum Bootsanleger bei Yumani, zeigt beispielsweise noch heute, wie die Inkas die Bewässerung der angrenzenden Terrassen organisierten. Früher sollen nach Angaben der Bewohner auf den Terrassen Getreide, Kartoffeln, Mais, Quinoa, Kürbisse, Tomaten,

4.1 · Hochmontane Insellandschaften in Tourismuskrisen

◘ **Abb. 4.1** Blick auf die Isla del Sol, Bolivien. (Foto: C. Schmidt)

Bohnen und manches mehr angebaut worden sein. Heute werden die Terrassen in der Kommune Yumani jedoch ausschließlich als Weideland für Alpakas und Maultiere genutzt (vgl. ◘ Abb. 4.2).

Von der Wolle der Alpakas stricken die Amayra-Frauen Pullover, die sie den Touristen verkaufen. Die Maultiere dienen dementgegen auf der autofreien Insel zugleich als Lastenträger. Die Trockenmauern der Terrassen sind vielfach überwachsen, z. B. durch Muña-Sträucher *(Minthostachys spp.)*, deren Blätter für Tee genutzt werden. Die annähernd 2000 Einwohner der Insel (INE 2012) erzielen den größten Teil ihres Einkommens durch den Tourismus. Begünstigt wird diese Entwicklung durch die Nähe zum florierenden Städtchen Copacabana: Nur etwas mehr als eine Stunde dauert von dort die Überfahrt mit dem Boot. Betrachtet man den adaptiven Zyklus des landschaftlichen Systems, schwankt die Terrassenlandschaft heute zwischen der Erhaltungs- und der Zerstörungsphase.

Ganz anders hat sich die ISLA AMANTANI im peruanischen Teil des Titicacasees entwickelt. Denn wenngleich auch sie sich eines wachsenden Tourismus erfreut, so ist sie doch fast dreimal so weit vom Festland entfernt wie die Isla del Sol, sodass Amantani im Gegensatz zur Sonneninsel nicht von Tagestouristen aufgesucht und wesentlich stärker durch traditionell agrarische Nutzungen geprägt wird (vgl. ◘ Abb. 4.3). Für die ca. 40 km von Puno benötigt man drei bis vier Stunden Bootsfahrt.

Aber Amantani unterscheidet sich nicht allein durch die Entfernung vom Festland von der bolivianischen Sonneninsel. Nach den Ausführungen der Amentaniños vor Ort haben sie sich ihre Insel bis in die 1960er-Jahre Stück für Stück von den spanischen Großgrundbesitzern zurückgekauft und regeln das Leben auf der Insel nun überwiegend gemeinschaftlich (vgl. auch Gascón 1994, Schmitz 2003: 53). So werden beispielsweise die Übernachtungsgäste im Rotationsprinzip auf die

Abb. 4.2 Weidenutzung der Terrassen auf die Isla del Sol, Bolivien. (Foto: C. Schmidt)

Abb. 4.3 Ackerbau auf den Terrassen der Insel Amantani, Peru. (Foto: C. Schmidt)

Gastfamilien aufgeteilt. Auf der ganzen Insel gibt es keine Hotels! Auch den Anbau auf den Terrassen regeln die ungefähr 4000 Einwohner der Insel kollektiv: Jede Familie bewirtschaftet in jedem der vier Teile der Insel (Suyos) Terrassen, und jedes Jahr rotieren die dort angebauten Kulturen nach einem festgelegten Plan. Jeweils ein Suyo liegt dabei brach und wird als Weideland für die Schafe genutzt (vgl. auch Schmitz 2003: 69). Kommunale Aufgaben werden in alter andiner Tradition in Gemeinschaftsarbeit erledigt. Die Terrassenlandschaft Amantanis ist insofern noch heute eine „Kollektivlandschaft", deren Ursprünge nach den Aussagen der Amentaniños erstaunlicherweise bis in die Pukara-Zeit (200 v. Chr. bis 400 n. Chr.) zurückreichen. Zu dieser Zeit wurden der Überlieferung nach die ersten Terrassen angelegt. Die Insel zeichnet also eine 2000-jährige Kulturlandschaft aus, die bis heute sehr lebendig ist. Im adaptiven Zyklus des landschaftlichen Systems befinden wir uns noch immer in der Erhaltungsphase. Aktuell werden Mais, Bohnen, Quinoa *(Chenopodium quinoa),* Oca *(Oxalis tuberosa),* Hafer, Weizen, Kartoffeln und viele andere Feldfrüchte auf den schmalen Terrassen angebaut. Alles, was man als Gast auf dem Tisch angeboten bekommt, stammt von der Insel. Dabei ist es nicht nur die Vielfalt der Fruchtarten, die das Landschaftsbild so reizvoll machen, sondern zugleich der wilde Charme der z. B. mit *Cantua buxifolia* und Muña-Sträucher *(Minthostachys spp.)* überblühten Terrassenmauern, die sorgsam ausgebesserten Steinwege (es gibt wie auf der Isla del Sol keine Autos auf der Insel) und die eingestreuten kleinen Wäldchen aus *Polylepis incarnum,* die sich mit steinigen Trockenbiotopen abwechseln. Traditionen werden mit großer Lebendigkeit bewahrt (vgl. ◘ Abb. 4.4).

Wenn wir uns zunächst auf die offensichtlichsten Unterschiede der beiden Inseln konzentrieren, so stehen die Hostels und Hotels für Touristen auf der Isla del Sol einem Gastfamilien-Prinzip auf der Isla Amanatani

◘ **Abb. 4.4** Strickende Frauen auf Amantani im traditionellen Chuku, Peru. (Foto: C. Schmidt)

gegenüber. Kleidung und Gepflogenheiten folgen auf Amantani stärker traditionellen Regeln. Vor allem aber ist die Isla del Sol eine (durch die Terrassen gegliederte) Weidelandschaft, während die Isla Amantani in hohem Maße ackerbaulich geprägt wird. Mit den naturräumlichen Bedingungen ist diese Unterschiedlichkeit nicht zu begründen, denn diesbezüglich zeigen beide Inseln große Ähnlichkeiten. Nimmt man die nächstliegenden Klimamessstationen Puno und Copacabana, schwankt die Jahresdurchschnittstemperatur zwischen 8,4 °C und 10,3 °C, der Jahresniederschlag zwischen 696 mm und 825 mm (Imprint 2019). Auf beiden Inseln gibt es keine permanenten Fließgewässer, von einer kleinen Quelle auf der Isla del Sol einmal abgesehen. Naturbedingt stellt damit das Vorhandensein von ausreichendem Niederschlag trotz des Titicaca-Sees einen gewissen Point of Weakness dar. Die Höhenunterschiede auf beiden Inseln betragen 265 m bzw. 320 m, sodass der Transport des Wassers zu den höheren Lagen stets mit Aufwand verbunden ist und das Niederschlagswasser eine viel leichter zugängliche Alternative für eine Bewirtschaftung der höher gelegenen Terrassen darstellt. Die Niederschlagsmenge selbst unterscheidet sich auf beiden Inseln jedoch nicht maßgeblich, ebenso wenig wie Gesteine und Böden. Viel entscheidender als die natürlichen Ausgangsbedingungen dürfte deshalb die Art und Weise sein, wie mit den zur Verfügung stehenden Ressourcen umgegangen wird. Hier, im Erwerb von Resilienz, liegen die eigentlichen Unterschiede der Inseln.

Was passiert beispielsweise, wenn sich der Trend der klimawandelbedingten Niederschlagsveränderungen fortsetzt? Nach einer Studie der Konrad-Adenauer-Stiftung (2014: 152) verlängerte sich die Trockenzeit in Bolivien bereits innerhalb der letzten 30 Jahre um drei Wochen, während die Intensität der Niederschläge innerhalb der Regenzeit zunahm. Zudem war vom deutlichen Rückgang des Wasserstandes im Titicacasee und dem zeitweisen Austrocknen des Poopó-Sees mehrfach in der Presse zu lesen (u. a. Weiss 2009, Valdez 2016). Eine Fortsetzung oder gar Verschärfung des Trends läge demnach gar nicht im Bereich des Unwahrscheinlichen, würde aber den oben beschriebenen Point of Weakness bedienen. Auf Amantani würden solche Dürreperioden vor allem diejenigen Familien treffen, die besonders trocken exponierte Terrassen zu bewirtschaften haben. Allerdings bewirtschaftet jede Familie Terrassen in ganz unterschiedlichen Höhenlagen und in jedem der vier Suyo, sodass die Einbußen auf vielen Schultern verteilt werden würden. Darüber hinaus antwortet auch das landwirtschaftliche Rotationsprinzip mit einer gewissen Elastizität. Die Landschaft der Isla del Sol kann Trockenperioden dadurch kompensieren, dass Alpakas und Maultiere auf weniger betroffene Terrassen ausweichen. Setzt man auf der Isla del Sol dementsprechend stärker auf Redundanz, ist es auf der Isla Amantani neben der Elastizität vor allem die Vielfalt. Diese findet sich auf Amantani auch in der hohen Anzahl an Fruchtarten und Sorten wieder, die auf den Terrassen angebaut werden. Beispielsweise bekommt man als Gast mindestens fünf unterschiedliche Kartoffelsorten auf den Tisch. Gedeiht eine Sorte in einem Jahr nicht, wird höchstwahrscheinlich eine andere gedeihen. Da alle Familien Terrassen bewirtschaften und ebenso nahezu alle Familien als Gastfamilien fungieren, gibt es eine enorme Nutzervielfalt (Akteurs- und Handlungsebene der Landschaft), zugleich aber auch Redundanz in den Nutzungen. Bei Starkniederschlägen bieten die Terrassierungen seit alters her einen guten Erosionsschutz. Auf der Isla del Sol wirkt darüber hinaus auch noch das Grünland erosionsmindernd. Die Regenwasserrückhaltung könnte zwar noch ausgebaut werden, findet aber zumindest ansatzweise schon auf beiden Inseln statt. Beschränkt man sich allein auf Niederschlagsveränderungen, verfügen damit beide Inseln über tragfähige Resilienzstrategien.

Aber wie sieht es aus, wenn der TOURISMUS als Einnahmequelle wegbrechen würde? Auf Amantani würden die dadurch entstehenden Verluste analog zu den Niederschlagsveränderungen auf viele Familien verteilt werden, immerhin haben sich nach Aussage der Gastfamilien über 90 % aller Familien Amantanis als Gastfamilie eingetragen. Der Vorteils- und Lastenausgleich Amantanis stellt insofern eine interessante Resilienzstrategie dar, die geschickt Vielfalt und Redundanz vereint: Es gibt eine gemeinschaftlich getragene Abfederung von Risiken, zugleich aber auch eine Teilhabe an Gewinnen! Das heute auf Amantani praktizierte touristische Rotationsprinzip hat dabei in der Vergangenheit erhebliche Veränderungen erfahren. Es brauchte nahezu 30 Jahre, um zu dem zu werden, was es heute ist, und es hatte dabei immer wieder neu entflammende Konflikte zu bewältigen. So waren es beispielsweise in den 1980er-Jahren die Bootsbesitzer *(patrones de lancha)*, die eine touristische Monopolstellung innehatten, da sie das Transportgeschäft dominierten und die Mannschaft eines Bootes bereits während der Überfahrt unter sich aushandelte, wer welche Gäste aufnehmen wird (Schmitz 2003: 59). Der Ethnologe Gascón (1999: 155 ff.) konstatierte deshalb für Ende der 1980er-Jahre einen deutlichen Riss, der durch die Dorfgemeinschaften ging. Diese Konfliktlinie begann sich in der zweiten Hälfte der 1990er-Jahre aufzulösen, als zunehmend Reiseagenturen aus Puno als neue Player auftraten. Sie boten im Komplettpaket Touren nach Amantani an und konnten aufgrund guter Internetpräsenz und organisatorischer Paketlösungen weitaus mehr Touristen auf sich vereinen. Einerseits war damit die Monopolstellung der Bootsbesitzer gebrochen, sodass nun auch Familien in die Verteilung der Gäste involviert wurden, die vorher weitgehend ausgeschlossen waren. Andererseits übernahmen damit nicht selten die Reiseführer die einstige Machtposition der Bootsführer. Sie entschieden, auf welcher Seite der Insel angelegt wurde und welche Gastfamilien zur Beherbergung herangezogen wurden (Schmitz 2003: 83). Als Antwort darauf wurde 2002 schließlich ein *Comité de Turismo y Cultura* gegründet, das sich aus jeweils einem Repräsentanten der acht Kommunen der Insel zusammensetzt, den sogenannten *Presidentes Turismos*. Dieses Comité ist nunmehr für die im Turnus von Dorf zu Dorf wechselnde Ankunft der Reiseagenturboote und die rotative Verteilung der Touristen auf die gastgebenden Familien eines Dorfes verantwortlich (Schmitz 2003: 85). Auch wenn damit vermutlich noch nicht alle Verteilungskonflikte ausgeräumt wurden, kann zumindest aus eigener Erfahrung bestätigt werden, dass die Reiseführer aktuell keine Monopolstellung mehr innehaben: Wie die Gäste konkret auf die Familien verteilt werden, wird dem Reiseführer bei Ankunft auf Amantani vielmehr auf einer Liste mitgeteilt. Die Gastfamilien nehmen in festlicher Traditionskleidung ihre Gäste im Hafen in Empfang. Abends veranstalten die gastgebenden Familien im Gemeindesaal ein Tanz- und Musikfest *(Peña)* für ihre Gäste, bei dem sich – wiederum im Rotationsprinzip – die Läden des Ortes beim Getränkeverkauf abwechseln. Das Rotationsprinzip findet sich auch in erstaunlich vielen anderen Tätigkeitsbereichen auf Amantani und sorgt überall für einen Vorteils- und Lastenausgleich: So stellt beispielsweise jedes Jahr abwechselnd eine der acht Gemeinden die sogenannten *Campovarayocs*, die sich um das Weideland der Insel kümmern, indem sie das Öffnen der abgeernteten Parzellen und Brachflächen regeln und kontrollieren, sodass kein Tier bereits bestellte Felder beschädigt (Schmitz 2003: 53, Gascón 1996: 308). Dass Amantani in keiner Weise abhängig vom Tourismus ist, stellt neben dem Rotationsprinzip eine weitere Absicherung für den Krisenfall dar. Das wirtschaftliche Fundament der Amentaniños besteht vielmehr nach wie vor in der Landwirtschaft, darüber hinaus der Fischerei und ergänzend dem Tourismus. Auch hier findet sich also eine gewisse Vielfalt.

Anders auf der ISLA DEL SOL: Sowohl die Nutzung der Terrassen als auch die wirtschaftliche Ausrichtung der Insel ist wesentlich eindimensionaler ausgerichtet, damit aber auch im Krisenfall weitaus anfälliger. So hat sich seit 2017 eine Auseinandersetzung zwischen den Gemeinden Ch'alla und Ch'allapampa um Tourismuseinnahmen entfacht, die immer größere Kreise zieht und 2018 in einer Reihe gewalttätiger Übergriffe eskalierte. Durch die Presse gingen Kämpfe mit Fäusten, Steinen und Dynamit und ein unaufgeklärter Todesfall (vgl. z. B. Misteli 2018). Interessanterweise wurde die Krise nicht exogen ausgelöst, sondern entstand durch ein Bauvorhaben für neue touristische Unterkünfte an der Grenze einer der beiden Kommunen, dessen Berechtigung die andere Kommune abstritt. Eine solche Auseinandersetzung wäre mit dem Rotationsprinzip Amantanis gar nicht möglich gewesen. Das Beispiel zeigt insofern, dass manche Krisen auch endogen aus dem System heraus erzeugt werden und Resilienzstrategien insofern nicht nur der Bewältigung von Krisen, sondern auch der Vorbeugung von Krisen dienen können. Die Isla del Sol verfügt jedoch offensichtlich über keinerlei auf die Akteurs- und Handlungsebene ausgerichtete Resilienzstrategien wie Amantani. Die Tourismusboote von Copacabana haben vielmehr den Fährverkehr zu den beiden Kommunen größtenteils eingestellt und bedienen nur noch die dritte Kommune der Insel, Yumani, die aktuell als alleiniger Gewinner aus der Krise hervorgeht. Ch'alla und Ch'allapampa sind mittlerweile nicht nur durch leerstehende Unterkünfte, sondern auch durch einen sukzessiven baulichen Verfall geprägt. Der soziale Zusammenhalt auf der Insel ist zweifelsohne gestört und spiegelt sich bis in die physisch ablesbaren Landschaftsstrukturen wider. Insgesamt ist also das Resilienzprinzip der redundanten Vielfalt auf Amantani wesentlich ausgeglichener ausgeprägt als auf der Isla del Sol, auf der schon eine einzelne krisenhafte Situation zu deutlichen Zerfallstendenzen führte.

Allerdings bietet das Terrassensystem selbst auf der Isla del Sol einen entscheidenden Vorteil, nämlich den, jederzeit wieder in Nutzung genommen werden zu können. Hier zeigen sich Stabilität und Elastizität gleichermaßen: Die Trockenmauern sind auf beiden Inseln als sehr robust einzuschätzen. Sie haben trotz Trockenbau schon Jahrhunderte überdauert und können im Gegensatz zu manch anderen Bebauungen als erdbebenresistent gelten. Die Nutzung auf den Terrassen ist variabel und jederzeit änderbar, solange sie nicht bebaut oder mit Wald bewachsen sind. Beides ist bislang nicht der Fall, sodass sich das Prinzip der elastischen Stabilität sowohl auf Amantani als auch der Isla del Sol findet. Die Einwohner von Ch'alla und Ch'allapampa könnten relativ rasch wieder die frühere agrarische Nutzung der Terrassen aufgreifen. Gerade diese Elastizität der Terrassennutzung ist eine wesentliche Ursache dafür, dass sich das Landschaftsbild auf der Isla del Sol über mehr als 1000 Jahre, auf Amantani sogar ungefähr 2000 Jahre nicht maßgeblich geändert hat. Die Terrassierungen gewährleisten nicht nur einen hervorragenden Erosionsschutz, sondern die Steinmauern nehmen tagsüber auch Wärme auf, die sie nachts abstrahlen. Die kleinklimatisch günstigen Verhältnisse sorgen dafür, dass auch in solchen Höhenlagen wie die der Inseln Kulturen angebaut werden können, die sonst nur in tieferen Lagen wachsen, wie z. B. Kartoffeln. Tritt allerdings eine Dürreperiode auf, dann trifft sie auf der Isla del Sol ein ohnehin bereits geschwächtes landschaftliches System und könnte die derzeitige Krise noch ausweiten, da dann auch die alternativen Versorgungsmöglichkeiten der Einwohner von Ch'alla und Ch'allapampa eingeschränkt werden. Wenn die beschriebenen Niederschlagsveränderungen also für sich genommen noch nicht kritisch sind, so können sie doch im Zusammenwirken mit den anderen Faktoren verschärfend wirken.

Amantani kann mit den angebauten Kulturen, der Wasserversorgung aus dem Titicaca-See und der Nutzung von Sonnenenergie für die Stromversorgung als nahezu vollständig autark gelten. Die Isla del Sol ist dies nicht, sondern importiert die Nahrungsmittel weitgehend vom Festland, in der Kommune Yumani noch stärker als in den beiden anderen, miteinander streitenden Kommunen. Im Gegensatz zu Amantani setzte man auf der Isla del Sol bislang stärker auf Vernetzung zum Festland – was bei einer Entfernung von nur ca. 16 km freilich auch nahe liegt. Amantani ist autark und vernetzt zugleich, zum einen mit der Nachbarinsel Taquile, die von Amantani vielfach als Vorbild in der touristischen Entwicklung genommen wird, zum anderen mit der Großstadt Puno. Diese Vernetzungen zu halten und auszubauen, dürfte für eine Absicherung landschaftlicher Resilienz auf Amantani besonders bedeutsam sein. Umgekehrt wäre für die Isla del Sol zu empfehlen, dem Mangel an Autarkie entgegenzuwirken.

> Vergleicht man die RESILIENZPROFILE beider Terrassenlandschaften, so zeigt die Isla Amantani ein sehr ausgeglichenes Profil, während auf der Isla del Sol bislang eine verminderte Vielfalt und Autarkie durch eine entsprechend höhere Redundanz und Vernetzung kompensiert werden sollte. Die aktuelle Krise zeigt jedoch, dass dies offensichtlich nicht ausreicht.

Um ein höheres Maß an Resilienz zu erwerben, wird es deshalb zwangsläufig nötig sein, auf der Akteurs- und Handlungsebene einen besseren VORTEILS- UND LASTENAUSGLEICH zu erreichen und zugleich einen Teil der Terrassen in ihrer agrarischen Nutzung wieder zu reaktivieren. Auch wenn sich bislang der Landschaftscharakter erhalten hat, so sind aktuell Einbußen in den Versorgungsfunktionen zu verzeichnen und könnte sich die Insel nur dann landschaftlich von allein regenerieren (vgl. Kriterien landschaftlicher Resilienz in ▶ Abschn. 1.3), wenn als Initial neue Samen auf die Insel gebracht werden. Die landschaftliche Resilienz ist damit geringer ausgeprägt als auf Amantani, welches es vermag, ein vor ungefähr 2000 Jahren angelegtes landschaftliches System in großer Lebendigkeit in die Gegenwart zu führen. Es scheint damit sowohl auf der Handlungs- und Akteursebene als auch auf der physischen Landschaftsebene gut für die Zukunft gerüstet zu sein.

4.2 Stürmische Landschaften

Was hat das ISLÄNDISCHE HOCHLAND mit dem CHILENISCHEN PATAGONIEN gemeinsam? Beides sind Landschaften, in denen der Wind zu Hause ist. Reist man durch Patagonien, hat man nicht selten Mühe, gegen den Wind überhaupt anzukommen. Autotüren werden beispielsweise gern innen mit einem Seil verankert, damit sie einem nicht beim Öffnen aus der Hand gerissen werden. Patagonien lässt sich ohne Wind kaum denken. Gleichwohl ist der Wind im isländischen Hochland mit einer durchschnittlichen Windgeschwindigkeit von 18 km/h im Zeitraum 1985–2015 (Time and Date 2019) auch nicht zu unterschätzen. Zum Vergleich: Leipzig kam im selben Zeitraum nur auf die Hälfte der mittleren Windgeschwindigkeit.

Nehmen wir im Unterschied zum vorhergehenden Kapitel also mal keinen Landschaftstyp, sondern einen Typ potenzieller Störungen als Ausgangspunkt, nämlich den der Naturereignisse, konkret der STÜRME. Als solche werden heftige Winde mit einer Stärke von 9 bis 11 auf der Beaufort-Skala oder einer Geschwindigkeit von 75 bis 117 km/h bezeichnet (DWD 2019), darüber spricht man von Orkanen. Nun stellt der Wind in Landschaften wie Patagonien oder dem isländischen Hochland ohnehin eine Konstante dar – in Westpatagonien herrschen aufgrund der ganzjährigen Westwinddrift an 70 % aller Tage im Jahr Windgeschwindigkeiten von 12 bis 37 km/h vor, die durchschnittliche Windgeschwindigkeit betrug im Zeitraum 1985–2015 insgesamt 22 km/h (Meteoblue 2019, Time and Date 2019). Die Anzahl der Tage im Jahr mit Windgeschwindigkeiten von 12 bis 37 km/h liegt in Island zwar geringfügig unter der von Patagonien, dafür werden jedoch an mehr als 10 % der Tage im Jahr Windgeschwindigkeiten von über 50 km/h erreicht. Stürme in der oben genannten Definition treten in beiden Landschaften recht häufig auf. Sind beide Landschaften aber dementsprechend auch gleichermaßen resilient?

WESTPATAGONIEN mit dem bekannten Nationalpark Torres del Peine (vgl. ◘ Abb. 4.5) unterscheidet sich vom argentinischen Ostpatagonien durch ein wesentlich feuchteres und kühleres Klima. Die Niederschlagshöhe reduziert sich von West nach Ost auf einem Gradienten quer durch Patagonien in einem Verhältnis von 5:1 bis 10:1, bedingt durch den Regenschatten der Anden (Coronata et al. 2008: 20). Während Ostpatagonien deshalb weiträumig durch die patagonische Steppe geprägt wird, die hauptsächlich aus windresistenten Schwingelarten (wie *Festuca gracillima*) besteht, haben Steppen ursprünglich in Westpatagonien nur einen kleinen Teil der Fläche bedeckt. Immerhin weist Puerto Natales einen Jahresniederschlag von 389 mm und Punta Arenas einen von 442 mm bei 6,7 °C bzw. 6,4 °C Jahresdurchschnittstemperatur auf (Imprint 2019). Der größte Teil Westpatagoniens wurde

4.2 · Stürmische Landschaften

Abb. 4.5 Weidende Vikunjas im Nationalpark Torres del Peine in Patagonien, Chile. (Foto: C. Schmidt)

vielmehr ursprünglich durch urwüchsige Südbuchenwälder *(Nothofagus spp.)* bedeckt, die maßgeblich von der Lenga-Südbuche *(Nothofagus pumilio)*, der Magellan-Südbuche *(Nothofagus betuloides)*, der Coihue-Südbuche *(Nothofagus dombeyii)* und der Antarktischen Südbuche *(Nothofagus antarctica)* geprägt wurden (Coronata et al. 2008: 41 ff.) und die sich in einen von Süd nach Nord verlaufenden Streifen immergrünen Regenwaldes und eine östlich angrenzende Zone laubabwerfenden Regenwaldes differenzieren lassen.

An der Westküste schloss naturbedingt ein Gürtel aus Moorland an, auf den Hochlagen das patagonische Eisschild. Zudem waren die Wälder in Abhängigkeit von Lage und Standort durch Offenlandflächen unterbrochen, welche den Guanakos oder in höheren Lagen den Vikunjas als Lebensgrundlage dienten. Armesto et al. (1992) legt anhand einer Untersuchung des Nationalparks Torres del Peine näher dar, dass auf den Moränenfeldern von Gletschern zunächst Pionierbestände von *Nothofagus betuloides* und *Nothofagus antarctica* aufkommen, bevor diese von der langlebigeren *Nothofagus pumilio* abgelöst werden. Stürme spielten dabei in der Entwicklung der Südbuchenwälder (vgl. Abb. 4.6) stets eine wichtige Rolle. Einerseits lösen sie immer wieder eine Auslichtung als Voraussetzung für eine Regeneration des Waldes aus, andererseits verschlingen die Südbuchen ihre Wurzeln und Äste als Antwort auf die Winde so fest ineinander, dass auf diese Weise ein äußerst dichtes Geflecht entsteht, welches ihnen trotz des dünnen Oberbodens einen erstaunlich großen Halt bei Sturmereignissen gibt (vgl. auch Bednarz 2009: 246).

Als Wanderer ist auf diese Weise ein Durchkommen durch den urigen Wald kaum möglich. Man stolpert beständig über das sperrige Wurzelwerk oder versinkt in seinen modrigen Zwischenräumen – Wanderungen durch subantarktische Wälder sind ziemlich

Abb. 4.6 Südbuchenwald in Patagonien, Chile. (Foto: C. Schmidt)

anstrengend. Die Winderosion wird durch die Wälder aber in jedem Fall maßgeblich gemindert.

Als 1877 die ersten 150 Schafe in Punta Arenas von Bord gingen, veränderte sich jedoch das ursprüngliche Landschaftsbild PATAGONIENS dramatisch. Dies kann auch als Beginn der Wachstumsphase im adaptiven Zyklus nach Holling et al. (2002) bezeichnet werden. Wir haben es also mit einer im Vergleich zum vorherigen Kapitel (▶ Abschn. 4.1) sehr jungen Kulturlandschaft zu tun, die in wenigen Jahrzehnten nahezu vollständig umgestaltet wurde: 1914 war bereits ein Viertel der patagonischen Wälder abgebrannt worden, um Weideland zu schaffen (Arfs 1991). Im größten Schlachthof der Region in Puerto Natales wurden ca. 5000 Schafe pro Tag geschlachtet, das sind 1,8 Millionen Schafe pro Jahr (Maier-Albang 2015). Feuer hatten dabei seit Ende der Eiszeit auch durch Vulkanausbrüche immer wieder für eine Zerstörung und nachfolgende Regeneration der Wälder gesorgt, wie die Pollenanalysen von Mancini et al. (2008: 351) zeigen. Nach den Brandrodungen der Farmer *(estancieros)* wuchs der Wald jedoch nicht wieder auf. Anfang der 1990er-Jahre bestimmten keine Südbuchenwälder, sondern 3,6 Millionen Schafe in Patagonien das Landschaftsbild (Arfst 1991), und 2013 betrug der Anteil einheimischer Wälder in der Region Magallanes nach Angaben der *Corporación Nacional Forestal* nur noch 19,6 % der Regionsfläche. Fährt man heute durch die Region, so erlebt man anstelle der ehemaligen Waldlandschaft eine weitläufige WEIDELANDSCHAFT, die durchaus auch reizvoll, wenngleich gänzlich anders wirkt. Mittlerweile haben die Rinder den Schafen den Rang abgelaufen, und die zunehmende Verbreitung der Mata Negra *(Escallonia virgata),* die von den Farmern gern als „Pest der Pampa" bezeichnet wird, signalisiert eine etwas weniger intensive Beweidung

4.2 · Stürmische Landschaften

als in früheren Zeiten. Eine Weidelandschaft ist es dennoch, sodass wir uns im erwähnten adaptiven Zyklus in der sogenannten Erhaltungsphase befinden.

Gänzlich anders stellt sich auf den ersten Blick das ISLÄNDISCHE HOCHLAND dar, und doch ist es Westpatagonien auf dem zweiten Blick ähnlicher als gedacht, denn es war – zumindest zeitweise – ebenso eine Weidelandschaft. Lernt man diese Landschaft kennen, ist man schnell fasziniert von ihrer Stille und Zeitlosigkeit. Durchquert man nämlich das Hochland auf der Kjölur-Route, sieht man stundenlang nur eine mondähnliche Steinlandschaft, die dennoch eine Vielzahl atemberaubender Fotomotive – u. a. die aus Ryolith bestehenden bunten Berge von Kerlingarfjöll – bietet (vgl. ◘ Abb. 4.7). Der Wechsel zwischen Frieren und Tauen wirft hin und wieder kleine Hügel auf, die ein dunkleres Grün tragen und isländisch Pufur genannt werden. Dazwischen verstecken sich z. B. Moos-Steinbrech, Silberwurz und Thymian,

mitunter auch sehr wenige Schafe. Ganz überwiegend aber stellt das Hochland Islands, so wie man es heute erleben kann, eine vulkanisch geprägte Wüste dar. Das war jedoch nicht immer so! Bei der Besiedlung Islands ab ca. 870 verfügte das Hochland vielmehr über saftige Wiesen und Heiden, die attraktive Möglichkeiten für eine Beweidung boten, insbesondere für Schafe. Hier brauchten die Siedler nicht einmal Bäume zu fällen, denn es gab naturgemäß gar keine (Diamond 2012: 253). Die Beweidung des Hochlandes ist dabei historisch gut belegt (z. B. Vésteinsson et al. 2014, Zori 2016). Was die *estancieros* also vor ca. 100 Jahren aus Westpatagonien machten, nämlich eine riesige Schafweide, das gelang den Wikingern im isländischen Hochland bereits vor mehr als 1000 Jahren. Allerdings mit einem Ergebnis, das sich wohl niemand gewünscht hat und das bis heute unumkehrbar ist: Noch ca. 900 Jahre nach Ende der damaligen Beweidung ist keinerlei Erholung der Vegetation erkennbar. Eine Wiederaufnahme

◘ Abb. 4.7   Isländisches Hochland bei Kerlingarfjöll, Island. (Foto: C. Schmidt)

der Beweidung ist undenkbar. Insofern ist offensichtlich, dass eine landschaftliche Resilienz nicht gegeben war, sondern ein TIPPING POINT überschritten wurde, der irreversible Schäden zur Folge hatte. Das Hochland ist eine Kältewüste, die nicht nur aufgrund der geringen Temperaturen, sondern vor allem nutzungsbedingt entstanden ist (Brunotte 2001: Bd. 4, 59). Aber woran lag das? Und lässt sich daraus schlussfolgern, dass Westpatagonien ein ähnliches Schicksal erwartet?

Der entscheidende Unterschied zwischen Westpatagonien und dem isländischen Hochland liegt im Gegensatz zu den Insellandschaften des vorhergehenden Kapitels nicht in der erworbenen, sondern in der GEGEBENEN landschaftlichen Resilienz. Denn die Wikinger konnten bei ihrer Besiedlung Islands und des Hochlandes nicht ahnen, dass Boden und Vegetation in ihrer neuen Heimat deutlich empfindlicher waren als das, was sie aus ihren Herkunftsgebieten in Norwegen und den britischen Inseln kannten, und zwar sogar so empfindlich, dass eine nach heutigen Maßstäben vergleichsweise geringe Übernutzung das landschaftliche System sogleich zum Kippen brachte.

Island wird mit einem geologisch recht jungen Alter von ca. 17 bis 20 Mio. Jahren durch vulkanische Böden geprägt, die sich erst nach dem Rückzug der Gletscher der letzten Kaltzeit vor etwa 10.000 Jahren entwickeln konnten (Arnalds et al. 2001: 13). Die Hauptbodentypen sind Brown Andosole (isländisch *brúnjörð*), Gleyic Andosole *(blautjörð),* Histic Andosole *(svartjörð)* sowie Vitrisole *(frumjörð).* Sie alle gehören zur Gruppe der Andosole. Darüber hinaus gibt es nach Arnalds et al. (2004: 3) noch Histosole *(mójörð),* Leptosole *(bergjörð)* und Cryosole *(frerajörð),* wobei im Hochland ganz überwiegend Andosole vorherrschen. Es sind leichte Böden aus Vulkanasche, in die man beim Betreten leicht versinkt und Fußspuren hinterlässt, die mehrere Monate, wenn nicht gar Jahre halten. Wie weich und krümelig der Boden ist, ist absolut verblüffend. Autospuren erzählen heute noch von Besuchern, die schon vor mehreren Jahren weitergezogen sind. Bei jedem Schritt hat man den Eindruck, sichtbare Folgen auszulösen, denn jeder Zentimeter Wachstum braucht im Hochland unvergleichlich länger als anderswo, die Regenerationsdauer ist immens (vgl. Bewertungskriterium Geschwindigkeit in ▶ Abschn. 1.3). Genau dies wurde dem Ökosystem des Hochlandes auch in gewisser Weise zum Verhängnis. Andosole bestehen überwiegend aus den Aluminiumsilikaten Allophan und Imogolit sowie dem Eisenoxid Ferrihydrit, die die spezielle Eigenschaft haben, nicht zusammenzukleben (Arnalds 2008: 413, Arnalds 2001: 35). Die sehr geringe Kohäsion des Bodengefüges macht sie extrem anfällig gegenüber Erosion. Als die natürliche Grasdecke abgeweidet war, wurde der leichte Boden demzufolge sehr rasch durch Wind- und Wassererosion abgetragen. Die hohe Windexposition des isländischen Hochlandes trug das Ihre dazu bei. Ohne die immense Erosionsempfindlichkeit der Böden wäre die Schadensbilanz jedoch einerseits nicht so schnell und andererseits auch nicht so fatal ausgefallen. Dies zeigt einmal mehr, dass ein Tipping Point schneller erreicht und überschritten wird, wenn ein POINT OF WEAKNESS – hier die Erosionsempfindlichkeit der Böden – angetriggert wird. Durch die Beweidung wurde die Grasnarbe durch Trittschäden zerstört, zudem wurden dem jungen Boden Nährstoffe entzogen, den dieser zum Pflanzenwachstum und zur Bodenstabilisierung benötigte. Als die Erosion einen ersten Angriffspunkt gefunden hatte, entstanden aus kleinen Schäden sehr rasch große, zusammenhängende Wüstengebiete. Starke Winde in Trockenperioden führten zudem zu Sandstürmen, die in kurzer Zeit eine massive Desertifikation zur Folge hatte (vgl. Würsch et al. 2013: 12). Greipsson (2012) rekonstruierte für das Gebiet um Haukadalsheiði, welches nachweislich ursprünglich von Heidekrautvegetation bedeckt war, erstaunlich hohe Erosionsraten von mehreren Metern pro Jahr. Zum Vergleich: Das Umweltbundesamt (2019) gibt selbst für stark durch Wassererosion gefährdete Flächen in Deutschland durchschnittliche Bodenverluste von 5 t pro Hektar und Jahr bzw. 0,5 mm pro Jahr an. Runólfsson (1987) beziffert die Bodenverluste auf bis zu 30 Mio. t pro Jahr für Island insgesamt. Greipsson (2012) konstatiert eine aus der Überweidung resultierende katastrophal verringerte Resistenz der Weidelandschaften gegenüber Wind- und Wassererosion. Und Diamond (2012: 253) geht davon aus, dass „schon kurz nach der Besiedlung (…) der Boden vom Hochland in die Niederungen und ins Meer transportiert" wurde.

Fakt ist, dass von den etwa 600 im isländischen Buch „Landnámabók" für die Zeit der Erstbesiedlung benannten landwirtschaftlichen Höfe schon kurz nach der Besiedlung etwa ein Viertel wieder verlassen wurden, allen voran solche im Hochland (Zori 2016). Mit der Reduzierung der belebten Bodenschicht durch die Überweidung des Hochlandes wurde die erneute Etablierung von Vegetation erschwert bis unmöglich gemacht, denn selbst wenn Regen oder Schmelzwasser zur Versickerung kommt, so dringt es aufgrund der Bodenstruktur der Andosole so rasch ein, dass es für das Pflanzenwachstum nicht zur Verfügung steht. Anhand von Bodenprofilen im Hochlandtal von Krókdalur lässt sich nach Zori (2016) beispielhaft belegen, dass die nutzungsbedingte Bodenerosion die dortigen Siedlungen ihrer wirtschaftlichen Grundlagen beraubte, sodass sie noch vor der kleinen Eiszeit, nach Untersuchungen von Vésteinsson et al. (2014) im Laufe des 10. Jahrhunderts, aufgegeben werden mussten. Fasst man alle Befunde zusammen, so war es letztlich die Unkenntnis der geringen Robustheit der Böden oder des Point of Weakness des Hochlandes (der Erosion), die dazu führte, dass das Hochland Islands in einem Zeitraum von nur ca. 100 bis 150 Jahren zu einer Wüste wurde. Dass sich daran bis heute nichts maßgeblich geändert hat, obwohl die Wikinger historisch vergleichsweise schnell richtige Konsequenzen zogen und in Täler und Ebenen außerhalb des Hochlandes umsiedelten, zeigt, dass nicht nur die Resistenz, sondern auch die Resilienz der einstigen Heidelandschaft eine extrem geringe war und der Tipping Point irreversibel überschritten wurde.

Freilich hätte der Mangel an gegebener Resilienz durch einen zusätzlichen ERWERB an Resilienz ausgeglichen werden können. Aber abgesehen davon, dass die Wikinger mit derselben Bewirtschaftungsform in ihren Herkunftsländern nie solche Schäden ausgelöst hatten und insofern mit ganz anderen Erfahrungshintergründen auf Island anlandeten, stößt auch heute ein Erwerb von Resilienz regelmäßig dann an seine Grenzen, wenn damit nicht nur die Art und Weise, sondern auch die Bewirtschaftungsform generell in Frage gestellt wird. Denn letztlich war das Hochland überhaupt nicht für eine Beweidung geeignet. Viehhaltung stellte jedoch die Lebensgrundlage der Wikinger dar – ein Widerspruch, der nahezu zwangsläufig in einem Desaster enden musste. Erst in unserem Jahrhundert stehen aufgrund vielfältigerer Erwerbsgrundlagen grundsätzlich auch vielfältigere Konfliktlösungsmöglichkeiten zur Verfügung. Trotzdem gestaltet sich die Umkehr in einem einmal eingeschlagenen Entwicklungsweg auch heute äußerst langwierig und schwierig. Wie wir auch an anderen Beispielen sehen, werden grundlegende systemische Veränderungen oft so lange wie nur möglich vermieden und auf diese Weise mitunter gesellschaftliche Praktiken fortgeschrieben, obwohl schon längst erkennbar ist, dass sie früher oder später zu einer Überschreitung des Tipping Points führen werden (vgl. auch ▶ Abschn. 2.2.1 und 4.4). Waren vor der Besiedlung Islands ca. 65 % der Insel von Vegetation bedeckt, davon mindestens 25 % mit Birkenwäldern (Arnalds 1987: 508), sind es heute nur noch ca. 40 %, davon weniger als 1 % mit Birkenwäldern (Crofts 2011: 30). Fast ein Viertel Islands weist extrem hohe Erosionsraten (Stufe 4 und 5) auf und gilt damit als grundsätzlich nicht mehr beweidbar. Über die Hälfte Islands hat insgesamt erhebliche Erosionswirkungen der Stufen

3 bis 5 zu verzeichnen (Arnalds et al. 2001: 45). Nirgendwo in Europa geht die Desertifikation so schnell vonstatten wie auf Island (Arnalds 2004: 3, Guðmundsson 2007: 326), und dies, obwohl die isländische Regierung seit einigen Jahrzehnten mit einem Paket an Gegenmaßnahmen geantwortet hat. Beispielsweise wurde 1985 ein Quotensystem für die Schafhaltung eingeführt, das bis 1995 eine Reduzierung der Anzahl an Schafen auf 55 % des Standes von 1980 zur Folge hatte. Seither verbleibt die Anzahl der Schafe in etwa auf diesem Level (Reynolds 2015: 9501). Zudem wurde eine Reihe von Projekten zur Bekämpfung der Bodendegradation ins Leben gerufen (vgl. Würsch et al. 2014), die punktuell durchaus Erfolge verzeichnen. So zeigt eine Vegetationsstudie an 60 Weidestandorten für den Zeitraum 1997–2005 beispielsweise eine Zunahme der Vegetationsbedeckung und -dichte (Magnússon 2006). Das mag aber nicht darüber hinwegtäuschen, dass der generelle Trend der Desertifikation auf Island noch nicht gestoppt werden konnte. Der Wüstenanteil beträgt mittlerweile mehr als 40 % der Landesfläche (Arnalds 2010: 3)! Der reduzierten Anzahl an Schafen steht eine deutlich gewachsene Anzahl an Rindern und Pferden gegenüber, und Auswertungen von Satellitenaufnahmen belegen für den Zeitraum 1982–2010 einen fast doppelt so hohen Grünlandverlust wie in allen anderen nördlichen Staaten (Reynolds 2015: 9496). Die Problematik der Desertifikation steht also nach wie vor.

> Halten wir an dieser Stelle zunächst fest, dass das Beispiel des isländischen Hochlandes eindrücklich zeigt, wie ein durch Übernutzung zusammengebrochenes landschaftliches System auch noch 900 Jahre später in dem Zustand nach Überschreiten des Tipping Points verharrt – auf einer geringen Komplexitätsstufe.

Denn geht man die landschaftlichen Funktionen oder Ökosystemleistungen der Reihe nach durch, so werden im Hochland keine Versorgungsfunktionen und auch nur in sehr begrenztem Maße ökologische Funktionen und Regulationsfunktionen erfüllt. Eine erneute Vegetationsbedeckung ist ohne aktive Einflussmaßnahme des Menschen nicht möglich, und selbst mit einer solchen gestaltet sie sich äußerst schwierig. Experimente mit der Alaska-Lupine *(Lupinus nootkatensis)* auf Island zeigen beispielsweise, dass die Lupine zwar in der Lage wäre, in einem relativ kurzen Zeitraum Erosion zu stoppen, Kohlenstoff und Stickstoff im Boden anzureichern, Nährstoffe zu mobilisieren und ein auch für andere Pflanzen vorteilhaftes Mikroklima zu schaffen (Würsch et al. 2014: 15). Doch dies ersetzt noch lange keine einheimische Flora, zumal sich die Lupine vielfach invasiv ausbreitet und damit ungewollt zu einer weiteren Verdrängung der krautigen Flora Islands führen könnte. Welche Maßnahmen also tatsächlich für eine Regeneration geeignet sind, ist noch zu erproben. Im adaptiven Zyklus kann man den gegenwärtigen Zustand des isländischen Hochlandes damit der Zerstörungsphase zuordnen, eine Erneuerungsphase ist nicht in Sicht. Vielmehr verbleibt das landschaftliche System auf einer Stufe geringer Komplexität. Systemisch betrachtet belegt das Beispiel einmal mehr, dass das Überschreiten eines Tipping Points extrem langfristige, wenn nicht gänzlich irreversible Konsequenzen hat.

Wie ist im Vergleich dazu die WEIDELANDSCHAFT WESTPATAGONIENS einzuordnen (vgl. Abb. 4.8)? Stürme und Winde, die neben Starkregenereignissen auf Island den Zusammenbruch der Weidelandschaft des Hochlandes auslösten, sind wie erläutert ebenso häufig anzutreffen, und die 150 Jahre, die seit Einführung der Schafhaltung in Patagonien vergangen sind, entsprechen ungefähr dem Zeitraum, die die vollständige Devastierung des isländischen Hochlandes brauchte. Die patagonische Weidelandschaft trotzt aber immer noch den Winden, und das, obwohl die Dichte an Weidetieren im letzten Jahrhundert gegenüber dem isländischen Hochland unvergleichlich höher lag. Was also sind die Geheimnisse ihrer offensichtlich höheren Resilienz?

4.2 · Stürmische Landschaften

Abb. 4.8 Schafhaltung in Patagonien, Chile. (Foto: C. Schmidt)

Es liegt nahe, mit der Suche nach Antworten beim Boden zu beginnen, stellte dieser doch im Falle des isländischen Hochlandes das Zünglein an der Waage dar, die das landschaftliche System zum Kippen brachte. Und tatsächlich läuft es sich als Wanderer nicht nur anders als auf dem isländischen Hochland, auch Bodenprofile belegen gänzlich andere bodenkundliche Voraussetzungen. In Abhängigkeit vom Standort lassen sich vor Ort insbesondere Podsole, Parabraunerden, Fahlerden und Braunerden finden (vgl. Zech et al. 2014: 27, 39, Dawson 1976: 55, Hofmann 2009: 15). Einer geringmächtigen organischen Auflage folgen vielfach mehr oder weniger humos angereicherte lehmige Oberböden (A-Horizont) von bis zu 30 cm Mächtigkeit und sehr steinige und lehmige Unterböden (B-Horizont) von bis zu 70 cm Tiefe. Selbst bei einer Verletzung der Grasnarbe ist bei solch schweren Böden nie mit einer so hohen Erosionsrate zu rechnen, wie es bei den Andosolen Islands der Fall ist. Die *estancieros* zehren insofern noch immer von den Bodenaufbau-Leistungen der einstigen Wälder.

Gleichwohl ist EROSION auch in Patagonien mittlerweile ein Thema – bedingt durch die Weidenutzung. Nach Untersuchungen von Voigt et al. (2016) hat sich beispielsweise im argentinischen Ostpatagonien allein zwischen 1956 und 2000 die durch Winderosion desertifizierte Fläche von 16 auf 29 Mio. ha erhöht und damit nahezu verdoppelt (Voigt et al. 2016: 67). Zusammen mit den durch Wassererosion zerstörten Flächen waren im Jahr 2000 ca. 60 Mio. ha durch Erosionsprozesse nicht mehr nutzbar, wobei pro Jahr mit einem Zuwachs von ca. 650.000 ha gerechnet wird (Voigt et al. 2016: 66). Die Ursachen dafür werden neben dem ariden und semiariden Klima Ostpatagoniens vor allem in einer Überweidung der Flächen gesehen. In der Blütezeit der Schafhaltung waren in den 1950er-Jahren ca. 20 Mio.

Schafe auf den Weiden zu finden (Voigt et al. 2016: 66). Westpatagonien weist allerdings deutlich höhere Niederschläge als Ostpatagonien auf. Da die patagonischen Böden im Gegensatz zu den isländischen Andosolen zugleich über eine höhere Wasseraufnahmekapazität verfügen und gut durchfeuchtete Böden weniger zur Winderosion neigen, ist Westpatagonien also mit einer höheren, naturbedingt gegebenen Resilienz gesegnet.

Hinzu kommt die charakteristische Vegetation der Weideflächen, die dank der schon historisch vorhandenen, von Guanakos und Vikunjas beweideten Offenlandflächen in den Wäldern Zeit hatte, sich an die stürmischen Naturbedingungen zu gewöhnen (vgl. drittes Bewertungskriterium der Resilienz in ▶ Abschn. 1.3). Eine sehr gute Anpassung an hohe Windgeschwindigkeiten bietet beispielsweise die Polsterform krautiger Pflanzen (vgl. auch Endlicher 2019). Sie ist in Sturmsituationen erstaunlich stabil und vermag zugleich die Verdunstungsraten zu reduzieren, was sich dann als vorteilhaft erweist, wenn noch Dürren hinzukommen, die die Winderosionsrate zwangsläufig erheblich erhöhen würden. Vor diesem Hintergrund verwundert es nicht, dass die typischen Pflanzen der patagonischen Weidelandschaft just eine solche Polsterform zeigen, allen voran *Festuca gracillima* auf trockeneren Böden und *Festuca pallescens* in Mulden (Mancini et al. 2008, Dawson 1976). Die *Festuca*-Gräser trotzen dem Wind mit ausgesprochen dicken Horsten. Zwischen ihnen lugen nur wenige Zentimeter höhere Sträucher windgeschliffen und perfekt abgerundet heraus, sodass sich selbst der störrischste Wind nicht in ihnen verhaken kann. Beispielsweise kann man immer wieder den Neneo genannten Strauch *Mulinum spinosum* mit seiner klaren Polsterform entdecken. Andere Sträucher, wie z. B. *Berberis microphylla*, haben keine Polsterform, werden aber aufgrund ihrer Stacheln sowohl von den Schafen als auch den Guanakos verschmäht und bieten auf diese Weise an grasbewachsenen Hängen einen hervorragenden Erosionsschutz. Im Süden, entlang der Magellanstraße, ist zudem der Strauch *Chiliotrichum diffusum* im Grasland häufiger anzutreffen, im Osten *Empetrum nigrum* (Dawson 1976: 64). Mancini (2008: 351 ff.) nennt darüber hinaus noch z. B. *Anarthrophyllum rigidum* und *Berberis heterophylla*. Allerdings beschreibt Endlicher (2019: 4), dass die einheimische Flora durch die Farmer vielfach mit anderen Gräsern angereichert wurde, z. B. Süßgräsern (*Poaceen*), da die ursprünglichen Hartgräser für die europäischen Viehsorten ungeeignet waren. Andere Gräser zeigen aber nicht zwangsläufig dieselbe Erosionsresistenz wie *Festuca*-Arten! Sträucher wurden von den *estancieros* nie gern gesehen. Hier beginnt der Erwerb oder eben der Verlust landschaftlicher Resilienz, und setzt sich in einer mehr oder weniger erosionsmindernden Gliederung der Weidelandschaften mit Gehölzen fort. Waldbestände auf windexponierten Standorten gibt es auffallend wenige. Greift man die Resilienzprinzipien (▶ Abschn. 3.7) auf, sind die aktuellen Weidelandschaften Westpatagoniens zwar in starkem Maße durch Redundanz, nicht aber durch Vielfalt geprägt. Die *estancias* sind extrem großflächig. Außerhalb der Farmen gelegene und nicht für die Viehhaltung optimierte Landschaftsbereiche gibt es nur selten. Zudem zeigen die oben genannten *Festuca*-Arten oder auch die Böden Patagoniens zwar eine recht hohe Resistenz gegenüber Sturmereignissen, sodass die Landschaft trotz ihrer Nutzungsumwandlung eine gegenüber Island deutlich höhere Robustheit aufweist. Aber im Gegensatz zu den ursprünglichen Südbuchenwäldern Patagoniens ist eine deutlich geringere Elastizität zu verzeichnen. Denn in den subantarktischen Wäldern löste ein Sturmbruch zugleich einen Neuaufwuchs aus. Ist aber die Grasnarbe einmal zerstört und setzt die Erosion ein, geht der Boden unwiederbringlich verloren, womit sich die Möglichkeiten einer Erneuerung der Weidelandschaft über die Zeit immer stärker verringern.

4.3 · Salzlandschaften in ökonomischen Veränderungen

> Insofern zeigt sich in Westpatagonien zwar ein unvergleichlich günstigeres RESILIENZPROFIL als im isländischen Hochland, sodass die Weidelandschaft in absehbarer Zeit wohl kaum dasselbe Schicksal bevorsteht. In einer ausgewogenen Balance befindet aber auch sie sich nicht. Sie hat lediglich mehr Zeit für ihre Anpassung!

Wird der Anteil erosionsmindernder Gehölze und Wälder sowie einheimischer, erosionsresistenter Grasarten nicht schrittweise deutlich erhöht, steht die Frage einer langfristigen Resilienz über kurz oder lang trotz der deutlich höheren naturbedingt gegebenen landschaftlichen Resilienz.

4.3 Salzlandschaften in ökonomischen Veränderungen

SALZLANDSCHAFTEN gehören zu den ungewöhnlichsten Landschaften der Welt. Aber gerade weil es Extremlandschaften sind, lohnt es sich, an ihrem Beispiel die dargestellten Kriterien, Ebenen und Prinzipien landschaftlicher Resilienz zu hinterfragen und zu schauen, in welchem Maße sie gegenüber Störeinflüssen gewappnet sind. Der SALAR DE UYUNI stellt mit ca. 10.000 km² Fläche die größte Salzpfanne der Erde dar. Ungefähr viermal so groß wie das Saarland liegt die Landschaft im Altiplano Boliviens auf einer Höhe von 3653 m ü. NN und entstand durch Austrocknung eines pleistozänen Sees, der noch bis vor 13.000 bis 10.000 Jahren größere Teile des Altiplano im Bereich eines bereits zuvor ausgetrockneten Salzsees bedeckte (Risacher & Fritz 1991: 211, Risacher & Fritz 2000: 374, 382).

Die tatsächliche Tiefe des ehemaligen Sees und damit die Mächtigkeit der Salzschichten des Salars sind nicht gänzlich sicher. Zwei tiefere Bohrungen haben eine Teufe von 121 m und 220 m erreicht, nicht aber das Grundgebirge (Fritz et al. 2004). Die erstere von beiden Bohrungen zeigte zwölf übereinander geschichtete Salzkrusten, die durch Tonschichten aus Vulkanaschen, Kalzit, Aragonit und Gips voneinander abgegrenzt sind und zu 60 bis 100 % aus Halit (chemisch Natriumchlorid) bestehen. Die obere Salzkruste ist dabei 11 m stark (Risacher & Fritz 1991: 212). Die Poren der Salzkrusten sind mit einer stark mineralisierten Salzlösung gefüllt, die reich an Lithium, Magnesium, Brom und Kalium ist (Risacher & Fritz 2000: 384). Es ist also eine nach unten stark geschichtete Landschaft, die im Gegensatz dazu

Abb. 4.9   Salar del Uyuni, Bolivien. (Foto: C. Schmidt)

oberhalb der Erdoberfläche merkwürdig eindimensional anmutet (vgl. Abb. 4.9).

Steht man in ihr, so staunt man zunächst über ihre Perspektivlosigkeit. Wenn man Glück hat, findet man eine kleine Bergkette, an der man sich orientieren kann. Ansonsten erstreckt sich bis zum Horizont eine grellweiße Fläche, die so stark blendet, dass man immer wieder die Augen zukneifen muss und schnell jegliche Größenverhältnisse verliert. Bei jedem Schritt knirschen die Salzkristalle. Wohin man sich auch dreht, sieht man nur das Weiß der Salzwüste und das Blau des Himmels.

Über den Entstehungsprozess dieser unvergleichlichen Landschaft gibt es eine Fülle an Fachliteratur (u. a. Risacher & Fritz 2000, Rettig et al. 1980, Sieland et al. 2011). Für die folgenden Betrachtungen mag jedoch genügen, dass die Salze einerseits aus den umliegenden Gesteinen stammen, andererseits aus Vulkanaschen, die bei jedem neuen Vulkanausbruch abgelagert und vom Regen ausgewaschen wurden. Auch das Grundwasser löst Salze aus dem Untergrund, sodass sich die heutige chemische Zusammensetzung der Salzlösung im Salar erheblich von dem Mineralgehalt der wenigen Fließgewässer unterscheidet, die in das abflusslose Becken der Salzpfanne münden. Während einer starken Dürreperiode im Holozän verdunstete das Seewasser des ehemaligen Sees vollständig (vgl. Risacher & Fritz 1999). Was von der einstigen Seenlandschaft blieb, sind die auskristallisierten Salze. Nach den Erzählungen der Einheimischen vor Ort haben die Inkas nie direkt das Salz der Wüste verwendet, es war ihnen zu salzig. Ihnen reichten zum Würzen die Pflanzen, die am Rande der Salzpfanne wachsen. In späterer Zeit erfolgte insbesondere bei Colchani ein Abbau von Salz, der aktuell mit ca. 25.000 t pro Jahr im Vergleich zu dem geschätzten Vorkommen von 10 Mrd. t Salz nur einen marginalen Teil der Salzressourcen nutzt (Großmann 2014). 12 %

der Bevölkerung leben im Umfeld der Salzwüste vom Salzabbau (Rüttinger & Feil 2010: 24). Bis zu den aktuellen Bestrebungen einer wirtschaftlichen Nutzung, auf die noch zu sprechen kommen sein wird, stellt der Salar de Uyuni damit bisher ganz überwiegend eine Naturlandschaft dar, die in ihren Dimensionen einmalig ist. Im adaptiven Zyklus nach Holling et al. (2002) ist sie der Erhaltungsphase einzuordnen, da die erwähnten Eingriffe zu kleinflächig sind, um von einer Zerstörungsphase zu sprechen.

Salzlandschaften können aber nicht nur durch die Natur, sondern auch durch Menschenhand entstehen. Eines der eindrücklichsten Beispiele sind die SALINAS DE MARAS in der Nähe von Ollantaytambo in Peru. Die ungefähr 3000 bis 5000 kleine Bassins, in denen salziges Quellwasser auskristallisiert wird, kreieren dort eine Kulturlandschaft, die in Erscheinungsbild und Funktionsweise außergewöhnlich ist.

Vor Ort wurde der Autorin von den *Salineros* erzählt, dass ihre Ursprünge bereits in die Vor-Inka-Zeit zurückreichen. Systemisch betrachtet haben wir es also mit einem landschaftlichen System zu tun, dessen Wachstumsphase bereits vor mehr als 500 Jahren begann. Gleichwohl waren es die Inkas, die die Salzpfannen-Landschaft maßgeblich ausgebaut, perfektioniert und dabei eine ausgesprochen kollektive Nutzung der Salzressource angelegt haben: Die Fläche der Salzbecken wurde nämlich gleichmäßig auf die Familien der umliegenden Dörfer aufgeteilt. Jede sollte von der Bewirtschaftung der Salzterrassen profitieren. Erstaunlicherweise hat sich bis heute erhalten. Jede der Familien bewirtschaftet nach Aussagen der *Salineros* zwischen fünf und zehn Becken. Ungefähr 500 bis 600 Familien sind also die Hüter und ständigen Neu-Erschaffer dieser Landschaft. Dabei durchziehen kleine Kanäle wie pulsierende Schlagadern das Labyrinth der Becken, welches sich über viele Höhenstufen entlang des Berghanges bis ins Tal erstreckt (vgl. ◘ Abb. 4.10).

Das salzhaltige Wasser wird von einem Bach, der salzhaltiges Wasser führt, über Hauptgerinne in kleine Rinnsale geleitet, die die gerade einmal 30 cm tiefen Becken speisen. Die hohe Sonneneinstrahlung lässt das Wasser dann verdunsten. Zurück bleibt das schneeweiße, kristalline Salz. So einfach das klingt, so viel Arbeit macht es zweifelsohne. Die Becken müssen von den *Salineros* ständig ausgebessert, überwacht und der Ab- und Zufluss reguliert werden. Undichte Stellen müssen gefunden, repariert und die Salzkrusten schließlich auch „geerntet" werden. In der Regenzeit ruht die Arbeit, ungefähr von April bis August ist Hochsaison. Die Sonne und die trockene Luft sorgen in diesem Zeitraum dafür, dass das Wasser in den flachen Becken schon nach ungefähr drei Tagen verdunstet. Nach der Salzernte wird das Becken mit neuer Sole gefüllt und der gesamte Prozess startet von Neuem. Noch heute sind

Abb. 4.10 Salzterrassen von Maras, Peru. (Foto: C. Schmidt)

keine Verfallsprozesse zu erkennen. 500 Jahre nach den Inkas existiert das System der Salinen genauso wie alle Jahrhunderte zuvor. *Salineros* bessern nicht nur alte Salzpfannen aus, sondern legen im Inneren des Systems auch teilweise neue an. Es ist also eine Salzlandschaft, die sich im adaptiven Zyklus überwiegend in der Erhaltungsphase, kleinräumig sogar noch in der Wachstumsphase befindet, auch wenn die *Salineros* über zu geringe Preise klagen, die sie für das Salz erzielen. Sie haben sich deshalb vor Kurzem zu einer Genossenschaft zusammengeschlossen.

Zwei Salzlandschaften und doch zwei äußerst unterschiedliche. Wie gestaltet sich ihr Bedingungsgefüge landschaftlicher Resilienz? Betrachten wir den Salar de Uyuni, so fällt zunächst ins Auge, dass man bei dieser Naturlandschaft wohl kaum von Vielfalt sprechen kann. Abgesehen von halophilen Einzellern bietet die Salzwüste nur sehr wenigen salzangepassten Tieren und Pflanzen Lebensraum, beispielsweise den jahrhundertealten Kakteen *Echinopsis atacamensis* auf der Isla Incahuasi inmitten des Salars oder dem störrisch-windresistenten Ichu-Gras *(Stipa Ichu)*, welches höhen- und trockenheitsadaptiert in den Randbereichen der Wüste zu finden ist. Die Lagune am Zufluss des Rio Grande stellt ein Refugium für Flamingos dar (Rüttinger & Feil 2010: 24). Naturgemäß ist das endemische Artenspektrum einer Salzwüste jedoch sehr stark begrenzt. Sie verfügt auch weder relief- noch nutzungsbezogen über Vielfalt, und selbst auf der Handlungs- und Akteursebene der Landschaft ist zu konstatieren, dass seit 1974 ausschließlich der bolivianische Staat Besitzer des Salar de Uyuni ist (Rüttinger & Feil 2010: 25). Neben Tourismusunternehmen, die pro Jahr ca. 50.000 Touristen in die Salzwüste bringen und ca. 23 % der Bevölkerung ernähren (Rüttinger & Feil 2010: 24), gab es bislang traditionell den Salzabbau in Colchani, in dessen größter Fabrik ca. 5 t Kochsalz pro Tag produziert werden, sowie eine Reihe randlicher Minen für spezielle Mineralien (Will & Fischer 2014: 193, 195). Bis auf solche – der Fläche nach noch kleinräumige Veränderungen – ist der Salar de Uyuni jedoch wie jeder Wüste eine nahezu vollständige Abwesenheit von Vielfalt zu eigen. Diese macht sogar die spezifische Typik der Landschaft aus. Eine Vielfalt in einer solchen Wüste zu erzeugen, hieße, ihren unverwechselbaren Landschaftscharakter zu zerstören. Das heißt, dass für das Erlangen landschaftlicher Resilienz nicht jede Vielfalt anstrebenswert sein kann. Es muss vielmehr um eine dem Landschaftstyp entsprechende Vielfalt gehen! Vielfalt wird im Beispiel der Salzwüste Uyuni durch Redundanz kompensiert. Die immens große Fläche lässt eine Veränderung des landschaftlichen Systems in kleineren Teilbereichen, selbst einen Verlust der Landschaftstypik wie z. B. in den bisherigen Abbaugebieten durchaus verkraften, es kommt allerdings immer auf die Flächengröße im Verhältnis zur Gesamtfläche an.

> Halten wir zunächst fest: Die Waage zwischen Vielfalt und Redundanz ist in dieser Naturlandschaft recht einseitig zugunsten der Redundanz verschoben. Es ist also bei Weitem nicht so, dass von Natur aus stets eine ausgeglichene Balance der aufgezeigten Gegensätze vorherrscht. Allerdings zeigt sich auch, dass Einseitigkeiten im Kräfteverhältnis der Antagonismen zwangsläufig mit einer geringen Komplexität einer Landschaft einhergehen.

Ähnlich verhält es sich mit dem Wechselspiel zwischen Autarkie und Vernetzung bzw. Dezentralität und Zentralität. Als weltweit größte Salzwüste stellt der Salar de Uyuni ein Beispiel für Konzentration schlechthin dar. Vernetzungen sind nur marginal ausgeprägt, denn selbst wenn die Verbindung zu den wenigen einmündenden Fließgewässern unterbrochen wäre, würde das an der Existenz der Salzlandschaft nichts ändern.

Analog dazu zeigt auch das Prinzip der robusten Elastizität einen klaren Ausschlag. Dies lässt sich am besten an dem Faktor verdeutlichen, der dem Wesen einer Wüste am konträrsten gegenübersteht, nämlich Niederschlägen – einem naturgemäßen Point of Weakness der Landschaft.

Im Gegensatz zur Atacama-Wüste, die als trockenste Wüste der Welt gilt, fielen in der Uyuniwüste im Zeitraum 1987 bis 1999 immerhin durchschnittlich 171 mm Niederschlag pro Jahr. Diese konzentrieren sich jeweils auf die Regenzeit von Dezember bis März (Lamparelli et al. 2003: 1462). Wie reagiert das landschaftliche System auf Starkregenereignisse in dieser Zeit? Interessanterweise bleibt das Wasser auf der festen Salzkruste schlichtweg stehen, bis es vollständig verdunstet ist – ein Prozess, der sich über Monate hinzieht, aber mit keinem Verlust an Salzkruste einhergeht. Die Wüste verwandelt sich in dieser Zeit in eine gigantisch große Wasserfläche, durch die (freilich in Abhängigkeit von der Wassertiefe) nach wie vor Autos fahren können, so stabil ist die Salzkruste. Das landschaftliche System antwortet also mit Robustheit. Die Sole des Salar de Uyuni ist dabei durch eine hohe Dichte (>1,2 g/cm^3) sowie hohe Viskosität (~2,5 mPa·s) gekennzeichnet (Sieland et al. 2011: II). Zwar zeichnen sich die übereinanderliegenden Salzkrusten zugleich durch Porosität aus, die dynamische Interaktionen zwischen den Schichten ermöglichen. Nach Risacher & Fritz (1991: 213) wird die Porosität sogar auf durchschnittlich 30–40 % geschätzt. Zudem stehen auch oberflächennahe Hohlräume *(brine pools)* und bis etwa 150 m tief reichende Quellen für elastische Komponenten des Systems (Sieland et al. 2011: 35, Will & Fischer 2014: 191). Am stärksten bestimmt jedoch die hohe Stabilität den landschaftlichen Gesamteindruck. Die Salzwüste hat dabei zwei Gesichter: das blendend-weiße mit der bekannten hexogonalen Struktur des Bodens und das des gigantischen Himmelsspiegels (vgl. ◘ Abb. 4.11).

Unterm Strich ist nach dem Verdunsten der Niederschläge ein Gewinn an Salzkruste und zugleich an Robustheit zu verzeichnen. Nach Sieland und Kollegen (2011: II) ist dies auf karstähnliche Prozesse zurückzuführen. In der Trockenzeit steht der Soletisch 10–20 cm unter der Krustenoberfläche. Die kapillare Verdunstung der unterirdischen

Abb. 4.11 Salar de Uyuni als Wasserfläche, Bolivien. (Foto: C. Schmidt)

Sole zementiert die oberen Zentimeter der Kruste und erzeugt einen sehr harten und fast undurchlässigen Belag (Risacher & Fritz 2000: 375), der mit jedem Niederschlag fester wird. Die Landschaft vermag also, und das ist systemisch interessant, gestärkt aus Situationen hervorzugehen, die zunächst der Eigenart des Landschaftstyps völlig widersprechen, nämlich dem Regen. Versteht man Resilienz nicht nur als Erhaltung eines Systems, sondern weitergefasst als Anpassung, so ist die Salzwüste Uyuni zweifelsohne resilient, denn sie nimmt nicht nur trotz, sondern geradezu wegen der niederschlagsbedingten Störereignisse sukzessive an Mächtigkeit zu.

Greifen wir die Kriterien landschaftlicher Resilienz auf (▶ Abschn. 1.3), so ist ein Erhalt der landschaftlichen Basisleistungen durchaus gegeben. Die Salzwüste gebärt sich nach jedem dieser niederschlagsbedingten Störereignisse von selbst wieder als Salzwüste. Auch der Landschaftscharakter bleibt erhalten. Allerdings beherbergt sie naturgemäß nur einen sehr beschränkten genetischen Pool für tierisches oder pflanzliches Leben und hat auch nur wenige weitere ökologische Landschaftsfunktionen inne. In geringfügigem Maße hat sie Versorgungsfunktionen inne, die sich in den kleinflächigen Abbaugebieten und im Tourismus zeigen – immerhin besuchen ein Viertel der Touristen in Bolivien die Salzwüste (Will & Fischer 2014: 195). Summa summarum stellt die Salzwüste aber ein landschaftliches System mit einer geringen Komplexität dar. Dementsprechend bedarf es aber auch nur eines geringeren Maßes an Resilienz, um Funktionsfähigkeit und Anpassungsfähigkeit zu erhalten.

> **Entscheidend ist: Komplexität und Resilienz entsprechen einander! Die (naturbedingt) gegebene Resilienz genügt, um die geringe Komplexität des landschaftlichen Systems aufrechtzuerhalten und weiterzuentwickeln.**

4.3 · Salzlandschaften in ökonomischen Veränderungen

Eine solch gegebene Resilienz würde jedoch nicht mehr ausreichen, wenn das landschaftliche System anthropogen verändert wird und in diesem Zuge deutlich mehr Funktionen übernimmt. Dann müsste auch die Resilienz des Systems mitwachsen, in dem weitere „erworben" wird. Hier setzt das Beispiel der SALINAS DE MARAS an. Zum einen hat die Landschaft mit der Produktion von Salz eine klare Versorgungsfunktion inne, deshalb ist sie gezielt geschaffen worden. Zum anderen sind auch ihre ökologischen Funktionen reichhaltiger ausgeprägt, beispielsweise in Bezug auf die Regulationsfunktion im Wasserhaushalt. Das Salz von Maras, die Salinen und die *Salineros* sind zudem seit Inka-Zeiten fest in die kulturellen Traditionen und Gepflogenheiten der Region eingebunden, sodass die Landschaft auch kulturelle Ökosystemleistungen erfüllt. Verfügt das komplexere landschaftliche System aber auch über ein höheres Maß an Resilienz als die Salzwüste?

Betrachtet man das Wechselverhältnis zwischen Vielfalt und Redundanz, so überwiegt auf der physisch-materiellen Ebene ähnlich wie im Falle Uyunis die Redundanz, wenngleich nicht ganz so ausgeprägt wie dort, denn schon allein die landschaftlichen Systemkomponenten stellen sich mit Bach, Hauptgerinnen, Zuläufen und Becken vielfältiger dar als bei der Salzwüste. Anstelle von Flächengröße setzt die Salzlandschaft Mara auf ein MODULARES SYSTEM, bei dem die einzelnen Bestandteile zu- oder auch abgeschalten werden können. Dieses vermag eine hohe Widerstandskraft gegenüber wirtschaftlichen Krisen zu entfalten: Mit einer enorm hohen Flexibilität kann auf den schwankenden Bedarf an Salz reagiert werden. Starkregenereignisse wie für Uyuni skizziert, können das System mit den Zu- und Abflüssen puffern. Allerdings bedarf es dazu des wachen Blickes und Agierens der *Salineros*. Sie erwerben die zusätzliche Resilienz, die das System nötig hat. Auf der Akteurs- und Handlungsebene verschiebt sich das Verhältnis zwischen Vielfalt und Redundanz deutlich zugunsten der Vielfalt (vgl. ◘ Abb. 4.12). Das kooperative Bewirtschaftungssystem verteilt die

◘ **Abb. 4.12** Arbeit der *Salineros* in den Salinas de Maras, Peru. (Foto: C. Schmidt)

Lasten möglicher wirtschaftlicher Krisen auf viele Schultern, den Gewinn wirtschaftlicher Blütezeiten auf ebenso viele, und der Ansatz der jungen Genossenschaft stellt ein weiteres Ausgleichssystem dar. Die weitere Existenz der Salzlandschaft liegt auf diese Weise im Interesse vieler Personen, was ihre lebendige Weiterentwicklung befördern dürfte. Allerdings ist sie grundsätzlich an kleinbäuerliche Wirtschaftsverhältnisse gebunden. Ein maßgeblicher Point of Weakness stellt insofern eine Monopolisierung oder eine wirtschaftliche Unrentabilität dieser Kleinproduktion dar.

Das Verhältnis zwischen Stabilität und Elastizität gestaltet sich im Vergleich zur Salzwüste Uyuni ausgeglichener, denn so robust auch die Grundstruktur der Salzterrassen und die Hauptgerinne sind, so flexibel sind alle anderen Elemente. Die Salzbecken müssen beispielsweise im Untergrund verdichtet werden, bevor das salzhaltige Wasser eingelassen wird. So können Becken bedarfsentsprechend in das System eingebunden werden oder auch über mehrere Jahre ruhen. Auch die Arbeit mit dem Wasser ist höchst dynamisch und steht für die Elastizität des Systems.

Im Wechselspiel zwischen Autarkie und Vernetzung bzw. Konzentration und Dekonzentration zeigt die Terrassenlandschaft einerseits standortbedingt Zentralität, da salzführende Bäche in dieser Qualität einzigartig sind. Andererseits ist die Versorgungs- und Vermarktungsstruktur der Salinas de Maras dezentral aufgebaut. Die Salzbauern sind gut untereinander (Genossenschaft), aber auch mit ihren Abnehmern vernetzt. Auch hier gibt es also sowohl Komponenten der Vernetzung als auch der dezentralen Autarkie der einzelnen Salzbauern und ihrer Salzbecken.

> Insgesamt zeigt sich in den Salinas de Maras ein recht ausgewogenes RESILIENZPROFIL.

Die Antworten auf naturbedingte Störereignisse wie Starkregenereignisse fallen in den beiden beschriebenen Salzlandschaften höchst unterschiedlich aus: Die eine setzt vor allem eine immense Robustheit entgegen, die andere reagiert mit dynamischer Elastizität der Wasserregulierung. Beide sind jedoch gleichermaßen gut gegenüber solchen Ereignissen gewappnet. Aber wie sieht es mit einem WIRTSCHAFTLICHEN WANDEL aus?

Der Salzwüste Uyuni steht ein solcher unmittelbar bevor, denn es wird vermutet, dass sie die weltweit größten Lithiumvorkommen beherbergt (vgl. Sieland 2012, Lauerer 2019 u. a.). LITHIUM wird als Leichtmetall für die Herstellung von Batterien und Akkus verwendet, die sich in Handys, Notebooks und Elektromobilen finden, aber auch für die Erzeugung von Antidepressiva, Klimaanlagen und in der Glas- und Keramikindustrie genutzt. Die Nachfrage wächst seit Jahren beständig. Wie umfangreich die Lithiumvorräte im Salar de Uyuni tatsächlich sind, lässt sich nicht mit Gewissheit sagen, da es bislang keine verlässlichen Untersuchungen gibt, wie sich die Porosität der Salzkrusten und damit die Konzentration des Lithiums im Tiefenprofil entwickelt. Schätzungen reichen von 5,4 bis 9 Mio. t Gesamtreserven an Lithium in der Salar (Rüttinger & Feil 2010: 3, Sieland et al. 2011, 2012), staatlich-bolivianische Angaben liegen sogar deutlich darüber (Gerencia Nacional de Recursos Evaporíticos 2016). In welcher Größenordnung auch immer: Der Trend zu Elektro- und Hybridfahrzeugen und zur globalen Digitalisierung hat einen Boom des neuen weißen Goldes der Anden ausgelöst (Bauer 2018) – ein Boom, der auch an der Salar de Uyuni nicht spurlos vorübergehen wird. Wird in diesem Zuge die Naturlandschaft in eine Kulturlandschaft umgewandelt, müsste auch das Sicherungsnetz an Resilienzstrategien mitwachsen, denn komplexere Landschaften bedürfen zwangsläufig auch eines höheren Maßes an Resilienz. Wird die neue Bergbaulandschaft dem gerecht werden?

Solange der Abbau von Lithium kleinflächig stattfindet, wird ihn die Salar de Uyuni aufgrund ihrer gigantischen Größe wie auch alle anderen randlichen Minen und Tagebaue ohne maßgebliche Einbußen ihrer Resilienz verkraften. Der Abbau hat 2013 begonnen und beschränkt sich momentan auf ca. 40 km^2, d. h. 0,4 % der

Salzwüste (DPA 2018). 2016 wurden 16 t, 2017 ca. 68 t handelbares Lithiumcarbonat gewonnen (Bauer 2018). Die Vorstellungen für die Zukunft gehen aber weit darüber hinaus. Geplant ist eine jährliche Produktionsmenge von 30.000 bis 40.000 t Lithiumkarbonat und – so auch das Memorium der Staatsregierung – die Produktion einer Lithium-Ionen-Batterie „Made in Bolivia", um nicht historische Fehler der Kolonialzeit zu wiederholen und lediglich als Rohstofflieferant zu dienen (Gerencia Nacional de Recursos Evaporíticos 2016, Will & Fischer 2014: 199). Wie viel Fläche der künftige Abbau einnehmen wird, hängt dabei von vielen Faktoren ab, von der Entwicklung des technischen Know-hows bis zur Dynamik der Nachfrage. Allein bis 2025 könnte sich die Nachfrage nach Lithium verdreifachen (Bauer 2018). Je großflächiger die Bergbaulandschaft jedoch wird, desto bedeutsamer wird ihre eigene Resilienz.

Bislang greift die bolivianische Regierung mit ihren Pilotprojekten eine Abbautechnik auf, die bereits in der benachbarten Atacama-Wüste Anwendung findet. Dabei wird durch die Salzoberfläche gebohrt und Sole an die Oberfläche gepumpt, wo sie vermischt mit Frischwasser in offenen, nach unten mit Folien abgedichteten Becken durch Sonne und Wind verdunstet und sich konzentriert. Die Becken sind nacheinander geschaltet und erfüllen aufeinander abgestimmte Funktionen. So kristallisiert beispielsweise im ersten Becken Sodium aus. Die übrig gebliebene Lauge wird daraufhin in das zweite Becken gepumpt, in dem eine bestimmte Form von Kaliumchlorid ausfällt. In den weiteren Becken werden die Ausfallprozesse fortgesetzt. Schließlich bleibt Lithiumsulfat übrig, welches durch chemische Prozesse weiter zu Lithiumkarbonat verarbeitet wird (Rüttinger & Feil 2010: 4, Will & Fischer 2014, Sieland 2012). Allerdings ist zum einen der Lithiumgehalt in der Atacama-Wüste etwa doppelt so hoch, zum anderen erfordert die Tiefe der Uyuni-Salzwüste besondere Techniken, und es liegt ein Magnesium-Lithium-Verhältnis von 20:1 vor, während dieses in der Atacama-Wüste 1:1 beträgt (Hollender & Shultz 2010: 5). Hinzu kommt, dass die Verdunstung in der Atacama-Wüste als trockenster Wüste der Welt über das gesamte Jahr erfolgen kann, während die Uyuni-Wüste (wie beschrieben) über eine Regenzeit von ca. vier Monaten verfügt, in denen dieser Prozess unterbrochen wird. All diese Unterschiede erschweren eine pauschale Übertragung der Gewinnungstechnologie und sorgen dafür, dass im Falle einer Beibehaltung der Technologie wesentlich größere Flächen für Verdunstungsbecken angelegt werden müssten, als dies in der Atacama-Wüste der Fall ist.

Es liegt auf der Hand, dass im Bereich der Verdunstungsbecken vollständig Landschaftscharakter und Resilienz der Salzlandschaft verändert wird: Aus einer Wüste wird eine künstliche Wasserbeckenlandschaft. Die umweltbezogenen Auswirkungen dürften aber weit darüber hinausreichen, insbesondere was den enormen Wasserbedarf der Lithiumherstellung betrifft. Konkrete Angaben dazu schwanken. Gibt Lauerer (2018) beispielsweise an, dass für die Herstellung von 1 t Lithiumsalz 2 Mio. l Wasser benötigt werden, relativiert dies Vollmer (2019) und führt als Beispiel die Lithiumgewinnung in der Atacama-Wüste mit nur 0,4 bis 1,5 Mio. l Wasser pro Tonne an. Allerdings ist die Lithiumkonzentration dort wie beschrieben doppelt so hoch, und es kann in der Uyuni-Salzwüste auch nicht auf Wasser aus dem Pazifik zugegriffen werden wie in Chile. Andererseits bringt die Regenzeit im Falle Uyunis einen Wasserüberstand von 25 bis zu 75 cm mit sich, den wiederum die Atacama-Wüste nicht hat (Risacher & Fritz 1991: 375, Sieland et al. 2011: 1). Es verwundert, dass bislang weder eine Umweltverträglichkeitsstudie noch eine hydrogeologische Abschätzung möglicher Abbaufolgen vorliegt, die zu diesen Aspekten verlässlichere Aussagen ermöglichen würden. Ohne diese können gravierende Grundwasserabsenkungen selbst bei der unteren Spannweite des Wasserbedarfes nicht ausgeschlossen werden, sondern liegen im Bereich des Wahrscheinlichen. Momentan wird das Wasser 6–8 km von der Pilotanlage im lithiumreichsten südlichen Teil der Salar entnommen (Will & Fischer 2014: 197, Sieland et al. 2011: II). Nicht weit entfernt davon befindet sich eine als

RAMSAR-Feuchtgebiet geschützte Lagune mit einer Vielzahl an Flamingos, die schon mittelfristig in ihrem Bestand gefährdet sein dürfte. Sieland (2012) geht bei industrieller Produktion von Lithium von einem Tagesverbrauch von ca. 4000 m^3 Süßwasser und ca. 5000 m^3 leicht salzigem Brackwasser aus und konstatiert, dass dazu das Wasser des Hauptgewässers (Rio Grande) bei weitem nicht ausreichen würde, sondern in erheblichem Maße Grundwasser gefördert werden müsste. Dieses wurde jedoch nach Isotopenuntersuchungen vor vielen hundert bis tausend Jahren gebildet und erneuert sich unter den heutigen ariden Bedingungen nicht mehr. Auf diese Weise würde einerseits eine nicht erneuerbare Ressource verbraucht werden, andererseits würde im Grundwasserabsenkungstrichter voraussichtlich eine drastische Desertifikation ausgelöst werden. Die Region, in der die Salzwüste liegt, gilt aber bereits jetzt als Armenhaus Boliviens (Hollender & Shultz 2010). Ein Großteil der Bevölkerung lebt von Subsistenzwirtschaft. Ungefähr die Hälfte der Bevölkerung arbeitet im Haupterwerb in der Landwirtschaft (Rüttinger & Feil 2010: 27). Zudem konzentriert sich im Umfeld der Salzwüste auf den Hochflächen des Altiplano der Anbau von Quinoa (vgl. Abb. 4.13), der neben der Selbstversorgung auch für den Export relevant ist. Bolivien gilt als zweitgrößter Quinoa-Produzent der Welt und einziger Bio-Produzent von Quinoa (Hollender & Shultz 2010: 20).

Obgleich die genügsame Pflanze als sehr widerstandsfähig und robust gilt, hatte der Quinoa-Anbau in Bolivien bereits in den letzten Jahren bedingt durch den Klimawandel mit zunehmend längeren und trockeneren Trockenperioden und daraus folgenden Ertragseinbußen zu kämpfen (Goebel 2015). Mögliche Grundwasserabsenkungen durch den Lithiumabbau würden dementsprechend voll in die Kerbe der Klimaänderungen schlagen. Muñoz (2009) geht in Auswertung nationaler Klimaprognosen des *Programa Nacional de Cambio Climático* davon aus, dass der Niederschlag im Altiplano um ca. 15 % zurückgehen und sich bedingt durch Veränderungen des El Niño die Perioden mit Trockenheit nahezu verdoppeln könnten. Verbunden mit den kargen Böden und den ohnehin extremen klimatischen Verhältnissen des Altiplanos stellt eine Desertifikation in den vom Lithiumabbau beeinflussten Gebieten damit ein sehr ernst zu nehmendes Risiko dar. Eine Resilienzstrategie würde vor diesem Hintergrund darin bestehen, extrem wassersparende Abbautechnologien zu entwickeln und zu nutzen (vgl. die diesbezüglichen Überlegungen und Versuche der Universität Freiberg, u. a. in Sieland 2012). Bislang wird auf staatlicher Ebene aber ausschließlich auf die erläuterte, stark wasserverbrauchende Technologie gesetzt. Dass die lokale Bevölkerung als Win-Win-Partner in die Lithiumerzeugung eingebunden wird, stellt zudem bislang eher ein politisches Lippenbekenntnis dar (Gerencia Nacional de Recursos Evaporíticos 2016): Es wurde noch zu wenig konkret in Governance-Strukturen umgesetzt. Eine Stärkung der Vielfalt der Akteure und eine eher dezentral ausgerichtete Technologie könnten aber ebenso wirksame Resilienzstrategien sein. Ebenso würde die Aufstellung eines räumlichen Entwicklungsplanes, der über Zonierungen der Salar de Uyuni und Konfliktregelungen die unterschiedlichen Interessen stärker ausbalanciert, der landschaftlichen Resilienz dienen.

Anzunehmen ist beispielsweise, dass nicht nur die Verdunstungsbecken, sondern auch die Areale der Bohrungen nicht frei zugänglich sein werden und zudem auch in ihrem Erscheinungsbild nicht den Erwartungen von Touristen entsprechen. Da es insbesondere die Weite und Unberührtheit der Salzwüste ist, die Touristen anzieht, sind insofern umso größere Einbußen im Tourismus zu erwarten, je großflächiger der Lithiumabbau erfolgen wird. Zudem lässt sich bislang nicht verlässlich sagen, wie sich die Stabilität der Salzkruste entwickeln wird, wenn das Porenwasser in großem Maße entnommen wird. Insofern sind noch vielfältige Fragen offen und ist ein gutes planerisches Vorausdenken vonnöten.

4.4 · Stadtlandschaften in Wasserkrisen

◘ **Abb. 4.13** Quinoa-Anbau im Umfeld der Salar de Uyuni, Bolvien. (Foto: C. Schmidt)

Rüttinger & Feil (2010) skizzieren vor diesem Hintergrund vier konträre Entwicklungsszenarien des Lithiumabbaus in Bolivien, die ein Spektrum zwischen einer sehr positiven und sehr negativen Entwicklung aufwerfen. Diese Szenarien im Sinne der Resilienz weitergeführt, besteht das Worst-case-Szenario zusammengefasst in einer fast vollständig in eine industrielle Becken- und Bohrturmlandschaft umgewandelten Salzwüste, einem zu Ödland degradierten Umland und einer weiter verarmten Bevölkerung. Das Best-case-Szenario besteht in einer räumlich differenzierten Entwicklung der Salzwüste, die neben einer großflächigen Naturlandschaft auch eine technologisch höchst effiziente und wassersparende Lithiumgewinnung integriert, die über eine Bottum-up-Beteiligung der lokalen Bevölkerung (Akteurs- und Handlungsebene der Landschaft) auch zu einer Anhebung des Lebensstandards in der Region führt.

❯ In welche Richtung die landschaftliche Entwicklung tatsächlich gehen wird, hängt nicht zuletzt davon ab, ob und in welchem Maße konkrete Resilienzstrategien ergriffen werden.

4.4 Stadtlandschaften in Wasserkrisen

Im stadtplanerischen Diskurs wird mitunter die Position vertreten, Städte seien schon allein deshalb resilient, weil sie bis heute besiedelt und bewohnt werden. Nach Schott (2013: 306) zeigt die räumlich-physische Bewältigung von Naturkatastrophen in STÄDTEN beispielsweise, „dass trotz weitgehender physischer Zerstörung die überlieferte Morphologie von Städten (…) ein außerordentliches Beharrungsvermögen" hat. Lynch hat dasselbe in dem kurzen und prägnanten Satz zusammengefasst:

> A City is hard to kill. (Lynch 1990: 109)

Das kommt auch nicht von ungefähr, wurden Städte doch in der Regel an strategisch besonders günstigen geografischen Punkten errichtet und stellen sie zugleich solche Konzentrationen an Investitionen und Kapital dar, dass es sich auch in ganz besonderem Maße lohnt, sie zu erhalten und dafür Kraft zu investieren.

Gleichwohl umfassen Stadtagglomerationen Landschaften, die von allen Landschaftstypen am stärksten auf Kosten anderer leben, in dem sie einen Großteil ihrer Ressourcen gewöhnlich aus dem Umland beziehen und umgekehrt Müll und Abwasser wieder dort entsorgen. Insofern können sie schon allein aufgrund ihres ÖKOLOGISCHEN FUSSABDRUCKES (▶ Abschn. 3.6) nur schwerlich wirklich resilient sein. Aber schauen wir uns just diesen Punkt – die städtische RESSOURCENABHÄNGIGKEIT vom Umland – anhand zweier Fallbeispiele etwas näher an und fokussieren wir dabei schwerpunktmäßig auf die Wasserversorgung. Denn sei es durch terroristische Anschläge, Unfälle oder Managementfehler, oder sei es durch naturbedingte Ereignisse oder Umweltveränderungen: Wird die Ressourcenfrage berührt, geraten Städte sehr schnell in sehr tiefe Krisen. Oder anders gesagt: Wurden Städte früher belagert, um sie zu Fall zu bringen, braucht man ihnen heute eigentlich nur den Wasserhahn abzudrehen. Wie viele Städte diesbezüglich vulnerabel sind, erstaunt immer wieder.

Beispielhaft verdeutlicht wurde dies im bolivianischen LA PAZ, als es im November 2016 zu einem über viele Wochen andauernden Mangel an Trinkwasser in verschiedenen Stadtteilen kam. Ein besonders starker El Niño mit einem verzögerten Beginn der Regenzeit und einer Trockenperiode hatte zusammen mit einem über Jahre verfehlten Wassermanagement für leere Staubecken in den Anden und einem darauffolgenden Kollaps in der Wasserversorgung der Stadt gesorgt (Steinacher 2016, Hoffmann 2019). Manche Stadtteile hatten wochenlang kein fließendes Wasser. Abgepacktes Trinkwasser war zeitweise ausverkauft, durch die eingeschränkte Hygiene nahmen Krankheiten zu. Proteste und Unruhen gewannen in wenigen Tagen an Brisanz, schließlich musste sogar der nationale Notstand ausgerufen werden. Den Ablauf einer solchen Krise bringen die tagebuchartigen Aufzeichnungen von Steinacher (2016) sehr eindrücklich nahe. Aber Wasserkrisen urbaner Agglomerationen sind selbstverständlich nicht auf Südamerika beschränkt. Zu Beginn des Jahres 2018 datierte beispielsweise KAPSTADT seinen *day zero* – also den Tag, an dem der Metropole vermutlich ihre Wasserressourcen ausgehen – auf den 21. April desselben Jahres (Cassim 2018), sodass selbst so ungewöhnliche Vorschläge wie der Transport eines Eisberges nach Kapstadt diskutiert wurden (Schönherr 2018). Auch wenn die Katastrophe glücklicherweise auch ohne Eisberg abgewendet werden konnte, ist die Gefahr damit noch lange nicht grundsätzlich gebannt. Die Bevölkerung Kapstadts hat sich in nur 18 Jahren verdoppelt. Zeitgleich nahmen Dürreperioden zu und lässt die Region auch künftig sinkende Niederschlagssummen erwarten (Otto & Schleifer 2018). Es ist also bei Weitem nicht nur der Klimawandel, der Städte in Bezug auf ihre Wasserressourcen unter Stress setzt, sondern die Mischung aus klimatischen Veränderungen, drastischem Bevölkerungswachstum und einem nicht mitwachsenden Wasserversorgungssystem. So wird in CHENNAI (Indien) der extreme Wassermangel im Sommer 2019 neben geringer ausgefallenen Monsun-Niederschlägen auch in erheblichem Maße auf Managementfehler zurückgeführt (Palanichamy 2019). Chennai ist kein Einzelfall, denn ein Fehler wiederholt sich bei vielen Städten: Auf drastische Veränderungen der Rahmenbedingungen, die mit Bevölkerungswachstum und Klimawandel einhergehen, wird nicht mit ebenso drastischen Veränderungen im städtischen Wasserversorgungssystem, sondern mit eher marginalen Optimierungsversuchen des bestehenden Systems geantwortet. Große Veränderungen bedürfen aber auch großer systemischer Anpassungen! In Chennai trockneten 2019 die oberirdischen Wasserreservoire der Zehn-Millionen-Metropole nahezu komplett aus, und das, obgleich die Stadt noch vier Jahre zuvor durch massive Überschwemmungen Schlagzeilen machte. Auf dem Gipfel der Krise musste das Trinkwasser sogar mit Versorgungszügen aus den Nachbarregionen antransportiert werden (Perras 2019, Palanichamy 2019). Welcher soziale Sprengstoff in solchen Situationen liegt, lässt sich leicht vorstellen. PEKING gilt beispielsweise weltweit als eine von elf Städten, die über ein extrem hohes Risiko bezüglich einer Wasserkrise verfügen, zumal 40 % des Oberflächenwassers so verschmutzt ist, dass es noch nicht einmal für die landwirtschaftliche Bewässerung oder die Industrie verwendet werden kann (BBC 2018). Dass überlegt wird, Trinkwasser in einer gigantischen Pipeline aus dem 1750 km entfernt gelegenen Baikalsee zu importieren (Korytny 2014: 3), zeigt die Brisanz der Situation, und die Beispiele ließen sich weiter fortsetzen. Dabei kann grundsätzlich jede Stadt durch widrige Umstände von ihrem versorgenden Umland abgetrennt werden. Wie sind Städte demgegenüber gewappnet?

Greifen wir zwei Stadtagglomerationen heraus, die zur besseren Vergleichbarkeit ähnliche klimatische und naturräumliche Bedingungen aufweisen: KUALA LUMPUR und SINGAPUR. Beide sind nach der Klassifikation von Köppen und Geiger dem Regenwaldklima (Af) zuzuordnen und verfügen mit einem Jahresniederschlag von 2486 mm bzw. 2378 mm bei 27,1 °C bzw. 26,8 °C im Zeitraum 1982–2012 gegenüber Kapstadt mit 853 mm oder gar La Paz mit 561 mm Jahresniederschlag über wahrlich gesegnete Bedingungen (Imprint 2019). Durch die vergleichbaren Naturraumbedingungen unterscheidet sich auch die gegebene landschaftliche Resilienz nicht maßgeblich, sodass sich die nachfolgenden Ausführungen zwangsläufig auf die ERWORBENE landschaftliche Resilienz fokussieren. Beides sind junge landschaftliche Systeme. Sie wurden erst Anfang des 19. Jahrhunderts dem Regenwald abgerungen (Loose 2018) und sind mit ihren bis heute anhaltenden Erweiterungen im adaptiven Zyklus der Wachstumsphase zuzuordnen.

KUALA LUMPUR (vgl. ◘ Abb. 4.14) hat dabei auf einer Fläche von ca. 244 km^2 1,8 Mio. Einwohner (2017), wobei die Stadt nahtlos in angrenzende Städte übergeht und im gesamten Agglomerationsraum ca. 8 Mio. Menschen leben (UN-Data 2019, Ufen 2017). Wo genau die Grenze zwischen Stadt und Umland verläuft, lässt sich vor diesem Hintergrund sehr unterschiedlich beantworten. Für die folgenden Überlegungen soll die administrative Stadtgrenze als Abgrenzung zwischen Stadt und Umland genommen werden.

SINGAPUR wird als Stadtstaat und Insel sowohl administrativ als auch natürlich eindeutig vom Umland abgegrenzt. Die Metropole hat auf ihren ca. 720 km^2 Fläche annähernd 5,7 Mio. Einwohner (2017, UN-Data 2019), sodass die Bevölkerungsdichte beider Städte mit über 7400 EW/km^2 vergleichbar hoch ausfällt. Sind aber auch ihre Versorgungsstrukturen vergleichbar resilient?

◘ **Abb. 4.14** Blick auf die Petronas Twin Towers als Wahrzeichen Kuala Lumpurs, Malaysia. (Foto: C. Schmidt)

Betrachten wir die Wasserversorgung, macht Kuala Lumpur letztlich das, was die meisten Metropolen machen: Es bedient sich seines Umlandes. 1998, als die Stadt eine erste Wasserkrise ereilte, die als *Klang Valley water crisis* in die Geschichte Malaysias eingegangen ist, bezog die Stadt zu 92 % ihr Trinkwasser aus der 1985 gebauten Talsperre Semenyih, die ca. 35 km vom Stadtzentrum Kuala Lumpur entfernt im Klangtal liegt. Die verbleibenden 8 % kamen aus einer weiteren, in früheren Jahren für die Wasserversorgung Kuala Lumpurs gebauten Talsperre in 25 km Entfernung (Klang Gates) und einer näher gelegenen Grundwassergewinnungsanlage (Syriakat 2006). Allerdings war dieses Versorgungssystem offensichtlich nicht resilient genug, um die Krise ohne Funktionsverluste zu überstehen. Offiziell wurden ausbleibende Niederschläge infolge des El-Niño-Phänomens als Ursache des Wassermangels angegeben (Syriakat 2006). Dabei lag der tatsächliche Niederschlag in den Monaten vor Februar 1998 nach Daten des DWRMH (2013) nur marginal unter dem Durchschnitt, sodass Managementfehler forcierend gewirkt haben müssen. Im Ergebnis war die gesamte Stadt von einer Wasserrationierung und von Einschränkungen im öffentlichen Leben betroffen. Die Regierung nutzte die Krise, um ein Megaprojekt, nämlich das Pahang-Selangor-Rohwasser-Transferprojekt, zu rechtfertigen und anzuschieben. Das Projekt umfasst den Bau von einem riesigen, schwerkraftbetriebenen Rohwassertransfertunnel mit einer Länge von 44,6 km und einem Durchmesser von mehr als 5 m, der bis zu 1200 m unter dem Titiwangsa-Gebirge verläuft und 27,6 m^3 Rohwasser pro Sekunde aus einem mehr als 100 km entfernten, neuen Stausee des Flusses Kelau (Kelau-Dam mit 299 Mio. m^3 Stauvolumen und 35 m hoher Staumauer) nach Kuala Lumpur transportiert (Water Technology 2019, Wills 2012). Das heißt, dass auf die Krise mit einem noch gigantischeren Ausbau, nicht aber mit einer Hinterfragung des Systems geantwortet wurde. Nur wenige Monate nach der Klang-Valley-Wasserkrise wurde zudem die Talsperre Sungai Tinggi mit einer Kapazität von 475.000 m³ pro Tag fertiggestellt, wodurch wurden die Versorgungsleistungen um etwa 80 % gesteigert wurden. Es folgten zwei weitere Phasen des Ausbaus, die die Wasserversorgungskapazität des Klangtals in nur sieben Jahren mehr als verdreifachten (Syriakat 2006).

Die Umsetzung des Pahang-Selangor-Rohwasser-Transferprojektes zog sich über viele Jahre hin und ist aus verschiedenen Gründen bis heute höchst umstritten. So kann es die Ineffizienz des Wassersystems nicht beheben und setzt insofern an einem falschen Punkt des Systems an. Der Pro-Kopf-Wasserverbrauch in Kuala Lumpur ist einer der höchsten der Welt (RWESA 2003: 30) und liegt deutlich über dem von Singapur: Bari und Kollegen ermittelten für den Großraum Kuala Lumpur einen Pro-Kopf-Wasserverbrauch von 288 l pro Tag und zeigten in ihrer Studie auf, dass sich mindestens ein Drittel davon durch wassersparende Techniken einsparen ließe (Bari et al. 2015). Zum Vergleich: Der Pro-Kopf-Wasserverbrauch in Singapur wird 2017 mit 143 l und damit annähernd der Hälfte von Kuala Lumpur beziffert (Yusof 2018), in Deutschland liegt er bei ca. 154 l (2018, nach Daten von Statista 2019). Leitungsverluste tragen maßgeblich zu dem immensen Wasserbedarf Kuala Lumpurs bei. Beispielsweise betrugen die Wasserverluste der Region, in der Kuala Lumpur liegt (Selangor), nach Angaben der nationalen Wasserkommission SPAN (2009) annähernd 34 % im Jahr 2008, nach Pressemitteilungen von 2017 ca. 35 % (The Star Online 2017). Der Gesamtdurchschnitt für Malaysia wurde 2008 auf 36 % beziffert. Im Gegensatz dazu belaufen sich die Wasserverluste in Singapur lediglich auf ca. 4 % (Makaya 2016: 9). Daraus resultiert, dass es in Singapur einen viel geringeren Gesamtbedarf an Wasser pro Kopf abzudecken gilt. Pressemitteilungen von 2019 lassen zwar verlauten, dass die malaysische Regierung die Wasserverluste auf 31 % senken will (Sundaily 2019). Allerdings ist auch die anvisierte Zielzahl von 31 % noch deutlich zu hoch, immerhin betragen die Verluste momentan insgesamt 5,9 Mio. l pro Tag. Als Hauptursachen werden alte Rohrleitungen, insbesondere fragile und undichte Asbestzementrohre angesehen, die 2017 immerhin noch 27 % des Leitungsnetzes ausmachten (Sundaily 2019). Die malaysische Regierung hat demzufolge ein nationales Programm 2018–2020 zum Umbau des Leitungsnetzes aufgelegt, und auch die Region, der Kuala Lumpur zugehört (Selangor), möchte bis 2025 die Verluste auf 25 % senken (The Star Online 2017). Das Problem ist also erkannt. Hätte man sich jedoch viel frühzeitiger und intensiver um eine Reduzierung der Wasserverluste und des Wasserbedarfs bemüht, wäre der Neubau solch gigantischer Talsperren wie des Kelau-Stausees im Pahang-Selangor-Rohwasser-Transferprojekt gänzlich entbehrlich gewesen (so RWESA 2003: 31).

Die Nachhaltigkeit des Großprojektes wird auch aufgrund der immensen ökologischen und sozialen Beeinträchtigungen angezweifelt, die mit ihm einhergehen (vgl. z. B. Chiew 2008). So wird für den Stausee eine Fläche von 4090 ha überstaut, in der sich ein Reservat geschützten Regenwaldes mit 33 geschützten Säugetierarten, 147 Vogelarten und 88 Pflanzenarten von besonderem medizinischem Wert befindet, wird ein indigenes Dorf der Orang Asli mit 325 Einwohnern umgesiedelt, und es werden weitere indigene Volksgruppen aus ihrem Lebensraum vertrieben (RWESA 2003: 32). Der Fluss Kelau mit über 40 Fischarten wird vollständig überformt und mit seinem Wasser (1,5 Bio. l pro Tag) zudem der Abfluss des Langat-Flusses in der Nachbarregion um 70 % erhöht und grundlegend verändert, um nur einige der Auswirkungen zu verdeutlichen (Chiew 2008, RWSA 2003: 32 ff.). Letztendlich exportiert Kuala Lumpur damit die negativen landschaftlichen Auswirkungen seines Wasserversorgungssystems vollständig ins Umland, welches aber von den positiven Effekten nicht profitiert, da es seinen eigenen Wasserbedarf auch auf andere und wesentlich umwelt- und sozialverträglichere Weise abdecken könnte. In diesem Missverhältnis zwischen Nutzen und Lasten liegt ein Grunddissens zwischen Städten und ihrem Umland begründet, der sich auch anderswo wiederfindet. Wenn man das Wasserversorgungssystem Kuala Lumpurs unter Resilienzgesichtspunkten betrachtet, hat man mit den Veränderungen nach der Wasserkrise von 1998 die Lücken im Resilienznetzwerk eher vergrößert, nicht gemindert. So hat man z. B. zwar die Redundanz gestärkt, da mit dem Ausbau ein Mehrfaches des eigentlichen Wasserbedarfes von Kuala Lumpur zur Verfügung stand. Allerdings wurde nach wie vor ausschließlich auf einen einzigen Typus von Wasserressourcen gesetzt, nämlich den der Talsperren, und diese Eindimensionalität wurde mit den neuen Anlagen noch verstärkt. Alle Talsperren sind vom Typus her gegenüber denselben Störfaktoren empfindlich, allen voran Niederschlagsänderungen. Insofern besteht das Risiko, dass alle Anlagen auf einmal in ihrer Funktion beschränkt werden. Eine Vielfalt an Versorgungsmöglichkeiten ist im Krisenfall damit nicht gegeben. Vielfalt fehlt auch in anderen Bezügen. Besucht man Kuala Lumpur, fällt beispielsweise auf, dass Fließgewässer in der Regel nur als Entsorgungs- und Versorgungskanäle dienen und nicht multifunktional als Erholungsräume und Klimaoasen genutzt werden (vgl. ◘ Abb. 4.15).

Es existiert weder ein fußläufiges Wegesystem an ihren Ufern, noch ein daran orientiertes Grünsystem. Flüsse und Bäche sind eher zu vermüllten und abwasserbelasteten Vorflutern degradiert worden, die die Rückseiten der Hochglanzfassaden markieren. Ein Großteil des Abwassers von Kuala Lumpur wird offensichtlich noch ungereinigt entsorgt.

In Bezug auf das Prinzip der dezentralen Konzentration wurde vor der Wasserkrise ausschließlich auf Zentralität gesetzt (92 % aus einer Talsperre). Nach der Krise wurde mit den neugebauten Anlagen richtigerweise die Vernetzung gestärkt, damit aber noch lange nicht die Autarkie der Metropole. Nach wie vor ist Kuala Lumpur in der Wasserversorgung zu 100 % vom Umland abhängig. Diese Fremdabhängigkeit wurde mit den neuen Anlagen weiter verfestigt. Die Stadt bezieht ihre Wasserressourcen nun aus einem noch größeren Einzugsgebiet (ca. 100 km), und da die dafür getätigten Investitionen gigantisch hoch sind, wurde die pfadabhängige Entwicklung auch für die nächsten Jahrzehnte zementiert. Die Talsperren vermögen zwar als Systemkomponente durchaus elastisch mit Wasserstandsschwankungen umzugehen, andere Komponenten können dies aber weitaus weniger. Robustheit findet sich in dem neu gebauten Tunnel, nicht aber in dem sonstigen Leitungssystem. Beispielsweise wurden 2017 insgesamt 84 Hotspots im Wassersystem im Großraum Kuala Lumpur definiert, an denen es immer wieder zu Rohrleitungsbrüchen kommt (The Star Online 2017). Von einer robusten Kerninfrastruktur kann insofern noch nicht die Rede sein.

Vor dem Hintergrund der Unwucht des Resilienzprofiles ließ die nächste WASSERKRISE Kuala Lumpurs nicht lange auf sich warten und verlief nicht wesentlich anders als die erste. 2014 mussten 300.000 Haushalte in Kuala Lumpur und Selangor über Wochen ohne fließendes Wasser, und 6,7 Mio. Menschen über zwei Monate mit stark rationiertem Wasser auskommen (Zacharias 2014, AFP 2014). Flüsse trockneten aus, der Wasserstand in den Stauseen sank unter einen kritischen Schwellenwert, beispielsweise in der Sungai-Selangor-Talsperre als einem der Hauptlieferanten für Kuala Lumpur auf 31 % (Zacharias 2014). Infolge des eingeschränkten Zugangs zu Wasser für gewerbliche Zwecke erlitten mindestens 30 Unternehmen, insbesondere in der Lebensmittel- und Getränkeindustrie, in der Kautschuk-, Chemie-, Elektro- und Tourismusindustrie, erhebliche wirtschaftliche Verluste (Zacharias 2014). Von offizieller Seite wurde die Krise damit als schwerste nach der von 1998 gewertet und aufgrund der Weiträumigkeit ihrer Auswirkungen *Negeri Sembilan and Selangor water crisis* genannt (AFP 2014). Dass sich die Metropole Kuala Lumpur in dieser Krise nicht als resiliente Landschaft behaupten konnte, liegt auf der Hand: Zwar

4.4 · Stadtlandschaften in Wasserkrisen

◘ **Abb. 4.15** Der kanalisierte Klang, einer der Flüsse in Kuala Lumpur, Malaysia. (Foto: C. Schmidt)

veränderte sich das Stadtbild nicht (Kriterium: Erhalt des Landschaftscharakters), aber es kam wie beschrieben zu maßgeblichen Funktionseinschränkungen (Kriterium: Erhalt der landschaftlichen Funktionen).

Zurückgeführt wurde die erneute Krise einerseits auf die heißen und trockenen klimatischen Bedingungen auf der malaysischen Halbinsel Anfang 2014, andererseits auf Misswirtschaft und Probleme im Management der Wasserressourcen, so z. B. auf Blockaden in den Verhandlungen zwischen Regierung und privaten Wasserunternehmen (Shukry 2014). Hier spielt also in entscheidendem Maße auch die Akteurs- und Handlungsebene der Landschaft hinein. In diesem Punkt wurde nach der Krise auch nachgesteuert: Nach einer jahrzehntelang anhaltenden Privatisierungsphase und privater Gewinnorientierung wurde die staatliche Rolle in der Wasserversorgung gestärkt und die Akteursstruktur auf der Handlungsebene der Landschaft bereinigt. So vermeldete die Presse 2019, dass es ab jetzt nur noch einen einzigen Wasserversorger in Selangor, Kuala Lumpur und Putrajaya geben wird (Bernam 2019). Alle anderen Eckpunkte des Wasserversorgungssystems sind aber geblieben, sodass Kuala Lumpur in Bezug auf seine Wasserversorgung nach wie vor noch weit von einem resilienten System entfernt ist.

Wie ist im Gegensatz dazu SINGAPUR aufgestellt? Der größte Vorteil der Metropole war interessanterweise ursprünglich ihr Nachteil: Singapur kann weder in der Wasserversorgung noch bezüglich anderer Ressourcen auf sein Umland zurückgreifen – es hat nämlich gar keines. Es ist als Stadtstaat und noch dazu Insel zunächst gänzlich auf sich angewiesen und muss mit dem umgehen, was es an eigenen Ressourcen fruchtbar machen kann. Alles andere erfordert Staatsverträge. Dabei verfügt Singapur über keine nutzbaren Grundwasserleiter, ebenso wenig wie über natürliche Süßwasserseen (PUB 2012) und zudem nur über eine extrem begrenzte Fläche. Die Stadt ist flächenmäßig nicht ganz so groß wie

Hamburg, hat aber eine ca. dreifach höhere Einwohnerdichte. Nicht umsonst stufte das Water Resources Institute (WIR) Singapur als eines der acht Länder der Welt ein, die dem größten Wasserstress ausgesetzt sind und die größte Vulnerabilität gegenüber Störungen in der Wasserversorgung aufweisen (WRI 2015). Die Ausgangsvoraussetzungen waren insofern denkbar schlecht, deutlich ungünstiger als die Kuala Lumpurs. Dennoch, oder vielleicht auch gerade deshalb verfügt Singapur mittlerweile über ein wesentlich resilienteres Wasserversorgungssystem als Kuala Lumpur, und dies, obgleich die Stadt 50 Jahre zuvor ganz ähnliche Wasserkrisen wie Kuala Lumpur erlebte (PUB 2016: 4). Offensichtlich ist es ein Irrtum, anzunehmen, Überfluss würde Innovation erzeugen. Begrenzung vermag das viel eher. Singapur hat seinen naturbedingten Point of Weakness sehr frühzeitig erkannt und alles darangesetzt, ihn zu entschärfen. Und so bringt ein Besuch Singapurs mit Blick auf landschaftliche Resilienz eine Reihe von Überraschungen mit sich. Die erste offenbart sich bei Spaziergängen durch die Stadt: Die Gewässer, auf denen Boote schunkeln und auf deren Begleitwegen Fahrradfahrer, Jogger und E-Scouter vorbeisausen, während Familien mit ihren Kindern auf den benachbarten Wiesen spielen, entpuppen sich bei genauerem Hinsehen nämlich als Regenwassersammelbecken, die nicht nur der Erholung, sondern auch Trinkwassergewinnung dienen. Was das Konzept *Nature-based Solutions* beinhaltet oder auch die grüne Infrastruktur einer Stadt ausmachen kann: Die multifunktionale Gestaltung der Gewässer Singapurs zeigt es beispielhaft. Dabei stellt das Marina Reservoir das größte und neueste Regenwassersammelbecken der Metropole dar. Es wurde 2008 durch eine rund 350 m technisch ausgefeilte Staumauer vom offenen Meer und dessen Salzwasser abgetrennt und füllt sich nun regelmäßig mit Niederschlägen (Wenger 2018), ist mit ihren angrenzenden Parkanlagen jedoch zugleich eines der attraktivsten Naherholungsgebiete der Stadt geworden (vgl. ◘ Abb. 4.16).

◘ Abb. 4.16 Marina Bay, Singapur. (Foto: C. Schmidt)

Der enorme Umfang und die gekonnte städtebauliche Integration der Regenwasserrückhaltung zeigen, dass es Metropolen grundsätzlich durchaus möglich ist, einen weitaus größeren Teil an Eigenverantwortung für den Schutz der für sie überlebenswichtigen Ressourcen zu übernehmen, als es bislang üblich ist. Zwei Drittel der Landes- und damit auch Stadtfläche Singapurs sind als Wassereinzugsgebiete geschützt und unterliegen in der Flächennutzung klaren Regelungen (PUB 2016: 8). Das Niederschlagswasser dieser Einzugsgebiete wird in einem Netzwerk aus Kanälen und Flüssen gesammelt und zu 17 künstlich geschaffenen und über das Stadtgebiet verteilten Stauseen geleitet, bevor es für die Trinkwasseraufbereitung verwendet wird (PUP 2019, Gardens by the Bay 2014: 37). Da alle wichtigen Flussmündungen bereits aufgestaut sind, um Stauseen zu schaffen, sollen künftig auch Bäche mit in das System einbezogen und der Anteil an Wassereinzugsgebieten Singapurs bis 2060 sogar auf 90 % erhöht werden (PUP 2012).

Gleichwohl vermag die nachhaltige Nutzung von Regenwasser nicht, den kompletten Wasserbedarf der Stadt abzudecken, dazu ist die Fläche zu klein bzw. die Einwohnerdichte zu hoch. Regenwasser stellt deshalb nur eine von insgesamt vier Komponenten des Wasserversorgungssystems der Stadt dar, die in Singapur die *Four National Taps* genannt werden (PUB 2016: 2, 3). Sie bestehen aus:
- importiertem Wasser aus Malaysia,
- wiederaufbereitetem Wasser (sogenanntem NE-Wasser),
- Regenwasser und
- entsalzenem Meerwasser.

Der Anteil der einzelnen Komponenten an der Gesamtversorgung schwankt in Abhängigkeit von Bedarf und Situation. Die nationale Wasseragentur PUB (2016: 7) gibt an, dass aktuell ca. 40 % des Wasserbedarfes mit wiederaufbereitetem Wasser, 25 % mit entsalzenem Meerwasser und der Rest mit Regenwasser und importiertem Wasser abgedeckt werden. Nach geltenden Abkommen könnte Singapur pro Tag bis zu 1,1 Mio m^3 Trinkwasser aus Malaysia importieren, was ca. zwei Drittel seines Wasserverbrauchs entsprechen würde (PUB 2016: 8). In der Realität liegen die Importe aber maßgeblich darunter. Oon (2009) gibt beispielsweise bereits für 2008 nur noch ca. 40 % des Wasserbedarfes an, die durch Importe gedeckt werden. Da die beiden Staatsverträge mit Malaysia im Jahr 2061 auslaufen und von Malaysia aufgrund des geringen Preises und der zunehmenden eigenen Wasserknappheit ohnehin schon lange nicht mehr gewollt werden (vgl. Rist 2019, Tortajada & Pobre 2011), bemüht sich Singapur, zunehmend autark zu werden. So soll der Anteil an wieder aufbereitetem Wasser (NEWater) bis 2060 auf ca. 55 % und der des entsalzenen Meereswassers auf ca. 30 % gesteigert werden (PUB 2016: 7). Der Rest könnte mit Regenwasser gedeckt werden.

NEWater (Neues Wasser) ist der Markenname für ultrareines Wasser, welches tatsächlich aus Abwasser hergestellt wird. Es schmeckt wie jedes andere Wasser. Diese Säule der Wasserversorgung Singapurs geht auf erste Studien in den 1970er-Jahren und eine großtechnische Demonstrationsanlage im Jahr 2000 zurück. Das Abwasser wird dabei mittels einer Mebrantechnologie einer Mikrofiltration und Umkehrosmose unterzogen und anschließend mit ultraviolettem Licht desinfiziert. Die Qualität des so gereinigten Wassers übertrifft die WHO-Standards für Trinkwasser und kann insofern als Trinkwasser genutzt werden (PUB 2016: 9). Der größte Teil des aufbereiteten Wassers wird allerdings industriell verwendet, was bei einem Anteil von ca. 55 % am Wasserbedarf, der bis 2060 sogar auf ca. 70 % steigen soll, nicht zu unterschätzen ist und zudem dazu geführt hat, dass die Kosten der Industrie gesenkt werden konnten (PUB 2016: 7, 9). Der Rest des NEWaters wird in nahegelegene Stauseen eingespeist und als Mischwasser nochmals in einer Aufbereitungsanlage gereinigt, bevor es der Bevölkerung als Trinkwasser bereitgestellt wird.

Entsalzenes Meerwasser stellt zwar die teuerste und energieintensivste Wasserressource Singapurs dar, trägt aber seit 2005 sukzessive zu einer immer größeren Unabhängigkeit von Niederschlagsschwankungen bei. Zwei Entsalzungsanlagen können derzeit 25 % des Wasserbedarfs decken. Bis 2020 sind drei zusätzliche Anlagen geplant (PUB 2016: 9, Abdullah 2017).

Betrachtet man die genannten Eckpunkte des Wasserversorgungssystems der Metropole, fällt die beispielhafte Ausrichtung auf eine nachhaltige Nutzung der begrenzten Ressourcen auf. Immerhin werden aktuell bereits 75 % des Abwassers wiederaufbereitet, wobei als Ziel sogar 90 % formuliert wurden (PUB 2016: 11), und die Stadt mit einer so weitreichenden Regenwasserrückhaltung gilt weltweit als Vorreiter. Aber auch unter dem Fokus auf Resilienz stellt Singapur ein ausgesprochen interessantes Fallbeispiel dar. Beispielsweise zeigt das Prinzip der dezentralen Konzentration eine sehr ausgewogene Balance: Singapur ist einerseits auf gutem Wege, autark zu werden, ist aber andererseits auch mit Malaysia vernetzt – und sollte dies zur Absicherung im Krisenfall auch nach 2061 bleiben. Der starken standörtlichen Konzentration im Großen steht eine dezentrale Verteilung der Anlagenstandorte über das gesamte Stadtgebiet im Kleinen gegenüber. Gleiches findet sich auch bei der Verteilung der Regenwassersammelbecken wieder, um nur einige Beispiele zu nennen. Das Prinzip der redundanten Vielfalt lässt sich ebenso oft entdecken. Beispielsweise werden die der Regenwassersammlung dienenden Kanäle und Stauseen multifunktional genutzt und bilden das Rückgrat eines großflächigen Grünsystems, welches maßgeblich zu der hohen Lebensqualität Singapurs beiträgt. Es erfüllt mit seinen Gewässern Funktionen als Lebensraum für Arten und Biotope, klimatische Regulations- und Hochwasserschutzfunktionen u. a. und sorgt zugleich dafür, dass selbst in einer hoch technisierten Millionenmetropole wie Singapur noch menschliche Maßstäbe gewahrt werden. Auf den Gewässern verkehren Boote (natürlich mit Elektromotoren). Zahlreiche Flaniermeilen, Restaurants und Freiflächen entlang der Ufer erhöhen die Aufenthalts- und Erlebnisqualität (vgl. ◘ Abb. 4.17). Trotz der enormen

◘ **Abb. 4.17** Grünsystem entlang der Regenwassersammelkanäle, Singapur. (Foto: C. Schmidt)

4.4 · Stadtlandschaften in Wasserkrisen

Einwohnerdichte gibt es eine enorme Vielfalt an Erholungsangeboten.

Die Ausgestaltung dieses Grün- und Wassersystems geht mit einer Verkehrspolitik einher, die das Aufkommen an motorisierten Individualverkehr drastisch reduziert. Nach eigenem Erleben ist der öffentliche Personennahverkehr höchst effizient, verlässlich und preiswert. Im Gegenzug sind die Autozulassungen limitiert und teuer. Bis 2022 beispielsweise werden neue Autos nur dann zugelassen, wenn ein altes Auto abgemeldet wird. Bis 2030, spätestens 2035, will Singapur sogar autofrei werden, bis auf (elektrobetriebene) Taxis und Busse (Deutschlandfunk 2019). Die Regenwassernutzung stellt vor diesem Hintergrund nur einen Teil eines integralen Flächenmanagements dar.

Dass die Singapurer Wasserversorgung im Krisenfall sehr robust ist, zeigte sich beispielsweise Ende 2015/Anfang 2016, als nur 30 km Luftlinie entfernt eine halbe Million Menschen im benachbarten Malaysia (Johor Bahru) fünf Monate lang mit Rationierungen an Trinkwasser auskommen mussten, während die Bevölkerung Singapurs keinerlei Einschränkungen erfuhr, da der reduzierte Anteil importierten Wassers aus Malaysia durch andere Komponenten der Wasserversorgung ersetzt werden konnte, die nicht so niederschlagsabhängig waren (PUB 2016: 2). Auch als Kuala Lumpur wie beschrieben 2014 in die zweite große Wasserkrise stolperte, führten die zwei Säulen des NEWaters und des entsalzenen Wassers Singapur unbeschadet durch eine der trockensten Perioden des Landes (PUB 2016: 6). Die Vielfalt unterschiedlicher Quellen vermag also im Krisenfall ganz maßgeblich zur Versorgungssicherheit Singapurs beitragen und setzt dabei auch stets in gewissem Maße Redundanz und Elastizität voraus. Denn jede einzelne Komponente muss grundsätzlich ein deutlich höheres Maß an Trinkwassergewinnung ermöglichen als es das im Normalfall übliche Splitting erfordert. Die Komponenten müssen auch in einer elastischen Spannweite gesteuert werden können.

Da sie zum Teil gegeneinander ausgetauscht werden können, ist eine wesentlich größere Gesamtelastizität des Systems gegeben, als es im Stauseesystem des Umlandes von Kuala Lumpurs der Fall ist. Insofern ist auch das Prinzip der robusten Elastizität stärker und ausgewogener ausgeprägt.

Schaut man auf die AKTEURS- UND HANDLUNGSEBENE der Landschaft, so halten Tortajada und Joshi (2014) die effiziente interinstitutionelle Koordinierung, die langfristige Gesamtplanung und -politik sowie den starken politischen Willen für ausschlaggebende Erfolgsfaktoren der skizzierten Entwicklung der Wasserversorgung Singapurs. Luan (2010) argumentiert in eine ähnliche Richtung. Er hebt den ganzheitlichen Ansatz der Regierung, der Landnutzungsplanung und Wassermanagement integral betrachtet, und klare rechtliche und institutionell-organisatorische Rahmenbedingungen als Erfolgsfaktoren hervor, während Timm und Deal (2018) im Gegenzug die große öffentliche Akzeptanz betonen. So ergab eine repräsentative Haushaltsumfrage von Timm & Deal (2018), dass 74 % der Singapurer Befragten NEWater im Allgemeinen zustimmen und eine grundsätzlich positive Einstellung zur Aufbereitung und Nutzung von Abwasser besteht. Einerseits ist also eine Vielfalt an Akteuren gegeben, die die getroffenen Grundentscheidungen mittragen, andererseits sorgen in den institutionellen Strukturen im Gegensatz zu Kuala Lumpur verlässliche Schlüsselakteure für Stabilität und eine auch im Krisenfall robuste und effiziente Handlungsabfolge.

Eingebettet in diesen Gesamtansatz überrascht Singapur zudem immer wieder mit innovativen Einzelprojekten, die zeigen, dass es offensichtlich ein kreatives Milieu gibt, in dem innerhalb der strategischen Leitplanken auch futuristische Inspirationen entstehen können. Als Beispiel dafür mögen die Supertrees der Gardens by the Bay gelten, die den gesamtstädtischen Ansatz, mit Regenwasser zu arbeiten, auf experimentelle und zugleich technisch ausgefeilte Weise weiterentwickeln.

Die 2012 eröffneten Gardens by the Bay folgen dabei dem Leitbild der Staatsregierung, Singapur künftig nicht nur als Gartenstadt, sondern als eine „eine Stadt im Garten" zu entwickeln (Zappi 2014: 10). Als Baustein dafür wurden auf ca. 100 ha Fläche neue Parkanlagen angelegt, die Energie und Wasser so nachhaltig wie möglich nutzen. So sind neben zwei Gewächshäusern, die das Pflanzenreich des Nebelregenwaldes (Cloud Forest) und des Mittelmeerraumes (Flower Dome) nachbilden und als Publikumsmagneten fungieren, auch 18 Supertrees errichtet worden (vgl. ◘ Abb. 4.18). Die 25 bis 50 m hohen Konstruktionen aus Stahl und Beton sind Mammutbäumen nachempfunden. Sie dienen nicht nur als vertikale Gärten, sondern auch als Belüftungsschächte für die Gewächshäuser, Regenwasserspeicher und teilweise als Stromlieferanten.

Das Wasser, welches all die rankenden Pflanzen an den Supertrees benötigen, ist durchweg aufgefangenes Regenwasser. Zappi (2014) zeigt in ihrer Dokumentation des Wassersystems der Gärten eindrücklich, dass der ganze Park einen durchdachten Wasserkreislauf mit Retentionsbecken, natürlichen Filtern und Pflanzflächen darstellt. Die Beleuchtung im Park erfolgt über Solarmodule, die in die Krone der Supertrees integriert sind, und die Energie für die Gewächshäuser wird aus Biomasse gewonnen, für die Grünschnitt und Laub von Straßen- und Parkbäumen der Stadt genutzt wird.

> Von den Eckpfeilern bis zum Einzelprojekt verdeutlicht das Beispiel der Wasserversorgung Singapurs zusammenfassend, dass auch Stadtlandschaften maßgeblich an Resilienz gewinnen und ihre Fremdabhängigkeit vom Umland dadurch erheblich mindern können.

◘ **Abb. 4.18** Skyway zwischen den Supertrees in den Gardens by the Bay, Singapur. (Foto: C. Schmidt)

In der Energieversorgung bedient man sich allerdings in Singapur wie in Kuala Lumpur nach wie vor aus ganz anderen Landschaften. Beide Städte importieren nahezu 100 % ihrer Energie und nutzen dabei in hohem Maße nicht erneuerbare Erdölressourcen (EMA 2018: vi), obgleich Dach- und Fassadenflächen enorme Potenziale für eine Solarnutzung bieten würden. Aber auch diesbezüglich hat sich Singapur mit ersten Projekten auf den Weg gemacht und will in den nächsten Jahren den Anteil an Solarenergie drastisch steigern (Hein 2017). Insofern ist zu vermuten, dass Singapur auch in Zukunft für Überraschungen sorgen wird.

Bezüglich urbaner Wasserkrisen zeigt der Vergleich der beiden Städte, dass es in der Regel nicht ausreicht, auf Bevölkerungswachstum und Klimawandel mit einer Optimierung und einem Ausbau eines bestehenden Wasserversorgungssystems zu reagieren.

> Es sind vielmehr grundsätzliche systemische Veränderungen in Stadtlandschaften unumgänglich, wollen sie durch Klimawandel und Bevölkerungswachstum anwachsende Risiken von Wasserkrisen bewältigen. So bedarf es einer größeren Vielfalt unterschiedlicher Trinkwasserquellen und modularer Systeme, um eine höhere Resilienz zu erreichen, zugleich einer Wiedernutzbarmachung belasteten Wassers und einer im Vergleich zu heute wesentlich umfangreicheren Regenwasserrückhaltung und -nutzung. Ebenso ist es nötig, den Wasserbedarf drastisch zu reduzieren und die Effizienz der Trinkwassernutzung zu steigern.

4.5 Atolllandschaften im Klimawandel

Atolle stellen im Vergleich zu allen bisher beschriebenen Landschaften einen gänzlich anderen Landschaftstyp dar und bieten eine gute Möglichkeit, den Klimawandel als auslösenden Faktor für landschaftliche Krisen und Stresssituationen näher zu betrachten. Dabei sind Atolle nur auf den ersten Blick reine Naturlandschaften. Bedenkt man die polynesische Besiedlung des indopazifischen Raumes, sind die meisten von ihnen seit Hunderten von Jahren Kulturlandschaften wie andere auch, mit dem einzigen Unterschied, dass sie mit sehr spezifischen natürlichen Bedingungen umzugehen haben.

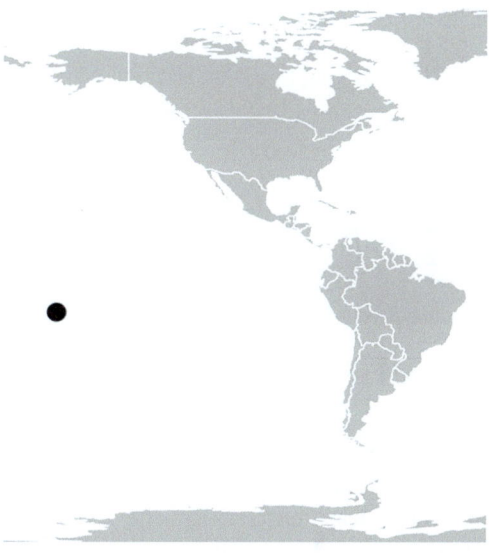

TIKEHAU, RANGIROA und FAKARAVA, drei Atolle im Tuamotu-Archipel Französisch-Polynesiens, die im Folgenden betrachtet werden sollen, wurden spätestens seit dem 10. Jahrhundert n. Chr. bewohnt (Worliczek 2010, Stanley 2003). Aktuell stellt Tikehau mit ca. 560 Einwohnern von den drei Atollen dasjenige mit der geringsten Bevölkerungsanzahl dar, gefolgt von Fakarava mit 844 und Rangiroa mit 2709 Einwohnern (ISPF 2017). Können sie vor dem Hintergrund der Szenarien eines steigenden Meeresspiegels, zunehmender Meerestemperaturen und wachsender Risiken durch Zyklone künftig überhaupt noch resilient sein? Gibt es Unterschiede in der Resilienz von Atolllandschaften (vgl. ◘ Abb. 4.19) gegenüber den Auswirkungen des Klimawandels?

Abb. 4.19 Blick auf eine Atolllandschaft aus dem Flugzeug, Französisch-Polynesien. (Foto: C. Schmidt)

Besucht man Atolle in Französisch-Polynesien (vgl. Abb. 4.19), fasziniert zunächst, in wie viele unterschiedliche SYSTEMKOMPONENTEN sich Atolllandschaften vertikal und horizontal differenzieren. Horizontal sind einerseits die Motus zu nennen, die Riffinseln. Sie können grundsätzlich bewohnt oder auch unbewohnt sein. Die Anzahl der Motus schwankt von 41 (Fakarava) bis 240 (Rangiroa). Hinzu kommen unzählige Sandbänke, auf denen sich im Gegensatz zu den Motus noch keine Vegetation angesiedelt hat. Die Motus werden je nach Atolltyp durch Tidenkanäle voneinander getrennt, die polynesisch Hoas genannt werden (vgl. Abb. 4.20). Rangiroa hat beispielsweise mehr als 100, Tikehau mehr als 150 Hoas. Auf Tikehau sind die Hoas bis zu 500 m breit und 0,1–3 m tief und verändern ihren Wasserstand und ihre Strömungsgeschwindigkeit mit Ebbe und Flut.

Auch saisonal gibt es deutliche Unterschiede: Da alle Hoas in die Lagune Tikehaus hineinfließen, erhält diese z. B. im Januar einen Zustrom frischen Meereswassers von 600 m^3/s, im Mai einen doppelt so hohen, während das Wasser die Lagune (die nächste Komponente des landschaftlichen Systems) nur über den einzigen Pass namens Tuheiava wieder verlässt, der 200 m breit und bis zu 10 m tief ist (Caillart & Intes 1994: 27). Hier zeigen sich die ersten Unterschiede der drei Atolle: Fakarava und Rangiroa verfügen jeweils über zwei Pässe, die auch deutlich breiter und tiefer sind als der Pass Tikehaus. Der Garuae-Pass auf Rangiroa gilt mit 1600 m Breite sogar als der größte schiffbare Pass in Französisch-Polynesien und erreicht Tiefen von bis zu 50 m. Die Strömung der Pässe auf Rangiroa und Fakarava wechselt in der Richtung mit Ebbe und Flut und hat eine Geschwindigkeit von über 1,5 m/s (Michel et al. 1971: 381), sodass zusammen mit den

4.5 · Atolllandschaften im Klimawandel

Abb. 4.20 Hoa im Atoll Tikehau, Französisch-Polynesien. (Foto: C. Schmidt)

zahlreichen Hoas ein deutlich schnellerer Austausch zwischen Lagune und offenem Ozean zustande kommt, als es auf Tikehau der Fall ist. Caillart und Intes (1994: 28) haben für Tikehau ermittelt, dass das Wasser der Lagune im Durchschnitt aller 170 Tage ausgetauscht wird. In Rangiroa liegt die Wasseraustauschzeit nach Michel et al. (1971: 381) bei über 39 Tagen. Hinzu kommt, dass die Lagune Tikehaus von der Flächengröße her auch nur ein Viertel der Lagune Rangiroas und ein Drittel der Lagune Fakaravas einnimmt. Sie wird sich bei einer Tiefe von bis zu 35 m dementsprechend schneller erwärmen (Caillart und Intes 1994: 8, 17).

Noch vielfältiger als es schon horizontal der Fall ist, fächern sich Atolllandschaften vertikal auf. Die Landlebensräume machen zweifelsohne nur einen Bruchteil dieser Landschaft aus. So schließt ozeanseitig stets das Außenriff an, zunächst mit einer flacheren Vorriffzone, die bis zu 10 m Wassertiefe aufweist, dann oftmals mit Außenterrassen (10–25 m), an die steil ins Meer abfallende mesotrophische Korallenriffe angrenzen. Lagunenseitig werden Atolle stets durch ein Innenriff geprägt – einen Flachwasserbereich, der unterschiedlich breit ausfällt, bevor die Lagune mit ihren tieferen Wasserbereichen anschließt.

Die enorme Dynamik der Atolllandschaften, die in Abb. 4.21 zu erkennen ist, beeindruckt auch bei einem Besuch vor Ort in höchstem Maße. So sorgen die typischen Hoas nicht nur für einen Wasseraustausch, sondern auch für den ständigen Transport von Riffmaterial. Auf diese Weise wird das innere Riff durch den feinen Sand pulverisierter Korallen geprägt, während das äußere, dem Ozean zugewandte Riff durch groben Korallenbruch und versteinerte Korallenformationen eine gänzlich andere Struktur und größere Windbeständigkeit aufweist. Erosionsprozessen auf der einen Seite des Riffgürtels stehen Akkumulationsprozesse auf der anderen Seite gegenüber. Anzahl wie auch Konfiguration der Motus sind permanenten Wandlungen

Abb. 4.21 Atoll Rangiroa aus der Luft, Französisch-Polynesien. (Foto: C. Schmidt)

unterworfen. Sandbänke entstehen und verschwinden wieder, und die Vegetation auf den Motus muss sich fortlaufend wechselnden Wasserständen anpassen und zudem windresistent sein. Hinzu kommt, dass der Boden der Motus überwiegend aus zerkleinerten Korallenresten und damit zu 80–95 % aus Calcit und Aragonit besteht (Caillart und Intes 1994: 8). An die nährstoffarmen und salinen Bodenverhältnisse mit einem pH-Wert von 8 bis 9 sind nur wenige Pflanzen gut angepasst. Streift man über die Atolle, lässt sich immer wieder eine Strauchschicht aus *Guettarda speciosa, Tournefortia argentea, Pemphis acidula* und *Suriana maritima* finden, aus der die Pandanuss (*Pandanus tectorius*) herausragt. Auf den Hauptinseln werden Wege und Uferbereiche auch gern durch Kasuarinen (*Casuarina equisetifolia*) gesäumt, die bekanntermaßen gut Salzböden vertragen. Caillart und Intes (1994: 9) geben beispielhaft noch *Morindia citrifolia, Scaevola sericea, Euphorbia atoto, Pipturus argenteus* sowie *Pisonia grandis* an, gleichwohl ist das Spektrum der Pflanzenarten recht begrenzt. Stevenson (1896: 193) verweist schon 1888/1889 darauf, dass „die Gesamtzahl der Pflanzenarten auf einem Atoll wie Fakarava kaum mehr als zwanzig aus(macht)" und „nirgendwo ein Grashalm" zu finden ist.

Daran hat sich bis heute nichts geändert. Am stärksten wird das Bild der Motus zweifelsohne durch die Kokospalme (*Cocos nucifera*) bestimmt. Sie gilt als Inbegriff polynesischer Atolle, entwickelte sie sich doch schon vor ungefähr 130 Mio. Jahren, als Gondwana auseinanderbrach (Engelhard 1996), passte sie sich seither bestens an die Bedingungen solch tropischer Inseln an und wurde von den Polynesiern stets mitgenommen, wenn sie zu neuen Inseln aufbrachen. Es gibt wohl kaum eine Pflanze, die bis heute so vollständig und vielfältig verwendet wird wie sie. Kopra wird beispielsweise das getrocknete Fleisch der Kokosnüsse genannt, das traditionell auf den Atollen hergestellt wurde. Und Robert Louis Stevenson, der 1888/89 durch die Südsee reiste, beschrieb die damalige Ernährung auf Atollen beispielsweise so:

> » Kokosnuß-Beefsteak, Kokosnuß grün, Kokosnuß reif, Kokosnuß mit Keimen, Kokosnuß zum Essen und zum trinken, Kokosnuß roh und gekocht, Kokosnuß heiß und kalt – das ist die Speisenfolge. (Stevenson 1896: 193)

Insofern erzählt die derzeitige Flora der Atolle Französisch-Polynesiens zugleich viel über die Kulturgeschichte der Inseln (vgl. ◘ Abb. 4.22).

Betrachtet man die naturbedingt gegebene Resilienz, ist der größte POINT OF WEAKNESS der Atolle unübersehbar: Es ist die Verletzbarkeit, die aus ihrer geringen Höhe über dem Meeresspiegel resultiert. Die meisten Atolle liegen nur wenige Meter über dem Meeresspiegel, sodass Erhöhungen des Meeresspiegels, sei es durch plötzliche Naturereignisse wie Zyklone, Flutwellen oder Tsunamis oder auch durch längerfristige Veränderungen infolge des Klimawandels ganz offensichtlich maßgebliche Risiken darstellen. Beispielsweise weist Rangiroa Höhenunterschiede von 0,15–4 m zum Meeresspiegel auf (Damlamian et al. 2013: 21). Allein seit 1971 gab es annähernd 100 tropische Zyklone, die Französisch-Polynesien betrafen (WMO 2008: 2B-3). Dies ist im Bewusstsein der Atollbewohner Französisch-Polynesiens durchaus verankert. So zeigt eine Studie von Rangiroa (Worliczek 2010), dass auf der Akteurs- und Handlungsebene der Landschaft insbesondere Zyklone, Flutwellen und Tsunamis als ständig präsente Bedrohungen wahrgenommen werden. Dennoch hat sich die Anzahl der Einwohner auf allen drei Atollen in den letzten

◘ **Abb. 4.22** Motu auf Rangiroa mit Kokusnussbäumen (Cocos nucifera), Französisch-Polynesien. (Foto: C. Schmidt)

Jahrzehnten deutlich erhöht und wurde die Bebauung deutlich intensiviert, nicht etwa zurückgebaut.

Nun sind Zyklone und Wasserspiegeländerungen im Pazifik nichts grundsätzlich Neues. Betrachtet man einen historisch größeren Zeitraum, so zeigen die Untersuchungen fossiler Korallenreste von Hallmann et al. (2018: Fig. 7) vielmehr, dass es in der Region um Tikehau und Rangiroa sogar einmal einen um ca. 1 m höheren Wasserstand als heute gegeben hat, allerdings bereits ca. 2000 v. Chr.. Seither sank der Wasserspiegel in dieser Region aufgrund der geomorphologischen Prozesse wieder. Er legte sukzessive Korallenriffe frei. Für Rangiroa geht Dickinson (2009) davon aus, dass erst ca. 900 n. Chr. der Meeresspiegel soweit unter die Oberfläche des Riffes gefallen war, dass sich genügend Sand und Korallenreste ablagern und damit Land entstehen konnte. Das heißt, die Wachstumsphase der Atolllandschaften im adaptiven Zyklus nach Holling et al. (2002) begann vor ca. 1100 Jahren. Spätestens seit Mitte des 19. Jahrhunderts ist ein erneuter Anstieg des Meeresspiegels dokumentiert, der im Zeitraum von 1901 bis 2010 weltweit mit einer durchschnittlichen Geschwindigkeit von 1,7 mm pro Jahr (insgesamt 19 cm) und im Zeitraum von 1993 bis 2010 mit einer fast doppelt so hohen Geschwindigkeit von 3,2 mm (IPCC 2014: 42) angegeben wird. In Französisch-Polynesien wurde nach Worliczek (2010: 17) zwischen 1975 und 2005 ein Anstieg des Meeresspiegels von 7,5 cm verzeichnet. Das entspricht einem mittleren jährlichen Anstieg von 2,5 mm und fällt in die Spannweite der oben genannten weltweiten Daten. Vergleicht man dies mit der von Hallmann et al. (2018) ermittelten Anstiegsrate des Meeresspiegels nach der Eiszeit von 0,3–0,5 mm pro Jahr, wird die enorme Geschwindigkeit des derzeitigen Anstieges deutlich. Es ist also nicht nur der Anstieg an sich, sondern das Zeitraffertempo, in dem er abläuft, was die Atolllandschaften unter Stress setzt (vgl. drittes Resilienzkriterium in ▶ Abschn. 1.3). Dabei könnte sich die Anstiegsgeschwindigkeit nach den Szenarien des IPCC (2014) bis 2081–2100 noch auf 8–16 mm erhöhen. Wir stehen also erst am Anfang eines Prozesses, von dem noch viel größere Ausmaße erwartet werden. Je nach Szenario wird bis Ende des Jahrhunderts ein Anstieg um 0,26 m und 0,98 m erwartet, bei einer Erwärmung von 3 °C gegenüber dem vorindustriellen Wert bis zum Jahr 2300 sogar um 2,5–5,1 m (WB 2006). Die Risiken liegen damit klar auf der Hand. Was haben die betrachteten Atolllandschaften dieser Gefahr entgegenzusetzen?

Versucht man ein RESILIENZPROFIL zu erstellen, sticht zunächst die enorme naturbedingte Elastizität des landschaftlichen Systems auf. Stabilität als Antagonismus der Elastizität findet sich zwar z. B. in den Bereichen, die durch versteinerte Überreste pleistozäner Riffe entstanden sind, den sogenannten Feos, wie sie sowohl auf Rangiroa als auch Tikehau existent sind. Der südliche Atollrand von Rangiroa weist beispielsweise ein 70 km langes und immerhin drei Meter hohes Band aus hartem Riffgestein auf (Stoddart 1969), welches Zyklonen oder einem steigenden Meeresspiegel mit einer höheren Robustheit zu begegnen vermag und als Ankerpunkt fungieren kann. Auch wirken die Außenriffe bei Sturmereignissen schützend und stabilisierend (vgl. ▶ Abschn. 2.1.2). Weitaus häufiger überwiegt jedoch Elastizität. Auf der landschaftlichen Ebene zeigt sie sich beispielsweise in ständig verändernden Inselabgrenzungen oder flachen Bereichen, die bei Flut überschwemmt werden und bei Ebbe trockenfallen. *Pemphis acidula* ist u. a. bestens daran angepasst – ein Strauch, der als einer der ersten die kargen, salzbelasteten und kalkhaltigen Böden der Litoralzone besiedelt. Zoomt man auf die Ebene der Arten, findet sich Elastizität in großen Toleranzbereichen der Vegetation, z. B. auch in der Fähigkeit der Kokusnuss, über Monate im Meer zu treiben und dennoch nicht ihre Keimfähigkeit zu verlieren. Wird die Vegetation eines Motus durch einen tropischen Sturm oder eine Tsunamiwelle zerstört, kann auf diese Weise

4.5 · Atolllandschaften im Klimawandel

rasch eine Wiederbesiedlung erfolgen. Kokosnüsse können auf dem Boden liegend keimen und verankern sich erst im Laufe der Zeit immer stärker im Boden. Elastizität charakterisiert zugleich in hohem Maße die Unterwasserbereiche eines Atolls, die Korallenriffe. Auf ihrer Fähigkeit, zu wachsen, beruht letztlich sogar die Existenz von Atolllandschaften überhaupt. Webb und Kench legten 2010 zudem eine interessante Studie vor, in der sie die Entwicklung von 27 Atollinseln im Zentralpazifik anhand historischer Luftbilder und Satellitenbilder über einen Zeitraum von 19 bis 61 Jahren untersuchten. In dem Betrachtungszeitraum betrug die Anstiegsrate des Meeresspiegels 2 mm pro Jahr, und dennoch verloren nur 14 % der Inseln an Fläche. 43 % blieben flächenmäßig stabil, und weitere 43 % hatten sogar an Fläche gewonnen! Dabei lagen die größten Zuwachsraten zwischen 0,1 und 5,6 ha pro Jahrzehnt. Dies war nur durch Elastizität möglich, denn die Studie von Webb und Kench (2010) belegt zugleich, dass sich die Konfiguration vieler Inseln im selben Betrachtungszeitraum veränderte. Ihre Position auf der Riffplattform verschob sich, die Ozeanküstenlinie variierte, in 65 % der Fälle erfolgte eine nachweisliche Nettoabwanderung von Land in Richtung Lagune. Wie bereits erläutert, werden derartige Verlagerungsprozesse durch Systemkomponenten wie den Hoas ermöglicht. Eine Fortführung der Auswertung von Fernerkundungsdaten für die 101 Inseln des Atolls Tuvalu, welches vielfach als Beispiel für die Gefahren des Meeresspiegelanstieges dient, kommt zu einem ganz ähnlichen Schluss (Kench et al. 2018). Danach ist die Landfläche von Tuvalu in den letzten vier Jahrzehnten trotz eines Meeresspiegelanstieges von ca. 4 mm pro Jahr um 73,5 ha (2,9 %) gewachsen. So gesehen befinden wir uns im adaptiven Zyklus erstaunlicherweise noch immer in der Wachstumsphase. Das Ansteigen des Meeresspiegels muss also nicht zwangsläufig mit einem gänzlichen Verlust von Atollen verbunden sein. Dabei versteht sich, dass eine solche quantitative Bilanz noch nichts über die Qualität und Besiedelbarkeit der Landflächen aussagt.

> **Die Ergebnisse zeigen zunächst, dass das landschaftliche System der Atolllandschaft auf die Herausforderung des Meeresspiegelanstiegs vor allem mit einem antwortet: mit Dynamik und Elastizität. Annähernd 73 % der Inseln nahmen in der Flächengröße zu, nur ca. 27 % ab (Kench et al. 2018).**

Vor diesem Hintergrund müssten menschliche Besiedlung und Nutzung eigentlich genauso elastisch reagieren. Dies war historisch zunächst auch so. Stevenson (1896: 198) beschreibt beispielsweise für den Atoll Fakarava, dass die Bevölkerung „halbwegs wie Nomaden" lebe: Man „kann schwerlich von einem Menschen sagen, er gehöre zu einem bestimmten Atoll; er gehört zu mehreren".

Dies hatte maßgeblich mit den traditionell gewachsenen Besitzverhältnissen und insofern mit der Akteurs- und Handlungsebene der Landschaft zu tun. Nach Worliczek (2010: 22) entspricht beispielsweise die heutige Definition der Opu als polynesische Großfamilie einer Interessensgemeinschaft, die den gemeinsamen Landbesitz verwaltet. Der Anspruch auf eine bestimmte Parzelle wird nicht durch ein Grundbuch o. ä., sondern schon allein durch einen genealogischen Nachweis erbracht. Und da viele polynesischen Bewohner nachweislich Vorfahren auf verschiedenen Inseln haben, resultiert daraus in der Regel auch ein Anspruch auf Land auf mehreren Inseln. Auf diese Weise konnten die meisten Atollbewohner schon in früheren Krisenzeiten im Notfall auf andere Inseln wechseln, eine Tatsache, die die Anpassung sehr erleichterte. Die Häuser bestanden traditionell aus leichten Holzkonstruktionen, die nach Zerstörungen schnell wiederaufgebaut werden konnten, und waren zudem (das lässt sich auch heute noch gut erkennen) auf Motus wie in Tikehau bis zu 3 m aufgeständert, um wechselnden

Wasserständen Rechnung zu tragen. Auch hier also wieder: Elastizität. Stabilität hat im Gegenzug erst in den letzten Jahrzehnten an Bedeutung gewonnen. So wurden die mittlerweile ebenerdigen Häuser im Baustil immer robuster, die Bevölkerung sesshafter, die Schadensrisiken aber insgesamt auch deutlich höher.

Zieht man ein kurzes Zwischenfazit für das PRINZIP DER ROBUSTEN ELASTIZITÄT, dürften naturbedingt diejenigen Atolle resilienter sein, die über topographisch höhergelegene Feos als stabile Kerne sowie funktionsfähige Außenriffe verfügen, sodass ein gewisser Schutz gegenüber Stürmen entfaltet wird. Während Rangiroa ein stabiles Feo aufweist, stellt dem Augenschein nach das Außenriff von Fakarava derzeit das gesündeste der drei Atolle dar. Auf Rangiroa hat ein Zyklon vor zwei Jahren das Außenriff so schwer beschädigt, dass der Korallenaufwuchs erst sehr jung ist und noch nicht dieselben Schutzwirkungen entfalten kann wie auf Fakarava. Zudem befördert der Status als Biosphärenreservat die gesunde Entwicklung des Riffes auf Fakarava. Darüber hinaus dürfte die Existenz zahlreicher Hoas, die Substrate in die Lagune hineinverlagern und damit Erweiterungsprozesse im Lagungenbereich ermöglichen, resilienzfördernd wirken. Betrachtet man dies, fällt besonders Tikehau mit gut ablesbaren Akkumulationsspuren im Lagunenbereich auf. Ein Erwerb zusätzlicher Resilienz lässt sich einerseits mit Befestigungsmaßnahmen der Küstenlinie wie z. B. auf Rangiroa bewerkstelligen. Auf Fakarava wurde – auch dies ist eine Resilienzstrategie – traditionell stets nur auf der Lagunenseite gebaut. Dies mindert deutlich das Risiko gegenüber Sturmereignissen, wenngleich es keinen vollständigen Schutz bietet, da die Lagunenseiten in der Regel ca. 1,5 m tiefer als die Ozeanseiten der Atolle liegen und insofern zwar nicht von der Wucht der Zyklonwellen, aber dafür umso mehr von dem nachfolgenden Wasseranstieg der Lagune betroffen werden (Damlamian et al. 2013: 20). Insgesamt müsste mit einer weitaus größeren Elastizität in der Bebauung reagiert werden, als es bei den Bebauungen der letzten Jahre der Fall ist. Damlamian und Kollegen (2013: 49) modellieren beispielsweise den Einfluss von Zyklonwellen auf Rangiroa und andere Atolle, und zeigen, dass bei 12 m hohen Zyklonwellen, wie sie statistisch einmal in 50 Jahren vorkommen, der natürliche Schutz der Riffe nicht ausreicht, um eine vollständige Überschwemmung der Atolle zu verhindern. Große Teile Rangiroas sind bei einem solchen Extremereignis stark bis sehr stark gefährdet, wobei das größte Risiko entlang der Pässe und der Ozeanküsten besteht und damit just in den Bereichen, in denen sich heute ein Großteil der Bebauung und Bevölkerung Rangiroas konzentriert (Damlamian et al. 2013: 24). Atolle, auf denen es geschafft wird, besonders exponierte Bebauungen zu verlagern und eine wesentlich höhere Aufständerung der Häuser zu erreichen, dürften dementgegen deutlich resilienter sein.

Betrachtet man das PRINZIP DER REDUNDANTEN VIELFALT, sind Atolle mit einer großen Redundanz und zugleich Vielfalt unterschiedlich hoher und großer Motus tendenziell resilienter, denn sie bieten im Krisenfall mehr Ausweichmöglichkeiten. Allerdings kann das Prinzip beim weiteren Ansteigen des Meeresspiegels auch an seine Grenze kommen. Dann dürfte nämlich entscheidender sein, ob die Atollbewohner über Landbesitz auf höher gelegenen Vulkaninseln (und nicht Atollen) verfügen und eine gute Vernetzung gegeben ist. Unter diesem Gesichtspunkt bietet Rangiroa mit einer guten Flug- und Fährverbindung Vorteile. Betrachten wir die unbewohnten Motus, so profitiert ihre floristische und faunistische Wiederbesiedlung nach einem Zyklon ganz stark von Redundanz: Die Motus tragen meist eine recht ähnliche Vegetation. Nicht umsonst beschreibt Stevenson (1896: 177) seine Orientierungsprobleme: „so groß ist die Zahl und Ähnlichkeit dieser Inseln". Vielfalt als Gegenpart der Redunanz ist wesentlich stärker unter als über Wasser ausgeprägt. Das beginnt mit bereits erwähnten unterschiedlichen Lebensräumen und endet

4.5 · Atolllandschaften im Klimawandel

auf der Artebene mit der enormen Diversität der Korallenriffe (▶ Abschn. 2.1.2). Allerdings hat im Gegenzug die Vielfalt an Korallenarten nachgelassen. Faure und Laboute (1984) legten beispielsweise Anfang der 1980er-Jahre eine detaillierte Kartierung der zahlreichen Korallenarten des Außen- und Innenriffes von Tikehau vor. Vergleicht man diese in eigenen Untersuchungen für das bis zu 2 m flache Innenriff, so ist heute von den damals benannten acht prägenden Arten *(Pocillipora damicornis, Acropora digitifera, Acropora abrotanoides, Acropora corymbosa, Acropora humilis, Favia sfelligera, Montastrea curfa, Platygyra daedalea)* bedauerlicherweise keine einzige mehr riffbildend. Lag die Korallenbedeckungsrate in den Flachwasserbereichen des Innenriffes schon 1984 nur bei ca. 25 %, so ist sie ca. 35 Jahre später auf schätzungsweise 10 % gesunken. Es ist naheliegend, dass dies auf die gestiegenen Wassertemperaturen zurückzuführen ist. Dominiert werden die Korallenblöcke aktuell durch Algen. Als Korallenart kommt mittlerweile am häufigsten *Porites lobata* vor, eine Korallenart mit einer recht massiven Struktur, die ähnlich wie *Porites furcata* eine höhere Temperaturresistenz als andere Korallenarten aufweist (vgl. dazu auch Seemann et al. 2012). Insofern verschiebt sich das Verhältnis zwischen Vielfalt und Redundanz derzeit auch unter Wasser stärker in Richtung Redundanz. Interessanterweise haben Roff et al. (2014) eine Studie für die *Porites*-Korallen in der Lagune Rangiroa vorgelegt. Die El Niño Southern Oscillation (ENSO) hatte 1997/1998 zu einer beispiellosen Mortalität dieser geführt, aber nur 15 Jahre später war eine erstaunlich schnelle Selbstregeneration zu verzeichnen, die von den Autoren als „Phoenix-Effekt" bezeichnet wurde. Offensichtlich sind Hitzeresistenz und Resilienz dieser Art ausgesprochen hoch.

Bleibt noch das PRINZIP DER DEZENTRALEN KONZENTRATION. Dabei ist Konzentration für Atolllandschaften großmaßstäbig relevant: Atolle zentrieren innerhalb weiter Ozeanflächen einzigartige Formen des Lebens, über die man als Besucher nur immer wieder staunen kann. Zoomt man allerdings näher heran, schlägt das Resilienzprofil eher zu einem stark dezentralen System aus, welches aus Motus, Hoas und all den anderen bereits beschriebenen Bestandteilen der Atolllandschaften besteht. Die langfristige Überlebensfähigkeit jeder Atolllandschaft hängt dabei nicht zuletzt davon ab, wie gut die Vernetzung innerhalb und außerhalb des Systems ausgeprägt ist. So dürften diejenigen Atolle resilienter aufgestellt sein, die zentrale Motus mit einer größeren Fläche, einer Konzentration an Bevölkerung und Funktionen und zugleich eine Flug- und Fährverbindung aufweisen. Abgelegene Motus mit nur wenigen Einwohnern sind zwangsläufig mit einem ungünstigeren Kosten-Nutzen-Aufwand für Schutzmaßnahmen verbunden. Je bedeutsamer jedoch die Funktionen, je höher die Bevölkerungsanzahl und je besser eine Anbindung an Tahiti gegeben ist, desto leichter lassen sich auch Kraftanstrengungen für den Schutz begründen und umsetzen. Rangiroa verfügt dabei über die höchste Bevölkerungskonzentration und zugleich die beste Vernetzung zu Tahiti im Vergleich der drei Atolle. Die Haupteinnahmequellen Rangiroas sind nach Worliczek (2010) Tourismus, die Produktion von Kopra und die Perlenzucht sowie in eingeschränktem Maße der Fischfang.

Anhand von Rangiroa kann zugleich gut verdeutlicht werden, dass sich anthropogene Konzentrations- und Dekonzentrationsprozesse kleinräumig auch oft über die Jahrhunderte abwechseln (vgl. Worliczek 2010: 37): Zunächst konzentrierte sich die Bevölkerung beispielsweise im östlichen Teil des Atolls, verstreute sich danach völlig dezentral über das Atoll, konzentrierte sich anschließend wieder um die drei passierbaren Pässe, um sich später erneut auf die Küstenlinie aufzufächern und sich gegenwärtig nahezu ausschließlich in den zwei Hauptsiedlungen Avatoru und Tiputa zu zentralisieren.

> **Interessant daran ist, dass unter neuen Rahmenbedingungen offensichtlich immer wieder neu versucht werden musste, das Resilienzprofil zwischen Konzentration und Dekonzentration auszubalancieren.**

An allen drei Atollen sieht man zudem, dass sie historisch stark durch den Aspekt der Autarkie geprägt wurden (man denke nur an die sprichwörtlich 999 Nutzungsmöglichkeiten der Kokospalme, deren tausendste nur noch nicht erfunden wurde), während sie aktuell überwiegend auf Vernetzung setzen. Im Krisenfall kann für eine kurze Zeit aufgrund der Fischressourcen der Riffe und des Meeres auf eine Eigenversorgung umgestellt werden. Im Normalfall werden jedoch in hohem Maße Nahrungsmittel importiert. Die energetische Autarkie von Motus wird aktuell oft durch Solarmodule gewährleistet. Aber in puncto der zur Verfügung stehenden Wasserressourcen deutet sich derzeit ein weiterer Point of Weakness an, der im Zuge des Klimawandels an Brisanz gewinnen könnte. Grund dafür ist, dass die Motus naturgemäß über keine Gewässer mit Süßwasser verfügen, und Grundwasserlinsen, sofern es sie überhaupt gibt, mit steigendem Meeresspiegel zunehmend zu versalzen drohen. Die größte Trinkwasserreserve bildet dementsprechend schon jetzt das Regenwasser, während für Duschen und Waschen schon traditionell vielfach auf Brackwasser zurückgegriffen wird. Bei einer wachsenden Bevölkerungsanzahl steht pro Kopf allerdings immer weniger Regenwasser zur Verfügung, und alle drei Atolle haben in den letzten Jahrzehnten wie bereits erläutert an Einwohnern gewonnen, nicht verloren. Für eine Sammlung von Regenwasser geeignete Dachflächen sind naturgemäß nur kleinflächig vorhanden. Karnauskas et al. (2016) haben vor diesem Hintergrund für 80 Inselgruppen, darunter auch einige Atolle in Französisch-Polynesien, simuliert, wie sich die verfügbaren Wasserressourcen unter dem Einfluss des Klimawandels entwickeln und kommen zum Schluss, dass 73 % der Inselgruppen bis 2050 mit einem zunehmenden Trockenstress rechnen müssen. Das klingt nur im ersten Moment widersprüchlich zu anderen Klimaprojektionen. Denn ausschlaggebend für die Prognose war interessanterweise nicht die Annahme eines deutlich verringerten Niederschlags in den Tropen, hier gehen Karnauskas et al. (2016) sogar bei der Hälfte der untersuchten Inselgruppen von einer Zunahme aus. Ausschlaggebend war vielmehr die mit der Erwärmung deutlich ansteigende Verdunstung. Vor diesem Hintergrund sind die Atolllandschaften nicht nur Zyklonen und einem ansteigenden Meeresspiegel ausgesetzt, sondern paradoxerweise zugleich einem wachsenden Trockenstress. Betrachtet man dies, würde in einer umfangreicheren Regenwasserrückhaltung eine klare Resilienzstrategie bestehen. Bislang ist eine Sammlung von Regenwasser jedoch zwar auf den Hauptinseln Rangiroas, nicht aber auf kleineren Motus und vielen anderen Atollen üblich. Motus, auf denen es gelingt, in großem Umfang eine Regenwasserrückhaltung einzuführen, dürften künftig resilienter als andere aufgestellt sein. Hier besteht sowohl auf Fakarava als auch Tikehau Nachholebedarf.

Die Vernetzung innerhalb der Atolle spielt auch für eine faunistische Wiederbesiedlung nach Schadereignissen eine Rolle. Beispielsweise beschreiben Caillart und Intes (1996: 25) für die Lagune Tikehaus sogenannte *pinnacle reefs,* also Riffe, die auf schmalen Felsnadeln vom Boden der Lagune aufwachsen. Sie bedecken zwar nur wenige Prozent des Lagunenbodens, konzentrieren aber in hohem Maße maritimes Leben. Die Bedeutung der *pinnacle* als Lebensraum wächst mit zunehmender Meereserwärmung, da Korallenarten des benachbarten flachen Innenriffes ausweichen können und aufgrund der Tiefe der Lagune geeignetere Lebensverhältnisse vorfinden. Ein solches Ausweichen funktioniert bei einer dezentralen Verteilung der Systemkomponenten zweifelsohne leichter. Über die Hoas werden z. B. Larven der Korallen des Außenriffes in das Innenriff und die Lagune verdriftet. Sie dienen insofern nicht nur dem Wasseraustausch, sondern stellen auch biotisch wichtige Vernetzungselemente dar. Je mehr Hoas existent sind, desto leichter kann eine Wiederbesiedlung des Innenriffes und der Lagune durch das Außenriff erfolgen. Vor diesem Hintergrund dürften diejenigen Atolllandschaften resilienter sein, die über einen guten Austausch zwischen den einzelnen Systemkomponenten verfügen, während geschlossene Atolle diesbezüglich eher benachteiligt sind.

Die Ausführungen machen insgesamt deutlich, wie komplex das Bedingungsgefüge landschaftlicher Resilienz von Atollen ist. Man sollte insofern nicht zu schnell pauschal den Untergang der Atolle postulieren, sondern genauer hinschauen und zudem konstruktiv nach Ansatzpunkten für einen gezielten Erwerb zusätzlicher Resilienz suchen.

> In jedem Fall wird die zukünftige Entwicklung von Atoll-Landschaften in starkem Maße von einem Faktor abhängen, der sich aktuell nur begrenzt abschätzen lässt: nämlich der Geschwindigkeit, in der der künftige Anstieg des Meeresspiegels stattfinden wird.

Atolllandschaften verdanken ihre Existenz Korallenriffen, die als höchst dynamische Systeme durchaus in der Lage sind, mit einem ansteigenden Meeresspiegel mitzuhalten (► Abschn. 2.1.2). Steigt der Meeresspiegel jedoch schneller als die Korallenriffe wachsen und Atolle damit schützen können, dürfte – systemisch betrachtet – das landschaftliche System auf eine geringere Stufe der Komplexität zurückfallen und in diesem Zuge seine Bewohnbarkeit einschränken oder verlieren. Immerhin waren Atolle auch bis vor etwas mehr als 1000 Jahren nicht bewohnt, der Landschaftstypus ist also vergleichsweise ein recht junger.

Steigt der Meeresspiegel jedoch in einem für die Riffe verkraftbaren Tempo, könnten Atolllandschaften Landverluste in unterschiedlichem Umfang durch Landgewinne kompensieren. In diesem Fall werden die Atolllandschaften in der Zukunft vor einer etwas anderen Herausforderung stehen als bislang im Fokus der Diskussion steht: nämlich mit sich permanent verändernden räumlichen Abgrenzungen und einer enormen Dynamik innovativ umzugehen.

4.6 Bioinvasionslandschaften

Was verbindet FEUERLAND mit FINNLAND vor dem Hintergrund der Resilienz? Konflikte mit dem KANADISCHEN BIBER (Castor canadensis)! Schauen wir uns als letztes Fallbeispiel in Ergänzung zu den bisher betrachteten Faktoren, die landschaftliche Krisen auslösen können, deshalb noch den der Bioinvasionen an. Artikel, die für Feuerland mit Titeln wie „Biberkrieg" oder „The Beaver must die" (Richthofen 2013) überschrieben sind, dokumentieren, dass daraus resultierenden Konflikten durchaus das Potenzial einer Eskalation innewohnt. In Finnland wird der

Diskurs eher in Fachkreisen ausgetragen und hat noch nicht diese Schärfe erreicht. Gleichwohl wird auch dort die Ausbreitung des kanadischen Bibers als Problem angesehen und ähnlich wie in Feuerland eine Ausrottung der Population empfohlen (Parker et al. 2012). Wie resilient sind die beiden Landschaften gegenüber „Störeinwirkungen" des kanadischen Bibers?

Besucht man heute von Porvenir aus den chilenischen Teil Feuerlands (vgl. ◘ Abb. 4.23), kann man zunächst lange nach Spuren von Bibern suchen und wird doch zunächst nur selten welche entdecken. Über dutzende von Kilometern ist kein einziger Baum zu finden. Guanakos *(Lama guanacoe)* springen über die Weidezäune und verlieren sich mit den wenigen Schafen und Rindern in den Weiten. Die Hänge sind hin und wieder mit Sträuchern *(Chiliotrichum diffusum, Berberis microphylla, Escallonia virgata)* überzogen. Entgegen des Eindrucks, den Pressemitteilungen erwecken, sind Biber offensichtlich nicht in allen Teilen Feuerlands in gleicher Dichte vertreten. Ihr Hauptverbreitungsgebiet konzentriert sich momentan noch auf die subantarktischen *Nothofagus*-Wälder im Süden und breitet sich von dort nach Norden aus. Untersuchungen von Pietrek et al. (2017) zeigen allerdings, dass sich Biber durchaus allein von krautiger Vegetation ernähren und daraus sogar Dämme bauen können, sodass es wohl nur eine Frage der Zeit sein wird, Biber auch in einer vergleichbaren Dichte in der Steppe Feuerlands und in Patagonien anzutreffen. Die ersten sind bereits jenseits der Magellanstraße auf dem Festland gesichtet worden (Rüb 2017).

Die Geschichte der BIBERINVASION Feuerlands liest sich dabei wie unzählige andere: Der Mensch selbst war es, der sich das Problem bescherte. 1946 setzte die argentinische Marine 25 Biberpaare aus, um

◘ **Abb. 4.23** Charakteristischer Landschaftsausschnitt für das nördliche Feuerland: Rio Serrano in Feuerland, Chile. (Foto: C. Schmidt)

4.6 · Bioinvasionslandschaften

die Wirtschaft in Feuerland mit einer Pelzproduktion anzukurbeln. Auch Kaninchen und Nerze wurden ausgesetzt, etwas später dann Füchse, um der Kaninchenplage Herr zu werden (u. a. Rüb 2017, El País 2018, Federovisky 2019, Emsli 2019). Die typische Abfolge von Bioinvasionen und der menschlichen Reaktion wiederholt sich mittlerweile weltweit. Während in Australien die Kaninchen ein unvergleichliches Desaster auslösten (vgl. Schmidt 2013), sollte sich in Feuerland die Einführung des Bibers am verhängnisvollsten erweisen. Denn anders als in ihren Herkunftsgebieten haben kanadische Biber auf Feuerland keine natürlichen Feinde: keine Bären, keine Wölfe, keine Kojoten. Im Gegenzug ist das Habitat sowohl bezüglich der klimatischen Bedingungen als auch des Nahrungsangebotes nahezu ideal. Folglich konnte die Pelz- und Lederwirtschaft von Feuerland mit der Explosion der Biberpopulation bei Weitem nicht mithalten, zumal sich die Pelze der Biber als minderwertig erwiesen (Rüb 2017). 2018 wurde die Biberpopulation auf ungefähr 100.000 bis 150.000 Exemplare geschätzt (El País 2018), wobei solche Schätzungen aufgrund der Unzugänglichkeit vieler Gebiete als sehr vage angesehen werden müssen. Fest steht jedenfalls, dass die Population in nur 50 Jahren explosionsartig angewachsen ist.

Der Begriff der BIOINVASION, der in diesem Zuge verwendet wird, bezieht sich zunächst naturwissenschaftlich wertfrei auf eine „durch Menschen vermittelte Ausbreitung von Organismen in einem Gebiet, das sie zuvor nicht auf natürlichem Wege erreicht haben" (Kowarik 2010: 17, 18). Dies trifft auf die kanadischen Biber in Feuerland zweifelsohne zu, ihr natürliches Verbreitungsgebiet beschränkt sich auf Nordamerika (IUCN 2019). Nicht jede anthropogen verursachte Verbreitung von Arten hat allerdings zwangsläufig nachteilige Folgen. Nach Kowarik (2010: 12) sind biologische Invasionen heutzutage vielmehr „ein alltäglicher Vorgang", werden im Zuge der Globalisierung doch für viele Pflanzen- und Tierarten geografische Barrieren bewusst oder unbewusst durch den Menschen aufgehoben (vgl. auch Boehmer 2011). Ein Teil der Arten, der sich auf diese Weise neue Landschaften erschließen, löst jedoch gravierende ökologische, wirtschaftliche oder gesundheitliche Beeinträchtigungen aus, und zu diesen dürfte der kanadische Biber auf Feuerland dann doch gehören. Seine Schadensbilanz beläuft sich bislang auf ca. 30.000 ha zerstörten Waldes – eine Fläche so groß wie die Stadt Leipzig (El País 2018, Federovisky 2019). Annähernd 40 % aller Flussläufe in Feuerland sollen verändert (Deutschlandfunk 2015), nachfolgend Straßen und Brücken durch Überschwemmungen zerstört und ökonomische Schäden von rund 66 Mio. US-Dollar pro Jahr erzeugt worden sein (El País 2018), wobei nicht ganz klar ist, was in dieser Summe alles aufgerechnet wurde. Wendet man im Analogieschluss die europäischen Begriffsbestimmungen an (vgl. EU-Parlament 2014), ist der kanadische Biber den invasiven, gebietsfremden Arten Feuerlands zuzurechnen. Mit genau dieser Begründung bemüht sich derzeit auch besonders die argentinische Seite um seine Bekämpfung und strebt seine vollständige Ausrottung an (vgl. Federovisky 2019).

Als gebietsfremd gilt der kanadische Biber aber auch zugleich in FINNLAND, wenngleich er dort aus ganz anderen Gründen eingeführt wurde als auf Feuerland. 1937 wurden nämlich sieben Exemplare aus dem US-Bundesstaat New York importiert, um just (und das entbehrt im Nachhinein nicht einer gewissen Tragikomik) den Wiederaufbau der finnländischen Biberpopulation zu unterstützen (Parker et al. 2012). Damals war noch nicht bekannt, dass der kanadische und der europäische Biber taxonomisch unterschiedlich einzuordnen sind. Erst 36 Jahre später stellten Lavrov & Orlov (1973) fest, dass die Gattung *Castor* tatsächlich aus zwei Arten besteht, die auf unterschiedlichen Chromosomenzahlen beruhen (Cf = 48, Cc = 40). Auf diese Weise hat sich Finnland mit der besten Intention, den einheimischen Biber *(Castor fiber)* nach seiner Ausrottung im Jahr 1868 (Lathi & Helminen 1974: 178) wiedereinzuführen, eine invasive Art ins Land geholt. Seither entwickelt sich die Population des kanadischen Bibers in Konkurrenz zum europäischen Biber und besiedelt mittlerweile große Teile Südfinnlands bis nach Russland (Parker et al. 2012). Zwei Expansionsgeschichten ein- und derselben Art, zwei unterschiedliche Landschaften: Unterscheidet sich die landschaftliche Resilienz?

Wenn wir zunächst auf die finnischen Waldlandschaften fokussieren, so war der Biber dort über Jahrtausende heimisch, allerdings der europäische *Castor fiber*. Der wahrscheinlich älteste Fund eines Schädels dieser Biberart lässt sich in Finnland nach Pollenanalysen auf ein Alter von 6500 bis 7000 Jahre datieren (Lathi & Helminen 1974: 178). Funde von Biberschnitt im Torf mit einem Alter von ca. 4340 und 2250 Jahren (Lappalainen & Lahti 1973) sowie Erwähnungen in historischen Dokumenten aus dem 14. Jahrhundert zeigen zudem, dass es eine sehr kontinuierliche Besiedlung durch den Biber gab. Die Landschaft hatte damit über Jahrhunderte Zeit, sich an ihn anzupassen. Während des 16. Jahrhunderts schien die Biberjagd vor allem in Westfinnland eine gewisse Bedeutung zu haben, doch im 17. Jahrhundert war der Rückgang sogar in Lappland offensichtlich (Lathi & Helminen 1974: 178). Schließlich wurde im 19. Jahrhundert die ursprüngliche finnische Population des europäischen Bibers gänzlich ausgerottet, ebenso die benachbarte schwedische. Ein Jahr nach der Tötung des letzten Exemplars im Nordosten Lapplands wurde in Finnland ein Gesetz verabschiedet, das dem Biber einen vollständigen Rechtsschutz gewährte, leider etwas zu spät. Berücksichtigt man aber diese historische Entwicklung, so waren die finnischen Wälder letztlich nur ca. 80 Jahre vollständig biberfrei – gegenüber den Jahrtausenden, in denen der Biber fest zur Artenausstattung der Wälder gehörte, ein vergleichsweise geringer Zeitraum. Da es Norwegen gelungen war, einen kleinen Bestand von ca. 100 europäischen Bibern zu erhalten, wurden 1935 zunächst 17 europäische Biber aus Norwegen in Finnland angesiedelt, bevor es (aufgrund von Engpässen in der Nachlieferung weiterer Exemplare) zu der beschriebenen, versehentlichen Einführung der gebietsfremden kanadischen Biber kam.

Vor diesem Hintergrund ist zu fragen, was mit Ankunft der kanadischen Biber eigentlich für die Waldlandschaften Finnlands anders wurde. Zeigt der kanadische Biber ein anderes Verhalten als der europäische? Danilov et al. (2011a, b) untersuchten dies im benachbarten und ebenso betroffenen Karelien und konstatierten, dass keine nennenswerten Unterschiede in Bezug auf Bautätigkeit, Landschaftsnutzung oder Ernährung bestehen, wenn beide Arten ähnliche Lebensräume besetzen, sodass Parker und Kollegen (2012: 358) davon ausgehen, dass die Nischenüberlappung „praktisch vollständig" ist. Da zwei Arten mit identischen Nischen nicht unbegrenzt koexistieren können, schlussfolgern sie daraus auch zwangsläufig ein besonderes Risiko, nämlich das der völligen Verdrängung des europäischen Bibers durch den kanadischen. Nummi (2001) gibt für Finnland einen Bestand von ca. 1500 europäischen und etwa 12.000 kanadischen Bibern an. Anzahlmäßig ist der kanadische Biber also bereits deutlich im Vorteil.

An dieser Stelle wird allerdings deutlich, dass sich eine artenschutzbezogene oder gar ethische Betrachtung der beschriebenen Entwicklung prinzipiell von einer landschafts- oder resilienzbezogenen unterscheidet. Denn für die grundsätzliche Funktionsfähigkeit der finnischen Waldlandschaft ist es völlig irrelevant, ob es der europäische oder der kanadische Biber ist, der die Bäume fällt oder die Gewässer anstaut. Für die Resilienz des landschaftlichen Systems im Gesamten ist allein entscheidend, ob die landschaftlichen Funktionen und der Landschaftscharakter trotz der Bioinvasion der gebietsfremden Art erhalten werden (vgl. die Kriterien in ▶ Abschn. 1.3). Denn es ist ja nachgewiesenermaßen so, dass nicht nur zugewanderte, sondern auch einheimische Tiere Schäden anrichten können. Der europäische Biber ist ein meisterhafter Wasserbauer und ein beredtes Beispiel dafür. Die deutschen Tageszeitungen sind über ganz Deutschland hinweg immer wieder voll von Artikeln, die von Konflikten zwischen Bibern und Landwirten, Straßenbau- und Forstbehörden u. a. zeugen. Die entscheidende Frage ist insofern, ob der kanadische Biber größere Schäden als der europäische hinterlässt, und das ist nach allem, was dazu bisher an Studien vorliegt, ganz klar nicht der Fall (Parker et al. 2012: 358, Lathi & Helminen 1974).

Dazu lohnt ein näherer Blick in die finnischen Wälder (vgl. ◻ Abb. 4.24). Diese sind interessanterweise über die Jahrtausende so an Biber adaptiert, dass die von ihm bevorzugten Baumarten Anstauungen von Wasser überstehen oder nach Fällung wieder austreiben. Mag es also durchaus im Einzelfall Konflikte mit Bibern geben, auf der landschaftlichen Ebene relativiert sich das schnell.

Wandert man in den finnischen Wäldern, ist man immer wieder von ihrer scheinbaren Endlosigkeit beeindruckt. Annähernd 78 % Finnlands sind mit Wäldern bedeckt (METLA 2019), der größte Teil gehört zur borealen Nadelwaldzone. Fünf Sechstel des ursprünglichen Waldbestandes sind bis heute erhalten geblieben, die Stille in den Wäldern ist atemberaubend. Der Anteil der Kiefer *(Pinus silvestris)* beträgt annähernd 50 %, der der Fichte *(Picea abies, Picea x. fennica)* ca. 30 %. Die Birke *(Betula pubescens und Betula verrucosa)* ist mit einem Anteil von ca. 15 % die dominierende Laubbaumart der finnischen Wälder (METLA 2019). Insbesondere im Süden Finnlands, wo sich der größte Teil der kanadischen Biber konzentriert, wachsen zudem vielfach Espen *(Populus tremula),* Erlen *(Alnus incana und A. glutinosa)* und Ebereschen *(Sorbus aucuparia),* insbesondere in der Nähe der zahlreichen Seen (vgl. auch Hallanaro 2011). Berücksichtigt man das Fraßverhalten von Bibern, so werden nach den Studien von Lathi & Helminen (1974: 184) in Finnland grundsätzlich alle verfügbaren Baumarten genutzt, aber nach Möglichkeit Espen, Birken, Ebereschen und Erlen bevorzugt, ergänzt durch die seltener vorkommenden Weidenarten *(Salix caprea* und *Salix phylicifolia).* Dies trifft für beide Biberarten gleichermaßen zu. Gerade Espen, Erlen und Weiden sind bekannt für ihren Stockausschlag, dieser wurde historisch in vielen europäischen Ländern z. B. für den Anbau von Niederwäldern oder das Korbflechten genutzt. Werden sie vom Biber gefällt, treibt der Stumpf (oder Stock) rasch wieder aus, sodass die Regeneration der Wälder nicht verhindert, sondern durch das Fällen sogar noch befördert wird. Hier findet sich in gewisser Weise ein Musterbeispiel für Resilienz und ihre Abgrenzung zur Resistenz: Es ist nicht so, dass die genannten Baumarten dem Biberfraß widerstehen. Der Schaden entsteht. Aber die Baumarten erholen sich in vergleichsweise kurzer Zeit und gehen aus der Krise durch vermehrten Stockausschlag gestärkt heraus. Bei der Birke *(Betula pubescens)* sind bei Vorkommen im subarktischen Randbereich ebenso Strauchvorkommen mit genetisch fixierter Fähigkeit

Abb. 4.24 Typischer finnischer Wald am Gewässerrand, Saimaa-See, Südfinnland. (Foto: C. Schmidt)

zum Stockausschlag bekannt (Hibsch-Jetter 1994). Die Eberesche verfügt nicht weniger über diese Fähigkeit, während Kiefern und Fichten dazu nicht in der Lage sind, sodass Schäden in diesen Bereichen nachhaltiger und problematischer sind. Allerdings kommen Kiefern und Fichten naturgemäß nicht so häufig in der Nähe von Gewässern vor, die den Hauptlebensraum der Biber darstellen. In den Untersuchungsgebieten von Lathi & Helminen (1974) fällten die Biber schwerpunktmäßig kleine Bäume und Büsche mit einem mittleren Durchmesser von ca. 3 cm, und dies bevorzugt in der Nähe von Gewässern. Die Espe war die Baumart, die am weitesten vom Wasser entfernt aufgesucht wurde, sie kann gewissermaßen als „Liebling" der Biber bezeichnet werden. Zugleich stellt sie eine Baumart dar, deren Toleranz gegenüber Überstauungen nach Macher (2008: 27) als hoch, nach Glenz et al. (2006: 5) zumindest als mittel eingestuft wird, nach beiden Autoren jedenfalls deutlich höher in ihrer Toleranz bewertet wurde als Fichten und Kiefern. Da auch die genannten Erlen-, Weiden- und Sorbusarten eine sehr hohe bis mittlere Überflutungstoleranz aufweisen (Glenz et al. 2006: 5), kann davon ausgegangen werden, dass die Biber die Nahrungsgehölze durch Stockausschlag und Stauhaltungen sukzessive in der Ausbreitung befördert haben, während die Nadelgehölze in den Biberhabitaten eher zurückgedrängt wurden. Daran zeigt sich wieder, wie durchgreifend landschaftsgestaltend Biber wirken. Bei der immens großen Fläche des finnischen Waldes und des schon naturgemäßen Vorkommens der vom Biber bevorzugten Baumarten verändern die genannten Aktivitäten allerdings nicht grundsätzlich den Landschaftscharakter und treffen zudem auf beide Biberarten gleichermaßen zu. Warum sollte die finnische Waldlandschaft also weniger gegenüber Einflüssen des kanadischen Biber resilient sein, nur weil er eine andere Biberart darstellt, die allerdings nahezu identische Lebensraumansprüche hat? Die Waldlandschaft befindet sich im adaptiven Zyklus nach Holling et al. (2002) nach wie vor in der Erhaltungsphase.

Damit soll das Risiko einer VERDRÄNGUNG des europäischen Bibers nicht marginalisiert werden. Da der kanadische Biber im Vergleich zum europäischen eine höhere Fruchtbarkeit (durchschnittlich vier Junge gegenüber 2,5) und zudem eine größere Koloniegröße (5,2 ± 1,4 gegenüber 3,8 ± 1,0) aufweist (Parker et al. 2012: 358, Lathi & Helminen 1974: 185), verfügt er zweifelsohne über einige Wettbewerbsvorteile. Fortpflanzungsfähige hybride Nachkommen konnten bislang nicht nachgewiesen werden. In einigen Gebieten setzte sich mal der kanadische, in anderen aber wieder der europäische Biber durch (vgl. Danilov et al. 2011a, b), die weitere Entwicklung ist insofern offen. Gegen die Empfehlung von Parker und Kollegen (2012: 361, 362), den kanadischen Biber in Finnland auszurotten, um den europäischen Biber zu schützen, spricht zum einen, dass bei den Tötungsaktionen vermutlich beide sterben würden, da selbst die Körpermaße keine großen Unterschiede aufweisen (Parker et al. 2012: Tab. 2) und eine Differenzierung der beiden Arten selbst für Jäger nur schwer möglich sein dürfte. Zum anderen erscheinen derartige Maßnahmen bei der Fläche und teilweisen Unzugänglichkeit der finnischen Gewässer und Wälder illusorisch. Und schließlich wären sie zumindest im Sinne der Resilienz der Landschaft auch letztlich unnötig. Denn so schützenswert der europäische Biber auch ist, resilient sind die finnischen Wälder – ob mit europäischen oder auch kanadischen Bibern.

Deutlich anders gestaltet sich allerdings die Situation in Feuerland. Vergleichen wir mit Blick auf Biber die Resilienz der Wälder Feuerlands mit der finnischen und greifen wir dazu die beschriebenen RESILIENZPRINZIPIEN auf, so zeichnen sich zwar keine großen Unterschiede im Prinzip der dezentralen Konzentration ab, dafür aber umso mehr im Prinzip der robusten Elastizität. In Bezug auf Redunanz und Vielfalt zählen die Wälder Feuerlands wie die der borealen Nadelwaldzone zu den artenärmeren Wäldern der Welt. Auf Feuerland sind es im Kern sogar nur drei Baumarten, die bestandbildend wirken: die Lenga-Südbuche *(Nothofagus pumilio)*, die Antarktische Südbuche *(Nothofagus antarctica,* oft auch Nire genannt) und die Magellan-Südbuche *(Nothofagus betuloides* oder auch Guindo). Auch wenn diese je nach Standort z. B. noch durch die Winterrinde *(Drimys winteri),* die immergrüne Leña Dura *(Maytenus magellanica)* und die Chilenische Zeder *(Pilgerodendron uviferum)* ergänzt werden, zählt Vielfalt damit nicht zu den prägendsten Merkmalen feuerländischer Wälder. Jedoch zeigen die borealen Nadelwälder Finnlands eine größere Redundanz als die feuerländischen Wälder: Sie bedecken in einer recht ähnlichen Baumartenzusammensetzung allein in Finnland eine Fläche von mehr als 20 Mio. ha (METLA 2019). Wird davon eine Teilfläche vom Biber umgestaltet, relativiert sich dies sehr schnell im Vergleich zur Gesamtfläche. Im Gegensatz dazu wird die Waldbedeckung auf Feuerland schon naturbedingt eingeschränkt. Die Waldgrenze wird auf Feuerland oft bereits bei 200 bis 400 m ü. NN erreicht. Die Baumgrenze, oberhalb derer auch keine einzelnen Bäume mehr wachsen, liegt bei 500 bis 600 m ü. NN. (Kreissig 2019). Die westliche und ozeanisch geprägte Küstenzone Feuerlands wird aufgrund extrem hoher Niederschläge von annähernd 5000 mm pro Jahr, kühler Temperaturen und mooriger Böden naturbedingt ebenfalls nicht von geschlossenem Wald, sondern vom Magellan-Moor mit einem Mosaik aus niedrig wachsenden Pflanzen und nur kleineren Wäldchen und Gehölzgruppen in geschützten Bereichen geprägt (Dawson 1976).

Zudem ging die europäische Besiedlung der Inselgruppe mit einer ganz massiven Reduzierung der Wälder einher. Das Regionalmuseum in Punta Arenas liefert dazu die wichtigsten Eckpunkte. Danach ist es der Entdeckung von Gold- und Kohlevorkommen und der aufkommenden Schafhaltung auf Feuerland ab den 1870er-Jahren zuzuschreiben, dass die Wälder im nördlichen Teil Feuerlands bis auf den letzten Baum gerodet und in diesem Zuge die indigenen Selk'nam-Indianer, Kaweshkars oder Yamanas massenhaft ermordet und damit so gut wie ausgerottet wurden. Heute sind nur noch etwa 30 % der Hauptinsel (Isla Grande) Feuerlands von Wäldern bedeckt (AGTF 2013). Wenn den kanadischen Bibern also jetzt vorgeworfen wird, feuerländische Wälder zu zerstören, so haben dies die europäischen Siedler vor 100 bis 150 Jahren genauso und in noch viel größerem Ausmaß getan. Im Vergleich zu Finnland verfügt Feuerland heute über 14-fach weniger Wald. Allerdings ist damit auch verbunden, dass weitere Einbußen im Waldbestand nicht so leicht zu verkraften sind wie in Finnland.

Der größte Unterschied in der landschaftlichen Resilienz resuliert jedoch aus einer deutlich verminderten ELASTIZITÄT der feuerländischen gegenüber den finnländischen Wäldern. Während sich die finnischen Wälder wie beschrieben über mindestens 6000 Jahre evolutionär an die Existenz von Bibern gewöhnen konnten, sind die kanadischen Biber den subantarktischen Wälder Feuerlands erst seit ca. 70 Jahren bekannt. Die in Finnland von Bibern bevorzugten Baumarten verfügen über tendenziell große Toleranzbereiche gegenüber einem Anstau von Wasser und zugleich über die Fähigkeit, nach einer Fällung durch Biber wieder aus dem Stock auszutreiben. Dies sind Resilienzstrategien, die nicht auf Robustheit (das wäre eher zu hartes Holz), sondern vielmehr auf Elastizität beruhen (eine rasche Erholung nach dem eigentlichen Schadereignis). Über solche Fähigkeiten verfügen die typischen Baumarten des subantarktischen Waldes jedoch nicht (vgl. Deutschlandfunk 2015, 2016). Südbuchen sind hervorragend an Sturmereignisse und ähnliche Wetterunbilden angepasst (vgl. ▶ Abschn. 4.3), werden sie aber vom Biber gefällt, können sie nicht wieder aus der Wurzel aufwachsen. Das ist ein entscheidender Unterschied. Hinzu kommt, dass die Südbuchen klimabedingt einer deutlich längeren Entwicklungszeit als die bevorzugten finnischen Baumarten bedürfen. Nach Untersuchungen von Johnson et al. (2007: 20) wachsen Lenga-Südbuchen *(Nothofagus pumilio)* mit einer durchschnittlichen Rate von 0,19 cm pro Jahr im Stammdurchmesser. Auf diese Weise haben selbst 150 Jahre alte Südbuchen nur einen Stammdurchmesser von ungefähr 30 cm, während die in Finnland von den Bibern bevorzugten Espen als schnellwachsende Baumarten bekannt sind, die in nur einem Drittel der Zeit ungefähr das Doppelte des Stammdurchmessers der Lenga-Südbuche erreichen. Während der Biber Espen letztlich nur in ihrer Regeneration animiert, führt er bei den Südbuchen zu einer irreversiblen Extinktion, zumal eines der größten Gesundheitsprobleme der Südbuchenwälder Fäulnis ist (Johnson et al. 2007) und die Südbuchen Überstauungen mit Wasser, wie sie der Biber mit seinen Dämmen hervorruft, in der Regel nicht gut verkraften. Vom Biber direkt (durch Fällung) oder indirekt (durch Anstau) betroffene Waldbereiche in Feuerland sind damit für viele Jahrzehnte tatsächlich zerstört und wachsen nur bei Samenanflug langsam wieder auf, sofern sie nicht sofort wieder vom Biber in Anspruch genommen werden – eine Situation, die nicht ganz unwahrscheinlich ist, weil Biber dünnes Stangenholz bevorzugen. In diesem Fall kann die Funktionsfähigkeit der betroffenen Waldbereiche und ihr Landschaftscharakter über einen sehr großen Zeitraum, wenn nicht sogar dauerhaft verlorengehen, auch wenn die Lenga-Südbuchen durchaus eine große Menge an Samen produzieren und insofern auch mit einer Gegenstrategie aufwarten können (Borsdorf 1987: 74).

4.6 · Bioinvasionslandschaften

> Eine Resilienz der feuerländischen Wälder gegenüber der Biberinvasion ist im Vergleich zu den finnischen jedenfalls in deutlich geringerem Maße gegeben, wobei die bisherigen Ausführungen deutlich machen, dass die Hauptursachen dafür in der unterschiedlichen GEGEBENEN landschaftlichen Resilienz zu suchen sind.

Aber wie sieht es in den angrenzenden WEIDELANDSCHAFTEN Feuerlands aus? Wie bereits erwähnt, ist es ein Irrglaube, dass Biber nur in gehölzreichen Landschaften vorkommen und insofern keine ausgeräumten Offenlandschaften wie die der Weidelandschaften besiedeln würden. Untersuchungen auf Feuerland von Pietrek et al. (2017: 283) zeigen vielmehr, dass die Größe der Kolonien und die Anzahl der pro Kolonie pro Jahr produzierten Nachkommen der kanadischen Biber in Untersuchungsgebieten der Steppe bzw. Weidelandschaften Feuerlands sogar höher als in den untersuchten Wäldern ist. Vermutlich ist das darauf zurückzuführen, dass die Biberdichte in den Wäldern mittlerweile eine Schwelle überschritten hat, die eine zunehmende Expansion in angrenzende Bereiche unvermeidbar macht und dabei auch suboptimale Habitate in Kauf nimmt. Die Überlebensrate der Biber war jedenfalls sowohl in den Wäldern als auch Steppen Feuerlands in allen Altersklassen höher als in Nordamerika (Pietrek et al. 2017: 283), die Habitatqualitäten der Steppe scheinen also für den Biber ausreichend zu sein. Und welche Auswirkungen hat seine Besiedlung der Weiden auf ihre Funktionsfähigkeit und ihren Landschaftscharakter? Zu vermuten ist, dass die kanadischen Biber schwerpunktmäßig den Buschanteil der Weidelandschaften, insbesondere in Gewässernähe, zurückdrängen werden. Dies liegt durchaus im Interesse der *estancieros,* die nicht umsonst beispielsweise den vom Vieh oft verschmähten Mata-Negra-Strauch *(Escallonia virgata)* als „Pest der Pampas" bezeichnen. Diesen positiven Wirkungen könnten Flächenverluste durch den Anstau von Gewässern gegenüberstehen. Allerdings dürften sich diese auf Landschaftsebene durch die enorme Fläche und Redundanz der Weidelandschaften relativieren. Eine größere Einschränkung der ökonomischen Funktionsfähigkeit der Landschaft ist insofern kaum zu erwarten. Weidegräser wachsen rasch wieder auf. Vor diesem Hintergrund verwundert es auch nicht, dass insbesondere die Bauern Feuerlands den aktuellen Bemühungen um eine Ausrottung der Biber eher kritisch-abwartend gegenüberstehen (Deutschlandfunk 2015, Emsli 2019). Ein wirklicher ökonomischer „Leidensdruck" ist in den Weidelandschaften noch nicht zu erkennen. Dabei versteht sich, dass diese Art von Resilienz zwar der erworbenen Resilienz zuzurechnen ist. Sie stellt jedoch eher ein unbeabsichtigtes Nebenprodukt der derzeitigen Hauptnutzung dar.

Ökologisch gesehen regen die Biber mit ihren Veränderungen an Gewässern und Biotopstrukturen eine Strukturierung der Landschaft an, die bei der aktuellen Ausgeräumtheit der *estancias* tendenziell nur zu einer Erhöhung, nicht zu einer Minderung der Biodiversität führen kann. Der Landschaftscharakter dürfte trotz der Zunahme an Gewässerflächen erhalten werden.

> Betrachtet man das Resilienzprofil der Weidelandschaften, so würde es damit durch das Einfordern einer stärkeren Elastizität und einer höheren Vielfalt ausgewogener werden; als es derzeit ist.

Das alles deutet eher auf eine Stärkung der landschaftlichen Resilienz der feuerländischen Weidelandschaften durch den Biber hin als auf eine Schwächung.

Hinzu kommt noch die AKTEURS- UND HANDLUNGSEBENE der Landschaft. So werden die derzeit anlaufenden Tötungsaktionen von Bibern längst nicht von allen Bewohnern Feuerlands befürwortet, erst recht nicht das Ziel, alle schätzungsweise 150.000 Biber auszurotten. Als Begründung dafür wird zum einen angegeben, dass die Biber genauso

Einwanderer wie die menschlichen Bewohner Feuerlands sind. Dies ist zweifelsohne richtig, und die Aussage, dass die kanadischen Biber „die größte Veränderung des Ökosystems seit dem Abschmelzen der Gletscher vor 10.000 Jahren" hervorrufen (Deutschlandfunk 2015), trifft höchstens für abgelegene Wälder Feuerlands zu, nicht aber auf die flächenmäßig viel großräumigeren Weidelandschaften. Zum anderen ist auch nach eigener Erfahrung vielen Einwohnern Feuerlands gar nicht bekannt, dass der kanadische Biber keine einheimische Art darstellt. Für viele gehört er zu Feuerland schlichtweg dazu, sie kennen die Landschaft gar nicht ohne ihn. Die in den wenigen Jahrzehnten gewachsene emotionale Verbundenheit ist erstaunlich groß. So gibt es z. B. ein Skigebiet, welches Cerro Castor (Biberberg) heißt oder Reiseveranstalter, die Biberwanderungen anbieten (vgl. auch Deutschlandfunk 2015). Tödliche Fallen werden von Befragten deshalb nicht selten abgelehnt (Emsli 2019). Vor diesem Hintergrund ist zweifelhaft, ob die geplante Ausrottung des kanadischen Bibers tatsächlich auf einer breiten Akzeptanz beruht, zumal sie nach Schätzungen über 30 Mio. US-Dollar kosten würde (El País 2018) – und dies in einer wirtschaftlich schwachen Region, die vielfältige andere Verwendungen für solche finanziellen Summen hätte. Zwar wird im Gegenzug oft argumentiert, dass die historische Ausrottung des europäischen Bibers in Ländern wie Finnland zeigt, dass solche Maßnahmen bei wirklichem Wollen durchaus von Erfolg gekrönt sein können (Parker et al. 2012). Allerdings unterscheiden sich heutige Bioinvasionen in Ausmaß und Geschwindigkeit ganz entscheidend von der historischen Ausbreitung von Arten (vgl. auch Boehmer 2011), demzufolge lassen sich auch historische Bekämpfungserfolge nicht auf heutige Bedingungen übertragen. Aktuelle Erfahrungen mit Bioinvasionen in vielen anderen Ländern verdeutlichen vielmehr, dass eine vollständige Auslöschung des Eindringlings trotz intensivster Bemühungen und gigantischer finanzieller Aufwendungen nicht wirklich möglich ist (vgl. die Beispiele Australien und Neuseeland in Schmidt 2013). Ein paar Individuen bleiben immer übrig, die eine umso resistentere neue Population begründen.

Da allerdings tatsächlich das Risiko besteht, dass die betroffenen Bereiche der weltweit einzigartigen subantarktischen Wälder Feuerlands durch die Bioinvasion dauerhaft verloren gehen, ist vielmehr eine räumlich differenzierte RESILIENZ-STRATEGIE zu empfehlen: So sollten schützenswerte Kernzonen in den Wäldern definiert werden, die vollständig von den kanadischen Bibern freigehalten werden. Pufferzonen sollten weniger intensiv bejagt werden, aber den betroffenen Waldbereichen mehr Zeit für ihre Regeneration verschaffen. Prozesszonen sollten schwerpunktmäßig einer Beobachtung des Landschaftswandels und der evolutionären Anpassung der Wälder unter Einfluss des Bibers dienen, in sie sollte nur punktuell eingegriffen werden. Die Weidelandschaften Feuerlands erfordern unter dem Fokus auf Resilienz derzeit keine Bekämpfungsmaßnahmen. Hier könnte der kanadische Biber sogar landschaftliche Resilienz befördern.

Landschaftliche Resilienz: Schlussfolgerungen

5.1 Zusammenfassung – 194

5.2 Planerische Implikationen – 204

© Springer-Verlag GmbH Deutschland, ein Teil von Springer Nature 2020
C. Schmidt, *Landschaftliche Resilienz*, https://doi.org/10.1007/978-3-662-61029-9_5

Versuchen wir, die Erkenntnisse aus den Fallbeispielen zusammenzufassen. Was findet sich trotz aller Unterschiedlichkeit der betrachteten Landschaften und Störfaktoren immer wieder? Welche der Ausgangsannahmen haben sich als zielführend erwiesen, wo sind Nachschärfungen oder Änderungen angebracht? Im Folgenden soll zwischen einer Zusammenfassung, die auf landschaftliche Systeme im Allgemeinen fokussiert, und einigen daraus erwachsenden Impulsen für die planerische Praxis unterschieden werden.

5.1 Zusammenfassung

Bei der Suche nach den Bedingungsgefügen landschaftlicher Resilienz wurde in Auswertung der bisherigen Fachliteratur von einem ERWEITERTEN Begriffsverständnis von Resilienz (vgl. ▶ Abschn. 1.1.1) ausgegangen. Diese Sichtweise hat sich bei der Betrachtung der Fallbeispiele auch grundsätzlich als tragfähig erwiesen.

> **Landschaftliche Resilienz**
>
> Unter landschaftlicher Resilienz lässt sich die Anpassungs- und Selbsterneuerungsfähigkeit einer Landschaft verstehen und damit ihre Fähigkeit, trotz Störungen, Krisen oder Stresssituationen die eigenen grundlegenden landschaftlichen Qualitäten zu erhalten, zu erneuern und zu stärken.

Was unter „landschaftlichen Qualitäten" zu verstehen ist, war allerdings zu konkretisieren. Als hilfreich dafür erwiesen sich die in ▶ Abschn. 1.3 dargelegten Kriterien. Danach kann ein Erhalt der landschaftlichen Qualitäten dann als gegeben angenommen werden, wenn eine Landschaft auch nach einer Krise ihre Basis- und ökologischen Regulationsfunktionen ebenso wie die gegebenenfalls vorhandenen Versorgungsfunktionen und kulturellen Funktionen mindestens in dem Maße wie zuvor erfüllt (bzw. die entsprechenden Ökosystemleistungen erbringt), ohne dabei ihren prägenden Landschaftscharakter verloren zu haben. Aber wie viel Zeit darf die Regenerationsphase benötigen, damit eine Landschaft noch als resilient gelten kann?

Zudem zeigte sich, dass es keine pauschale Resilienz gibt. Beschäftigt man sich mit ihr, ist immer zu fragen: „Resilienz gegenüber …?" Die subantarktischen Südbuchenwälder sind beispielsweise in hohem Maße gegenüber Sturmereignissen resilient (vgl. ▶ Abschn. 4.3), aber dieselben Wälder fallen aufgrund mangelnder Resilienz hektarweise einer Invasion kanadischer Biber zum Opfer (vgl. Abschn. 4.7).

> **Resilienz ist demzufolge stets auf einen konkreten Stör- oder Stressfaktor zu beziehen.**

Auslösende STÖR- ODER STRESSFAKTOREN können gleichermaßen auf Umweltveränderungen oder auch gesellschaftliche Veränderungen zurückgehen (näher dazu ▶ Abschn. 1.1.2). In den untersuchten Fallbeispielen spielten einerseits Brände, Dürren, Stürme, Starkregenereignisse, Auswirkungen des Klimawandels mit steigendem Meeresspiegel und zunehmender Meerestemperatur eine Rolle, andererseits Kriege, sozioökonomische Krisen, wirtschaftlich boomende Nachfragen, Managementfehler und Havarien bzw. Unfälle. Natürliche und anthropogene Auslöser gingen oft fließend ineinander über. So entstehen die Brände im borealen Nadelwald sowohl natürlich als auch durch nicht ordnungsgemäß gelöschte Campingfeuer. Bioinvasionen (wie die beispielhaft untersuchte) werden anthropogen verursacht. Und es war längst nicht nur der Klimawandel, der die untersuchten Wasserkrisen von Metropolen auslöste, sondern eine Kombination aus Managementfehlern bei gleichzeitiger Bedarfsexplosion im Zuge des Bevölkerungswachstums und von verringerten Niederschlägen.

5.1 · Zusammenfassung

> Entscheidender als eine Zuordnung zu anthropogenen oder natürlichen Auslösern ist letztlich, ob es sich um einen einzelnen Störfaktor oder ein Konglomerat von Faktoren handelt und wie hoch die Vorbelastung der Landschaft ist.

Bei einer Reihe von Fallbeispielen war erkennbar, dass landschaftliche Resilienz nur selten durch einen einzelnen Störfaktor ins Wanken kommt, sondern vor allem dann, wenn sich über unterschiedliche Zeiten ein unvorhergesehenes Konglomerat unterschiedlichster Störfaktoren aufbaut. Nicht nur Menschen, sondern auch Landschaften geraten insofern zunehmend unter Stress (vgl. ◘ Abb. 5.1), und kurzzeitige Extremereignisse können besonders dann fatale Auswirkungen entfalten, wenn sie bereits auf gestresste, vorgeschädigte Landschaften treffen.

Im Umkehrschluss ist jedoch nicht zu empfehlen, jegliche Störungen zu vermeiden.

> Eine Landschaft, die keinen Störungen ausgesetzt ist, trainiert nicht ihr Anpassungsvermögen. Es kommt stets auf das Maß der Störungen an.

Für eine Betrachtung landschaftlicher Resilienz war es zielführend, Landschaften nicht nur „als vom Menschen als solche wahrgenommenen Gebiete, deren Charakter das Ergebnis des Wirkens und Zusammenwirkens natürlicher und/oder anthropogener Faktoren ist" zu verstehen (Definition der Europäischen Landschaftskonvention), sondern darüber hinaus in eine AKTEURS- UND HANDLUNGSEBENE und eine PHYSISCH-MATERIELLE EBENE zu differenzieren (vgl. ▶ Abschn. 1.1.3). So schlagen sich die Wirkungen einer Krise oder eines Störereignisses in der Regel auf der physisch-materiellen Ebene nieder und werden durch deren spezifische Rahmenbedingungen auch maßgeblich beeinflusst. Aber die Ursachen einer Krise oder eines Störereignisses liegen nicht selten auf der Akteurs- und Handlungsebene. Landschaftliche Resilienzbetrachtungen würden demnach grundsätzlich zu kurz greifen, wenn sie eine der beiden Seiten ausblenden würden. Landschaft entsteht aus dem Zusammenwirken beider Ebenen (vgl. ◘ Abb. 5.2).

Das SPEKTRUM der betrachteten Landschaften spannte sich von der subpolaren Region bis zu den Tropen auf und umfasste höchst unterschiedliche Landschaftstypen. Selbstverständlich kann daraus kein Anspruch auf Vollständigkeit abgeleitet werden. Schon bei der Anzahl betrachteter Landschaften und Landschaftstypen wurde jedoch deutlich, dass es keine Resilienz auf Ewigkeit gibt.

> Landschaftliche Resilienz stellt stets eine zeitliche Momentaufnahme dar, das Resilienzgefüge ist fortlaufend neu auszubalancieren.

Einzelner Störfaktor → Landschaft unter Stress

◘ **Abb. 5.1** Landschaftlicher Stress als Auslösefaktor für Krisen. (C. Schmidt/A. Zürn)

Abb. 5.2 Akteurs- und Handlungsebene und physisch-materielle Ebene der Landschaft. (C. Schmidt/A. Zürn)

Anhand von Ackerterrassenlandschaften (vgl. ▶ Abschn. 1.2) ließ sich beispielsweise vergleichen, wie unterschiedlich die adaptiven Zyklen (Holling et al. 2002) schon innerhalb eines Landschaftstyps ausfallen können. Systemisch kann man daraus ableiten, dass – in welcher Zeit auch immer – jede Wachstumsphase landschaftsprägender Strukturen in der Regel über eine Erhaltungs- und Zerstörungsphase in eine Phase münden wird, in der sich letztlich entscheidet, ob sich das jeweilige landschaftliche System erneuert und anpasst oder ein Systembruch und damit eine Transformation in einen neuen Landschaftstyp erfolgt (vgl. ◘ Abb. 5.3).

> Je länger es einer Landschaft gelingt, ihren Landschaftscharakter und ihre landschaftlichen Funktionen trotz der veränderten Rahmenbedingungen im adaptiven Zyklus aufrechtzuerhalten und fortzuentwickeln, desto größer ist ihre Resilienz gegenüber dem oder den jeweiligen Störfaktor(en) ausgeprägt.

Bewertungskriterien landschaftlicher Resilienz

Landschaftliche Resilienz beschreibt insofern, in welchem Maße und in welcher Geschwindigkeit die landschaftliche Funktionsfähigkeit und der Landschaftscharakter nach einem Störereignis oder einer Krise wiederhergestellt oder gar verbessert werden. Bei der Betrachtung der Fallbeispiele wurden demzufolge folgende Kriterien landschaftlicher Resilienz verwendet (mehr dazu ▶ Abschn. 1.3):
- Erbringungsgrad von Ökosystemleistungen bzw. Erfüllungsgrad landschaftlicher Funktionen,
- Erhaltungsgrad des Landschaftscharakters,
- Geschwindigkeit der Anpassung des landschaftlichen Systems.

5.1 · Zusammenfassung

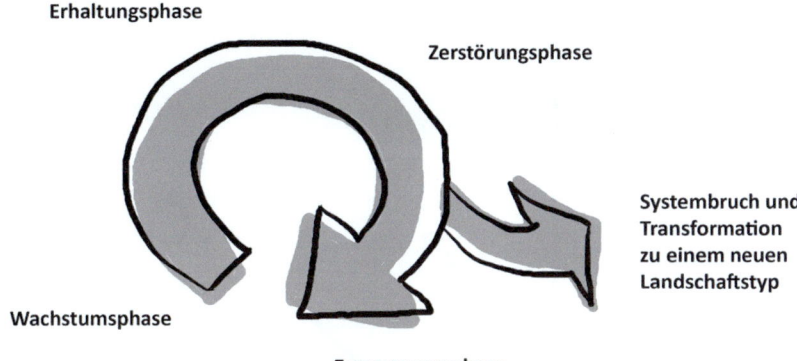

Abb. 5.3 Der Unterschied zwischen Anpassung und Transformation im adaptiven Zyklus. (C. Schmidt/A. Zürn)

Die KRITERIEN haben sich grundsätzlich auch als tauglich erwiesen. Die landschaftlichen Funktionen oder Ökosystemleistungen ließen sich gut anhand der in der Landschaftsplanung bekannten Systematiken differenzieren. Für eine Bewertung ihres Erfüllungsgrades sei auf das große Spektrum an dafür zur Verfügung stehenden landschaftsplanerischen Methoden verwiesen. Ebenso stellt die Charakterisierung der Typik und Eigenart einer Landschaft (d. h. des Landschaftscharakters) eine in der Landschaftsplanung seit Jahrzehnten gängige Praxis dar. In ihr spielt auch Ausprägung und räumliche Verteilung von Landschaftsstrukturen als physisch ablesbare Gestaltmerkmale einer Landschaft eine Rolle, die bei der Charakterisierung der Landschaften der Fallbeispiele als wesentliche Unterscheidungsmerkmale genutzt wurden. Sei es eine hohe Dichte an Salzpfannen in der Salzlandschaft von Maras, an großflächigen Weiden in Patagonien oder auch das bunte Mosaik aus Hoas, Motus, Pässen und Riffen in den Atolllandschaften – der Landschaftscharakter ließ sich gut über die typischen Landschaftsstrukturen fassen.

Weitaus größere Schwierigkeiten ergaben sich indes bei einer Einschätzung der ANPASSUNGSGESCHWINDIGKEIT eines landschaftlichen Systems. Denn der Bewertungsmaßstab dafür kann einerseits im weltweiten Vergleich gesucht werden: Die Wälder Feuerlands benötigen beispielsweise eine viel längere Regenerationszeit als vom Biber ebenso besiedelte finnische Wälder (vgl. Abschn. 4.7). Andererseits können sich auch die landschaftseigenen zeitlichen Rhythmen als Bewertungsmaßstab anbieten. So benötigt das Weideland Feuerlands eine geringere Wiederherstellungsdauer als die Wälder Feuerlands. Und wenn Korallen mindestens 10–15 Jahre für ihre Regeneration bedürfen, aber mittlerweile im Durchschnitt alle sechs Jahre Korallenbleichen stattfinden (vgl. ▶ Abschn. 2.1.2), so deutet das daraufhin, dass derzeit eine kritische Schwelle überschritten wird. In der Regel erwies sich eine Kombination aus beiden Ansätzen als zielführend (vgl. Abb. 5.4).

Die Fallbeispiele haben generell gezeigt, dass es sinnvoll ist, landschaftliche Resilienz in zwei Ebenen zu differenzieren (vgl. ▶ Kap. 2), nämlich die GEGEBENE und ERWORBENE Resilienz.

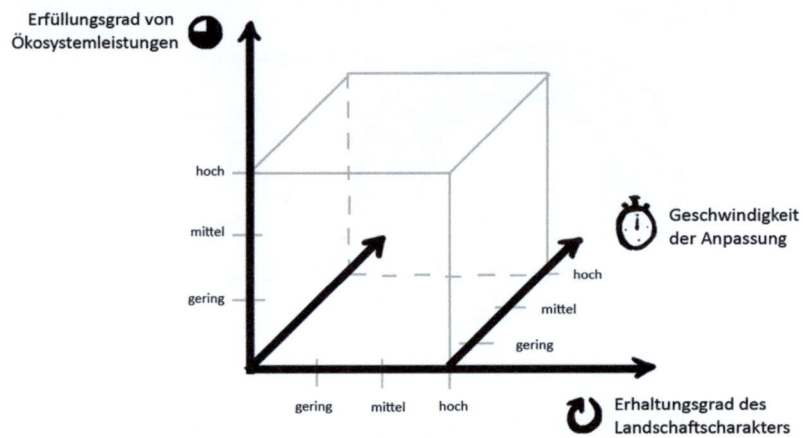

◘ **Abb. 5.4** Grafische Darstellung der Bewertungskriterien landschaftlicher Resilienz. (C. Schmidt/A. Zürn)

Gegebene und erworbene landschaftliche Resilienz

Die gegebene Resilienz umschreibt dabei die natürlich gegebenen Ausgangsbedingungen der jeweiligen Landschaft, sie ist dementsprechend natürlich determiniert. Die erworbene Resilienz stellt das Ergebnis des gesellschaftlichen Umgangs mit den natürlichen Ausgangsbedingungen und mit den ablaufenden landschaftlichen Transformationsprozessen dar. Sie ist folglich kulturell determiniert.

Point of Weakness

Ein Point of Weakness beschreibt eine besondere naturräumliche Sensitivität des jeweiligen landschaftlichen Systems gegenüber bestimmten Störfaktoren und damit einen besonderen Wirkungszusammenhang. Wird ein Point of Weakness durch Störungen oder Krisen bedient, wird wesentlich schneller ein Tipping Point erreicht oder überschritten.

Für eine Differenzierung zwischen der gegebenen und der erworbenen Resilienz sprechen insbesondere zwei Gründe. Zum einen verweist die erworbene Resilienz just auf den Teil landschaftlicher Resilienz, der aktiv von den Akteuren beeinflusst werden kann. Zum anderen werden mit der gegebenen Resilienz teilweise POINTS OF WEAKNESS angelegt, deren Kenntnis existenziell sein kann.

Die Osterinsel hat beispielsweise in ihrer Geschichte unzählige Stürme überstanden. Als aber die Rapa Nui die Insel vollständig abgeholzt und sich damit der Möglichkeit beraubt hatten, Boote zu bauen, führte der extreme Grad der geografischen Isolation als entscheidender naturbedingter Point of Weakness zum Zusammenbruch der Gesellschaft und des landschaftlichen Systems (vgl. ▶ Abschn. 2.2.2). Vergleicht man das isländische Hochland mit Patagonien, sind es beispielsweise die typischen Andosole, die mit ihrer enormen Erosionsanfälligkeit den Point of Weakness

5.1 · Zusammenfassung

des Hochlandes ausmachen. Die patagonische Weidelandschaft hatte im Vergleich zum isländischen Hochland eine viel höhere Dichte an Weidetieren zu verkraften. Und doch führte der Point of Weakness des Hochlandes dazu, dass auch die vergleichsweise geringe Überweidung zu einer Überschreitung des Tipping Points führte und das landschaftliche System zum Kippen brachte (vgl. ▶ Abschn. 4.2).

> **Tipping Point**
>
> Ein Tipping Point markiert dabei eine Schwelle, an der die bisherige landschaftliche Entwicklung abrupt abbricht und umschlägt bzw. das bis dahin bestehende landschaftliche System zusammenbricht.

Die Kenntnis naturbedingter Points of Weakness ist vor diesem Hintergrund nicht nur randlich interessant, sondern kann für eine wirksame Verminderung des Risikos von Krisen sogar ausschlaggebend sein. In den betrachteten Fallbeispielen wurden dabei ganz unterschiedliche Points of Weakness identifiziert. Sie reichten beispielsweise von Sensitivitäten gegenüber Dürreperioden im Kaokoveld (vgl. ▶ Abschn. 2.2.1), einer Empfindlichkeit der Korallenriffe gegenüber Hitzeperioden (vgl. ▶ Abschn. 2.1.2), einer Sensitivität gegenüber Starkregenereignissen in Salzwüsten (vgl. ▶ Abschn. 4.3) bis hin zur Sensitivität des borealen Nadelwaldes gegenüber Feuer (vgl. ▶ Abschn. 2.1.1). Die Geschichte der Osterinsel verdeutlicht dabei, welch drastische Konsequenzen es haben kann, wenn diese Points of Weakness im Verlaufe der Entwicklung bedient und Tipping Points überschritten werden. Beispiele wie Singapur wiederum zeigen, dass der konstruktive Umgang mit einem Point of Weakness den Erwerb eines hohen Maßes an Resilienz möglich macht und in erstaunlichem Maße Innovation befördern kann. Ein Point of Weakness ist demzufolge nicht per se negativ, er kann bei richtiger Beachtung auch ausgesprochen positive Entwicklungen auslösen.

In den Fallbeispielen war das VERHÄLTNIS zwischen gegebener und erworbener landschaftlicher Resilienz ganz unterschiedlich ausgeprägt. War es im Falle der patagonischen Weidelandschaften vor allem die hohe gegebene Resilienz in Bezug auf Stürme, die ihnen ein ähnliches Schicksal wie das des isländischen Hochlandes bislang ersparte (vgl. ▶ Abschn. 4.2), ist es im Falle der Korallenriffe auch, aber längst nicht nur die naturbedingte Exposition, die die Korallenriffe des Roten Meeres im Vergleich zu den karibischen Korallenriffen resilienter gegenüber ansteigenden Meerestemperaturen macht (vgl. ▶ Abschn. 2.2.1). Singapur ist im Vergleich zu Kuala Lumpur ein Paradebeispiel für die erworbene Resilienz in Dürreperioden (vgl. ◨ Abb. 5.5), und Amantani ein ähnlich eindrückliches Beispiel für den Erwerb von Resilienz in Tourismuskrisen (vgl. ▶ Abschn. 4.1). Im Gegenzug ist es besonders die gegebene landschaftliche Resilienz, die finnische Wälder die Invasionen kanadischer Biber mit weitaus geringeren Schäden überstehen lässt als feuerländische Wälder (vgl. ▶ Abschn. 4.6). Und oft ist es wie im Falle der Atolllandschaften eine Mischung aus gegebener und erworbener Resilienz, die einige der Motus resilienter als andere macht (vgl. ▶ Abschn. 4.5).

Deutlich wurde bei vielen Fallbeispielen: Die Resilienz eines landschaftlichen Systems muss stets in Zusammenhang zu seiner Komplexität gesehen werden (vgl. ▶ Abschn. 1.3). Eine Landschaft kann letztlich auf Dauer nur so komplex sein, wie sie resilient ist.

> **Je komplexer landschaftliche Systeme gestaltet werden, desto größer muss auch ihre Resilienz sein, sie muss sozusagen mitwachsen. Kann die Resilienz komplexer landschaftlicher Systeme nicht mehr aufrechterhalten werden, wird früher oder später die Komplexität des Systems reduziert und dadurch eine Balance zur Resilienz hergestellt. Komplexität und Resilienz pegeln sich stets über die Zeit auf einem Niveau ein.**

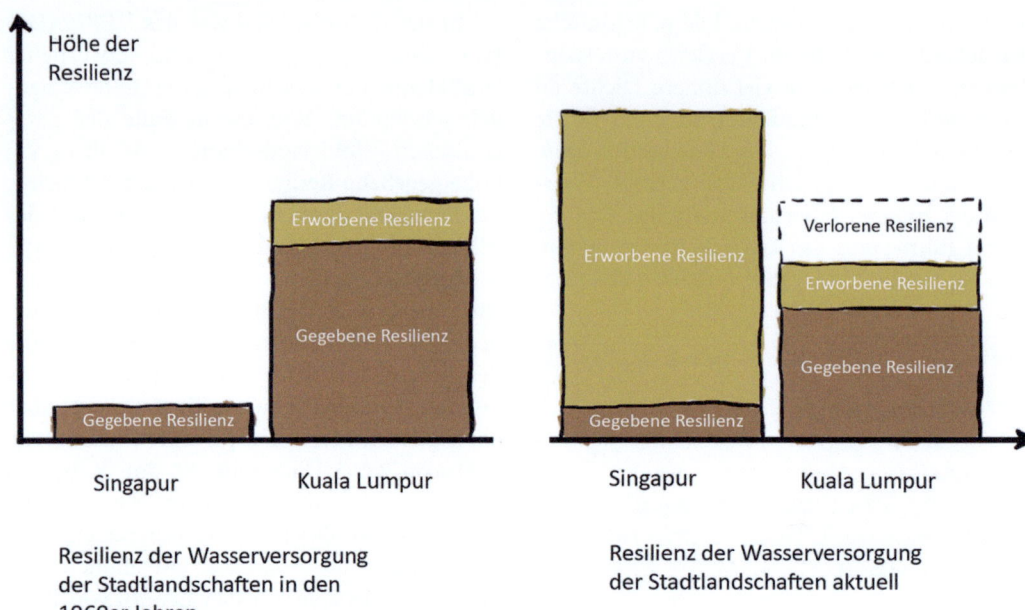

☐ **Abb. 5.5** Verdeutlichung der Wechselwirkung zwischen gegebener und erworbener Resilienz am Beispiel der Resilienz der Wasserversorgung Singapurs und Kuala Lumpurs in Dürreperioden. (C. Schmidt/A. Zürn)

Eine hoch komplexe Landschaft benötigt deshalb weitaus ausgefeiltere Resilienzstrategien als solche mit einer geringen Komplexität. Unter Komplexität wird dabei der Grad der funktionalen Vernetzung innerhalb einer Landschaft (einschließlich der ökologischen, artbezogenen Vernetzungen) und zugleich die Anzahl und qualitative Ausprägung der Funktionen verstanden, die sie erfüllt (vgl. ► Abschn. 1.3). So stellt beispielsweise die Salzwüste Uyuni (vgl. ► Abschn. 4.3) gegenüber den betrachteten Stadtlandschaften (vgl. ► Abschn. 4.4) ein deutlich weniger komplexes landschaftliches System dar, welches aber derzeit noch über ein völlig ausreichendes Maß an Resilienz verfügt, um genau diese Komplexitätsstufe aufrechtzuerhalten. Je komplexer landschaftliche Systeme als Kulturlandschaften jedoch gestaltet werden, desto größer muss auch ihre Resilienz sein, d. h., es muss zusätzlich Resilienz erworben werden. Geschieht dies nicht, wird die Komplexität des landschaftlichen Systems über kurz oder lang drastisch reduziert. Komplexität und Resilienz, das haben auch viele der anderen Fallbeispiele eindrücklich gezeigt, sind stets bestrebt, sich über die Zeit in einem Gleichgewichtszustand einzupegeln (vgl. ☐ Abb. 5.6).

An Fallbeispielen wie den mesopotamischen Ackerlandschaften (vgl. ► Abschn. 2.2.1) und dem isländischen Hochland (vgl. ► Abschn. 4.2) zeigt sich zugleich, dass sich eine Belastung oft sukzessive über einen mehr oder weniger langen Zeitraum aufbaut, bevor ein Tipping Point erreicht wird. In Mesopotamien hat dies beispielsweise mehrere Jahrtausende, in Island anderthalb Jahrhunderte gedauert. Maßgeblich dafür ist die jeweilige gegebene landschaftliche Resilienz. Dieses Phänomen einer langen VERZÖGERUNG vor plötzlichen Veränderungen führt regelmäßig dazu, dass Konsequenzen landschaftlicher Entwicklungen unterschätzt werden. Nicht selten geht diese Verzögerung mit dem menschlichen Beharrungsvermögen auf Altbekanntem eine recht unglückselige Allianz ein: So wird auf häufigere Wasserkrisen in Städten vielfach mit einem Ausbau des bisherigen Wasserversorgungssystems,

5.1 · Zusammenfassung

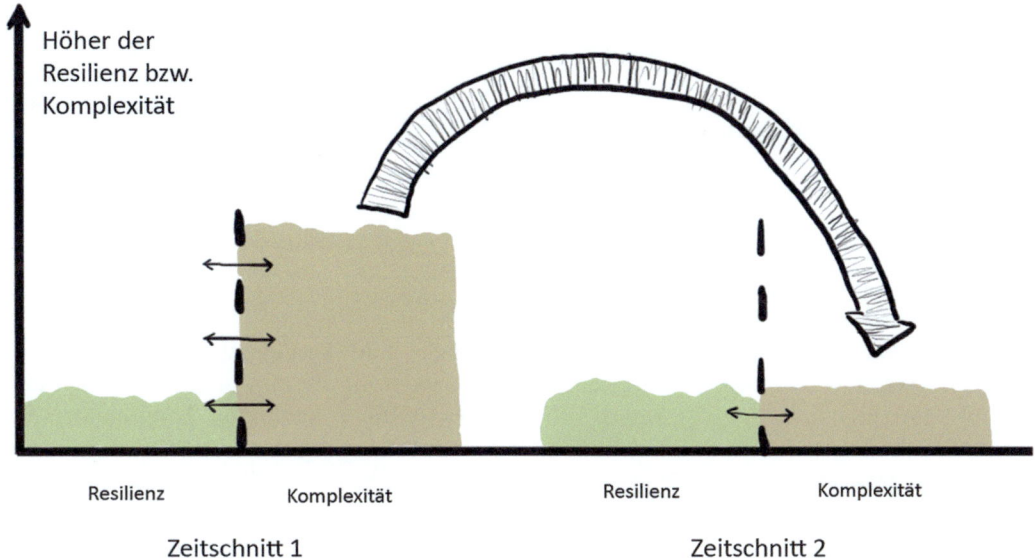

Abb. 5.6 Wechselverhältnis zwischen Komplexität und Resilienz einer Landschaft. (C. Schmidt/A. Zürn)

nicht aber mit der Veränderung seiner Grundkomponenten reagiert (vgl. ▶ Abschn. 4.4). Beispielsweise wird eine Talsperre nach der anderen gebaut (z. B. in Kuala Lumpur), resilienter wird das Wasserversorgungssystem damit aber noch lange nicht. Hilfreicher wäre vielmehr, die Unterschiedlichkeit der Quellen der Trinkwasserressourcen zu erhöhen, ein Regenwassermanagement aufzubauen, drastisch eine Wassereinsparung zu befördern und die Fremdabhängigkeit der Stadt zu mindern, wie Singapur dies verdeutlicht. Wird aber nicht die Kraft aufgebracht, grundlegende systemische Veränderungen zu erzielen, wird über kurz oder lang der Tipping Point überschritten, und ist er das einmal, verbleibt das Komplexitätsniveau der Landschaft auf absehbare Zeit auf einem niedrigeren Komplexitätsniveau, da sie nicht mehr über genügend Eigenkräfte verfügt, um aus sich heraus eine höhere Komplexitätsstufe zu erreichen. Im isländischen Hochland ist beispielsweise auch nach 900 Jahren keine Erholung der Vegetation zu erkennen.

> Das heißt, es bedarf nach Überschreiten eines Tipping Points eines Vielfachen an Aufwand bzw. erworbener Resilienz, um zumindest eine geringfügige Erhöhung der landschaftlichen Komplexität zu erreichen. Eine Wiederherstellung des landschaftlichen Zustandes vor dem Tipping Point ist dann jedoch selbst bei intensivsten menschlichen Bemühungen nicht möglich.

Mit Überschreiten eines TIPPING POINTS wird zudem ein landschaftlicher Entwicklungskorridor angelegt, der höchst störanfällig und zudem fremdabhängig ist. So ist bei der Entwicklung der Osterinsel bis in unsere Tage auffällig, dass die dem Zusammenbruch folgenden landschaftlichen Systeme der Insel immer wieder radikal ausgetauscht, nicht aber kontinuierlich fortentwickelt wurden. Zunächst war die Insel beispielsweise fast unbewohnt und unterlag der Sukzession, anschließend wurde sie für ca. 60 Jahre nahezu vollständig in eine Intensivschaffarm umgewandelt. Aktuell stellt sie eine Pferdelandschaft aus Bermudas-Grassteppen dar, die mit südamerikanischen Guavesträuchern und australischen Eukalypuswäldern durchsetzt ist (vgl. ▶ Abschn. 2.2.2).

> Landschaften verharren nach Überschreitung eines Tipping Points für lange Zeit (wenn nicht gar dauerhaft) in einem Zustand geringer Komplexität. Gelingt es, sie wieder zu reanimieren, bedarf es aufgrund mangelnder Abwehrkräfte bzw. gering ausgeprägter landschaftlicher Resilienz grundsätzlich viel weniger Störungen als vor Überschreiten des Tipping Points, um sie erneut aus dem Gleichgewicht zu bringen. Diskontinuität wird dann häufig zum Charakteristikum der Entwicklung (vgl. ◘ Abb. 5.7).

Die Beispiele der Desertifikation in Island, Mesopotamien und Ägypten zeigen, dass es enorm langer Zeit bedarf, um wenigstens auf einem niedrigeren Komplexitätsniveau zu einer neuen Balance zu finden.

> Die Fallbeispiele, in den Tipping Points überschritten wurden, verdeutlichen insofern, dass landschaftliche Resilienz nicht nur *nice to have* ist, sondern dass mit ihr vielmehr eine grundsätzliche Veränderbarkeit von Landschaften abgesichert wird: Je höher die landschaftliche Resilienz ausfällt, desto mehr Optionen einer landschaftlichen Entwicklung stehen einer Landschaft offen.

Deshalb sind Resilienzstrategien nicht nur Voraussetzung für den Erhalt der Typik und Eigenart einer konkreten Landschaft, sondern eröffnen zugleich ein großes Spektrum an Möglichkeiten für ihre Weiterentwicklung und Veränderung. So gesehen kann landschaftliche Resilienz im Gegensatz zu den Ausgangsannahmen in ▶ Abschn. 1.1.1 nicht nur wertfrei betrachtet, sondern sollte durchaus normativ als etwas Positives angesehen werden. Denn ohne die Möglichkeit, sich zu verändern, ginge eines der zentralen Wesensmerkmale von Landschaften verloren.

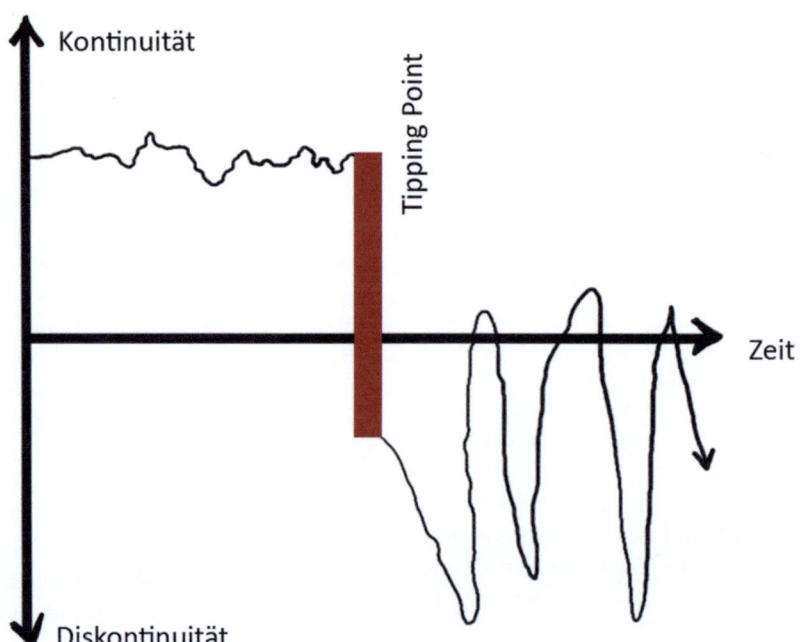

◘ Abb. 5.7 Systemische Darstellung: landschaftliche Entwicklung mit Tipping Point. (C. Schmidt/A. Zürn)

5.1 · Zusammenfassung

> **Resilienzprofil**
>
> Jede Landschaft hat ihr individuelles, unverwechselbares Resilienzprofil. Dennoch haben die landschaftlichen Erkundungen dieses Buches gezeigt, dass die folgenden drei Resilienzprinzipien in Landschaften gänzlich unterschiedlichen Typs und mit ganz verschiedenen Typen von Stör- und Stressfaktoren eine maßgebliche Rolle spielen:
> - das Prinzip der redundanten Vielfalt,
> - das Prinzip der robusten Elastizität,
> - das Prinzip der dezentralen Konzentration.

Diese Prinzipien sind von allgemeiner Natur. Auch wenn jeder Landschaft eine individuelle Ausprägung der Prinzipien innewohnt, so kommt es doch darauf an, dass keine zu starken Einseitigkeiten entstehen.

> Ausgeprägte Einseitigkeiten führen über kurz oder lang zu dem Herstellen eines Komplexitätsniveaus auf einem darunterliegenden Level.

Unwuchten kommen dabei durchaus auch in der Natur vor: So zeigt die Salzwüste Uyuni beispielsweise als Naturlandschaft ein sehr unausgewogenes RESILIENZPROFIL, in welchem Vielfalt durch Redundanz kompensiert wird (vgl. ▶ Abschn. 4.3). Gerade weil es jedoch so einseitig ausgeprägt ist, zeichnet es sich auch nur durch eine geringe Komplexität aus. Kulturlandschaften sollen in der Regel ein Vielfaches an Funktionen erfüllen. Umso größer muss deshalb auch ihr „Sicherungsnetz" an landschaftlicher Resilienz gespannt sein. Maßgeblich ist, wie großflächig das Netz insgesamt ist. Für die nachfolgende Abbildung (vgl. ◘ Abb. 5.8) heißt dies:

> Je größer sich der Flächeninhalt des gespannten „Sicherungsnetzes" grafisch darstellt (◘ Abb. 5.8), desto ausgewogener ist das spezifische Resilienzprofil und desto resilienter ist das landschaftliche System beim Eintreten unvorhergesehener Entwicklungen aufgestellt.

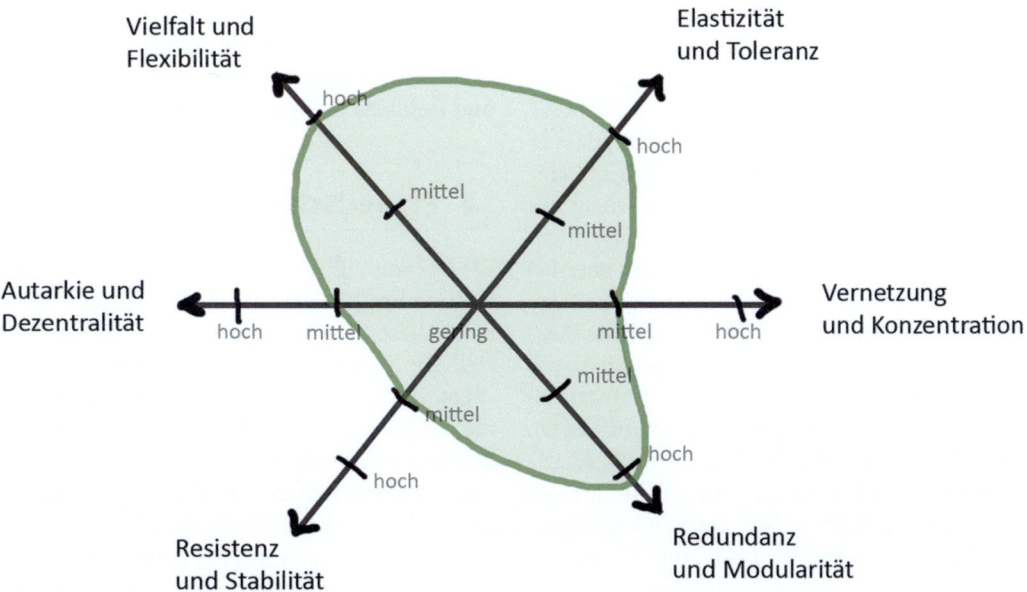

◘ **Abb. 5.8** Landschaftliches Resilienzprofil. (C. Schmidt/A. Zürn)

Beispiele wie die Insel Amantani (vgl. ▶ Abschn. 4.1) zeigen sowohl auf der Akteurs- und Handlungsebene als auch auf der physisch-materiellen Ebene der Landschaft ein sehr ausgeglichenes Resilienzprofil. Andere Beispiele wie die Isla del Sol verdeutlichen, dass die mangelnde Ausprägung eines Poles in gewissem Maße durch den Gegenpol ausgeglichen werden kann. Auch lassen die verschiedenen Prinzipien untereinander einen gewissen Spielraum zu. Es kommt auf das Netzwerk im Gesamten an.

Die gewählten Gegenpole der RESILIENZPRINZIPIEN wurden eingehend in ▶ Kap. 3 des vorliegenden Buches hergeleitet und begründet. Sie haben sich in den untersuchten Fallbeispielen immer wieder entdecken lassen und werden deshalb als übertragbar angenommen, auch wenn eine Untersuchung zusätzlicher Fallbeispiele zur Weiterführung der Überlegungen zweifelsohne sinnvoll wäre. Nach dem PRINZIP DER REDUNDANTEN VIELFALT wirkt nicht allein Vielfalt, sondern ein landschaftsspezifisches Maß zwischen Vielfalt/Flexibiltität und Redundanz/Modularität resilienzfördernd. Ebenso kommt es nicht allein auf die Resistenz und Stabilität landschaftlicher Strukturen an, sondern auf ein ausgewogenes und der jeweiligen Landschaft entsprechendes Maß zwischen Elastizität/Toleranz und Resistenz/Stabilität. Bezüglich des PRINZIPS DER ROBUSTEN ELASTIZITÄT haben die Fallbeispiele vielfach gezeigt, dass in anthropogen geprägten Landschaften oft einseitig auf Robustheit gesetzt und zu wenig mit Elastizität gearbeitet wird. Resilienz wird nicht selten mit Resistenz verwechselt, greift aber bei genauerer Betrachtung viel weiter (näher dazu in ▶ Abschn. 3.3 und 3.4). Landschaftliche Resilienz wird zudem durch ein landschaftsspezifisches Maß zwischen Autarkie und Austausch bzw. Zentralität und Dezentralität befördert. Dieses PRINZIP DER DEZENTRALEN KONZENTRATION ist in der Raumplanung nicht neu, findet sich aber eben auch in resilienten Landschaften – im Kontext zum Verhältnis zwischen Autarkie und Vernetzung. Die dargestellten Resilienzprinzipien sind auch nicht auf die physisch-materielle Ebene der Landschaft beschränkt, sondern können genauso die Akteurs- und Handlungsebene der Landschaft prägen.

Abschließend sei darauf verwiesen, dass eine Befassung mit landschaftlicher Resilienz stets auf die landschaftliche SYSTEMEBENE abzielt. Bei der Betrachtung einzelner Arten mag man beispielsweise durchaus zu anderen Schlussfolgerungen kommen (vgl. ▶ Abschn. 4.6). Die Chancen einer Betrachtung landschaftlicher Resilienz liegen aber gerade in den gesamthaften und grundsätzlichen Fragen: Wie zukunftsfähig sind unsere Landschaften aufgestellt? Wie gut sind sie gegen Krisen und Risiken gewappnet? Bei der Beantwortung solcher Fragen kann eine Auseinandersetzung mit dem landschaftsspezifischen Maß an gegebener und erworbener Resilienz Impulse bieten, die auch die viel gepriesene und zugleich gescholtene Debatte um Nachhaltigkeit nicht geliefert hat. Dabei haben die Fallbeispiele in ▶ Kap. 4 immer wieder Querbezüge zwischen Nachhaltigkeit und Resilienz offengelegt. Der Fokus bleibt jedoch ein anderer: Resilienz beschreibt die PROZESSFÄHIGKEIT eines landschaftlichen Systems bzw. dessen Fähigkeit, mit (ungewollten) Veränderungen und Stressfaktoren umzugehen, Nachhaltigkeit beschreibt dagegen eine Zieldimension. Insofern lassen sich Nachhaltigkeit und Resilienz nicht gegenseitig ersetzen.

5.2 Planerische Implikationen

Bleibt am Ende der Suche nach den Bedingungsgefügen landschaftlicher Resilienz dieses Buches noch ein Resümee speziell für Raum- und Landschaftsplaner und -planerinnen: Was kann das Dargelegte für die tägliche Arbeit bringen? Kann man daraus Impulse für die Planung und Entwicklung von Landschaften ableiten? Zwar war es für die bisherige Erkundung gerade von Vorteil gewesen, ein möglichst großes Spektrum konträrer Landschaftstypen quer über den Globus zu betrachten. Extremlandschaften

5.2 · Planerische Implikationen

boten die Chance, die Anzahl möglicher Einflussfaktoren einzugrenzen und die Schlüssigkeit bestimmter Einflussfaktoren kritisch zu hinterfragen. Auch der Vergleich verschiedener Landschaften eines Typs brachte zielführende Erkenntnisse. Aber welchen Extrakt kann man daraus nun für die deutsche Planungspraxis generieren?

Was unter landschaftlicher Resilienz zu verstehen ist und welche grundsätzlichen Zusammenhänge und Bedingungsgefüge landschaftlicher Resilienz in den untersuchten Fallbeispielen deutlich wurden, wurde dabei im vorhergehenden Kapitel (▶ Abschn. 5.1) zusammengefasst und soll deshalb nicht wiederholt werden. Daran anknüpfend eröffnet eine planerische Auseinandersetzung mit landschaftlicher Resilienz vor allem eine Chance, die nicht zu unterschätzen ist: nämlich die landschaftliche Entwicklung seines Plangebietes auf der STRATEGISCHEN EBENE zu hinterfragen und gegebenenfalls anders auszutarieren. Dabei findet sich vieles wieder, wofür sich die Landschaftsplanung schon seit langem eingesetzt hat – es ist also bei Weitem nicht alles neu, was im Scheinwerfer der Resilienz ans Tageslicht befördert wird. Gleichwohl wird es in einen Gesamtzusammenhang gebracht, der manchen Diskussionen vor Ort durchaus frischen Schwung verleihen kann.

Will man sich als Planer der landschaftlichen Resilienz seines Plangebietes widmen, lohnt es sich zunächst, grundsätzlich zwischen einer gegebenen und einer erworbenen landschaftlichen Resilienz zu unterscheiden. Beschreibung und Bewertung der (naturbedingt) gegebenen landschaftlichen Resilienz umfassen dabei im Kern nichts anderes, als was schon immer Aufgabe der Landschaftsplanung war, sei es in formellen oder informellen Plänen, sei es auf kommunaler oder überörtlicher Ebene. Auch das methodische Handwerkszeug muss dafür nicht neu erfunden werden. Allerdings sollte diese Betrachtung noch einen Schritt weitergeführt und im Vergleich der verschiedenen Sensitivitäten und Beeinträchtigungsrisiken gefragt werden: Gibt es einen besonderen Point of Weakness der Landschaft – einen, der das landschaftliche System am empfindlichsten treffen könnte? Zur Anregung, was sich darunter verbergen kann, sei auf die Fallbeispiele in ▶ Kap. 2 und 4 verwiesen, zur theoretischen Bedeutung dieses Aspektes auf die Zusammenfassung im vorhergehenden Kapitel. Wesentlich ist bei diesem Schritt, sich nicht in einer Auflistung unzähliger landschaftlicher Empfindlichkeiten zu verlieren, sondern mit Blick auf das Gesamtsystem auf besonders maßgebliche naturbedingte Wirkungszusammenhänge zu fokussieren. Denn wird ein Point of Weakness durch gesellschaftliche Entwicklungen bedient oder verstärkt, wird auch ein Tipping Point eher erreicht und schneller an den Grundfesten des landschaftlichen Systems als in anderen Wirkungspfaden gerührt. Ein Points of Weakness stellt so gesehen ein planerisches Achtungszeichen dar und erfordert grundsätzlich ein höheres Maß an Resilienzstrategien. Sind den Akteuren einer Landschaft die Points of Weakness ihrer Landschaft bewusst, wie z. B. Singapur in Bezug auf seine Wasserressourcen (vgl. ▶ Abschn. 4.4), können daraus höchst innovative Projektideen entstehen und mit Resilienzaspekten fundiert begründet werden.

Landschaftliche Resilienz unterstützt zudem planerisch maßgeblich die Arbeit mit SZENARIEN und Wenn-dann-Fragen. Auch das ist für die Landschaftsplanung nicht neu, erleichtert aber die Fokussierung auf zentrale Fragen der Landschaftsentwicklung und nimmt Aspekte hinzu, die bislang eher unterbelichtet waren. Wie gut ist eine Landschaft beispielsweise gegenüber einem mehrtägigen Zusammenbruch des Strom- und Datennetzes oder einer wirtschaftlichen Krise ihrer größten Branche gewappnet? Was passiert nach wochenlangen Dürreperioden? Ein Teil möglicher Fragen kam in den letzten Jahren bereits mit dem Fokus auf den Klimawandel und diesbezüglichen landschaftlichen Vulnerabilitäten auf. Resilienz beleuchtet jedoch die Kehrseite der Medaille: nicht die Verwundbarkeiten, sondern die Fähigkeit, derartige Krisen ohne Einbußen der Funktionsfähigkeit bei einer Beibehaltung des Landschaftscharakters zu überstehen und nach Möglichkeit sogar gestärkt daraus hervorzugehen. Nicht zuletzt aus strategischen Gesichtspunkten täte der Landschaftsplanung hin und wieder ein solcher Perspektivwechsel und eine positiv konnotierte Sicht auf Probleme durchaus gut. Zugleich erweitert sich das Betrachtungsspektrum von einem stark auf den Klimawandel beschränkten zu einem, welches z. B. auch sozioökonomische Auslösefaktoren für mögliche Krisen einbezieht. Landschaftliche Folgen können auch diese haben. Für die begriffliche Differenzierung zwischen einzelnen Störfaktoren und landschaftlichem Stress kann dabei ▶ Abschn. 1.1.2 aufgegriffen werden. Welche Faktoren konkret in einer Landschaft einer näheren Diskussion lohnen, ließe sich gut partizipativ entwickeln. Anregend für den Planungsprozess kann in jedem Fall sein, auf diese Weise zwangsläufig ein Spektrum möglicher landschaftlicher Entwicklungen zu diskutieren und Landschaft nicht statisch, sondern in Aktion und Reaktion auf Veränderungen ihrer Rahmenbedingungen zu sehen. Resilienz unterstützt insofern das prozessuale Denken.

Landschaftliche Resilienz gibt es dabei nie pauschal und auf ewige Zeit. Sie bezieht sich stets auf einen konkreten Faktor (z. B. gegenüber einem Ausfall der Wasserversorgung) und einen überschaubaren, planerisch beurteilbaren Zeitraum. Im Kern vergleicht eine Betrachtung landschaftlicher Resilienz den Zustand vor und nach der Störung bzw. Krise. Will man landschaftliche Resilienz bewerten, haben sich in den untersuchten Fallbeispielen drei Bewertungskriterien als nützlich erwiesen, die sich auch planungspraktisch operationalisieren lassen:
— der Erbringungsgrad von Ökosystemleistungen bzw. der Erfüllungsgrad landschaftlicher Funktionen,
— der Erhaltungsgrad des Landschaftscharakters,
— die Geschwindigkeit der Anpassung des landschaftlichen Systems.

Wie sich die skizzierten Kriterien in Bewertungsstufen widerspiegeln können, zeigt ◻ Tab. 5.1. Dabei versteht sich, dass sie landschaftsspezifisch ausgeformt werden müssen. Was beispielsweise „langsam" oder „schnell" in einer Landschaft bedeutet, hängt von den zeitlichen Rhythmen ab, die sie prägen, beispielsweise der Regenerationszeit typischer Vegetationselemente.

Entscheidend ist letztlich, ob das Maß landschaftlicher Resilienz der Komplexität der Landschaft des Plangebietes entspricht. Denn ist dies nicht der Fall, haben mehrere der untersuchten Fallbeispiele gezeigt, dass früher oder später, langsamer oder schneller, in größeren oder kleineren Umfang ein landschaftlicher Zusammenbruch vorprogrammiert ist. So etwas ist nicht nur der Osterinsel vorbehalten. Sie hat zweifelsohne weltweit einen der extremsten und umfassendsten

◻ **Tab. 5.1** Bewertung landschaftlicher Resilienz. (C. Schmidt)

Ausprägungsstufen der landschaftlichen Resilienz	Erfüllungsgrad der Landschaftsfunktionen bzw. Ökosystemleistungen	Erhaltungsgrad des Landschaftscharakters	Geschwindigkeit der Anpassung des landschaftlichen Systems
Hoch	Hoch	Hoch (Typik erhalten und ausgebaut)	Schnell
Mittel	Mittel	Teilweise	Mittel
Gering	Gering	Gering (Transformation, Überprägung)	Langsam

5.2 · Planerische Implikationen

Zusammenbrüche erfahren und eignete sich auch deshalb als Betrachtungsgegenstand in diesem Buch. Wie bereits mehrfach erwähnt, hat sich auch die Vegetation des isländischen Hochlandes noch 900 Jahre nach dem einstigen Zusammenbruch nicht erholt. Auf einem deutlich geringeren Level erleben wir aber auch in Deutschland hin und wieder landschaftliche Zusammenbrüche, sei es beispielsweise, wenn bergbauliche Abwässer oder Havarien eine Landschaft so kontaminiert haben, dass sich auch noch nach vielen Jahren keine herkömmliche Funktionsfähigkeit und Vegetation der Landschaft einstellt, oder wenn klimawandelbedingte Trockenperioden in Teilräumen mit einem diesbezüglichen Point of Weakness zu einer beginnenden Desertifikation führen. Landschaft ist selbstverständlich auch nach einem solchen Ereignis oder Prozess existent. Der Unterschied zwischen einer resilienteren und einer weniger resilienten Landschaft ist allerdings, ob man sie danach wiedererkennt, ob sie also ihre Typik und Eigenart und ihre vielfältigen landschaftlichen Funktionen oder Ökosystemleistungen bewahren und möglichst noch zukunftsfähig ausbauen konnte oder nicht.

Jede Landschaft verfügt dabei über ein individuelles, unverwechselbares RESILIENZPROFIL. Es lohnt sich, diesem planerisch nachzuspüren. Denn daraus lassen sich resilienzfördernde Ziele, Maßnahmen und Projekte ableiten. Die drei Resilienzprinzipien sind in ▶ Kap. 3 eingehend hergeleitet und erläutert worden.

> **Zusammenfassend erwächst ein landschaftliches Resilienzprofil aus:**
> — **dem Prinzip der redundanten Vielfalt,**
> — **dem Prinzip der robusten Elastizität und**
> — **dem Prinzip der dezentralen Konzentration.**

Beispiele für die landschaftsspezifisch unterschiedliche Ausprägung von Resilienzprofilen wurden in ▶ Kap. 4 näher vorgestellt.

> **Landschaftliche Resilienz kann durch eine landschaftsspezifische Balance zwischen**
> — **Vielfalt und Redundanz,**
> — **Robustheit und Elastizität sowie**
> — **Autarkie und Vernetzung**
>
> **gestärkt werden. Es kommt auf das „Sicherungsnetz" insgesamt an, welches damit aufgespannt wird.**

Eine Begründung und Erläuterung der jeweiligen Gegenpole findet sich in ▶ Kap. 3. Tendenziell führen zu starke Einseitigkeiten über kurz oder lang zu einem Kippen des landschaftlichen Systems und dem Herstellen eines Komplexitätsniveaus auf einem darunterliegenden Level.

> **Planerische Impulse ergeben sich insbesondere dann, wenn sich markante Ungleichgewichte oder Unausgewogenheiten zeigen. In diesem Fall sollte jeweils die Gegenseite gestärkt und die Landschaft auf diese Weise in eine bessere Balance gebracht werden.**

Dabei ist Landschaft nicht nur auf ihre physisch-materielle Erscheinungsform zu beschränken, sondern stets auch die Akteurs- und Handlungsebene einzubeziehen, wie die in den folgenden Tabellen beispielhaft aufgeführten Fragen und Impulse veranschaulichen mögen.

Das PRINZIP DER REDUNDANTEN VIELFALT beschreibt dabei das Verhältnis zwischen Vielfalt und Flexibilität auf der einen und Redundanz und Modularität auf der anderen Seite (vgl. ▶ Tab. 5.2).

Das PRINZIP DER ROBUSTEN ELASTIZITÄT definiert das Verhältnis zwischen Robustheit und Resistenz auf der einen sowie Elastizität und Toleranz auf der anderen Seite (vgl. ▶ Tab. 5.3).

Das PRINZIP DER DEZENTRALEN KONZENTRATION beschreibt schließlich das Verhältnis zwischen Autarkie und Dezentralität auf der einen sowie Vernetzung und Konzentration auf der anderen Seite (vgl. ▶ Tab. 5.4).

Tab. 5.2 Planerische Impulse aus dem Prinzip der redundanten Vielfalt. (C. Schmidt)

Das Prinzip der redundanten Vielfalt	
Fragen für die Charakterisierung	Beispiele für planerische Impulse
Wo findet sich Vielfalt in der Landschaft?	Bei zu geringer Ausprägung …
Wie vielfältig ist z. B. die Handlungs- und Akteursebene in der jeweiligen Landschaft ausgeprägt?	Breitere Palette unterschiedlicher Akteure und Akteurstypen in den Planungsprozess einbinden, Vorteils- und Lastenausgleich neu austarieren
Wie vielfältig stellt sich die Landschaft auf der physischen Ebene dar?	Anreicherung der Landschaft auf der physischen Ebene: Vielfalt von der Artebene bis zur Landschaftsebene stärken, einer weiteren Monostruktur entgegenwirken, kleinteilige Nutzungen unterstützen
Wo zeigt sich Redundanz in der Landschaft?	Bei zu geringer Ausprägung …
Wie lassen sich z. B. die Handlungsmuster in der Landschaft beschreiben?	Modulare Systeme fördern, Backup-Schleifen oder andere Sicherheitssysteme einrichten
Was wiederholt sich in der physischen Landschaftsstruktur und prägt die Eigenart der Landschaft?	Landschaftsstrukturen mit besonderer Bedeutung für die Eigenart der Landschaft fördern, Schlüsselprojekte dafür entwickeln

Tab. 5.3 Planerische Impulse aus dem Prinzip der robusten Elastizität. (C. Schmidt)

Das Prinzip der robusten Elastizität	
Fragen für die Charakterisierung	Beispiele für planerische Impulse
Wo findet sich Elastizität in der Landschaft?	Bei zu geringer Ausprägung …
Wie viel Flexibilität zeigt sich auf der Handlungs- und Akteursebene?	Prozessualität als Grundprinzip stärken, Kreative Oasen und Experimentierfelder schaffen (Albert Einstein: „Man kann nicht Probleme mit derselben Denkweise lösen, durch die sie entstanden sind"), Rotationsprinzip einführen o. ä
Wie elastisch können beispielsweise die Landschaftsstrukturen (einschließlich der Bebauungen) auf Veränderungen reagieren?	Elastizität in der Landschaft fördern, z. B. bauliche Strukturen, die leicht an wechselnde Bedingungen anpassbar sind und vieles andere mehr
Wo zeigt sich Robustheit in der Landschaft?	Bei zu geringer Ausprägung …
Was sind stabile Eckpunkte auf der Handlungs- und Akteursebene?	Sich auf Regeln einigen, einen Rahmen setzen, aber Spielraum zum Ausfüllen lassen, Schlüsselakteure in ihrer Handlungsfähigkeit stärken und für Verlässlichkeit von Ansprechpartnern sorgen
Wie sind die Resistenz und Stabilität der Landschaft auf der physischen Ebene ausgeprägt?	Robuste Kernelemente festlegen und stärken, z. B. robuste Infrastrukturen

5.2 · Planerische Implikationen

◨ Tab. 5.4 Planerische Impulse aus dem Prinzip der dezentralen Konzentration. (C. Schmidt)

Das Prinzip der dezentralen Konzentration	
Fragen für die Charakterisierung	**Beispiele für planerische Impulse**
Wie sind Autarkie und Dezentralität der Landschaft ausgeprägt?	Bei zu geringer Ausprägung …
Welche Akteure befördern die Autarkie und Selbstbestimmung der Landschaft?	Subsistenz fördern, regionale Wirtschaftskreisläufe unterstützen, Projekte initiieren, die die Autarkie im Krisenfall unterstützen, Identitätsprozesse planerisch initiieren und begleiten
Wie dezentral ist die Landschaftsstruktur ausgeprägt?	Dezentrale Lösungen kreieren, Projekte lokal verankern
Wo zeigt sich Konzentration und Vernetzung in der Landschaft?	Bei zu geringer Ausprägung …
Wie ist die Landschaft auf der Akteursebene vernetzt – innerhalb und außerhalb?	Vernetzung fördern, gezielte Kooperationsprojekte anschieben, Strukturen definieren
Wie zentral ist die Landschaftsstruktur ausgeprägt?	Räumliche Schwerpunkte für die Weiterentwicklung bestimmter Landschaftsstrukturen setzen, Mittel stärker bündeln und gezielt einsetzen

Die Tabellen sind nicht abschließend, sondern beispielhaft als Anregung zu verstehen. Sie greifen viele Aspekte auf, die auch schon bislang in der Landschaftsplanung thematisiert werden. Der Impuls, der aus einer Betrachtung landschaftlicher Resilienz erwächst, bezieht sich nun vor allem darauf, nicht allein auf die Vielfalt einer Landschaft, sondern vielmehr auf das Verhältnis zwischen Vielfalt und Redundanz in einer Landschaft zu schauen, oder nicht ausschließlich die Robustheit einer Landschaft zu stärken, sondern eine LANDSCHAFTSSPEZIFISCHE BALANCE zwischen Robustheit und Elastizität zu suchen. Dieses Ringen um eine stärkere Ausgewogenheit und Stärkung des Resilienzprofiles einer Landschaft und damit ihres „Sicherungsnetzes" gegenüber unvorhergesehenen Entwicklungen setzt in gewissem Maße eine systemische Sicht auf die Landschaft des Plangebietes voraus und stärkt damit die Ganzheitlichkeit der planerischen Perspektive.

> Resilienz fragt immer wieder nach dem Ganzen, nach den Zusammenhängen. Hier liegt ein wesentlicher Mehrwert, der planerisch genutzt werden kann, und der den bisherigen Bemühungen der Landschaftsplanung nicht entgegensteht, sondern diese in eine übergreifende Beziehung zueinander bringt.

Dies gilt auch für das Verhältnis zwischen der Akteurs- und Handlungsebene und der physisch-materiellen Ebene einer Landschaft. So lässt sich die Vielfalt einer Landschaft auf der physisch-materiellen Ebene bekanntermaßen nie losgelöst von der Akteurs- und Handlungsebene erhöhen, oder anders: Stärkt man die Vielfalt und den Stellenwert mancher Akteure in der Landschaft, wird dies über kurz oder lang auch im Gesicht der Landschaft ablesbar sein. Resilienz regt an, beide Ebenen stets zusammenzudenken.

Und Resilienz ist schließlich auch kein Korsett: Die Fallbeispiele dieses Buches haben gezeigt, wie viele unterschiedliche Reaktionsmöglichkeiten Landschaften in Bezug auf einen Krisenfaktor innewohnen.

> **Wirklich resiliente Planungsstrategien nähren sich insofern nie aus Pauschalitäten und Stereotypen, sondern aus Kreativität und Landschaftsspezifik.**

Über die dargestellten drei Resilienzprinzipien hinaus ist noch ein Aspekt für die Ausprägung landschaftlicher Resilienz wichtig, der aufgrund seiner Bedeutung gesondert benannt werden soll: nämlich der Faktor ZEIT. Um die Resilienz einer Landschaft beurteilen zu können, sollte man sich als Planer oder Planerin deshalb auch immer fragen, in welchen zeitlichen Dimensionen die bisherigen und aktuellen Veränderungen erfolgten. Auch diesbezüglich weist wohl jede Landschaft ihre Spezifik auf. Aber Prozesse, die besonders schnell ablaufen, bergen auch ein deutlich größeres Risiko in sich, die Resilienz einer Landschaft zu überbeanspruchen, als langsam ablaufende Prozesse. Im Umkehrschluss stellt planerisch die IMMUNISIERUNGSSTRATEGIE eine geeignete und wichtige Strategie zur Förderung landschaftlicher Resilienz dar. Ähnlich wie im Gesundheitsbereich kann eine gewisse „Impfung" einer Vorbeugung von Krisen und einer prozessualen Anpassung nach Krisen dienen. Die Dosis bestimmt bekanntermaßen das Gift, und so fördert die immer wieder erneute Auseinandersetzung mit einem Problem – allerdings in einer verkraftbaren Dosis – die landschaftliche Widerstandskraft. Beginnen sich Entwicklungsprozesse mit landschaftlich weitreichenden Auswirkungen zu beschleunigen, empfiehlt es sich demnach immer wieder: zu entschleunigen, nachzudenken und schließlich vorausschauende Entscheidungen zu treffen. Resilienz heißt in diesem Sinne, Krisen „in ein Kunstwerk verwandeln, also Widersprüche und Brüchigkeiten zusammenzudenken" (Hahne & Kegler 2017: 48), und das lässt sich gut überlegt weitaus besser als in einem Aktionismus.

> **Vor diesem Hintergrund stellt eine vorsorgende Landschafts- und Raumplanung an sich bereits eine nicht zu unterschätzende Resilienzstrategie dar!**

Geraten Landschaften zunehmend unter Stress – und das zeigte eine Reihe der Fallbeispiele – liegt der erste Schritt einer Antwort insofern schon in der Initiierung eines zukunftsorientierten Planungsprozesses.

Serviceteil

Literatur – 212

Stichwortverzeichnis – 227

© Springer-Verlag GmbH Deutschland, ein Teil von Springer Nature 2020
C. Schmidt, *Landschaftliche Resilienz*, https://doi.org/10.1007/978-3-662-61029-9

Literatur

Abdullah Z (2017) Four firms view to build and operate Singapore's fifth desalination plant. Artikel in the Strait Times vom 07.02.2017. ▶ https://www.straitstimes.com/singapore/four-firms-vie-to-build-and-operate-singapores-fifth-desalination-plant. Zugegriffen: 6. Juni 2019

Aboukhaled A, Arar AM, Balba AM, Bishay BG, Kadry LT, Rutema PE, Taher A (1975) Research on crop water use, salt affected soils and drainage in the Arab Republic of Egypt. Food and Agriculture Organization of the United Nations, Near East Regional Office, Cairo, S 62–79

Adger WN, Brown K, Nelson DR et al (2011) Resilience implications of policy responses to climate change. Wiley Interdiscip Rev Clim Change 2:757–766

AFP (2014) Drought forces Malaysia to expand water rationing around Kuala Lumpur. Artikel in News vom 28.2.2014. ▶ https://www.abc.net.au/news/2014-02-28/an-drought-forces-malaysia-to-expand-water-rationing-around-kua/5292466. Zugegriffen: 5. Juni 2019

AGTF Asociación Gremial de Ganaderos de Tierra del Fuego (Verband der Viehalter von Feuerland) (2013) a Isla Grande de Tierra del Fuego, Flora y Fauna, Description 23.10.2013. ▶ http://www.ganaderostierradelfuego.cl/pag.php?id=8. Zugegriffen: 9. Juni 2019

Ahram Online (2015) Egypt's Sisi to launch 1.5 million feddan project in late December. Artikel 14.12.2015. ▶ http://english.ahram.org.eg/NewsContent/1/64/173472/Egypt/Politics-/Egypts-Sisi-to-launch–million-feddan-project-in-l.aspx. Zugegriffen: 4. Jan. 2018

Albert C, Zimmermann T, Albert I (2017) Einfluss sozialen Lernens auf die Verbesserung der räumlichen Wirksamkeit von Landschaftsplanung. In: Wende W, Walz U (Hrsg) Die räumliche Wirkung der Landschaftsplanung. Springer Fachmedien, Wiesbaden, S 147–157

Albinus R (2002) Königsberg Lexikon. Flechsig, Würzburg

Aldén B (1990) Wild and introduced plants on Easter Island: a report on some species noted in February 1998. In: Esen-Baur HM (Hrsg) State and perspectives of scientific research in Easter Island culture. Courier Forschungsinstitut Senckenberg, Frankfurt a. M., S 209–216

Alevizon W (2014) Read sea coral reefs: coral reef facts and information's. ▶ https://www.coral-reef-info.com/. Zugegriffen: 27. Dez. 2018

AM Online Projects. Climate-Data.org, Hanga-Roa in Chile. ▶ https://en.climate-data.org/south-america/chile/v-region-de-valparaiso/hanga-roa-2073/. Zugegriffen: 29. Nov. 2018

Anders K, Fischer L (2012) Landschaftskommunikation, Thesen und Texte. Aufland, Croustillier

Anderson CB, Rosemond AD (2010) Beaver invasion alters terrestrial subsidies to subantarctic stream food webs. Hydrobiologia 652(1):349–361

Armesto JJ, Casassa J, Dollenz O (1992) Age structure and dynamics of Patagonian beech forests in Torres del Paine National Park, Chile. Plant Ecol 98(1):13–22

Arnalds O (2004) Volcanic soils of Iceland. Catena 56:3–20

Arnalds O (2008) Soils of Iceland. Jökull 58:409–421

Arnalds O (2010) Dust sources and deposition of aeolian materials in Iceland. Iceland Agric Sci 23:3–21

Arnalds O, Thorarinsdottir EF, Metusalemsson S, Jonsson A, Gretarsson E, Arnason A (2001) Bodenerosion in Island. The Soil Conservation Service and the Agricultural Research Institute, Gutenberg

Arneborg J, Heinemeier J, Lynnerup N (2012) Greenland isotope project: diet in Norse Greenland AD 1000–AD 1450. J North Atlantic Special Volume 3:119–133

Arthur WB (1994) Increasing returns and path dependence in the economy. The University of Michigan Press, Ann Arbor

Babayan A, Hakobyan S, Jenderedjian K, Muradyan S, Voskanov M (2006) Lake Sevan. Experience and lessons learned brief, S 347–362. ▶ http://www.worldlakes.org/uploads/21_Lake_Sevan_27February2006.pdf. Zugegriffen: 24. Jan. 2019

Baker EK, Puglise KA, Harris PT et al (2016) Mesophotic coral ecosystems: a lifeboat for coral reefs?. The UNEP and GRID Arendal, Nairobi und Arendal

Bandura A (1977) Self-efficacy: toward a unifying theory of behavioral change. Psychol Rev 84:192–198

Bandura A (1986) Social foundations of thought and action. Prentice-Hall, Englewood Cliffs

Bandura A (1997) Self efficacy: the exercise of control. Freeman, New York

Bardow D (2019) Die Kraft im Kopf, Was uns glücklich macht. Geokompakt 58:32–40

Bari MA, Begum RA, Nesadurai N, Pereira JJ (2015) Water consumption patterns in greater Kuala Lumpur: potential for reduction. Asian J Water Environ Pollut 12(3):1–7

Bastian O, Schreiber KF (Hrsg) (1994) Analyse und ökologische Bewertung der Landschaft. Gustav Fischer, Jena

Bauer R (2018) Für Bolivien schlägt die Stunde des Lithiums. Artikel in der Neuen Zürcher Zeitung vom 26.07.2018

Literatur

BBC (2018) The 11 cities most likely to run out of drinking water – like cape town. Artikel der BBC vom 11.02.2018. ▶ https://www.bbc.com/news/world-42982959. Zugegriffen: 19. Sep. 2019

BBK (Bundesamt für Bevölkerungsschutz und Katastrophenhilfe) (Hrsg) (2015) Empfehlungen bei Unwetter, Baulicher Bevölkerungsschutz, Broschüre, Bonifatius Druck Buch, Paderborn

BBK (2019a) Hinweise für die Vorratshaltung in der persönlichen Notfallvorsorge. ▶ https://www.bbk.bund.de/DE/Ratgeber/VorsorgefuerdenKat-fall/Pers-Notfallvorsorge/Lebensmittel/lebensmittel_node.html. Zugegriffen: 26. Jan. 2019

BBK (2019b) Begriffsdefinitionen. ▶ https://www.bbk.bund.de/DE/AufgabenundAusstattung/. Zugegriffen: 4. Feb. 2019

Bechert T (1999) Die Provinzen des Römischen Reiches: Einführung und Überblick. Sonderheft/Orbis Provinciarum. Verlag Philipp von Zabern, Mainz

Bednarz K (2009) Am Ende der Welt, eine Reise durch Feuerland und Patagonien. Rowohlt, Reinbek

Behrendt D, Günther M, Köhler T, Zeeb M (2010) Regionale Krisenfestigkeit. Pestel Institut, Hannover

Behrens CF (1923) Der wohlversuchte Südländer: Reise um die Welt 1721/22. Brockhaus, Leipzig (Erstveröffentlichung 1738)

Bernama (2019) Air Selangor to be Selangor, KL and Putrajaya's sole water supplier come April 1. Artikel in FMT News vom 04.01.2019. ▶ https://www.freemalaysiatoday.com/category/nation/2019/01/04/air-selangor-to-be-selangor-kl-and-putrajayas-sole-water-supplier-come-april-1/. Zugegriffen: 5. Juni 2019

Berndt C (2013) Resilienz: Das Geheimnis der psychischen Widerstandskraft. dtv, München

Beyer J (2015) Pfadabhängigkeit. In: Wenzelburger G, Zohlnhöfer R (Hrsg) Handbuch Policy-Forschung. Springer, Wiesbaden, S 149–171

Bierhals E, Kiemstedt H, Panteleit S (1974) Aufgaben und Instrumentarium ökologischer Landschaftsplanung. Raumforsch Raumordn 32(2):76–88

Biologie-Seite.de. Boreler Nadelwald. ▶ https://www.biologie-seite.de/Biologie/Borealer_Nadelwald. Zugegriffen: 29. Nov. 2018

Birkmann J (2013) Measuring vulnerability to natural hazards. Towards disaster resilient societies. United Nations University Press, Tokio

BMVI (2017) Verkehr und Infrastruktur an Klimawandel und extreme Wetterereignisse anpassen. BMVI, Berlin

Böhmer HJ (2011) Biologische Invasionen – Muster, Prozesse und Mechanismen der Bioglobalisierung. Geogr Rundsch 2011(3):4–10

Bollig M (1999) Risk management in a hazardous environment: a comparative study of two pastoral societies. Pokot NW, Kenya and Himba NW Namibia, Habilitation in Ethnologie an der Philosophischen Fakultät der Universität Köln

Bollig M, Schulte A (1999) Environmental change and pastoral perceptions: degradation and indigenous knowledge on two African pastoral communities. Hum Ecol 27(3):493–514

Borsdorf A (1987) Grenzen und Möglichkeiten der räumlichen Entwicklung in Westpatagonien am Beispiel der Region Aisén. Franz Steiner Verlag, Wiesbaden

Brand F, Hoheisel D, Kirchhoff T (2011) Der Resilienz-Ansatz auf dem Prüfstand: Herausforderungen, Probleme, Perspektiven. In: ANL (Hrsg) Landschaftsökologie, Laufener Seminarbeiträge 2011, S 78–83

Brettfeld R, Bock KH (1994) Terrassenfluren im Naturpark Thüringer Wald – bedrohte historische Kulturlandschaften. Landschaftspfl Natursch Thüringen 31(2):31–41

Bröckling U (2017) Resilienz. Über einen Schlüsselbegriff des 21. Jahrhunderts. ▶ https://soziopolis.de/daten/kalenderblaetter/beobachten/kultur/artikel/resilienz/. Zugegriffen: 10. Juni 2019

Brunotte E (2001) Lexikon der Geographie, in vier Bänden. Springer, Berlin

Bundesamt für Naturschutz (BfN) (2017) Bundeskonzept Grüne Infrastruktur. Bundesamt für Naturschutz, Bonn

Butzer KW (1954) Early hydraulic civilization in Egypt: a study in cultural ecology. In: Singer C, Holmyard EJ, Hall AR (Hrsg) A history of technology. Oxford University Press, New York

Caillart B, Intes A (1994) Environment and Biota of the Tikehau Atoll (Tuamotu Archipelago, French Polynesia). ▶ https://www.semanticscholar.org/paper/PART-I.-ENVIRONMENT-AND-BIOTA-OF-THE-TIKEHAU-ATOLL-CAILLART/0ef34baf0d18cd1696e72f534290b1423e89e44f. Zugegriffen: 24. Apr. 2019

Carlquist S (1965) Island life: a natural history of the Islands of the world. Natural History Press, New York

Cassim Z Cape Town could be the first major city in the world to run out of water. Artikel in USA TODAY vom 22.01.2018. ▶ https://eu.usatoday.com/story/news/world/2018/01/19/cape-town-could-first-major-city-run-out-water/1047237001/. Zugegriffen: 3. Aug. 2019

Chiew H (2008) The Kelau Dam Remains in Dispute. ▶ https://mahaguru58.blogspot.com/2008/08/cancel-kelau-dam-project-and-save-our.html. Zugegriffen: 5. Juni 2019

Chilonda P, Otte J (2006) Indicators to monitor trends in livestock production at national, regional and international levels. Livest Res Rural Dev 18(8):Article 117

Christaller W (1933) Die zentralen Orte in Süddeutschland. Wiss Buchges, Darmstadt

Christen EW, Saliem KA (2012) Managing salinity in Iraq's agriculture, ICARDA (International Center for Agricultural Research in the Dry Areas)

Christmann G, Ibert O, Kilper H, Moss T (2012) Vulnerability and resilience from a socio-spatial perspective. Towards a theoretical framework. Working paper, Erkner, Leibniz Institute for Regional Development and Structural Planning. ► www.irs-net.de/download/wp_vulnerability.pdf. Zugegriffen: 6. Feb. 2019

Cinner JE, Huchery C, MacNeil MA, Graham NAJ, McClanahan TR et al (2016) Bright spots among the world's coral reefs. Nature 535(7612):416–419

Constanza R, Dàrge R, De Groot R, Farber S, Grasso M, Hannon B, Limburg K, Naeem S, O'Neill R, Paruelo J, Sutton P, van den Belt M (1997) The value of the world's ecosystem services and natural capital. Nature 387:253–260

Coronato A, Coronato FR, Mazzoni E, Vazquez M (2008) The physical geography of Patagonia and Tierra del Fuego. Dev Quat Sci 11:13–55

Corporación Nacional Forestal (2013) CONAF, Por un Chile Forestal Sustentable, Santiago de Chile. ► http://www.conaf.cl/wp-content/files_mf/1382992046CONAFporunChileForestalSustentable.pdf. Zugegriffen: 1. Juni 2019

Cox T (1994) Cultural diversity in organizations: theory, research and practice. Island Press, Washington

Craven DN, Eisenhauer WD, Pearse Y, Hautier F, Isbell C, Roscher M, Bahn C, Beierkuhnlein G, Bönisch N, Buchmann C, Byun JA, Catford BE, Cerabolini JH et al (2018) Multiple facets of biodiversity drive the diversity-stability relationship. Nat Ecol Evol 2:1579–1587

Crofts R (2011) Healing the land- the story of land reclamation and soil conservation in Iceland, published by SCSI, Oddi Ecolabelled Printing Company, Iceland

D'Andrea WJ, Huang Y, Fritz SC, Anderson NJ (2011) Abrupt Holocene climate change as an important factor for human migration in West Greenland. PNAS. ► https://doi.org/10.1073/pnas.1101708108, S 9765–9769

Daily G (1997) Nature's services – societal dependence on natural ecosystems. DC dargestellt anhand ausgewählter Untersuchungsgebiete, Würzburger Geographische Manuskripte, Washington

Damlamian H, Kruger J, Turagabeci M, Kumar S (2013) Cyclone wave inundation models for Apataki, Arutua, Kauehi, Manihi and Rangiroa Atolls, French Polynesia, SPC Applied Geoscience and Technology (SOPAC), Technical Report PR 176

Danilov P, Kanshiev V, Fyodorov F (2011a) Characteristics of North American and Eurasian beaver ecology in Karelia. In: Sjöberg G, Ball JP (Hrsg) Restoring the European Beaver: 50 years of experience. Pensoft Publishers, Sofia, Bulgaria, S 55–72

Danilov P, Kanshiev K, Fyodorov F (2011b) History of beavers in Eastern Fennoscandia from the neolithic to the 21st century. In: Sjöberg G, Ball JP (Hrsg) Restoring the European Beaver: 50 years of experience. Pensoft Publishers, Sofia, S 27–38

David PA (2000) Path dependence, its critics and the quest for ,historical economics'. European Association for Evolutionary Political Economy

Dawley S, Pike A, Tomaney J (2010) Towards the resilient region? Discussion paper prepared for One North East Academic Panel. Center for Urban & Regional Development Studies, Newcastle University

Dawson JW (1976) Vegetation and soils in Southern Patagonia and Tierra del Fuego, in Tuatara, Volume 22(1). ► http://nzetc.victoria.ac.nz/tm/scholarly/tei-Bio22Tuat01-t1-body-d4.html. Zugegriffen: 1. Juni 2019

De'ath G, Fabricius KE, Sweatman KE, Puotinen M (2012) The 27-year decline of coral cover on the Great Barrier Reef and its causes. PNAS 109(44):17995–17999

Debelius H (2002) Riffführer Rotes Meer. Jahr-Verlag, Stuttgart

Deppisch S, Schaerffer M (2011) Given the complexity of large cities, can urban resilience be attained at all? In: Müller B (Hrsg) Urban regional resilience: how do cities and regions deal with change? German annual of spatial research and policy 2010. Springer, Berlin, S 25–34

Deutschlandfunk (2015) Geliebte Problemtiere, Beitrag vom 17.08.2015 von Seynsche M. ► https://www.deutschlandfunk.de/biber-auf-feuerland-geliebte-problemtiere.676.de.html?dram:article_id=328539. Zugegriffen: 7. Juni 2019

Deutschlandfunk (2016) Bibertöten für den Naturschutz, Beitrag in „Grünstreifen" vom 17.11.2016, Moderation Schmitt C, Gesprächspartner Klose M, WWF. ► https://www.deutschlandfunknova.de/beitrag/feuerland-bibertoeten-fuer-den-naturschutz. Zugegriffen: 7. Juni 2019

Deutschlandfunk (2019) Singapur – eine Stadt gegen Autos, Beitrag im Deutschlandfunk vom 14.02.2019. ► https://www.deutschlandfunknova.de/beitrag/singapur-es-gibt-es-fast-keinen-auto-smog-mehr. Zugegriffen: 6. Juni 2019

Diamond J (2012) Kollaps: Warum Gesellschaften überleben oder untergehen. Fischer-Taschenbuch, Frankfurt a. M.

Dickinson WR (2009) Pacific atoll living: how long already and until when? GSA. Today 19(3):4–10

Dittmann A, Dittmann F (2002) Jenseits der Peripherie Entwicklungsperspektiven der Himba in Nordwestnamibia. Petermanns Geogr Mitt 146(1):44–59

Domínguez E, Elvebakk A, Marticorena C, Pauchard A (2006) Plantas introducidas en el Parque Nacional Torres del Paine, Chile. Gayana Botanica 63(2):131–141

DPA (2018) Deutschland greift nach dem „weißen Gold" in Boliviens Salzsee. Artikel in der Welt vom 12.12.2018

DWD (2019) Wetterlexikon. ▶ https://www.dwd.de/DE/service/lexikon/Functions/glossar.html?lv2=102248&lv3=102646. Zugegriffen: 12. Mai 2019

DWRMH (2013) Division of water resources management and hydrology, Department of irrigation and drainage, Malaysia, Niederschlags- und Wasserstandsdaten. ▶ http://infokemarau.water.gov.my/. Zugegriffen: 4. Juni 2019

Eberle B (2019) Resilienz ist erlernbar. epubli, Berlin

Eichhorn A (1924) Im Banne der Steinrücken: Mitteilungen Landesverband Sächsischer Heimatschutz XIII (3/4)

Eisinger A (2013) Und nun auch noch Resilienz. In: Jakubowski P, Kaltenbrunner R (Hrsg) Resilienz: Informationen zur Raumentwicklung 2013(4): 309–313

El País (2018) La dura caza del castor invasor en el fin del mundo. Artikel in El País vom 23.03.2018. ▶ https://elpais.com/internacional/2018/03/18/argentina/1521392097_988892.html. Zugegriffen: 7. Juni 2019

EMA (2018) The Energy Market Authority (EMA) Singapore engery statistics 2018, Republic of Singapore

Emsli K (2019) Visit Tierra del Fuego National Park: The Nature Lovers' Paradise at World's End. ▶ https://discover.silversea.com/destinations/south-america/tierra-del-fuego-national-park/. Zugegriffen: 7. Juni 2019

Endlicher W (2019) Landschaftsstruktur und Degradationsprozesse in der argentinischen Pampa und in Patagonien. ▶ https://edoc.hu-berlin.de/bitstream/handle/18452/9808/7.pdf?sequence=1. Zugegriffen: 1. Juni 2019

Engelhard JB (1996) Die Kokospalme – Baum der tausend Möglichkeiten. ▶ Spektrum.de, ▶ https://www.spektrum.de/magazin/die-kokospalme-baum-der-tausend-moeglichkeiten/823141. Zugegriffen: 27. Apr. 2019

Environmental Board (2019) Soomaa National Park, Informationsbroschüre, Soomaa Nature Centre

Ernenweini EG, Konns ML (2007) Subsurface imaging in Tiwanaku's monumental core, technology and archaeology workshop. Dumbarton Oaks Research Library and Collection, Washington D.C.

EU-Parlament und Rat (2014) Verordnung Nr. 1143/2014 des Europäischen Parlaments und des vom 22. Oktober 2014 über die Prävention und das Management der Einbringung und Ausbreitung invasiver gebietsfremder Arten

Europäische Kommission (2016) Policy topics: nature-based solutions. ▶ https://ec.europa.eu/research/environment/index.cfm?pg=nbs. Zugegriffen: 10. Sep 2019

Europäische Union (2014) Eine Grüne Infrastruktur für Europa. doi: ▶ https://doi.org/10.2779/26307

Fagan GG (2001) The seventy great mysteries of the ancient world, Unlocking the secrets of past civilizations. Thames & Hudson, New York

Faure G, Laboute P (1984) Formations recifales, L'atoll de Tikehau (Archipel des Tuamotu, Polynksie Franqaise), premiers resultats, ORSTO Tahiti. Notes eQ Doc OcCanogr 22:108–136

FAZ (2019) Gefahr für weitere Feuer in Alaska so hoch wie nie. Artikel in der FAZ vom 26.07.2019. ▶ https://www.faz.net/aktuell/wissen/gefahr-fuer-weitere-feuer-in-alaska-so-hoch-wie-nie-16303413.html?utm_campaign=GEPC%253Ds6&utm_medium=social&utm_content=bufferbd1cf&utm_source=facebook.com. Zugegriffen: 31. Juli 2019

FDRE (2009) Federal Democratic Republic of Ethiopia (Ministry of Culture and Tourism), The Konso Cultural Landscape, World Heritage Nomination Dossier, Addis Abeba

Federovisky S (2019) La biodiversidad fueguina en jaque: desaparecieron 30 mil hectáreas de bosque nativo por los castores exóticos, Infobae. ▶ https://www.infobae.com/tendencias/ecologia-y-medio-ambiente/2019/01/06/la-biodiversidad-fueguina-en-jaque-desaparecieron-30-mil-hectareas-de-bosque-nativo-por-los-castores-exoticos/. Zugegriffen: 7. Juni 2019

Fernwasserversorgung Elbaue-Ostharz (2017) Trinkwasserjahresbericht 2017, Broschüre. Fernwasserversorgung Elbaue-Ostharz, Torgau

Ferrario F, Beck MW, Storlazzi CD, Micheli F, Shepard CC, Airoldi L (2014) The effectiveness of coral reefs for coastal hazard risk reduction and adaptation. Nat Commun 5: Article 3794

Filipp SH (2018) Interview zu Lebenskrisen, GeoWissen 62/2018 Lebenskrisen, S 28–32

Finke P (2014) Nachhaltigkeit und Krisen in kulturellen Systemen. In: Schaffer A, Lang E, Hartar S (Hrsg) Systeme in der Krise im Fokus von Resilienz und Nachhaltigkeit. Metropolis, Marburg, S 25–49

Fischer A (1995) Forstliche Vegetationskunde. Blackwell, Berlin

Fischer FM, Wright AJ, Eisenhauer N, Ebeling A, Roscher C, Wagg A (2016) Plant species richness and functional traits affect community stability after a flood event. Philos Trans R Soc Lond B Biol Sci 371:1–8

Fischer R (1938) Die Flurgeschichte des Dorfes und der Stadt Bärenstein. In: Rund um den Geisingberg,

Blätter zur Pflege der Heimatforschung, der Heimatliebe und des Heimatschutzes im Bergland zwischen Weißeritz und Gottleuba, Nr. 7, 16, S 33–36

Flaig T (2018) Armenien: Reiseführer. DuMont Reiseverlag, Ostfildern

Flenley JR, King S (1984) Late Quarternary pollen records from Easter Island. Nature 307:47–50

Floros CD, Samways MJ, Armstrong B (2004) Taxonomic patterns of bleaching within a South African coral assemblage. Biodivers Conserv 13:175–1194

Folke C (2006) Resilience: the emergence of a perspective for a social-ecological systems analyses. Glob Environ Change 16:253–267

Ford AK, Eich A, McAndrews RS, Mangubhai S, Nugues MM, Berarano S et al (2018) Evaluation of coral reef management effectiveness using conventional versus resilience-based metrics. Ecol Indic 85:308–317

Forster G (1777) Reise um die Welt, 1777 im Original herausgegeben, Wiederauflage als Insel-Ausgabe 1967, Leipzig

Fosberg FR (1998) Chapter 8: Eastern Polynesia. In: Mueller-Dombois D, Fosberg FR (Hrsg) Vegetation of the Tropical Pacific Islands. Springer, New York, S 385–460

Frade PR, Bongaerts P, Englebert N, Rogers A, Gonzalez-Rivero M, Hoegh-Guldberg O (2018) Deep reefs of the Great Barrier Reef offer limited thermal refuge during mass coral bleaching. Nat Commun 9: Article 3447

Frieler K, Meinshausen M, Golly A, Mengel M, Lebek K, Donner S, Hoegh-Gildberg O (2012) Limiting global warming to 2° C is unlikly to save most coral reefs. Nat Climate Change. ▶ https://doi.org/10.1038/NCLIMATE1674

Fuchs M (2007) Diversity und Differenz – Konzeptionelle Überlegungen. In: Krell G, Riedmüller B, Sieben B, Vinz D (Hrsg) Diversity studies. Grundlagen und disziplinäre Ansätze. Campus, Frankfurt a. M.

Gascón J (1999) Gringos como en sueños. Diferenciación y conflicto campesino en el Sur Andino Peruano ante el desarrollo de un nuevo recurso: el turismo (Isla de Amantaní, Lago Titicaca), Tesis doctoral, Universitat de Barcelona, Barcelona

Gascón J (1994) Recreando la propia historia. Luchas campesinas e historia oral en una comunidad del Altiplano Peruano (Isla Amantaní, Lago Titicaca). In: Jordán G, Izard M, Laviña J (Hrsg) Memoria, creación e historia: Luchar contra el olvido. Publicacions de la Universitat de Barcelona, Barcelona, S 305–318

Gebbeken N, Warnstedt P(2018) Anti-Terror-Pflanze: Was steckt dahinter? Galileo am 27. Oktober 2018. ▶ https://www.heute.at/timeout/virale_videos/story/Deutschland-tueftelt-an-Anti-Terror-Pflanze-Thuja-Eibe-Bambus-Berberitze-58460649. Zugegriffen: 26. Jan. 2019

Geiseler W (1883) Die Oster-Insel: Eine Stätte prähistorischer Kultur in der Südsee. Verlag E.S. Mittler und Sohn, Berlin

Geofabrik, OpenStreetMap Contributors (2018) Region Yukon, OSM GIS-Shapefiles (Places, roads, water). ▶ https://download.geofabrik.de/north-america/canada/yukon.html. Zugegriffen: 10. Jan. 2019

Gerencia national de recursos evaporíticos (2016) La Memoria 2016, publicación de la Unidad de Comunicación y Gestión Comunitaria de la Gerencia Nacional de Recursos Evaporíticos. ▶ http://www.ylb.gob.bo/resources/memorias/memoria_gnre_2016.pdf. Zugegriffen: 3. Juni 2019

Gillert F (2016) Schlussbericht zu dem Forschungsprojekt „Neue Strategien der Ernährungsnotfallvorsorge" (NeuENV), gefördert durch das Bundesministerium für Bildung und Forschung (BMBF). Technische Hochschule Wildau, Wildau

Gilles KJ (1999) Bacchus und Sucellus: 2000 Jahre römische Weinkultur an Mosel und Rhein. Rhein-Mosel-Verlag, Briedel

Glenz C, Schlaepfer R, Iorgulescu I, Kienast F (2006) Flooding tolerance of Central European tree and shrub species. For Ecol Manage 235(1–3):1–13

Glynn P, D'Croz L (1990) Experimental evidence for high temperature stress as the cause of El Niño-coincident coral mortality. Coral Reefs 8:181–191

Godschalk DR (2003) Urban hazard mitigation: creating resilient cities. Nat Hazards Rev 4(3):136–143

Goebel L (2015) Ein Getreide in Zeiten des Klimawandels. Artikel in der Wirtschaftswoche vom 20.11.2015

Goodmann D (1975) The theory of diversity-stability-relationships in ecology. Quart Rev Biol 50:237–250

Grave H (2014) Kulturverfall. Engelsdorfer Verlag, Engelsdorf

Greipsson S (2012) Catastrophic soil erosion in Iceland: impact of long-term climate change, compounded natural disturbances and human driven land-use changes. Catena 98:41–54

Greiving S (2019) Resilienz/Robustheit. Handwörterbuch Stadt- und Raumentwicklung. Akademie für Raumforschung und Landesentwicklung, Hannover

Grimsditch GD, Salm RV (2006) Coral reef resilience and resistance to bleaching. IUCN, Gland

Großmann J (2014) Berauscht vom Salar de Uyuni. Artikel in der Geo. ▶ https://www.geo.de/reisen/reiseziele/11405-bstr-berauscht-vom-salar-de-uyuni. Zugegriffen: 3. Juni 2019

Guðmundsson AT (2007) Lebende Erde. Facetten der Geologie Islands, Reykjavík

Gunderson LH (2000) Ecological resilience – in theory and application. Annu Rev Ecol Syst 31:425–439

Gunderson LH, Holling CS (Hrsg) (2002) Panarchy: understanding transformatoins in human and natural systems. Island Press, Washington

Haber W (2009) Biologische Vielfalt zwischen Mythos und Wirklichkeit. Biodiversität Denkanstöße 7:16–35

Hahne U, Kegler H (2017) Resilienz: Stadt und Region – Reallabore der resilienzorientierten Transformation. In: Altrock KH (Hrsg) Stadtentwicklung: Urban development, Bd 1. Academic Research Verlag, Frankfurt a. M.

Hallanaro EL (2011) Nature in Finland. ▶ https://finland.fi/life-society/nature-in-finland/. Zugegriffen: 9. Juni 2019

Hallegatte S (2009) Strategies to adapt to an uncertain climate change. Glob Environ Change 19(2):240–247

Hallmann N, Camoin G, Eisenhauer A, Botella A, Milne GA, Vella C, Samankassou E, Pothin V, Dussouillez P, Fleury J, Fietzke J (2018) Ice volume and climate changes from a 6000 year sea-level record in French Polynesia. Nat Commun 9:285

Hallpike CR (1968) Religion and society: a study of the Konso of Ethiopia. Ph.D. dissertation in Social Anthropology, University of Oxford, Oxford

Hallpike CR (1970) Konso agriculture. J Ethiop Stud 8:31–43

Hallpike CR (1970) The principles of alliance Formation between Konso Towns. Man 5(2):258–280

Hallpike CR (1972) The Konso of Ethiopia: a study of the values of a cushitic people. Clarendon, Oxford

Hallpike CR (2008) The Konso of Ethiopia: a study of the values of an east Cushitic people. Authorhouse

Hanke R (2017) Landschaftsbezogene Identitätsbildung und kollektives Landschaftswissen am Beispiel des Landkreises Mittelsachsen, Dissertation am Lehr- und Forschungsgebiet Landschaftsplanung der TU Dresden, Dresden

Hanser K (2018) 14.000 Tonnen Sonnencreme landen jährlich im Meer. Artikel vom 02.07.2018 in der Welt

Harutyunyan A (2007) Sevan rising: Lake Sevan's recovery quicker than expected. Article in the Armenia Now. ▶ https://www.armenianow.com/special_issues/sevan/7494/sevan_rising_lake_sevan_s_recove. Zugegriffen: 24. Jan. 2019

Hatchinson GE (1965) The ecological theatre and evolutionary play. Yale University Press, New Haven

Haussig (1979a) Herodot Historien 1 Nr. 193. Reclam, Stuttgart

Haussig (1979b) Herodot Historien 2 Nr. 97. Reclam, Stuttgart

Hein C (2017) So will Singapur Solarenergie auf dem Wasser gewinnen. Artikel in der Frankfurter Allgemeinen vom 09.06.2017

Helbaek H (1972) Samarran Irrigation Agriculture at Choga Mami in Iraq, Bd 34, Chap 1

Heyerdahl T (1949) Kon-Tiki: Ein Floss treibt über den Pazifik. Ullstein, Wien

Heyerdahl T (1957) Aku-Aku. Ullstein, Berlin

Hibsch-Jetter C (1994) Birken in den Alpen, taxonomisch-ökologische Untersuchungen an Betula pubescens und Betula pendula, Contr. Biologiae Arborum, Bd 6. ecomed, Landsberg am Lech

Hilton-Tayler C (1994) The Kaokoveld: Namibia and Angola. In: Davis SD, Heywood VH, Humilton AC (Hrsg) Centres of plant diversity: a guide and strategy for their conservation. WWF & IUCN, Cambridge, S 201–203

Himbas (2012) Declaration by the traditional leaders of Kaokoland in Namibia, 20.01.2012. ▶ http://earthpeoples.org/DECLARATION_HIMBA.pdf. Zugegriffen: 4. Jan. 2019

Höchtl F, Petit C, Konold W, Eidloth V, Schwab S, Bieling C (2011) Erhaltung historischer Terrassenweinberge – Ein Leitfaden. Verlag des Instituts für Landespflege der Universität Freiburg, Freiburg

Hock K, Wolff NH, Ortiz JC, Condie SA, Anthony KRN, Blackwell PG, Mumby PJ (2017) Connectivity and systemic resilience of the Great Barrier Reef. PLOS Biology 15:11

Hoffmann D (2019) Länderinformationsportal Bolivien, zuletzt aktualisiert 2019. ▶ https://www.liportal.de/bolivien/ueberblick/#c1900. Zugegriffen: 4. Juni 2019

Hoffmann R (2009) Physisch – geographische Aspekte der südlichen Anden mit besonderer Berücksichtigung der Eisfelder und deren Umfeld. ▶ http://www.klimageo.rwth-aachen.de/fileadmin/klima-data/literatur/Hoffmann2009-Eisfelder-in-Patagonien.pdf. Zugegriffen: 1. Juni 2019

Hofste RW, Reig P, Schleifer L (2019) World ressources institute 17 countries, home to one-quarter of the world's population, face extremely high water stress. ▶ https://www.wri.org/blog/2019/08/17-countries-home-one-quarter-world-population-face-extremely-high-water-stress. Zugegriffen: 3. Aug. 2019

Hollender R, Shultz J (2010) Bolivia and its lithium. Can the „Gold of the 21st Century" help lift a nation out of poverty? Cochabamba: a democracy center special report. ▶ http://democracyctr.org/pdf/DClithiumfullreportenglish.pdf. Zugegriffen: 3. Juni 2019

Holling CS (1973) Resilience and stability of ecological systems. Annu Rev Ecol Syst 4(1973):1–23

Holling CS (1986) Resilience of ecosystems: local surprise and global change. In: Clark WC, Munn RE (Hrsg) Sustainable development of the biosphere. Cambridge University Press, Cambridge, S 292–317

Holling CS, Gunderson L, Peterson G (2002) Quest of a theory of adaptive change. In: Gunderson LH, Holling CS (Hrsg) Panarchy: understanding transformations in human and natural systems. Island Press, Washington, D.C, S 3–24

Holstein DM, Smith TB, Gyory J, Paris CB (2015) Fertile fathoms: deep reproductive refugia for threatened shallow corals. Scientific Reports 5: Article 12407

Holstein DM, Smith TB, Paris CB (2016) Depth-independent reproduction in the reef coral porites astreoides from shallow to mesophotic zones, 20.01.2016. ▶ https://journals.plos.org/plosone/article?id=10.1371/journal.pone.0146068. Zugegriffen: 4. Jan. 2019

Horx (2013) Interview, in: Jakubowski P, Kaltenbrunner R (2013) Einführung und Resilienz oder: Die Zukunft wird ungemütlich, in: Resilienz. Informationen zur Raumentwicklung 4:1–285

Hrouda B (2008) Mesopotamien: Die antiken Kulturen zwischen Euphrat und Tigris. Beck, München

Hudson R (2010) Resilient regions in an uncertain world: wishful thinking or a practical reality? Camb J Reg Econ Soc 3:11–25

Hughes TP et al (2017a) Global warming and recurrent mass bleaching of corals. Nature 543:373–377

Hughes TP et al (2017b) Coral Reefs in the Anthropocene. Nature 546:82–90

Hughes TP et al (2018a) Large-scale bleaching of corals on the great barrier. Reef Ecol 99:501

Hughes TP et al (2018b) Global warming transforms coral reef assemblages. Nature 556:492–496

Hughes TP et al (2018c) Spatial and temporal patterns of mass bleaching of corals in the anthropocene science. Nature 359:80–83

Huschke-Rhein RB (2003) Einführung in die systemische und konstruktivistische Pädagogik. Beratung, Systemanalyse, Selbstorganisation. Beltz-Verlagsgruppe, Weinheim

ICOMOS (1991) World Heritage List Nr. 582. ▶ whc.unesco.org/en/list/582/. Zugegriffen: 2. Aug. 2019

ICOMOS (2011) Decision 34 COM 8B.11. ▶ whc.unesco.org/document/152402. Zugegriffen: 8. Dez. 2018

Imprint (2019) Klimadaten. ▶ https://de.climate-data.org. Zugegriffen: 25. Jan. 2019

INE (2012) Instituto Nacional de Estadística Bolivia 2012, Bevölkerungsdaten aus dem Zensus von 2012. ▶ http://censosbolivia.ine.gob.bo/localidades/c_listado/. Zugegriffen: 30. Mai 2019

IPCC (2007) Climate change, working group II impacts, adaption and vulnerability, 1.3.4.1

IPCC (2013) Climate change 2013: The physical science basis, contribution of Working Group I to the fifth assessment report of the intergovernmental panel on climate change. Cambridge University Press, Cambridge, S 1535

IPCC (2014a) Klimaänderung 2014: Synthesebericht, Beitrag der Arbeitsgruppen I, II und III zum Fünften Sachstandsbericht des Zwischenstaatlichen Ausschusses für Klimaänderungen (IPCC). In: Pachauri RK, Meyer LA (Hrsg) Genf, Deutsche Übersetzung durch Deutsche IPCC-Koordinierungsstelle. IPCC, Bonn

IPCC (2014b) The IPPCC's fifths assessment report: What's in it for Africa?

Irwin G (1992) The prehistoric exploration and colonisation of the Pacific. Cambridge University Press, Cambridge

Isbell F, Craven D, Connolly J, Loreau M, Schmid B, Beierkuhnlein C et al (2015) Biodiversity increases the resistance of ecosystem productivity to climate extremes. Nature 526:574–577

ISPF (2017) Institut de la statistique de la Polynésie française, Répartition de la population en Polynésie française en 2017. ▶ http://www.ispf.pf/docs/default-source/rp2017/repart_poplegale_communes_2017_v3.pdf?sfvrsn=2. Zugegriffen: 26. Apr. 2019

IUCN (2019) RedList, Verbreitung des American Beaver. ▶ https://www.iucnredlist.org/species/4003/22187946. Zugegriffen: 8. Juni 2019

Jackson J, Donovan M, Cramer K, Lam V (2014) Status and trends of caribbean coral reefs 1970–2012. Global Coral Reef Monitoring Network, IUCN, Gland

Jacobsohn M (1988) Preliminary notes on the symbolic role of space and material culture among semi-nomadic Himba and Herero herders in western Kaokoland. Cimbebasia 10:75–99

Jakubowski P, Kaltenbrunner R (2013) Einführung und Resilienz oder: Die Zukunft wird ungemütlich. Resilienz. Informationen zur Raumentwicklung 4:1–285

Jessel B, Tobias K (2002) Ökologisch orientierte Planung. Ulmer, Stuttgart

Jessen C, Wild C (2013) Herbivory effects on benthic algal composition and growth on a coral reef flat in the Egyptian red sea. Mar Ecol Prog Ser 476:9–21

Joannès F (2001) Palmier-dattier. Dictionnaire de la civilisation mésopotamienne, Paris, S 624–626

Johnson PC, Lucchini PH, Correa AP, Schulze del Canto C (2007) Análisis de crecimiento de árboles maduros de lenga (Nothofagus pumilio) en bosques de la XII Región, Chile. Bosque 28(1):18–24

Jokiel PL, Brown EK (2004) Global warming, regional trends and inshore environmental conditions influence coral bleaching in Hawaii. Glob Change Biol 10:1627–1641

Kabisch N, Korn H, Stadler J, Bonn A (2017) Nature-based solutions to climate change adaption, linkages between sciene, policy and practice. Springer Open, Cham

Karnauskas KB, Donnelly JP, Anchukaitis KJ (2016) Future freshwater stress for island populations. Nat Clim Change 6:720–725

Kegler H (2014) Resilienz. Strategien & Perspektiven für die widerstandsfähige und lernende Stadt. Bauverlag, Berlin

Kegler H (2015) Resilienz – neuer Maßstab für Gestaltung und Planung. Garten + Landschaft 3:18–22

Kempf J (1994) Probleme der Land-Degradation in Namibia: Ausmaß, Ursachen und Wirkungsmuster. Geographisches Institute der University, Würzburg

Kench PS, Ford RF, Owen SD (2018) Patterns of island change and persistence offer alternate adaptation pathways for atoll nations. Nat Commun 9(1):1–7

Kerber G (2018) Seeungeheuer des 21. Jahrhunderts: Was die Korallenriffe gefährdet, immerhin die artenreichsten Gebiete der Weltmeere und Ziele vieler Touristen. ► http://www.meeresstiftung.de/seeungeheuer-des-21-jahrhundert/. Zugegriffen: 27. Dez. 2018

Kießling W, Simpson C, Beck B, Mewis H, Pandolfi JM (2012) Equatorial decline of reef corals during the last Pleistocene interglacial. PNAS. ► https://doi.org/10.1073/pnas.1214037110

Kilper H, Thurmann T (2011) Vulnerability and resilience: a topic for spatial research from a social science perspective. In: Müller B (Hrsg) Urban regional resilience: how do cities and regions deal with change? German annual of spatial research and policy 2010. Springer, Berlin, S 113–120

Kitzler JC (2014) Aus Nichts Wasser produzieren. ► https://www.dw.com/de/aus-nichts-wasser-produzieren/a-17592516. Zugegriffen: 18. Dez. 2018

Knoche W (1911) Die Osterinsel: die chilenische Osterinsel-Expedition von 1911. Harrassowith, Wiesbaden (Neu aufgelegt 2016)

Koch, E (2009) Warnung an die Welt. Artikel in der ZEIT Nr. 23/2009 vom 28. Mai 2009

Konrad Adenauer Stiftung (2014) Klimareport. Konrad Adenauer Stiftung, Berlin

Korytny L (2014) Sibiriens Wasser für die Welt. Friedrich-Ebert-Stiftung, Bonn

Kotba THS, Watanabe T, Ogino Y, Tanji KK (2000) Soil salinization in the Nile Delta and related policy issues in Egypt. Agric Water Manag 43:239–261

Kowarik I (2010) Biologische Invasionen. Neophyten und Neozoen in Mitteleuropa. Ulmer, Stuttgart

Kramer SN (1993) L'histoire commence à Sumer. Flammarion, Paris, S 92–95

Krämer T, Quack U (2018) Finnland. DuMont Reise-Verlag, Ostfildern

Kreissig K (2019) Flora Feuerlands. ► http://antarktis.kreissig.de/media/files/Flora_Feuerland.pdf. Zugegriffen: 9. Juni 2019

Krueger T, Horwitz N, Giovani M-E, Escrig S, Meiborn A, Fine M (2017) Common reef-building coral in the northern red sea resistant to elevated temperature and acidification. Royal Society Open Science, London

Kühne O (2008a) Die Sozialisation von Landschaft – sozialkonstruktivistische Überlegungen, empirische Befunde und Konsequenzen für den Umgang mit dem Thema Landschaft in Geographie und räumlicher Planung. Geogr Z 96(4):189–206

Kühne O (2008b) Distinktion – Macht – Landschaft. Zur sozialen Definition von Landschaft. VS Verlag, Wiesbaden

Kurschat HA (1990) Das Buch vom Memelland (Werbedruck). Oldenburg, Köhler

La Pérouse JF, Forster JR, Sprengel CL, Milet Mureau MCA (Hrsg) (1799) La Pérouse´ns Entdeckungsreise in den Jahren 1785, 1786, 1787 und 1788. Voss Verlag, Berlin

Lamparelli RAC, Ponzoni FJ, Zullo J, Pellegrino GQ, Arnaud Y (2003) Characterization of the Salar de Uyuni for In-Orbit Satellite Calibration. IEEE EE Transactions on Geoscience and Remote Sensing, New York, S 1461–1468

Länderdaten (2019) Länderdaten zu verschiedenen Ländern, so Französisch-Polynesien. ► https://www.laenderdaten.info/Ozeanien/Franzoesisch-Polynesien/index.php. Zugegriffen: 4. Febr. 2019

Langer H, von Haaren C, Hoppenstedt A (1985) Ökologische Landschaftsfunktionen als Planungsgrundlage – Ein Verfahrensansatz zur räumlichen Erfassung. Landschaft Stadt 17:1–9

Lappalainen E, Lahti S (1973) Subfossil remnants as an evidence of the occurrence of the beaver (Castor fiber L.). Finland, Geologi 25(3):34–35

Lathi S, Helminen M (1974) The Beaver Castor fiber and Castor canadensis in Finland. Acta Theriologica 19(13):177–189

Latour B (2005) Reassembling the social. An introduction into actor-network theory. Oxford University Press, Oxford

Latzke HE (2004) DuMont Reise-Taschenbuch Malta mit Gozo und Comino. DuMond, Ostfildern

Lauerer M (2018) Lithium: Abbau und Gewinnung: Umweltgefahren der Lithiumförderung, Edison-Magazin vom 16.10.2018. ► https://edison.handelsblatt.com/erklaeren/lithium-abbau-und-gewinnung-umweltgefahren-der-lithiumfoerderung/23140064.html. Zugegriffen: 3. Juni 2019

Lavrov LS, Orlov VN (1973) Karyotypes and taxonomy of modern beavers (Castor, Castoridae, Mammalia). Zoologicheskii Zhurnal 52:734–743

Lehmann C (1699) Historischer Schauplatz derer natürlichen Merckwürdigkeiten in dem Meißnischen Ober-Ertzgebirge. Lanckischens sel. Erben, Leipzig (Reprint, Verlag von Elterlein, Stuttgart 1988)

Leipziger Wasserwerke (2017) Unsere Wasserwerke, Flyer Leipzig

Lexikon der Biologie (1999) Spektrum Akademischer Verlag, Heidelberg

Lexikon der Chemie (2019). ► https://www.chemie.de/lexikon/Katalysator.html. Zugegriffen: 11. Juni 2019

Lieske E, Myers R (2010) Korallenriff-Führer Rotes Meer. Kosmos, Stuttgart

Linnenluecke MK, Griffiths A (2012) Assessing organizational resilience to climate and weather extremes: complexities and methodological pathways. Clim Change 113:933–947

Lohmann H (1993) Atene, Teil I, Köln

Loose R (2018) Malaysia, Singapur. Dumont Reise-Verlag, Ostfildern

Luan IOB (2010) Singapore water management policies and practices. Int J Water Resour Dev 26(1):65–80 (Asian perspectives on water policy)

Ludwig D, Walker B, Holling CS (1997) Sustainability, stability and resilience. Conserv Ecol 1:1–27

Lukesch R (2013) Interview, in: Jakubowski P, Kaltenbrunner R (2013) Einführung und Resilienz oder: Die Zukunft wird ungemütlich. Resilienz. Informationen zur Raumentwicklung 4:1–285

Lukesch R, Payer H, Winkler-Rieder W (2010) Wie gehen Regionen mit Krisen um? Eine explorative Studie über die Resilienz von Regionen. Fehring Verlag & ÖAR Regionalberatung, Wien

Lynch K (1990) City sense and city design: writings and projects of Kevin Lynch (Tridib Banerjee and Michael Southworth, editors). MIT Press, Cambridge

Macher C (2008) Wenn Bäumen das Wasser bis zum Hals steht. Wald & Wasser 66:26–29

Magnússon BH, Barkarson BE, Maronsson BP, Heiðmarsson S, Guðmundsson GA, Magnússon SH, Jónsdóttir S (2006) Vöktun á ástandi og líffræðilegri fjölbreytni úthaga 2005 (Monitoring of rangeland condition and biodiversity of pastures in Iceland in 2005). Fræðaþing landbúnaðarins 2006:221–233

Maier-Albang M (2015) Im Donnerland. Artikel in der Süddeutschen Zeitung vom 02.02.2015

Makaya E (2016) Water loss management strategies for developing countries: understanding the dynamics of water leakages. Dissertation an der Universität Kassel/Witzenhausen, Fachbereich Ökologische Agrarwissenschaften, Betreuer Prof. Dr. Oliver Hensel, Kassel

Mancini MV, Prieto AR, Mercedes PM, Schäbitz F (2008) Late Quaternary Vegetation and Climate of Patagonia. Dev Quat Sci 11:351–367

Mann T (1931) Mein Sommerhaus, Vortrag im Rotary-Club München am 01.12.1931, Beilage zum Wochenbericht IV/22 des Rotary-Clubs München

Mayr E (1997) This is biology. The sience of the living world. Cambridge, London

McClanahan TR, Baird AH, Marshall PA, Toscano MA (2004) Comparing bleaching and mortality responses of hard corals between southern Kenya and the Great Barrier Reef Australia. Mar Pollut Bull 48:327–335

McClanahan TR, Sebastián CR, Cinner JE (2016) Simulating the outcomes of resource user- and rule-based regulations in a coral reef fisheries-ecosystem model. Glob Environ Change 38:58–69

McClenachan L, O'Connor G, Neal BP, Pandolfi JM, Jackson JBC (2017) Ghost reefs: nautical charts document large spatial scale of coral reef loss over 240 years. Sci Adv 3(9):e1603155

Meteoblue (2019) Climate patagonia. ▶ https://www.meteoblue.com. Zugegriffen: 12. Mai 2019

METLA (2019) Daten zum finnischen Wald. ▶ http://www.metla.fi/suomen-metsat/index-de.htm. Zugegriffen: 9. Juni 2019

Métraux A (1989) Die Osterinsel. Campus, Frankfurt a. M.

Meyen M (2016) Wertedebatte, Schwächen, Stärken. Oder: Was man durch die Resilienzbrille sieht. Reaktion auf den Beitrag von Christoph Weller, Resilienz (online) 2016. ▶ http://resilienz.hypotheses.org/1085. Zugegriffen: 5. Febr. 2018

Meyer ST, Ptacnik R, Hillebrand H, Bessler H, Buchmann N, Ebeling A, Eisenhauer N, Engels C, Fischer M, Halle S, Klein AM, Oelmann Y, Roscher C, Rottstock T, Scherber C, Scheu S, Schmid B, Schulze ED, Temperton VM, Tscharntke T, Voigt W, Weigelt A, Wilcke W, Weisser WW (2017) Biodiversity-multifunctionality relationships depend on identity and number of measured functions. Nat Ecol Evol 2(1):44–49

Michel A, Colin C, Desrosière R, Oudot C (1971) Observations sur L'Hydrologie et le Plancton des abords et de la Zone des Passes de l'Àtoll de Rangiroa (Archipel des Tuamotu, Océan Pacifique central). Cah ORSTOM, sér Océanogr IX(3):375–402

Millenium Ecosystem Assessment (2005) Ecosystems and human well-being: synthesis. World Resources Institute, Washington, DC

Minker G (1986) Burji-Konso-Gidole-Dullay, Bremer Afrika Archiv, Bd 2. Im Selbstverlag des Museums, Bremen

Mistell S (2018) Früher lebten auf der Insel die Inka, heute bekriegen sich die Bewohner mit Fäusten, Steinen und Dynamit. Artikel in der Neuen Zürcher Zeitung vom 16.05.2018

Moldzio S (2012) Jahresbericht des RSDS Riff Monotoring Programm

Mollica NR, Guo W, Cohen AL, Huang KF, Solow AR (2018) Ocean acidification affects coral growth by reducing skeletal density. PNAS 115(8):1754–1759

Müller B (2011) Urban and regional resilience – a new catchword or an consistent concept for research an practice? In: Müller B (Hrsg) Urban regional resilience: how do cities and regions deal with change? German annual of spatial research and policy 2010. Springer, Berlin, S 1–15

Müller F, Weber J (2007) Steinrücken – die besonderen Biotope. In: Grüne Liga Osterzgebirge e. V. (Hrsg) Naturführer Osterzgebirge. Sandstein-Verlag, Dresden

Mumby PJ, Wolff NH, Bozec YM, Chollett I, Halloran P (2014) Operationalizing the resilience of coral

reefs in an era of climate change. Conserv Lett 7(3):176–187
Nakamura T, van Woesik R (2001) Differential survival of corals during the 1998-bleaching event is partially explained by water-flow rates and passive diffusion. Mar Ecol Prog Ser 212:301–304
Nakayama M (2003) International Waters in Southern Africa. United Nations University Press, Tokyo
Nasa (2019) Globale Karte der Waldbrände. ▶ https://firms.modaps.eosdis.nasa.gov/. Zugegriffen: 10. Juni 2019
Nationalpark Kurische Nehrung (2019) Pfad in das Naturreservat Nagliali, Flyer des Nationalparkes in deutscher Übersetzung
Naturkapital Deutschland – TEEB DE (2012) Der Wert der Natur für Wirtschaft und Gesellschaft: Eine Einführung, München, ifuplan, Leipzig, Helmholtz-Zentrum für Umweltforschung – UFZ. Bundesamt für Naturschutz, Bonn
Naturkapital Deutschland – TEEB DE (2015) Naturkapital und Klimapolitik – Synergien und Konflikte. In: von Hartje V, Wüstemann H, Bonn A (Hrsg). Technische Universität Berlin & Helmholtz-Zentrum für Umweltforschung – UFZ, Berlin & Leipzig
Naumann T, Nikolowski J, Golz S, Schinke R (2011) Resilience and resistance of buildings an built structures to flood impacts – approaches to analysis and evaluation. In: Müller B (Hrsg) Urban regional resilience: How do cities and regions deal with change? German annualof spatial research and policy 2010. Springer, Berlin, S 89–101
Negro T (2013) Das Korn des lebens- Reisanbau auf Madagaskar, MadaMagazine. ▶ https://www.madamagazine.com/das-korn-des-lebens-reisanbau-auf-madagaskar/. Zugegriffen: 28. Jan 2019
Nehring S (2018) Warum der gebietsfremde Waschbär naturschutzfachlich eine invasive Art ist – trotz oder gerade wegen aktueller Forschungsergebnisse. Natur Landsch 9(10):2018
Newman P, Beatley T, Boyer H (2009) Resilient cities, responding to peak oil and climate change. Island Press, Washington
Nowak E (1954) Land und Volk der Konso. Bonner geographische Abhandlungen. Im Selbstverlag des Geographischen Instituts der Universität, Bonn
Nummi P (2001) Alien species in Finland, the Finnish environment 466. Ministry of the Environment, Helsinki, S 36–37
Oon C (2009) Key step to water adequacy, Changi water treatment complex plays a role in sustainable development. Artikel in The Strait Times vom 24. 06.2009. ▶ https://web.archive.org/web/20090627092606/http://www.straitstimes.com/Breaking+News/Singapore/Story/STIStory_394640.html. Zugegriffen: 6. Juni 2019

Orliac C (2005) The Rongorongo Tablets from Easter Island: Botanical Identification and 14C Dating. Archaeol Ocean 40(3):115–119
Orshan U (2014) Resilienz natürlicher Systeme: Dargestellt am Beispiel vom Schwarzen Meer, Bosporus, Marmara Meer, Dardanellen und dem Mittelmeerkomplex. In: Schaffer A, Lang E, Hartard S (Hrsg) Systeme in der Krise im Fokus von Reslienz und Nachhaltigkeit. Metropolis, Marburg, S 135–150
Ossenkopp M (2010) Assuan-Staudamm: Der späte Fluch im Pharaonenland. Hamburger Abendblatt, 9. Jan. 2010
Otto B, Schleifer L (2018) 3 things cities can learn from Cape Town's impending „Day Zero" water shut-off. Artikel des World Resource Institutes vom 15.02.2018. ▶ https://www.wri.org/blog/2018/02/3-things-cities-can-learn-cape-towns-impending-day-zero-water-shut. Zugegriffen: 3. Aug. 2019
Paine JR (1991) IUCN directory of protected areas in Oceania, World Conservation Monitoring Centre in collaboration with IUCN commission on national parks and protected areas and the South pacific regional environment programme
Palanichamy RB (2019) How does a flood-prone city run out of water? Inside chennai's „Day Zero" crisis. ▶ https://www.wri.org/blog/2019/06/how-does-flood-prone-city-run-out-water-inside-chennai-day-zero-crisis. Zugegriffen: 3. Aug. 2019
Parker H, Nummi P, Hartman G, Rosell F (2012) Invasive North American beaver castor canadensis in Eurasia: a review of potential consequences and a strategy for eradication. Wildl Bio 18(4):354–365
Perras A (2019) Nur einen Zoll von der Katastrophe entfernt. Süddeutschen Zeitung, 26. Juni 2019
Pescheck (1824) Bemerkungen über die Landwirtschaft des oberen Erzgebirges. Arch deutsch Landwirtsch 26(1824):353–365
Philipps BL, Shine R (2004) Adapting to an invasive species: toxic cane toads induce morphological change in Australian snakes. PNAS 101(49):17150–17155
Pietrek AG, Escobar JM, Fasola L, Roesler I, Schiavini A (2017) Why invasive Patagonian beavers thrive in unlikely habitats: a demographic perspective. J Mammal 98(1):283–292
Plinius (1881) Die Naturgeschichte des Cajus Plinius Secundus, ins Deutsche übersetzt und mit Anmerkungen versehen von Georg Christoph Wittstein, Bd 6. Gressner & Schramm, Leipzig
Postel S (1999) Pillar of sand: can the irrigation miracle last? Norton Company (A Worldwatch Book), New York
PUB (2012) Singapurs national water agency, local catchment water. ▶ https://web.archive.org/web/20120725074620/http://www.pub.gov.sg/

water/Pages/LocalCatchment.asp. Zugegriffen: 5. Juni 2019

PUB (2019) Singapurs national water agency, Water from Local Catchment. ▶ https://www.pub.gov.sg/watersupply/fournationaltaps/localcatchmentwater. Zugegriffen: 5. Juni 2019

Quadir M, Quillé E, Nangia V et al (2014) Economics of salt -induced land degradation and restoration. Nat Res Forum 38(4):282–295

Rackham O (2010) Landscape history of southern Europe. In: Pungetti G, Kruse A (Hrsg) European culture expressed in agricultural landscapes. Palombi Editori, Roma

Radkau J (2002) Natur und Macht: Eine Weltgeschichte der Umwelt. Beck, München

Rahi KA, Halihan T (2009) Changes in the salinity of the Euphrates River system in Iraq. Reg Environ Change 10:27–35

Raith D, Deimling D, Ungericht B, Wenzel E (2017) Regionale Resilienz: Zukunftsfähig Wohlstand schaffen. Metropolis, Marburg

Ramirez JM (2000) Eastern Island. Rapa Nui, a land of rocky dreams. Carlos Huber, Chile

Raynolds M, Magnússon B, Metúsalemsson S (2015) Warming, sheep and volcanoes: land cover changes in Iceland evident in satellite ddvi trends. Remote Sens 7:9492–9506

Rettig SL, Jones BF, Risacher F (1980) Geochemical Evolution of Brines in the Salar de Uyuni, Bolivia. Chem Geol 30:57–79

Richthofen D (2013) Der Biberkrieg. Zeit Online, 27. Juni 2013. ▶ https://www.zeit.de/2013/27/biber-suedamerika/. Zugegriffen: 7. Juni 2019

Riegl B, Piller WE (2003) Possible refugia for reefs in times of environmental stress. Int J Earth Sci 92:520–531

Riekenberg HJ (1959) Neue Deutsche Biographie, Bd 4. Duncker und Humblot, Berlin

Risacher F, Fritz B (1991) Quaternary geochemical evolution of the salars of Uyuni and Coipasa, Central Altiplano, Bolivia. Chem Geol 90:211–231

Risacher F, Fritz B (2000) Bromine geochemistry of salar de Uyuni and deeper salt crusts, Central Altiplano, Bolivia. Chem Geol 167:373–392

Rist M (2019) Wieso Malaysia jetzt für viel Geld Wasser von Singapur kaufen muss, das es diesem zuvor billig verkauft hat. Neuen Zürcher Zeitung, 18. März 2019

Roff G, Bejarano S, Bozec YM, Nugues M, Steneck RS, Mumby PJ (2014) Porites and the Phoenix effect: unprecedented recovery after a mass coral bleaching event at Rangiroa Atoll, French Polynesia. Marine Bio 161(6):1385–1393

Röhring A, Gailing L (2011) Path dependency and resilience – the exemple of landscape regions. In: Müller B (Hrsg) Urban regional resilience: how do cities and regions deal with change? German annual of spatial research and policy 2010. Springer, Berlin, S 79–88

Roodsari AV (2017) Rettung unter Wasser – ein Lichtblick für das Great Barrier Reef: Gesunde Korallenlarven helfen, ausgebleichte Riffe neu zu besiedeln. Die ZEIT Nr. 51/2017, 7.12.2017

Rothfuß E (2006) Hitrenhabitus, ethotouristisches Feld und kulturelles Kapital. Geogr Helv 61(1):32–40

Rüb M (2017) Unersättliche Nager. Frankfurter Allgemeinen, 28. Feb. 2017

Runólfsson S (1987) Land reclamation in Iceland. Arct Alp Res 19:514–517

Rüttinger L, Feil M (2010) Rohstoffkonflikte nachhaltig vermeiden: Risikoreiche Zukunftsrohstoffe? Fallstudie und Szenarien zu Lithium in Bolivien (Teilbericht 3.3). Forschungsbericht im Auftrag des Umweltbundesamtes, Berlin

RWESA (2003) Rivers Watch East and Southeast Asia (RWESA) Development disasters Japanese funded dam projekts. ▶ https://www.internationalrivers.org/sites/default/files/attached-files/030309.irnjbic.pdf. Zugegriffen: 5. Juni 2019

Sachsse C (1858) Die Einführung einer besseren Bewirtschaftung der bäuerlichen Grundstücke des sächsischen Erzgebirges. Marienberg

Sapiano M, Micallef P, Attard G, Zammit ML (2008) The evolution of water culture in Malta: an analysis of the changing perceptions towards water throughout the ages. Options Méditerranéennes Nr. 83. Water Culture and Water Conflict in the Mediterranean Area, 97–109

Scheffer F, Schachtschabel P (1989) Lehrbuch der Bodenkunde. Ulmer, Stuttgart

Scheier MF, Carver CS (1992) Effects of optimism on psychological and physical well-being: theoretical overview and empirical update. Cognit Ther Res 16:201–228

Schembri PJ (1997) Thes Maltese islands: climate, vegetation and landscape. GeoJournal 41(2):115–125

Schmidt C (2013) Eine Fliege macht Landschaft … und andere Essays. Aufland, Oderaue

Schmidt C, Dunkel A, Hanke R, Lachor M, Seidler K, Böttner S, Gruhl E (2014) Kulturlandschaftsprojekt Mittelsachsen, Forschungsprojekt im Auftrag des Landratsamtes Mittelsachsen, gefördert vom Freistaat Sachsen. TU Dresden, Dresden

Schmidt C, Hage G, Galandi R, Hanke R, Hoppenstedt A, Kolodziej J, Stricker M (2011) Kulturlandschaft gestalten! Grundlagen und Arbeitsmaterial, Bd 103. Naturschutz und Biologische Vielfalt. Bundesamt für Naturschutz, Bonn

Schmidt C, Lein M, Richter K (2011) Naturschutzfachliche Bewertungsgrundlagen für die Ausstattung mit Arten, Lebensgemeinschaften und Lebensräumen in Agrarlandschaften, Forschungsvorhaben im Auftrag des Landesamtes für Umwelt und Geologie Sachsen, 2007–2011. Arbeitsgemeinschaft mit dem Hellriegel-Institut der FH Bernburg, Freiberg

Schmidt C, Meyer HH (2008) Kulturlandschaft Thüringen – eine Arbeitshilfe für die Planungspraxis, Bd 1 und 2 des gleichnamigen Forschungsprojektes im Rahmen des Hochschulwissenschaftsprogrammes des Landes Thüringen, Erfurt (Erstveröffentlichung 2006)

Schmidt C, Meyer HH, Glink C, Seifert Y, Schottke M, Gössinger K (2005) Kulturlandschaftsprojekt Ostthüringen, Forschungsbericht zum Forschungsvorhaben im Auftrag der Regionalen Planungsgemeinschaft Ostthüringen. FH Erfurt, Erfurt

Schmidt C, Seidel A, Kolodziej J, Berkner A, Klama K, Friedrich M, Schottke M, Chmieleski S (2011) Vulnerabilitätsanalyse zum Klimawandel Modellregion Westsachsen. Regionaler Planungsverband Leipzig-Westsachsen, Leipzig

Schmitz S (2003) Welcome a mi casa: Herausbildung des Tourismus als Wirtschaftsstrategie auf der peruanischen Insel Amantaní im Titicacasee. Freie wissenschaftliche Arbeit zur Erlangung des Grades eines Magister Artium am Institut für Ethnologie am Fachbereich Politik- und Sozialwissenschaften der Freien Universität, Berlin

Schnauss M (2001) Der ökologische Fußabdruck der Stadt Berlin, Arbeitspapier „Lokale Agenda 21/ Zukunftsfähiges Berlin" des Abgeordnetenhauses von Berlin. ► http://www.nachhaltig-berlin.de/material/oef_berlin_abgeordnetenhaus.pdf. Zugegriffen: 28. Jan. 2019

Schönherr M (2018) Eisberge aus Antarktis sollen Wasserkrise in Kapstadt lösen. Tagesspiegel, 6. Mai 2018. ► https://www.tagesspiegel.de/gesellschaft/panorama/plan-eines-suedafrikanischen-experten-eisberge-aus-antarktis-sollen-wasserkrise-in-kapstadt-loesen/21249314.html. Zugegriffen: 3. Aug. 2019

Schott D (2013) Katastrophen, Krisen und städtische Resilienz: Blicke in die Stadtgeschichte. Informationen zur Raumentwicklung 40(4):297–307

Schreyögg G, Sydow J, Koch J (2003) Organisatorische Pfade – Von der Pfadabhängigkeit zur Pfadkreation? In: von Schreyögg G, Sydow J (Hrsg) Managementforschung, 13. Aufl. Gabler, Wiesbaden, S 257–294

Schulte A (2002) Weideökologie des Kaokolandes: Struktur und Dynamik einer Mopane-Savanne unter pastoralnomadischer Nutzung. Dissertation an der Universität Köln, Köln

Schulze-Maizier F (1926) Die Osterinsel, Im Anhang Auszüge aus dem Tagebuch von Jacob Roggeveen. Insel, Leipzig

Schumacher H, Reinicke GB (2011) Korallenriffe – Folgen der Erwärmung und Versauerung. In: Lozán JL (Hrsg) Warnsignal Klima: Die Meere – Änderungen und Risiken. Wissenschaftliche Auswertungen, Hamburg, S 214–219

Schwarzer R, Jerusalem M (2002) Das Konzept der Selbstwirksamkeit. Z Pädag 44:28–53

Seemann J, Carballo-Bolanos R, Berry KL, González CT, Richter C, Leinfelder RR (2012) Importance of heterotrophic adaptations of corals to maintain energy reserves. Proceedings of the 12th International Coral Reef Symposium, Cairns, Australia, 19A, S 9–13

Seidel A (2017) Die Wirkung von Landnutzung und landnutzenden Akteuren auf die Entstehung unterschiedlicher physischer Erscheinungsformen in Agrarlandschaften. Dissertation am Lehr- und Forschungsgebiet Landschaftsplanung der TU Dresden, Dresden

Sen A (1999) Development as freedom. Oxford University Press, Oxford

Shukry A (2014) Most Selangor voters believe water shortage due to politics. Artikel in The Malaysian Insider vom 08.09.2014. ► https://web.archive.org/web/20150424215015/http://www.themalaysianinsider.com/malaysia/article/most-selangor-voters-believe-water-shortage-due-to-politics-survey-shows#sthash.X7DK7IeM.dpuf. Zugegriffen: 5. Juni 2019

Sieland R, Schmidt N, Schön A, Schreckenbach J, Merkel M (2011) Geochemische, hydrogeologische und feinstratigraphische Untersuchungen am Salar de Uyuni (Bolivien) Technische Universität Bergakademie Freiberg. Bericht an die Bundesanstalt für Geowissenschaften und Rohstoffe, Freiberg

Sieland, R (2012) Interview mit Robert Sieland, Geoökologe der TU Bergakademie Freiberg zu den Lithium-Vorkommen im Salar de Uyuni, Bolivien, durchgeführt von Lammers A und Poma M. ► http://www.quetzal-leipzig.de/lateinamerika/bolivien/interview-mit-robert-sieland-lithium-salar-de-uyuni-bolivien-t2-19093.html. Zugegriffen: 28. Mai 2019

Sieverts T (2013) Am Beginn einer Stadtentwicklungsepoche der Resilienz? Folgen für Architektur, Städtebau und Politik. Informationen zur Raumentwicklung 40(4):307f

Simmel G (1913) Philosophie der Landschaft. Die Güldenkammer III:635–644

Simmie J, Martin R (2010) The economic resilience of regions: towards an evolutionary approach. Camb J Reg Econ Soc 3:27–43

Smith JE, Brainard R, Carter A, Grillo S et al (2016) Re-evaluating the health of coral reef communities: baselines and evidence for human impacts across the central Pacific. Biol Sci 283(1822):1–9

Smith TB et al (2016) Caribbean mesophotic coral ecosystems are unlikely climate change refugia. Glob Change Biol 22:2756–2765

Nationalpark Soomaa (2019) Flooding in Soomaa. Informationsflyer der Nationalparkverwaltung, Töramaa

SPAN (2009) National Water Services Commission (SPAN), Referat des Chief Executive Officer Dato' Teo Yen Hua am 19.10.2009 auf dem Colloquium On Water Demand Management Putra World Trade Centre, Kuala Lumpur. ▶ https://www.water.gov.my/jps/resources/auto%20download%20images/5844e1c8d938b.pdf. Zugegriffen: 5. Juni 2019

Leipzig Stadt (2014) Energie- und Klimaschutzprogramm der Stadt Leipzig 2014–2020. Dezernat für Umwelt, Ordnung, Sport, Leipzig

Stanley D (2003) Tahiti, moon handbooks. Avalon Travel, Berkeley

Statista (2019) Daten zum Wasserverbrauch Deutschlands. ▶ https://www.statista.com/statistics/541021/water-per-capita-consumption-germany/. Zugegriffen: 5. Juni 2019

Steinacher L (2016) La Paz- Eine Stadt ohne Wasser. Artikel vom 29.11.2016 in Blickpunkt Lateinamerika, das Nachrichtenportal von Adeveniat. ▶ https://blickpunkt-lateinamerika.de/artikel/la-paz-eine-stadt-ohne-wasser/. Zugegriffen: 4. Juni 2019

Stevenson RL (1896) In der Südsee, übersetzt von Heinrich Siemer (1928), Neuausgabe Belle Époque Verlag, Dettenhausen 2017, Kindle-Version

Stockinger G (2013) Von Rinderzüchtern zu Robbenjägern – warum verließen die Wikinger ihre Siedlungen auf Grönland? Artikel im Spiegel 2/2013. ▶ http://www.spiegel.de/spiegel/print/d-90438230.html. Zugegriffen: 28. Jan. 2019

Stoddart DR, Sachet MH (1969) Reconnaissance geomorphology of Rangiroa Atoll, Tuamotu Archipelago with a list of vascular flora of Rangiroa. Atoll Res Bull 125:1–32

Sundaily (2019) Goverment to reduce non-revenue water to 31 % by end of 11MP. Artikel im Sundaily vom 18.2.2019. ▶ https://www.thesundaily.my/local/govt-to-reduce-non-revenue-water-to-31-by-end-of-11mp-YX550230. Zugegriffen: 5. Juni 2019

Syarikat (2006) Syarikat Bekalan Air Selangor Sdn Bhd (SYABAS): History of Water Supply Services in Kuala Lumpur, Selangor and Putrajaya. ▶ https://www.syabas.com.my/. Zugegriffen: 4. Juni 2019

TEEB The Economics of Ecosystems and Biodiversity (2010) Die Ökonomie von Ökosystemen und Biodiversität: Die ökonomische Bedeutung der Natur in Entscheidungsprozesse integrieren – Ansatz, Schlussfolgerungen und Empfehlungen von TEEB – eine Synthese, 14.10.2014. ▶ http://www.teebweb.org/wp-content/uploads/Study%20and%20Reports/Reports/Synthesis%20report/Synthesis_German.pdf. Zugegriffen: 24. Jan. 2019

The Star Online (2017) Selangor plans to reduce wasted treated water. Artikel in „The Star Online" vom 12.2.2017. ▶ https://www.thestar.com.my/metro/community/2017/01/12/selangor-plans-to-reduce-wasted-treated-water-losses-from-wastage-are-estimated-to-be-up-to-rm400mil/. Zugegriffen: 5. Juni 2019

The Strait Times (2018) Finding ways to increase water supply from Johor River. Artikel in The Straits Times vom 17.01.2018. ▶ https://www.straitstimes.com/singapore/finding-ways-to-increase-water-supply-from-johor-river. Zugegriffen: 5. Juni 2019

Thiele J, Otte A (2008) Herkules mit Achillesfersen – Naturschutz-relevante Aspekte der Ausbreitung von Heracleum mantegazzianum auf der lokalen, landschaftlichen und regionalen Skalenebene. Naturschutz Landsch 40(9):273–279

Thiele J, Otte A (2008) Invasion patterns of Heracleum mantegazzianum in Germany on the regional and local scale. J Nat Conserv 16(2):61–71

Thiele J (2007) Patterns and processes of Heracleum mantegazzianum invasion into German cultural landscapes on the local, landscape and regional scale. Dissertation an der Universität Gießen

Thomson WJ (1891) Te Pito Te Henua or Easter Island, By Paymaster William J. Thomson. U. S. Navy, Washington

Time and Date (2019) Climate in Patagonia. ▶ https://www.timeanddate.com/weather/@3841798/climate. Zugegriffen: 12. Mai 2019

Timm SN, Deal BM (2018) Understanding the behavioral influences behind Singapore's water management strategies. J Environ Plan Manage 61(10):1654–1673

Tortajada C, Joshi YK (2014) Water quality management in Singapore: the role of institutions, laws and regulations. Hydrol Sci J 59(9):1763–1774

Tortajada C, Pobre K (2011) The Singapore-Malaysia water relationship: an analysis of the media perspectives. Hydrol Sci J 56(4):597–614

Trepl L (1995) Die Diversitäts-Stabilitäts-Hypothese in der Ökologie, Beiheft 12 zu den Berichten der Bayrischen Akademie für Naturschutz und Landschaftspflege, S 35–49

Treter U (1994) Boreale Waldländer, Das Geographische Seminar. Westermann, Braunschweig

UBA (2019) Waldbrandstatistik. ▶ https://www.umweltbundesamt.de/daten/land-forstwirtschaft/waldbraende#textpart-1. Zugegriffen: 10. Aug. 2019

Ufen A (2017) Länderinformationsportal Malaysia, zuletzt aktualisiert 2017. ▶ https://www.liportal.de/malaysia/ueberblick/. Zugegriffen: 4. Juni 2019

UfZ (2002) Savannen, Rinder und Computer – nachhaltige Landnutzung in Namibia? Leb Mag Umweltforsch Leipz-Halle Helmholtz-Gem 10(2002):30–33

Ultramari C, Rezende DA (2007) Urban resilience and slow motion disasters. City Time 2(3):5

Umweltbundesamt (2019) Wie hoch ist die Bodenerosion tatsächlich? ▶ https://www.umweltbundesamt.de/themen/boden-landwirtschaft/bodenbelastungen/erosion#textpart-5. Zugegriffen: 26. Jan. 2019

UN-Data (2019) Bevölkerungsangaben der UN mit Stand 2017. ▶ https://www.google.de/publicdata/explore?ds=z5567oe244g0ot_&met_y=population&idim=city_proper%3A028690&hl=en&dl=en. Zugegriffen: 4. Juni 2019

UNEP (2003) Desk study on the environment in Iraq. United Nations Environment Programme, Nairobi

Unesco (2018) Uplistsikhe Cave Town. ▶ http://whc.unesco.org/en/tentativelists/5234/Zugriff. Zugegriffen: 7. Jan. 2019

Václavík T, Lautenbach S, Kuemmerle T, Seppelt R (2013) Mapping global land system archetypes, Global Environmental Change. ▶ https://doi.org/10.1016/j.gloenvcha.2013.09.004. Zugegriffen: 24. Jan. 2019

Valdez C (2016) Wie der Salzsee in den Anden zur Wüste wurde. Welt, 22. Jan. 2016

Vale L, Campanella T (2005) The resilient city: how modern cities recover from disaster. Oxford University Press, New York

van der Behrens H (2003) Gartenbau der Himba: ackerbauliche Bodennutzung einer pastoralnomadischen Gruppe im Nordwesten Namibias. Institut für Völkerkunde, Köln

Van Tilburg JA (1994) Easter Island, archaeology, ecology and culture. Smithsonian Institution Press, Washington

Vedder H (1938) Am Lagerfeuer: Geschichten aus Busch und Werft, von Landschaft, Menschen und Schicksalen in Südwestafrika. John Meinert Ltd., Windhuk

Vésteinsson O, Church M, Dugmore A, McGovern TH, Newton A (2014) Expensive errors or rational choices: the pioneer fringe in Late Viking Age Iceland. Eur J Post-Class Archaeol 4:39–68

Voigt E, Fernandes F, Poleto C (2016) Desertification increased in Argentinian Patagonia: anthropogenic interferences, Acta Scientiarum. Hum Soc Sci 38(1):65–71

Vollmer P (2019) Lithium aus Lateinamerika: Umweltfreundlicher als gedacht. Artikel in Edision-Handelsblatt. ▶ https://edison.handelsblatt.com/erklaeren/lithium-aus-lateinamerika-umweltfreundlicher-als-gedacht/24022826.html. Zugegriffen: 4. Juni 2019

vom Orde H (2018) Perspektiven auf Resilienz in der Wissenschaft. Eine Auswahl aus unterschiedlichen Disziplinen, Televizion 31/2018/1. ▶ https://www.br-online.de/jugend/izi/deutsch/publikation/televizion/31_2018_1/vom_Orde-Perspektiven_auf_Resilienz.pdf. Zugegriffen: 4. Febr. 2019

von Haaren (Hrsg) (2004) Landschaftsplanung. Eugen Ulmer, Stuttgart

von Humboldt W (1809) Wilhelm und Caroline von Humboldt in ihren Briefen. In: Sydow A (Hrsg) Weltbürgertum und preussischer Staatsdienst: Briefe aus Rom und Berlin-Königsberg 1808–1810, Bd 3. Zeller, Osnabrück, S 1909

Wackernagel M, Beyers B (2010) Der Ecological Footprint. Die Welt neu vermessen. Europäische Verlagsanstalt, Hamburg

Wadvalla BA (2012) Iraq's soil turning white. ▶ https://www.natureasia.com/en/nmiddleeast/article/10.1038/nmiddleeast.2012.78. Zugegriffen: 2. Jan. 2019

Walker B, Salt D (2006) Resilience practice. Island Press, Washington

Walker B, Salt D (2006) Resilience thinking. Sustaining ecosystems and people in a changing world. Island Press, Washington

Walker B, Holling CS, Carpenter SR, Kinzig A (2004) Resilience, adaptability and transformability in social – ecological systems. Eco Soc 9(2):5

Walter H, Breckle SW (1991) Ökologie der Erde, Bd 4. Gemäßigte und Arktische Zonen außerhalb Euro-Nordasiens, Stuttgart

Water Technology (2019) Pahang Selangor raw water transfer tunnel project. ▶ https://www.water-technology.net/projects/pahang-selangor-raw-water-transfer-tunnel-project/. Zugegriffen: 4. Juni 2019

WB (2006) Die Zukunft der Meere – zu warm, zu hoch, zu sauer, Sondergutachten. Wissenschaftlicher Beirat der Bundesregierung Globale Umweltveränderungen, Berlin

Webb AP, Kench PS (2010) The dynamic response of reef islands to sea-level rise: evidence from multi-decadal analysis of island change in the Central Pacific. Glob Planet Chang 72(3):234–246

Weiss S (2009) Klimawandel: See auf dem Rückzug. Tagesspiegel, 6. Dez 2009

Weisser WW et al (2017) Biodiversity effects on ecosystem functioning in a 15-year grassland experiment: patterns, mechanisms, and open questions. Basic Appl Eco 23(Supplement C):1–73

Weller C (2018) Im Resilienztunnel – Bitte nehmen Sie mal die Brille ab!, Resilienz (online) 2016. ▶ http://resilienz.hypotheses.org/1064. Zugegriffen: 5. Febr. 2018

Wenger K (2018) Singapurs grösster Kampf – Mit Innovation gegen Wassermangel, Beitrag im SRF. ▶ https://www.srf.ch/news/international/singapurs-groesster-kampf-mit-innovation-gegen-wassermangel. Zugegriffen: 5. Juni 2019

Werner E, Smith R (1977) The children of Kauai. A longitudinal study from the prenatal period to age ten. University of Hawai'i Press, Honolulu

West JM, Salm RV (2003) Resistance and resilience to coral bleaching: implications for coral reef conservation and management. Conserv Biol 17:956–967

Wikipedia (2019) Energy in Malta. ▶ https://en.wikipedia.org/wiki/Energy_in_Malta. Zugegriffen: 26. Jan. 2019

Will L, Fischer C (2014) Welche Chancen und Risiken bietet der Salar de Uyuni für die wirtschaftliche Entwicklung Boliviens? In: Suwala L, Kulke E (Hrsg) Bolivien, Bericht zur Hauptexkursion 2014. Geographisches Institut der Humboldt-Universität Berlin, Berlin, S 189–203

Willhardt J, Sadler C (2009) Island. Michel Müller, Erlangen

Williams PR, Couture NC, Blom D (2007) Urban structure at Tiwanaku: geophysical investigations in the Andean Altiplano. In: Wiseman J, El-Baz F (Hrsg) Remote sensing in archaeology. Springer, New York, S 423–441

Wills D (2012) Wasserversorgungstunnel in Kuala Lumpur, in Tunnel 3/2012. ▶ https://www.tunnel-online.info/download/446929/2012_03_Wasserversorgungstunnel_in_Kuala_Lumpur.pdf. Zugegriffen: 4. Juni 2019

Wissenschaftliche Dienste Deutscher Bundestag (2019) Lithium: Vorkommen, Abbau und ökologische Auswirkungen in Bolivien, Sachstand, Aktenzeichen WD 8-3000-135/18

WMO (2008) World Meteorological Organization Tropical Cyclone Operational Plan fort the South Pacific and Southeast Indian Ocean, Report No. TCP24. ▶ http://www.wmo.int/pages/prog/www/tcp/documents/TCP24-English2008.pdf. Zugegriffen: 26. Apr. 2019

WRI (2015) Water Resources Institute. Maddocks A, Young RS, Reig P, Ranking the world's most water-stressed countries in 2040. ▶ https://www.wri.org/blog/2015/08/ranking-world-s-most-water-stressed-countries-2040. Zugegriffen: 6. Juni 2019

Wright AJ, Ebeling A, de Kroon H, Roscher C, Weigelt A, Buchmann N, Buchmann T, Fischer C, Hacker H, Hildebrandt A, Leimer S, Mommer L, Oelmann Y, Scheu S, Steinauer K, Strecker T, Weisser W, Wilcke W, Eisenhauer N (2015) Flooding disturbances increase resource availability and productivity but reduce stability in diverse plant communities. Nat Commun 6: Article 6092

Würsch M, Carle N, Hunzike M (2013) Bodendegradation und entgegenwirkende Massnahmen in Island – Beiträge der Basler Forschung. Regio Basiliensis 54(1):11–18

WWF (2013) Klimawandel und Auswirkung auf die Meere, Stellungnahme. WWF, Berlin

Yukon Government (2017) Yukon fire history metadata, wildland fire management. ftp://ftp.geomaticsyukon.ca/GeoYukon/Biophysical/Fire_History/. Zugegriffen: 10. Jan. 2019

Yukon Government (2018) Driving the fire belt: North Klondike highway, paper, environment Yukon wildlife viewing program, community service wildland fire management. ▶ www.yukonwild.ca. Zugegriffen: 1. Sept. 2018

Yusof ZM (2018) Singapore lowers 2030 water consumption target to 130 litres per person per day. The Straits Times, 27. Oct. 2018. ▶ https://www.straitstimes.com/singapore/environment/singapore-lowers-2030-water-consumption-target-to-130-litres-per-person-per. Zugegriffen: 5. Juni 2019

Zachariah E (2014) Selangor water crisis caused millions in losses to industries. The Malaysian Insider, 10. Nov. 2014. ▶ https://web.archive.org/web/20150518082757/http://www.themalaysianinsider.com/malaysia/article/selangor-water-crisis-caused-millions-in-losses-to-industries#sthash.Klosngd6.dpuf. Zugegriffen: 5. Juni 2019

Zappi D (2014) Water sustainability system at Gardens by the Bay. Gardens by the Bay, Singapur

Zech W, Schad P, Hintermaier-Erhard G (2014) Böden der Welt, ein Bildatlas. Springer, Berlin

Zori DM (2016) The Norse in Iceland. Oxford Book Online. ▶ https://doi.org/10.1093/oxfordhb/9780199935413.013.7

Stichwortverzeichnis

A

Adaptiver Zyklus 15
Agrarlandschaft 65
Ägypten 74, 77
– Assuan-Staudamm 78
– Nillandschaft 65, 72
– Rifflandschaften des Roten Meeres 52
Akteurs-Netzwerk-Theorie 127
Akteurs- und Handlungsebene 72, 127
Anpassungs- und Selbsterneuerungsfähigkeit 6
Armenien
– Höhlenlandschaft Khndzoresk 103
– Sewan-See 109
Arten 17
Äthiopien
– Landschaft der Dorze 114
– Terrassenlandschaft der Konso 19
Atolllandschaft 173
Autarkie 121

B

Binnenstruktur 57
Bioinvasion 185
Bolivien
– Isla del Sol 134
– Salar de Uyuni 151
– Stadtlandschaft La Paz 162

C

Chile
– Feuerland 183
– Osterinsel 81
– Osterinsel, Manavai 89
– Osterinsel, Pu 89
– Patagonien 141, 142, 148

D

Deutschland
– Ackerterrassenlandschaft im ostthüringischen Schiefergebirge 23
– Ackerterrassenlandschaft im sächsischen Osterzgebirge 23
Dezentralität 121
Diversität 86, 100

E

Effizienz 102
Einflussfaktor 94
– Antagonimsen 95
– Vernetzung 95
Elastizität 69, 113, 190
– schwimmende Konstruktionen 118
Empfindlichkeit 6
Estland
– Soomaa-Nationalpark 107, 119

F

Faktor, sozioökonomischer 58
Finnland
– Finnische Seenlandschaft 183
– Stadtlandschaft Rauma 107
Flexibilität 71
Französisch-Polynesien
– Tikehau, Rangiroa, Fakarava 173
Funktionen einer Landschaft
– kulturelle 37
– Nutzfunktionen 37
– ökologische 35
Funktionsfähigkeit, ökologische 46
Fußabdruck, ökologischer 128, 162

G

Geschwindigkeit 38, 47, 60
Grönland 124

I

Immunisierungsstrategie 210
Infrastruktur, grüne 7, 168
Irak
– Mesopotamische Ebene 65, 72
Island
– Hochland 141, 145

K

Kanada
– boreale Waldlandschaften 43
Karibik
– Rifflandschaften 52
Katalysator 131
Katastrophenschutz 107
Kirgisistan
– Tian-Shan-Gebirge 114
Klima- und Vegetationszonen 13
Klimawandel
– Anstieg des Meeresspiegels 173
Komplexität, landschaftliche 38, 98, 199
Konzentration 128
Konzept
– der Pfadabhängigkeit 10
– des sozialen Lernens 101
Krise 8
Krisen- und Risikomanagement 6
Kriterien landschaftlicher Resilienz 34

L

Landschaft 12
– Akteurs- und Handlungsebene 16, 17
– Betrachtungsebene 105
– landschaftliche Ebene 18
– physisch-materielle Ebene 16
– soziales Konstrukt 100
Landschaftscharakter 15, 46
Landschaftsfunktion 35
Landschaftsstruktur 14
Lebensräume 17
Litauen
– Kurische Nehrung 111
Lithiumabbau 158

M

Madagaskar
– Stadtumland Antananarivo 98
Malaysia
– Landschaft der Langhäuser 117
– Stadtlandschaft Kuala Lumpur 163
Malta
– Ackerterrassenlandschaft der Insel Gozo 28
– Stadtlandschaft 122
Mesotrophische Riff, mesotrophisches 56
Multifunktionalität 100

N

Nachhaltigkeit 7
Namibia
– Kaokoland 65
Nature-based Solutions (NBS) 7, 168
Nutzung 14

O

Ökosystemleistung 35
– Basisleistungen 35
– kulturelle Leistungen 37
– Regulationsleistungen 35
– Versorgungsleistungen 37
Ort, zentraler 130

P

Peru
– Isla Amantani 134
– Salinas de Maras 153
– Schilfinseln der Uros 118
Point of Weakness 50, 51, 53, 63, 73, 84, 146, 198
Prinzip landschaftlicher Resilienz 129, 189, 204
– Prinzip der dezentralen Konzentration 181
– Prinzip der redundanten Vielfalt 180
– Prinzip der robusten Elastizität 180
Prozess, pfadabhängiger 75

R

Redundanz 90, 101
– Backup-Möglichkeiten 102
– modulares System 157
– Modularität 102
Regenzeitgarten 69
Regenzeitweide 69
Region 13
Resilienz
– Ebenen 197
– engeres Begriffsverständnis 4
– erweiteres Begriffsverständnis 4
– erworbene 42, 63, 65, 92, 147, 163
– gegebene 42, 57, 92, 146
– Kriterien 196
– Prinzipien 203
– Profil 203
Resilienz, landschaftliche 2, 6, 194
– Kriterien 90
Resilienzprinzip
– Prinzip der dezentralen Konzentration 207
– Prinzip der redundanten Vielfalt 207
– Prinzip der robusten Elastizität 207
Resilienzprofil 203
– landschaftliches 131, 141
Resistenz 106
Ressourcenabhängigkeit 162
Rifflandschaft 52
Rinderherde 68
Rotationsprinzip 135

S

Salzlandschaft 151
Schafhaltung 90
Selbstwirksamkeit
– Konzept der Selbstwirksamkeit 132
Selbstwirksamkeitserwartung 132
Singapur 119, 163
Stadtlandschaft 12, 108, 128, 161
Störfaktor 195
Stress 9
Strömungsverhältnis 57
Sturmereignis 54, 142
Südafrika
– Stadtlandschaft Kapstadt 162
Szenarien 205

T

Temperatur
– Spannweiten 54

Terrassenlandschaft 19, 134
– Ackerterrassen 19
Tipping Point 45, 50, 51, 146, 199
Toleranz 113
Tourismuskrise 139
Tragfähigkeit 7
Transformation 28, 196
Trockenzeitgarten 69
Trockenzeitweide 69

U

Überweidung 69
Unsicherheit, Umgang mit 120

V

Veränderung 5
Vernetzung 124
Versalzung 78
Vielfalt 24, 95
Vorteils- und Lastenausgleich 141
Vulnerabilität 6

W

Waldlandschaft 44
Wasserkrise 166
Weidegänger 58
Weidelandschaft 144, 191
– pastoralnomadische 67
Wirtschaftlicher Wandel 158
Wüstenlandschaften 98

Z

Zeit, landschaftseigene 38
Zusammenbruch, landschaftlicher 82, 147

 springer.com

Willkommen zu den Springer Alerts

Jetzt anmelden!

- Unser Neuerscheinungs-Service für Sie:
  aktuell *** kostenlos *** passgenau *** flexibel

Springer veröffentlicht mehr als 5.500 wissenschaftliche Bücher jährlich in gedruckter Form. Mehr als 2.200 englischsprachige Zeitschriften und mehr als 120.000 eBooks und Referenzwerke sind auf unserer Online Plattform SpringerLink verfügbar. Seit seiner Gründung 1842 arbeitet Springer weltweit mit den hervorragendsten und anerkanntesten Wissenschaftlern zusammen, eine Partnerschaft, die auf Offenheit und gegenseitigem Vertrauen beruht.

Die SpringerAlerts sind der beste Weg, um über Neuentwicklungen im eigenen Fachgebiet auf dem Laufenden zu sein. Sie sind der/die Erste, der/die über neu erschienene Bücher informiert ist oder das Inhaltsverzeichnis des neuesten Zeitschriftenheftes erhält. Unser Service ist kostenlos, schnell und vor allem flexibel. Passen Sie die SpringerAlerts genau an Ihre Interessen und Ihren Bedarf an, um nur diejenigen Information zu erhalten, die Sie wirklich benötigen.

Mehr Infos unter: springer.com/alert

MIX
Papier aus verantwortungsvollen Quellen
Paper from responsible sources
FSC® C105338

If you have any concerns about our products,
you can contact us on
ProductSafety@springernature.com

In case Publisher is established outside the EU,
the EU authorized representative is:
**Springer Nature Customer Service Center GmbH
Europaplatz 3, 69115 Heidelberg, Germany**

Printed by Libri Plureos GmbH
in Hamburg, Germany